MATLAB 数学实验与建模

马 莉◎编著

清華大學出版社
北 京

内 容 简 介

本书采用最新版 MATLAB R2009a，基于 MATLAB R2009a 软件系统地介绍了大学数学中的基本实验教学内容。全书共分 9 章，主要介绍了 MATLAB 基础、MATLAB 的程序与图形、基本的数学函数、数据建模、方程的求解、优化问题、部分智能优化算法介绍、图形用户界面的设计、数学建模的综合实验。

本书可作为大学“数学实验”和“数学建模”课程的教材，也可作为广大科研人员、学者、工程技术人员的参考用书。

图书在版编目（CIP）数据

MATLAB 数学实验与建模/马莉编著．—北京：清华大学出版社，2010.1（2025.1重印）

ISBN 978-7-302-21527-1

I. M… II. 马… III. 高等学校-实验-计算机辅助计算-软件包，MATLAB IV. ①O13-33②O245

中国版本图书馆 CIP 数据核字（2009）第 216233 号

责任编辑：许存权　张丽萍
封面设计：刘　超
版式设计：王世情
责任校对：柴　燕
责任印制：杨　艳

出版发行：清华大学出版社
网　址：https://www.tup.com.cn, https://www.wqxuetang.com
地　址：北京清华大学学研大厦 A 座　　邮　编：100084
社 总 机：010-83470000　　邮　购：010-62786544
投稿与读者服务：010-62776969，c-service@tup.tsinghua.edu.cn
质 量 反 馈：010-62772015，zhiliang@tup.tsinghua.edu.cn

印 装 者：三河市君旺印务有限公司
经　销：全国新华书店
开　本：185mm×260mm　　**印　张：**23　　**字　数：**531 千字
版　次：2010 年 1 月第 1 版　　**印　次：**2025 年 1 月第15次印刷
定　价：69.80 元

产品编号：035383-03

前　言

随着MATLAB版本的不断更新，其功能越来越强，使它在诸如一般数值计算、数字信号处理、系统识别、自动控制、振动理论、时序分析与建模、优化设计、神经网络控制、化学统计学、动态仿真系统、特殊函数和图形领域表现出一般高级语言难以比拟的优势，并可以方便地用于几乎所有的科学和工程计算的各个方面。可以说，MATLAB不仅是一种编程语言，而且在广义上是一种语言开发系统。

本书采用最新版MATLAB R2009a编写，在MATLAB R2009a新版本中，产品模块进行了一些调整，将MATLAB Builder for COM功能集成到了MATLAB Builder for .net中、Financial Time Series Toolbox功能集成到了Financial Toolbox中。MATLAB将高性能的数值计算和可视化集成在一起，并提供了大量的内置函数，从而被广泛地应用于科学计算、控制系统、信息处理等领域的分析、仿真和设计工作。利用MATLAB产品的开放式结构，可以非常容易地对MATLAB的功能进行扩充，从而在不断深化对问题认识的同时不断完善MATLAB产品，以提高产品自身的竞争能力。

MATLAB开放的产品体系使其成为诸多领域的首选开发软件，并且，MATLAB还具有500余家第三方合作伙伴，分布在科学计算、机械动力、化工、计算机通信、汽车、金融等领域。接口方式包括联合建模、数据共享、开发流程衔接等。

由于计算机的出现，今日的数学已经不仅是一门科学，同时还是一种关键的、普遍适用的技术。早在1959年，著名的数学家华罗庚教授就曾形象地概述了数学的各种应用："宇宙之大，粒子之微，火箭之速，化工之巧，地球之变，生物之谜，日用之繁等各个方面，无处不有数学的重要贡献。"时至今日，计算机计算速度的快速发展使得许多过去无法解决的问题有了解决的可能，大量新兴的数学方法正在被有效地采用，数学的应用范围急剧扩大。由于计算机具有处理大量信息的功能，所以定量分析技术已经渗透到一切学科领域。从卫星到核电站，从天气预报到家用电器，无不是通过数学模型和数学方法并借助计算机的计算来实现。例如，Tobin建立了"投资决策的数学模型"，1981年获得了诺贝尔经济学奖；在水资源研究方面，为了建立一套地下水资源评价的理论和方法，需要建立各种地层结构的数学模型等。

经济数学是高等院校经济管理类专业的一门重要的基本课程，除了为学习后续课程和现代科技知识提供必要的数学工具外，也是对学生的抽象思维能力、逻辑推理能力、运算能力、分析与解决经济管理等学科领域内的实际问题能力进行综合培养的关键课程。根据21世纪人才培养的需要，有必要加强经济数学课程的教学研究，加强经济数学课程的建设与改革。计算机技术和网络技术的飞速发展将我们带入了信息时代，科学技术的进步在改变着我们的生活方式的同时，也改变着我们的思维方式和科学研究手段。这不仅促进了现代教育技术的不断发展，也对经典的数学课程的内容、教学方法以及教学思想产生了影响，数学实验正是在这一背景下产生的新事件。

数学实验是以问题为载体，应用数学知识建立数学模型，以计算机为手段，以数学软件为工具，以学生为主体，通过实验解决实际问题。数学实验是数学模型方法的初步实践，而数学模型方法是用数学模型解决实际问题的一般数学方法，它是根据实际问题的特点和要求作出合理的假设，使问题简化，并进行抽象概括建立数学模型，然后研究求解所建的数学模型方法与算法，利用数学软件求解数学模型，最后将所得的结果运用到实践中。

“数学实验与建模”课程将经济数学知识、数学建模与计算机应用三者融为一体。通过数学实验课程，可提高学生学习经济数学的积极性，提高学生对数学的应用意识，并培养学生用所学的数学知识、经济学知识和计算机技术去认识问题和解决经济问题的能力。学生自己动手建立模型，能够体验到解决实际问题的全过程，了解数学软件的使用，也培养了学生的科学态度与创新精神。

全书共分 9 章。第 1 章介绍了 MATLAB 基础，包括 MATLAB 概述、数据和变量、运算符等内容。第 2 章介绍了 MATLAB 的程序与图形，包括程序结构、M 文件和图形绘制等内容。第 3 章介绍了基本的数学函数，包括多项式、函数的极限、数值积分等内容。第 4 章介绍了数据建模，包括插值法、拟合法等内容。第 5 章介绍了方程的求解，包括线性方程组求解、线性映射的迭代等内容。第 6 章介绍了优化问题，包括线性规划问题、非线性规划问题等内容。第 7 章介绍了部分智能优化算法，包括遗传算法、人工神经网络等内容。第 8 章介绍了图形用户界面的设计，包括图形对象句柄、图形对象属性的操作等内容。第 9 章介绍了数学建模的综合实验，包括粒子游动问题、汽车公司运货耗时估计问题等内容。

除封面署名作者外，本书参编人员还有周品、蔡结衡、陈运英、邓恒奋、卢焕斌、栾颖、林振满、刘志为、王孟群、王旭宝、伍志聪、张坚、张水兰等。

由于时间仓促，加之作者水平有限，书中错误和疏漏之处在所难免，恳请广大读者批评指正。

编　者

目　　录

第1章 MATLAB基础

1.1 MATLAB概述

1.1.1 MATLAB简介

数学软件可以使不同专业的学生和科研人员借助计算机进行科学研究和科学计算，在一些国家和部门，数学软件已成为学生和科研人员进行学习和科研活动最得力的助手。MATLAB是一个功能强大的常用数学软件，它不但可以解决数学中的数值计算问题，还可以解决符号演算问题，并且能够方便地绘制出各种函数图形。无论是一个正在学习的大学生，还是在岗的科研人员，在学习或科学研究中遇到棘手的数学问题时，利用MATLAB提供的各种数学工具，可以避免做繁琐的数学推导和计算，方便地解决了很多数学问题，使用户有更多的时间和精力去做进一步的学习和探索。MATLAB具有简单、易学、界面友好和使用方便等特点，只要用户有一定的数学知识并了解计算机的基本操作方法，就能学习和使用MATLAB。目前，我们在科研论文、教材等很多地方都可以看到MATLAB的身影。

MATLAB的基本单位是矩阵，它的表达式与数学、工程计算中常用的形式十分相似，极大地方便了用户学习和使用，深受用户欢迎。在欧美一些高等院校，MATLAB已成为高等数学、线性代数、自动控制理论、数理统计、数字信号处理等课程的基本工具和攻读学位的大学生、硕士生和博士生必须掌握的技能。在设计和科研部分，MATLAB被广泛用来研究与解决各种工程问题。

MATLAB自1984年由美国的MathWorks公司推向市场以来，历经十几年的发展和竞争，现已成为国际最优秀的科技应用软件之一。

MATLAB代表matrix laboratory。MATLAB系统由以下5个主要部分组成。

（1）开发环境

这是一组工具和程序，帮助用户使用MATLAB功能和文件。许多工具是图形用户界面，包括MATLAB桌面和命令窗口、命令的历史窗口、编辑器和查错程序、观看帮助信息的浏览器、工作区、文件和搜索路径。

（2）MATLAB的数学函数库

这是一个计算算法的巨大集合，范围从初等函数，如求和、正弦、余弦和复数运算，到更高级的函数，如矩阵求逆、矩阵特征值、贝塞尔函数和快速傅里叶变换。

（3）MATLAB语言

一个高级的矩阵/数组语言，具有控制流语句、函数、数据结构、输入/输出和面向对象的程序设计特点。用这种语言能够快速建立运行快且短小的程序，也能建立大的复杂的应用程序。

（4）图形

MATLAB 拥有广泛的程序，用于将向量和矩阵显示为图形，以及注释和打印这些图形。它包括高级功能，用于二维和三维数据的形象化、图像处理、动画和演示图形；还包括低级功能，让用户完全定制图形的外观，以及为用户的应用程序建立完全的图形用户界面。

（5）MATLAB 应用程序接口（API）

这是一个程序库，允许用户编写 C 和 Fortran 程序与 MATLAB 交互。其中包含的程序用于从 MATLAB 调用程序，调用 MATLAB 作为计算引擎，以及读写 MAT 文件。

1.1.2 MATLAB 的安装与界面

1．MATLAB 的安装

MATLAB R2009a 在安装过程上与以前版本并没有太大区别，只是增加了对 MATLAB R2009a 的激活环节。具体安装步骤如下：

（1）将 MATLAB R2009a 安装光盘放入光驱，系统将自动运行安装程序。如果不能自动运行，也可以运行 setup.exe 文件进行安装。启动安装程序后显示的安装界面如图 1-1 所示。选中 Install manually without using the Internet 单选按钮，再单击 Next 按钮。

（2）弹出如图 1-2 所示的 License Agreement 对话框，选中 Yes 单选按钮，同意 MathWorks 公司的安装许可协议，单击 Next 按钮。

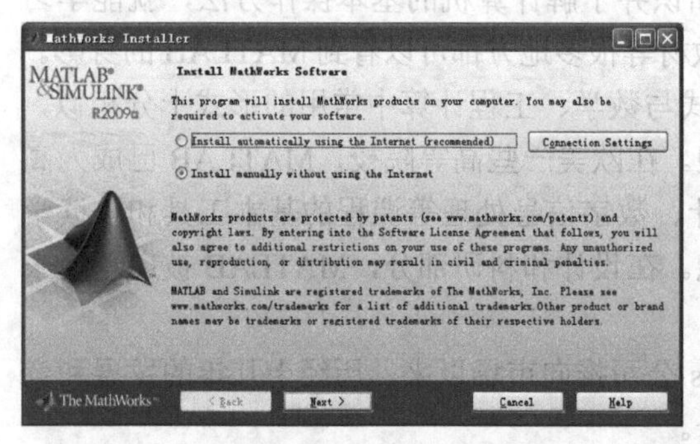

图 1-1　MathWorks Installer 对话框

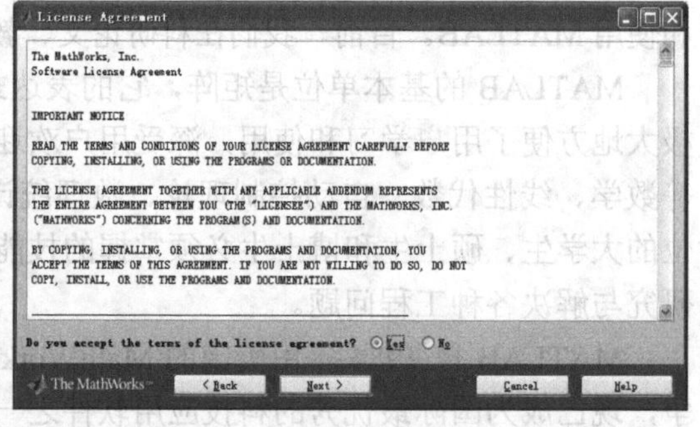

图 1-2　License Agreement 对话框

（3）弹出如图 1-3 所示的 File Installation Key 对话框，输入软件外包装封面或安装许可文件内提供的钥匙，单击 Next 按钮。

（4）弹出如图 1-4 所示的 Installation Type 对话框，可以选中 Typical 或 Custom 单选按钮。如果选中 Typical 单选按钮，MATLAB R2009a 安装工具默认安装所有工具箱及组件，此时所需空间超过 6GB。

（5）弹出如图 1-5 所示的 Folder Selection 对话框，系统默认的安装文件夹是 C:\Program File\MATLAB\R2009。用户可以通过单击 Browse 按钮选择安装文件夹，这里选择安装在 F:\MATLAB R2009 下，如果 F 盘下没有 MATLAB R2009 文件夹，安装程序自动建立，此时 Folder Selection 对话框的下部将显示安装硬盘剩余空间及软件安装所需空间大小（图示为全部安装所需软件大小）。单击 Next 按钮。

（6）弹出如图 1-6 所示的 Confirmation 对话框，可以看到用户默认安装的 MATLAB 组件、安装文件夹等相关信息。单击 Install 按钮，安装开始。

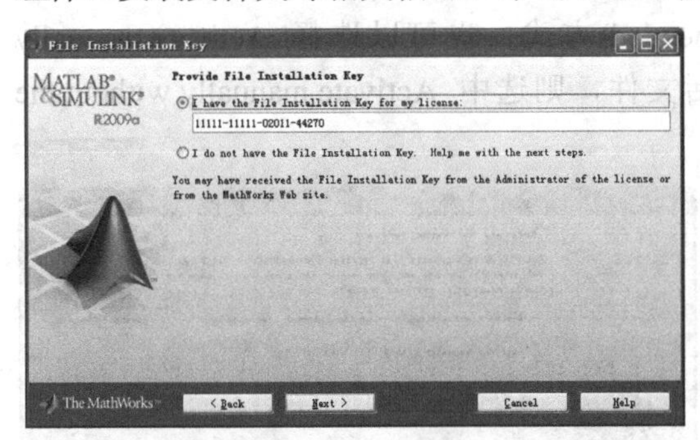

图 1-3　File Installation Key 对话框

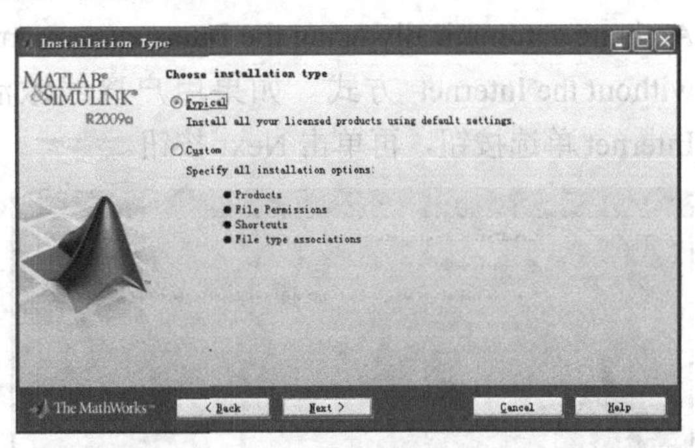

图 1-4　Installation Type 对话框

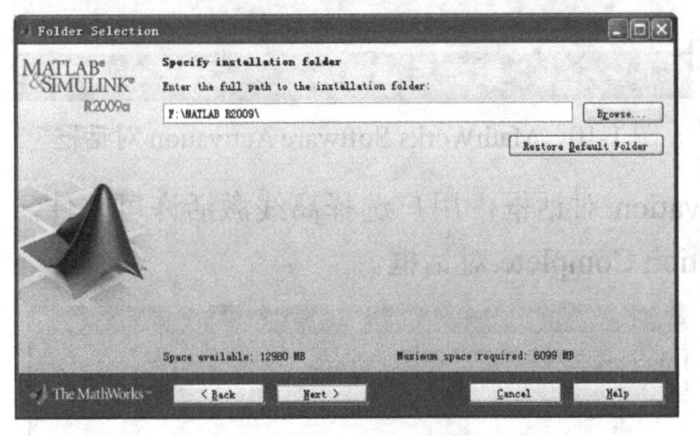

图 1-5　Folder Selection 对话框

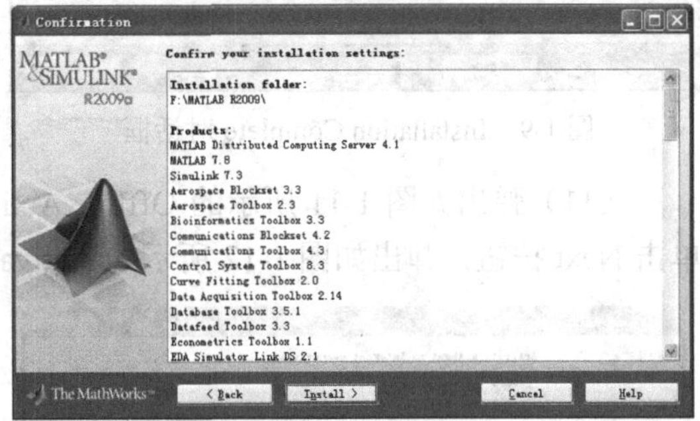

图 1-6　Confirmation 对话框

（7）弹出如图 1-7 所示的安装进度对话框，用户需要等待产品组件安装完成，同时可以查看正在安装的产品组件及安装剩余的时间。安装完成弹出如图 1-8 所示的 Product Configuration Notes 对话框。

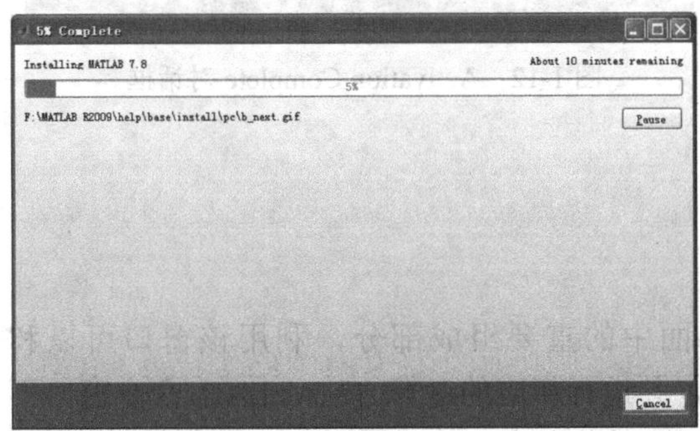

图 1-7　安装进度对话框

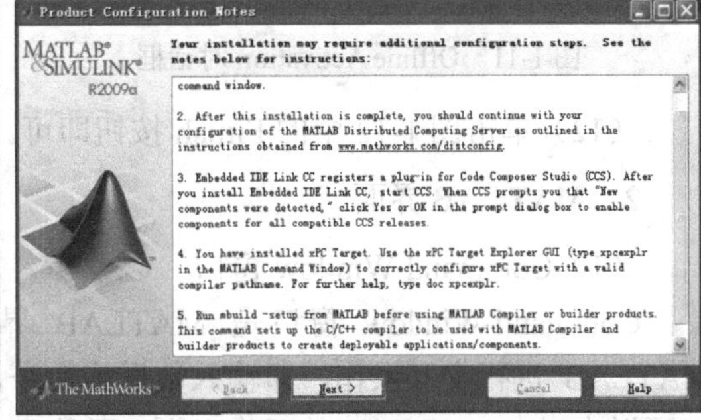

图 1-8　Product Configuration Notes 对话框

（8）在安装完产品组件之后，MathWorks 公司需要用户进行产品配置。在如图 1-8 所示的对话框中单击 Next 按钮。

（9）弹出如图 1-9 所示的 Installation Complete 对话框，用户需要进行 MATLAB 软件的激活操作，否则软件不能使用，这是 MathWorks 公司为了保护知识产权从 MATLAB R2008a 起新增设的保护措施。MATLAB R2009a 也具有这种保护措施。此时 MATLAB 软件的安装已经完成，单击 Next 按钮，进行软件激活。

（10）弹出如图 1-10 所示的 MathWorks Software Activation 对话框，用户可以选择 Activate automatically using the Internet(recommended)方式，也可以选择 Activate manually without the Internet 方式。如果用户离线激活文件，则选中 Activate manually without the Internet 单选按钮，再单击 Next 按钮。

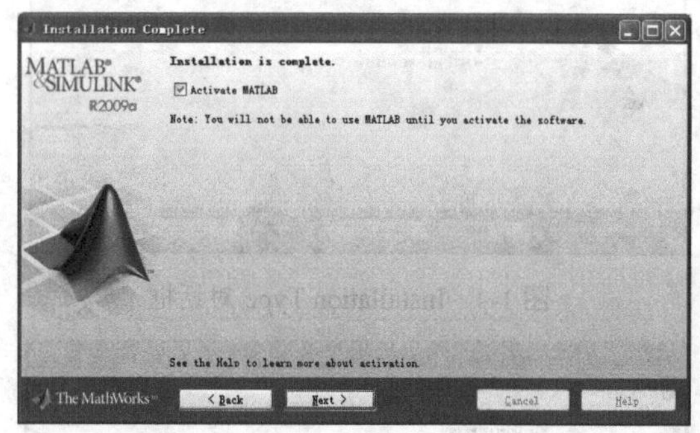

图 1-9　Installation Complete 对话框

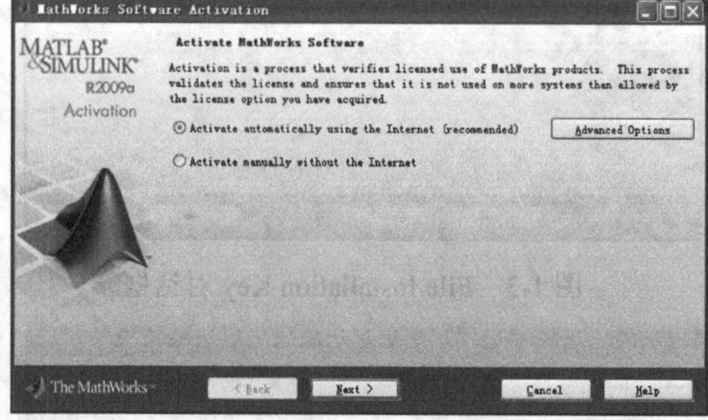

图 1-10　MathWorks Software Activation 对话框

（11）弹出如图 1-11 所示的 Offline Activation 对话框，用户选择离线激活许可文件，单击 Next 按钮，弹出如图 1-12 所示的 Activation Complete 对话框。

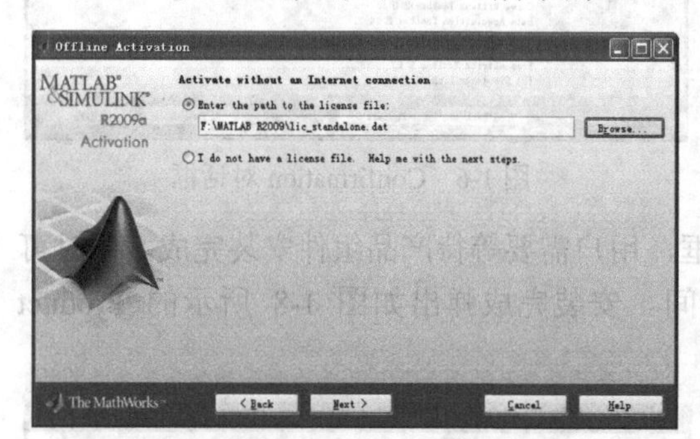

图 1-11　Offline Activation 对话框

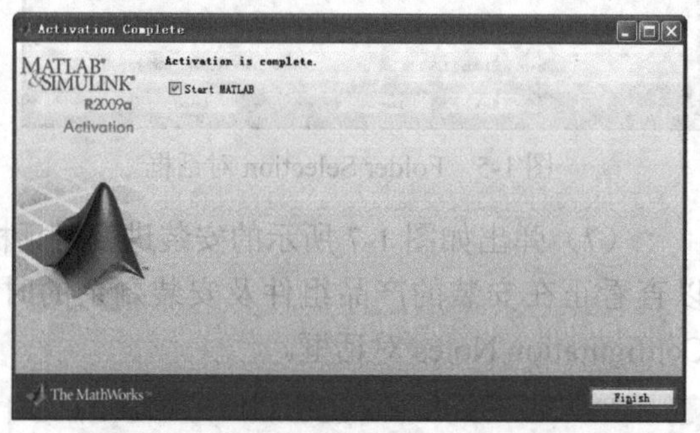

图 1-12　Activation Complete 对话框

（12）单击图 1-12 中的 Finish 按钮即可。

2．MATLAB 界面

（1）Command Window 窗口

Command Window 窗口是 MATLAB 界面中的重要组成部分，利用该窗口可以和 MATLAB 进行交互操作，即输入数据或命令，并进行相应的运算。MATLAB 命令窗口不仅可以内嵌在 MATLAB 的工作界面，而且还可以以独立窗口的形式浮动在界面上，单击窗口标题栏中的按钮，可以单独打开 Command Window 窗口，如图 1-13 所示，其中是在窗口中进行的一些基本运算。

（2）Workspace 窗口

Workspace 窗口是 MATLAB 用于存储各种变量和结果的内存空间。Workspace 窗口是 MATLAB 集成环境的重要组成部分，它与 MATLAB 命令窗口一样，不仅可以内嵌在 MATLAB 的工作界面，还可以以独立的形式浮动在界面上，浮动的工作空间窗口如图 1-14

所示。在该窗口中显示工作窗口中所有变量的名称、取值和变量类型说明，可对变量进行观察、编辑、保存和删除。

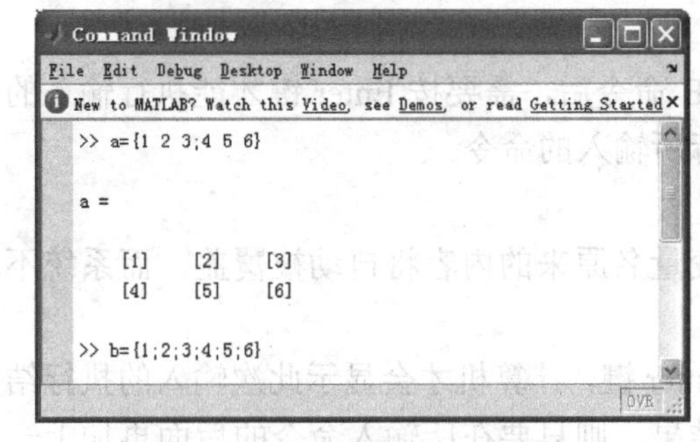

图 1-13 Command Window 窗口

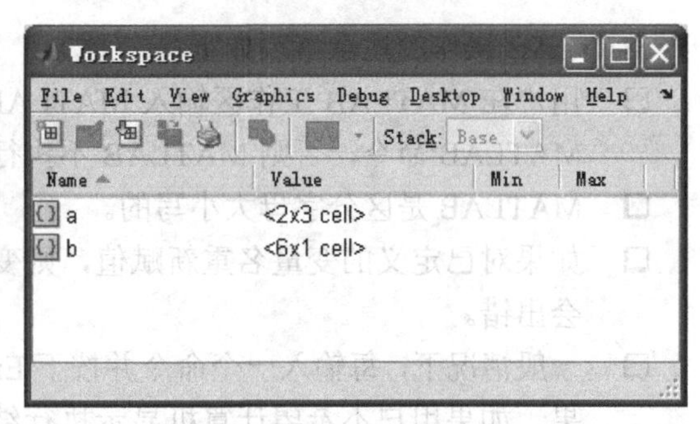

图 1-14 Workspace 窗口

（3）Command History 窗口

Command History 窗口主要显示已执行过的命令。MATLAB 每次启动时，Command History 窗口会自动记录启动的时间，并将 Command Window 窗口中执行的命令记录下来。一方面便于查找，另一方面可以限次调用这些命令，如图 1-15 所示。

双击 Command History 窗口中的三维数组 b，该操作等效于在 Command Window 窗口中输入此命令，如图 1-16 所示。

（4）Current Directory 窗口

Current Directory 窗口主要显示当前在什么路径下进行工作，包括文件的保存等都是在当前路径下实现的。用户也可以选择 File 菜单下的 Set Path 命令设置当前路径，如图 1-17 所示。

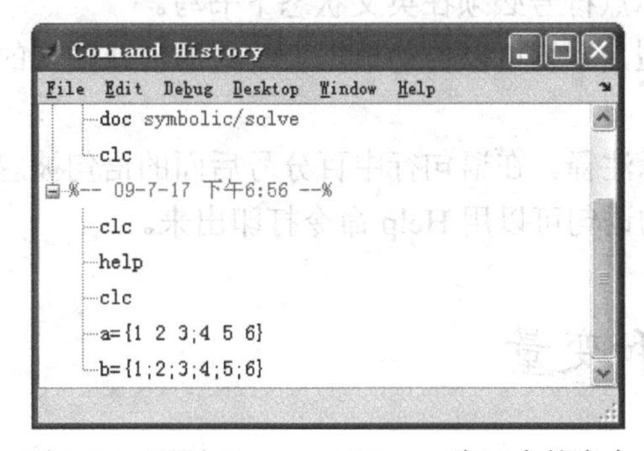

图 1-15 调用 Command History 窗口中的命令

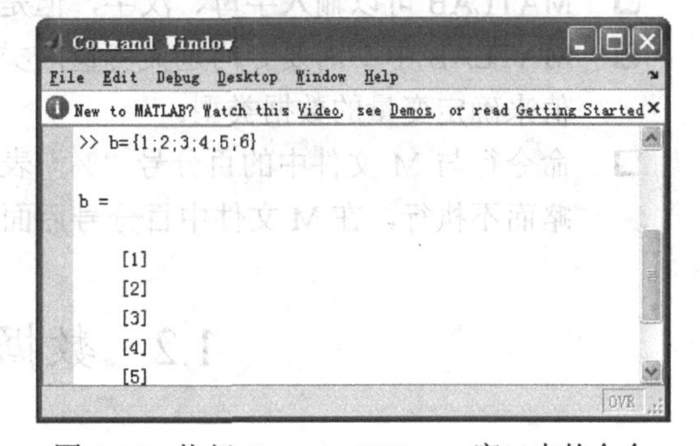

图 1-16 执行 Command History 窗口中的命令

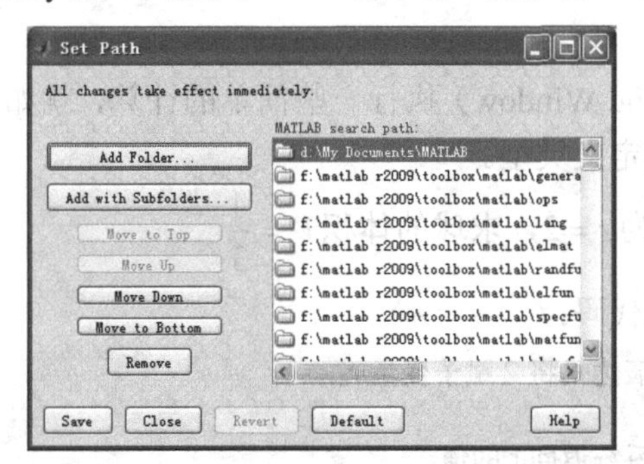

图 1-17 Set Path 对话框

1.1.3 MATLAB 操作的注意事项

MATLAB 操作的注意事项如下：

- 用户在 MATLAB 工作区输入 MATLAB 命令后，需要按 Enter 键才能执行输入的 MATLAB 命令，否则 MATLAB 不执行所输入的命令。
- MATLAB 是区分字母大小写的。
- 如果对已定义的变量名重新赋值，则变量名原来的内容将自动被覆盖，而系统不会出错。
- 一般情况下，每输入一个命令并按下 Enter 键，计算机才会显示此次输入的执行结果。如果用户不希望计算机显示执行结果，则只要在所输入命令的后面再加上一个分号"；"即可达到目的。如在命令窗口输入：

```
>> x=2+3
x=5                    %显示执行结果为 5
>>x=2+3;               %不显示执行结果
```

- 在 MATLAB 工作区如果某个比较长的命令一行输入不下，可以在命令行后面用三点"…"表示续行。

```
>> r=2,V=4/3*pi...     %用三点"..."续行
*r^3                   %因为是接续上一行，前面没有提示符">>"
r=2                    %用逗号时 r 的结果显示出来
V=33.5103
```

- MATLAB 可以输入字母、汉字，但是标点符号必须在英文状态下书写。
- MATLAB 中不需要专门定义变量的类型，系统可以自动根据表达式的值或输入的值来确定变量的数据类型。
- 命令行与 M 文件中的百分号"%"表示注释。在语句行中百分号后面的语句被忽略而不执行，在 M 文件中百分号后面的语句可以用 Help 命令打印出来。

1.2 数据和变量

1.2.1 表达式

在命令窗口（Command Window）执行一些简单的计算，就如同使用一个功能强大的计算器，使用变量无须预先定义类型。

【例 1-1】设球半径为 $r=2$，求球的体积 $V=\frac{4}{3}r^3\pi$。

在命令窗口输入以下代码：

```
>> r=2                 %表达式将 2 赋予变量 r
r =
        2              %系统返回 r 的值
>> V=4/3*pi*r^3        %pi 为内置常量 π，乘方用^表示
```

```
V =
        33.5103
```

几个表达式可以写在一行，用分号“；”或逗号“，”分割，用分号“；”使该表达式运算结果不显示，用逗号“，”则显示结果（在 1.1.3 小节中已给出示例）。

若需要修改已执行过的命令行，可以在命令历史（Command History）窗口中找到该命令行复制，再粘贴至命令窗口修改。也可直接使用↑、↓键调出已执行过的命令行进行修改。例如，现将半径改为 9，那么使用上述方法得：

```
>> r=9;               %更新 r 值，用“；”号不显示 r 值
>> V=4/3*pi*r^3       %用↑键直接调出。因为 V 的值依赖于 r，所以 V 的表达式要重新运行
V =
  3.0536e+003
```

1.2.2　数据显示格式

MATLAB 默认的数据显示格式为短格式（Short）。当结果为整数时，就作为整数显示；当结果是实数时，则以小数点后 4 位的长度显示；若结果的有效数字超出一定范围，则使用科学计算法（如程序 V=3.0536e+003 可以表示为 3.0536×10^{3}）显示。数据显示格式可使用命令 format 改变。例如：

```
>> format long;V            %长格式（long），16 位
V =
    3.053628059289279e+003
>> format short g;V         %短紧缩格式（short g），习惯书写格式
V =
        3053.6
>> format rational;V        %有理格式，近似分数
V =
  131306/43
>> format; V                %恢复默认的短格式（short），本例等价于 short e
V =
  3.0536e+003
```

数据显示格式也可通过 File 菜单下的 Preference 选项右边的 Command Windows Preference 下的 Numeric format 下拉列表框改变。需要指出的是，显示格式的改变不会影响数据的实际值，所以不会影响计数精度。MATLAB 计数精度约为 16 位有效数字。

1.2.3　复数

MATLAB 中的复数可以如同实数一样，直接输入和计算。例如：

```
>> A=1+2*i;B=4-6*i;
>> C=A/B,D=A*B
C =
  -0.1538 + 0.2692i
D =
  16.0000 + 2.0000i
```

1.2.4　预定义变量

MATLAB 有一些预定义变量（如表 1-1 所示，大小写均可），MATLAB 启动时就已赋值，可以直接使用，如前面使用过的圆周率 pi 和虚数单位 i。

表 1-1　预定义变量

变　量　名	说　明
i 或 j	虚数单位 $\sqrt{-1}$
pi	圆周率 π = 3.1415…
eps	浮点数识别精度 2^(−52)=2.2204×10^{-16}，计算机会认为 1+0.5*eps 与 1 相等
realmin	最小正实数 2^(2−2^10)=2.2251×10^{-308}，小于该值当作 0
realmax	最大正实数 2^(2^10)=1.7977×10^{-308}，大于等于该值当作无穷大
Inf	无穷大
NaN	无意义的数

预定义变量在工作空间（Workspace）窗口中观察不到。如果预定义变量被用户重新赋值，则原来的功能暂不能使用。当这些用户变量被清除（clear）或 MATLAB 被重新启动后，这些功能又得以恢复。

1.2.5　用户变量

MATLAB 变量名总以字母开头，由字母、数字或下划线组成，区分大小写，有效字符长度为 63 个。例如，A、a、a1、a_c 都是合法的，且 a 与 A 表示不同变量，但 1a、a-b 等都是不合法的变量名。在 Command Window 窗口中使用的变量一旦被赋值，就会携带这个值存在于工作空间（Workspace）窗口中，直至被清除（clear 或 clear all）或被赋予新的值。ans 是系统中一个特别的变量名。若一个表达式运算结果没有赋予任何变量，系统自动用 ans 存放答案（answer）。例如：

```
>> A=5+4*i;b=5-4*j;A_1=2;A*b        %没有定义 A*b 的输出变量
ans =
    41                               %MATLAB 默认用 ans 来保存计算结果
```

尽管可以在工作空间（Workspace）窗口中查询和清除变量，但使用下列命令方式更快捷。

```
>> whos
  Name      Size            Bytes  Class     Attributes
  A         1x1                16  double    complex
  A_1       1x1                 8  double
  B         1x1                16  double    complex
  C         1x1                16  double    complex
  D         1x1                16  double    complex
  V         1x1                 8  double
  ans       1x1                 8  double
  b         1x1                16  double    complex
  r         1x1                 8  double
```

```
>> A
A =
   5.0000 + 4.0000i
```

注意：定义变量总以字母开头，由字母、数字或下划线组成，避免与系统的预定义变量名（如 i、j、pi、epx 等）、函数名（如 who、length 等）、保留字（for、if、while、end 等）冲突。

```
>> clear A                                          %清除变量 A
>> A
??? Undefined function or variable 'A'.    %再查询变量 A 的值，已经不存在了
>> clear 或 clear all                              %清除 Workspace 窗口的中所有变量
>> whos                                             %Workspace 窗口中已没有任何变量
```

变量的新建（New）、清除（Delete）、修改（Edit Value）、保存（Save as）也可在工作空间（Workspace）窗口中直接用工具栏或鼠标右键来实现。

清除 Workspace 窗口中的所有变量，也可以通过选择 Edit 菜单下的 Clear Workspace 命令来实现。注意 Edit 菜单下的 Clear Workspace 命令与 Clear Command Window 命令的区别。后者（可以在命令中输入 clc 命令，表示将命令窗口擦干净）虽然擦干净了命令窗口显示，但并不清除变量，变量连同其值仍然存在，可继续使用。

1.2.6 数据文件

当清除变量或退出 MATLAB 时，这些变量不复存在。为了保存变量的值，可以预先将变量连同其值存储在数据文件中。例如：

```
>> a=1;b=2;c=a*b;
```

选择 File 菜单下的 Save Workspace As 命令存入数据文件，取文件名（如 abc.mat）。

```
>> clear      %现在可以看到 Workspace 窗口中已经清空
```

现在再将数据装载到工作空间。方法是：选择 File 菜单下的 Import data 命令，找到保存好的数据文件，打开。可以看到 Workspace 窗口中又有了变量 a、b、c，双击鼠标可以看到其数值。上述过程也可以通过工作空间（Workspace）窗口中的工具栏来实现。

mat 是二进制数据文件，用普通软件是不能读取的。MATLAB 命令 save 和 load 提供了写和读 ASCII 码数据文件的选项（详见 save 和 load 的帮助信息），只要在命令窗口输入：

```
>> help save
 SAVE Save workspace variables to disk.
    SAVE FILENAME saves all workspace variables to the binary "MAT-file"
    named FILENAME.mat.   The data may be retrieved with LOAD.   If FILENAME
    has no extension, .mat is assumed.
      SAVE, by itself, creates the binary "MAT-file" named 'matlab.mat'.
……
Examples for specifying filename and variables:
         save mydata.mat v1              % Use with literal filename
         save 'my data file.mat' v1      % Use when filename has spaces
         save(savefile, 'v1')            % Use when filename is stored in a variable
```

又例如：

```
>> clear; a=1;b=2;c=a*b;
>> save mydt.txt -ascii -double  %将数据用双精度存入ASCII码方式文本文件mydata.txt
>> clear;                          %此时Workspace窗口已清空
>> load mydata.txt
```

这时发现工作空间（Workspace）窗口中有了一个变量 mydt（它是一个 3×1 数组），打开，发现该变量中就是原来 a、b、c 的值。与 mat 文件不同的是，文本文件只保存数据，不保存变量。这里它将原来 a、b、c 的值全部并在新变量 mydt 中，而无法找回原来的变量 a、b、c。文本文件存储的优点在于它是完全可读的，可以通过它与其他应用程序交换数据。

MATLAB 还允许使用 C 语言读写指令 fprintf、fscanf、fopen、fread 等来传递格式化数据文件，其使用格式与 C 语言基本一致。

1.3 运算符

运算符分为算术运算符、关系运算符与逻辑运算符 3 类，下面分别进行介绍。

1.3.1 算术运算符

算术运算符是构成运算的最基本的操作命令，可以在 MATLAB 的命令窗口中直接运行，如表 1-2 所示。

表 1-2 算术运算符

运算符	功能
+	加法运算。两个数相加或两个同阶矩阵相加。如果是一个矩阵和一个数字相加，这个数字自动扩展为与矩阵同维的一个矩阵
−	减法运算。两个数相减或两个同阶矩阵相减
*	乘法运算。两个数相乘或两个可乘矩阵相乘
/	除法运算。两个数或两个可除矩阵相除（A/B 表示 A 乘以 B 的逆）
^	乘幂运算。数的方幂或一个方阵的多少次方
\	左除运算。两个可除矩阵相除（a\b 表示 b÷a）
.*	点乘运算。两个同阶矩阵对应元素相乘
./	点除运算。两个同阶矩阵对应元素相除
.^	点乘幂运算。一个矩阵中各个元素的多少次方
.\	点左除运算。两个同阶矩阵对应元素左除

1.3.2 关系运算符

关系运算符主要用于比较数、字符串、矩阵之间的大小或不等关系，其返回值是 0 或 1。关系运算符如表 1-3 所示。

表 1-3　关系运算符

运　算　符	功　　能	运　算　符	功　　能
>	判断大于关系	>=	判断大于等于关系
<	判断小于关系	<=	判断小于等于关系
==	判断等于关系	~	判断不等于关系

说明：如果 A 和 B 都是矩阵，则 A 和 B 必须具有相同的维数，运算时将 A 中的元素和 B 中对应元素进行比较，如果关系成立，则在输出矩阵的对应位置输出 1，反之输出 0。如果其中一个为数，则将这个数与另一个矩阵的所有元素进行比较。无论何种情况，返回结果都是与运算的矩阵具有相同维数的由 0 和 1 组成的矩阵。例如：

```
>> A=[1 8 4];B=[2 4 16];
>> A>=B
ans =
     0     1     0
>> A<=B
ans =
     1     0     1
>> A==B
ans =
     0     0     0
>> A~=B
ans =
     1     1     1
```

1.3.3　逻辑运算符

逻辑运算符主要用于逻辑表达式和逻辑运算，参与运算的逻辑量以 0 代表“假”，以任意非 0 数代表“真”。逻辑表达式和逻辑函数的值以 0 表示“假”，以 1 表示“真”。逻辑运算符如表 1-4 所示。

表 1-4　逻辑运算符

运　算　符	功　　能	运　算　符	功　　能
&	与运算	~	非运算
|	或运算	Xor(a, b)	异或运算

1.4　MATLAB 的矩阵与数组及其运算

1.4.1　矩阵

1．矩阵的产生

矩阵的产生有多种，下面分别进行介绍。

（1）直接列出法

输入一个小矩阵的最简单方法是用直接排列的形式。矩阵用方括号括起来，元素之间用空格或逗号分隔开，矩阵行与行之间用分号分开。如：

```
>> A=[1 2 3 4 5;5 6 8 7 10]
```

即输出为：

```
A =
     1     2     3     4     5
     5     6     8     7    10
```

大的矩阵可以分行输入，用回车键代替分号，如：

```
>>  A=[6  7  8  5  6
        7  5  2  3  4
      11  12  13  14  15]
```

即输出为：

```
A =
     6     7     8     5     6
     7     5     2     3     4
    11    12    13    14    15
```

（2）通过语句和函数产生

MATLAB 提供了如下产生矩阵的函数。

- zeros：产生一个零矩阵。
- ones：生成全 1 矩阵。
- diag：产生一个对角矩阵。
- tril：取一个矩阵的下三角。
- eye：生成单位矩阵。
- triu：取一个矩阵的上三角。
- magic：生成魔术方阵。
- pascal：生成 PASCAL 矩阵。

例如：

```
>> magic(3)
ans =
     8     1     6
     3     5     7
     4     9     2
>> ones(3)
ans =

     1     1     1
     1     1     1
     1     1     1
```

除了以上产生标准矩阵的函数外，MATLAB 还提供了产生随机（向量）矩阵的函数 rand 和 randn，以及产生均匀级数的函数 linspace、产生对数级数的函数 logspace 和产生网格的函数 meshgrid 等。详细使用可参考联机帮助文档。

冒号“：”可以用来产生简易的表格，为了产生纵向表格形式，首先用冒号“：”产生行向量，再进行转置，计算函数值的列，然后形成包含二列的矩阵。例如命令：

```
>> x=(0.0:0.2:3.0)';
>> y=exp(-x).*cos(x);
>> [x y]
```

运行程序，输出结果为：

```
ans =
         0    1.0000
    0.2000    0.8024
    0.4000    0.6174
    0.6000    0.4530
    0.8000    0.3131
    1.0000    0.1988
    1.2000    0.1091
    1.4000    0.0419
    1.6000   -0.0059
    1.8000   -0.0376
    2.0000   -0.0563
    2.2000   -0.0652
    2.4000   -0.0669
    2.6000   -0.0636
    2.8000   -0.0573
    3.0000   -0.0493
```

（3）通过后缀为.m 的命令文件产生

如有文件 data.m，其中包括正文：

```
A=[6   7   8   5   6
   7   5   2   3   4
   11  12  13  14  15]
```

则用 data 命令执行 data.m 可以产生名为 A 的矩阵。

2．矩阵元素

MATLAB 的矩阵元素可以是任何数值表达式。如：

```
>> x=[-1.3,sqrt(3),(1+2+3)*4/5]
```

输出结果为：

```
x =
   -1.3000    1.7321    4.8000
```

在括号中加注下标，可以抽取单独的矩阵元素。如：

```
>> x(5)=abs(x(1))
```

输出结果为：

```
x =
   -1.3000    1.7321    4.8000         0    1.3000
```

注意：结果中自动产生了向量的第 5 个元素，中间未定义的元素自动初始为 0。大的矩阵可将小的矩阵作为其元素来完成，如：

```
>> A=[A;[11 22 33 44 55]]
```

输出结果为：

```
A =
     6     7     8     5     6
     7     5     2     3     4
    11    12    13    14    15
    11    22    33    44    55
```

小矩阵可用“：”从大矩阵中抽取出来，如：

```
>> A=A(1:3,:)
```

输出结果为：

```
A =
     6     7     8     5     6
     7     5     2     3     4
    11    12    13    14    15
```

1.4.2 矩阵的运算

1. 矩阵的加减法

如果矩阵 A 和 B 的维数相同，则 A+B 与 A−B 表示矩阵 A 与 B 的和与差。如果矩阵 A 和 B 的维数不匹配，MATLAB 将给出相应的错误提示信息。如：

```
>> A=[1 2 3;4 5 6;7 8 9];
>> B=[1 4 7;2 5 8;3 6 9];
>> C=A+B
```

运行程序，输出结果为：

```
C =
     2     6    10
     6    10    14
    10    14    18
```

如果运算对象是个标量（即 1×1 矩阵），可与其他矩阵进行加减运算。如：

```
>> x=[-1;0;2];
>> y=x-1
```

运行程序，输出结果为：

```
y =
    -2
    -1
     1
```

2. 矩阵乘法

MATLAB 中的矩阵乘法有通常意义上的矩阵乘法，也有 Kronecker 乘法，下面分别进行介绍。

（1）矩阵的普通乘法

矩阵乘法用“*”符号表示，当 A 矩阵列数与 B 矩阵的行数相等时，二者可以进行乘法运算，否则是错误的。计算方法和线性代数中所介绍的完全相同。如：

```
>> A=[1 2;3 4];B=[5 6;7 8];
>> C=A*B
```

数学计算结果为：

$$C=\begin{pmatrix}1 & 2\\ 3 & 4\end{pmatrix}\times\begin{pmatrix}5 & 6\\ 7 & 8\end{pmatrix}=\begin{pmatrix}1\times5+2\times7 & 1\times6+2\times8\\ 3\times5+4\times7 & 3\times6+4\times8\end{pmatrix}=\begin{pmatrix}19 & 22\\ 43 & 55\end{pmatrix}$$

即 MATLAB 返回：

```
C =
    19    22
    43    50
```

如果 A 与 B 是标量，则 A*B 返回标量 A（或 B）乘上矩阵 B（或 A）的每一个元素所得的矩阵。如：

```
>> D=A*3
```

数学计算结果为：

$$C=\begin{pmatrix}1 & 2\\ 3 & 4\end{pmatrix}\times3=\begin{pmatrix}1\times3 & 2\times3\\ 3\times3 & 4\times3\end{pmatrix}=\begin{pmatrix}3 & 6\\ 9 & 12\end{pmatrix}$$

即 MATLAB 返回：

```
D =
     3     6
     9    12
```

（2）矩阵的 Kronecker 乘法

对 $n\times m$ 阶矩阵 A 和 $p\times q$ 阶矩阵 B，A 和 B 的 Kronecker 乘法运算可定义为：

$$C=A\otimes B=\begin{pmatrix}a_{11}B & a_{12}B & \cdots & a_{1m}B\\ a_{21}B & a_{22}B & \cdots & a_{2m}B\\ \vdots & \vdots & & \vdots\\ a_{n1}B & a_{n2}B & \cdots & a_{nm}B\end{pmatrix}$$

由上面的式子可以看出，Kronecker 乘积 $A\otimes B$ 表示矩阵 A 的所有元素与 B 之间的乘积组合而成的较大的矩阵，$B\otimes A$ 则完全类似。$A\otimes B$ 和 $B\otimes A$ 均为 $np\times mq$ 矩阵，但一般情况下，$A\otimes B\neq B\otimes A$。和普通矩阵的乘法不同，Kronecker 乘法并不要求两个被乘矩阵满足任何维数匹配方面的要求。Kronecker 乘法的 MATLAB 命令为 C=kron(A, B)，如给出两个矩阵 A 和 B：

$$A=\begin{pmatrix}1 & 2\\ 3 & 4\end{pmatrix},\quad B=\begin{pmatrix}1 & 3 & 2\\ 2 & 4 & 6\end{pmatrix}$$

则由以下命令可以求出 A 和 B 的 Kronecker 乘积 C：

```
>> A=[1 2;3 4];B=[1 3 2;2 4 6];
```

```
>> C=kron(A,B)
C =
     1     3     2     2     6     4
     2     4     6     4     8    12
     3     9     6     4    12     8
     6    12    18     8    16    24
```

作为比较，可以计算 B 和 A 的 Kronecker 乘积 D，可以看出 C、D 是不同的：

```
>> A=[1 2;3 4];B=[1 3 2;2 4 6];
>> D=kron(B,A)
D =
     1     2     3     6     2     4
     3     4     9    12     6     8
     2     4     4     8     6    12
     6     8    12    16    18    24
```

3．矩阵除法

在 MATLAB 中有两种矩阵除法符号："\"即左除和"/"即右除。如果 A 矩阵是非奇异方阵，则 A\B 是 A 的逆矩阵乘 B，即 inv(A)*B；而 B/A 是 B 乘 A 的逆矩阵，即 B*inv(A)。具体计算时不用逆矩阵而直接计算。

通常，x=A\B 就是 A*x=B 的解，x=B/A 就是 x*A=B 的解。

当 B 与 A 矩阵行数相等可进行左除。如果 A 是方阵，用高斯消元分解因数。解方程：A*x(:,j)=B(:, j)，式中的(:, j)表示 B 矩阵的第 j 列，返回的结果 x 具有与 B 矩阵相同的阶数，如果 A 是奇异矩阵将给出警告信息。

如果 A 矩阵不是方阵，可由以列为基准的 Householder 正交分解法分解，这种分解法可以解决在最小二乘法中的欠定方程或超定方程，结果是 $m \times n$ 的 x 矩阵。m 是 A 矩阵的列数，n 是 B 矩阵的列数。每个矩阵的列向量最多有 k 个非零元素，k 是 A 的有效秩。

4．矩阵乘方

A^P 的含义是 A 的 P 次方。如果 A 是一个方阵，P 是一个大于 1 的整数，则 A^P 表示 A 的 P 次幂，即 A 自乘 P 次。如果 P 不是整数，计算涉及特征值和特征向量的问题，如已经求得[V, D]=eig(A)，则 A*P=V*D.^P（注：这里的.^表示数组乘方，或点乘方）。

如果 B 是方阵，a 是标量，a^B 就是一个按特征值与特征向量的升幂排列的 B 次方程阵。如果 a 和 B 都是矩阵，则 a^B 是错误的。

5．矩阵的超越函数

在 MATLAB 中解释 exp(A)和 sqrt(A)时曾涉及级数运算，此运算定义在 A 的单个元素上。MATLAB 可以计算矩阵的超越函数，如矩阵指数、矩阵对数等。

一个超越函数可以作为矩阵函数来解释，例如，将 m 加在函数名的后面而成 expm(A)和 sqrtm(A)。当 MATLAB 运行时，包括下列 3 种函数。

- ❑ expm：矩阵指数。
- ❑ logm：矩阵对数。
- ❑ sqrtm：矩阵开方。

所列各项可以在多种 M 文件中使用 funm。可参考 sqrtm.m、logm.m 和 fum.m 文件和命令手册。

1.4.3　数组

在 MATLAB 中数组就是一行或者一列的矩阵，所以前面介绍的矩阵的输入与修改保存都适用于数组，同时 MATLAB 还提供了一些创建数组的特殊命令形式。

（1）linspace(a, b, n)

将区间[a, b]等分成 n 个数据。即将区间[a, b]做 n−1 等分，公差为$\frac{b-a}{n-1}$。

（2）logspace(a, b, n)

在区间$[10^a,10^b]$上创建一个包含 n 个数据的等比数列，公式为$10^{\frac{b-a}{n-1}}$。

例如，在命令窗口中输入：

```
>> linspace(0,1,6)   %将区间[0,1]等分成 5 等分、6 个数据点，公差为 0.2
ans =
         0    0.2000    0.4000    0.6000    0.8000    1.0000
>> logspace(0,1,6)%在区间 [10^0,10^1] 上创建一个包含 6 个数据的等比数列，公比为 10^0.2
ans =
    1.0000    1.5849    2.5119    3.9811    6.3096   10.0000
```

1.4.4　数组运算

1．数组的加减

数组的加减运算的运算符号为“+”、“−”。例如：

```
>> x=[1 2 3];
>> y=[5 6 9];
>> z=x+y
```

运行结果为：

```
z =
     6     8    12
```

2．数组的乘除运算

MATLAB 提供了功能独特的数组乘“.*”，数组除“.\”或“./”运算。

设 $x=(x_1,x_2,\cdots,x_n)$，$y=(y_1,y_2,\cdots,y_n)$，则：

$$x.*y=(x_1y_1,x_2y_2,\cdots,x_ny_n)$$

$$x.\backslash y=\left(\frac{y_1}{x_1},\frac{y_2}{x_2},\cdots,\frac{y_n}{x_n}\right)$$

$$x./y=\left(\frac{x_1}{y_1},\frac{x_2}{y_2},\cdots,\frac{x_n}{y_n}\right)$$

显然，在进行除法运算时，要求每个除数均不为零，否则系统将给出警告提示。

例如，若输入数组：

```
>> x=[1 2 3];
>> y=[5 6 9];
```

然后分别输入命令：

```
>> z1=x.*y
z1 =
     5    12    27
>> z2=x./y
z2 =
    0.2000    0.3333    0.3333
>> z3=x.\y
z3 =
     5     3     3
```

3．数组的乘方

数组的乘方用符号“.^”来表示，它有 3 种形式。

（1）向量的向量次方

例如，在命令窗口中输入以下命令：

```
>> x=[1 2 3];
>> y=[4 5 6];
>> z=x.^y
```

运行程序，输出结果为：

```
z =
           1          64       19683
```

它的数学意义是 $z=(1^5,2^6,3^9)=(1,64,19683)$。

（2）向量的数量次方

例如，在命令窗口中输入以下命令：

```
>> x=[1 2 3];
>> z=x.^3
```

运行程序，输出结果为：

```
z =
     1     8    27
```

它的数学意义是 $z=(1^2,2^2,3^2)=(1,8,27)$。

（3）数量的向量次方

例如，在命令窗口中输入以下命令：

```
>> x=[1 2 3];
>> z=3.^x
```

运行程序，输出结果为：

```
z =
     3     9    27
```

它的数学意义是 $z=(3^1,3^2,3^3)=(3,9,27)$。

1.5　矩阵函数

MATLAB 的数学能力大部分是从它的矩阵函数派生出来的，其中一部分装入 MATLAB 本身，它从外部的 MATLAB 建立的 M 文件库中得到，还有一些是由个别的用户为自己的特殊用途加进去的。其他功能函数在求助程序或命令手册中都可找到。手册中备有为 MATLAB 提供数学基础的 LINPACK 和 EISPACK 软件包，提供了以下 4 种情况的分解函数或变换函数。

1.5.1　三角分解

最基本的分解为 LU 分解，矩阵分解为两个基本三角矩阵形成的方阵，三角矩阵有上三角矩阵和下三角矩阵。计算算法用高斯变量消去法。

从 lu 函数中可以得到分解出的上三角与下三角矩阵，从 inv 函数中可以得到矩阵的逆矩阵，从 det 函数中可以得到矩阵的行列式。解线性方程组的结果由方阵的“\”和“/”矩阵除法得到。

例如：

```
>> A=[1 3 5;7 5 6;3 7 9];
```

LU 分解，用 MATLAB 的多重赋值语句：

```
L =
    0.1429    0.4706    1.0000
    1.0000         0         0
    0.4286    1.0000         0
U =
    7.0000    5.0000    6.0000
         0    4.8571    6.4286
         0         0    1.1176
```

注意：L 是下三角矩阵的置换，U 是上三角矩阵的正交变换，分解做如下运算，检测计算结果只需计算 L*U 即可。

求逆由下式给出：

```
>> x=inv(A)
x =
    0.0789    0.2105   -0.1842
   -1.1842   -0.1579    0.7632
    0.8947    0.0526   -0.4211
```

从 LU 分解得到的行列式的值是精确的，d=det(U)*det(L)的值可由下式给出：

```
>> d=det(A)
d =
    38
```

直接由三角分解计算行列式：

```
>> d=det(L)*det(U)
d =
   38.0000
```

为什么两种 d 的显示格式不一样呢？当 MATLAB 做 det(A)运算时，所有 A 的元素都是整数，所以结果为整数。但是用 LU 分解计算 d 时，L、U 的元素是实数，所以 MATLAB 产生的 d 也是实数。

例如，线性联立方程取：

```
>> b=[1;3;5];
```

解 Ax=b 方程，用 MATLAB 矩阵得到：

```
>> x=A\b
```

输出结果为：

```
x =
   -0.2105
    2.1579
   -1.0526
```

由于 A=L*U，所以 x 也可由以下两个式子计算：y=L\b，x=U\y。得到相同的 x 值，中间值 y 为：

```
>> y=L\b
y =
    3.0000
    3.7143
   -1.1765
```

MATLAB 中与此相关的函数还有 rcond、chol 和 rref，其基本算法与 LU 分解密切相关。chol 函数对正定矩阵进行 Cholesky 分解，产生一个上三角矩阵，以使 R/*R=X.rref 用具有部分主元的高斯-若尔当消去法产生矩阵 A 的化简梯形形式。虽然计算量很少，但它是很有趣的理论线性代数。

1.5.2 正交变换

QR 分解用于矩阵的正交-三角分解。它将矩阵分解为实正交矩阵或复酉矩阵与上三角矩阵的乘积，对方阵和长方阵都很有用。

例如：

```
>> A=[1 2 3;4 5 6;7 8 9;10 11 12];
```

是一个降秩矩阵，中间列是其他二列的平均，对它进行 QR 分解：

```
>> [Q,R]=qr(A)
Q =
   -0.0776   -0.8331    0.5405   -0.0885
   -0.3105   -0.4512   -0.6547    0.5209
   -0.5433   -0.0694   -0.3121   -0.7763
```

```
   -0.7762      0.3124      0.4263      0.3439
R =
  -12.8841   -14.5916   -16.2992
         0    -1.0413    -2.0826
         0          0    -0.0000
         0          0          0
```

可以验证 Q*R 就是原来的 A 矩阵。由于 R 的下三角都为 0，且 R(3,3)=0.0000，说明矩阵 R 与原来矩阵 A 都不是满秩的。

下面尝试利用 QR 分解来求超定和降秩的线性方程组的解。

例如：

```
b =[  1
      3
      5
      7]
```

讨论线性方程组 Ax=b，可以知道方程组是超定的，采用最小二乘法的最好结果是计算 x=A\b。

输出结果为：

```
Warning: Rank deficient, rank = 2,   tol = 1.4594e-014.
x =
     0.5000
          0
     0.1667
```

我们得到了缺秩的警告。用 QR 分解法计算此方程组分两个步骤：

```
>> y=Q'*b;
>> x=R\y;y
```

求出的 y 值为：

```
Warning: Rank deficient, rank = 2,   tol = 1.4594e-014.
y =
    -9.1586
    -0.3471
     0.0000
    -0.0000
```

x 的结果为：

```
x =
     0.5000
          0
     0.1667
```

用 A*x 来验证计算结果，会发现在允许的误差范围内结果等于 b。这告诉我们虽然联立方程 Ax=b 是超定和降秩的，但两种求解方法的结果是一致的。显然，x 向量的解有无穷多个，而 QR 分解仅仅找出了其中之一。

1.5.3 奇异值分解

在 MATLAB 中三重赋值语句：

```
>> [U,S,V]=svd(A)
U =
   -0.1409    0.8247    0.5405   -0.0885
   -0.3439    0.4263   -0.6547    0.5209
   -0.5470    0.0278   -0.3121   -0.7763
   -0.7501   -0.3706    0.4263    0.3439
S =
   25.4624         0         0
         0    1.2907         0
         0         0    0.0000
         0         0         0
V =
   -0.5045   -0.7608   -0.4082
   -0.5745   -0.0571    0.8165
   -0.6445    0.6465   -0.4082
```

在奇异值分解中产生 3 个因数：

```
A=U*S*V'
```

U 矩阵和 V 矩阵是正交矩阵，S 矩阵是对角矩阵，svd(A)函数恰好返回 S 的对角元素，且是 A 的奇异值（其定义为矩阵 A'*A 的特征值的算术平方根）。注意，A 矩阵可以不是方阵的矩阵。

奇异值分解可被其他几种函数使用，包括广义逆矩阵 pinv(A)、秩 rank(A)、欧几里得矩阵范数 norm(A,2)和条件数 cond(A)。

1.5.4 特征值分解

如果 A 是 $n \times n$ 矩阵，若 λ 满足 $Ax = \lambda x$，则称 λ 为 A 的特征值，x 为相应的特征向量。

函数 eig(A)返回特征值列向量，如果 A 是实对称的，特征值为实数。特征值也可能为复数，例如：

```
>> A=[0 1
      -1 0]
>> eig(A)
```

输出结果为：

```
ans =
        0 + 1.0000i
        0 - 1.0000i
```

如果还要求出特征向量，则可以用 eig(A)函数的第二个返回值得到：

```
[x,D]=eig(A)
```

D 的对角元素是特征值。x 的列是相应的特征向量，以使 A*x=x*D。

计算特征值的中间结果有两种形式：

Hessenberg 形式为 hess(A)，Schur 形式为 schur(A)。

Schur 形式用来计算矩阵的超越函数，如 sqrtm(A)和 logm(A)。

如果 A 和 B 是方阵，函数 eig(A, B)返回一个包含一般特征值的向量来解方程：

$$Ax=\lambda Bx$$

双赋值获得特征向量：

[X, D]=eig(A, B)

产生特征值为对角矩阵 D。满秩矩阵 X 的列相应于特征向量，使 A*X=B*X*D，中间结果由 qz(A,B)提供。

1.5.5　矩阵的秩

MATLAB 计算矩阵 A 的秩的函数为 rank(A)，与秩的计算相关的函数还有 rref(A)、orth(A)、null(A)和广义逆矩阵 pinv(A)等。

利用 rref(A)，A 的秩为非 0 行的个数。rref 方法是几个定秩算法中最快的一个，但结果并不可靠、完善。pinv(A)是基于奇异值的算法。该算法消耗时间虽多，但比较可靠。其他函数的详细用法可利用 help 的帮助文档进行了解。

例如，在命令窗口中输入：

```
>> A=[2 3 8;9 6 3];
>> pinv(A)
ans =
   -0.0472    0.0939
    0.0029    0.0462
    0.1357   -0.0408
>> rref(A)
ans =
    1.0000         0   -2.6000
         0    1.0000    4.4000
```

1.6　符 号 运 算

（1）合并同类项函数：collect

其调用格式为：

R=collect(S)：对于多项式 S 中的每一函数，collect(S)按默认变量 x 的次数合并系数。

R=collect(S,v)：对指定的变量 v 计算，操作同上。

【例 1-2】collect 函数示例。

在命令窗口中输入以下代码：

```
>> syms x y;
R1 = collect((exp(x)+x)*(x+2))
R2 = collect((x+y)*(x^2+y^2+1), y)
R3 = collect([(x+1)*(y+1),x+y])
```

运行程序，输出结果为：

```
R1 =
     x^2+(exp(x)+2)*x+2*exp(x)
R2 =
     y^3+x*y^2+(x^2+1)*y+x*(x^2+1)
R3 =
     [ (y+1)*x+y+1,              x+y]
```

（2）复合计算函数：compose

其调用格式为：

compose(f,g)：返回复合函数 f[g(y)]，其中 f=f(x)，g=g(x)。其中符号 x 为函数 f 中由命令 findsym(f)确定的符号变量，符号 y 为函数 g 中由命令 findsym(g)确定的符号变量。

compose(f,g,z)：返回复合函数 f[g(z)]，其中 f=f(x)，g=g(y)，符号 x、y 为函数 f、g 中由命令 findsym 确定的符号变量。

compose(f,g,x,z)：返回复合函数 f[g(z)]，令变量 x 为函数 f 中的自变量 f=f(x)。令 x=g(z)，再将 x=g(z)代入函数 f 中。

compose(f,g,x,y,z)：返回复合函数 f[g(z)]。令变量 x 为函数 f 中的自变量 f=f(x)，而令变量 y 为函数 g 中的自变量 g=g(y)。令 x=g(y)，再将 x=g(y)代入函数 f=f(x)中，得 f[g(y)]，最后用指定的变量 z 代替变量 y，得 f[g(z)]。

【例 1-3】compose 函数示例。

在命令窗口中输入以下代码：

```
>> clear all;
syms x y z t u;
f = 1/(1 + x^2); g = sin(y); h = x^t; p = exp(-y/u);
A1=compose(f,g)              %令 x=g=sin(y)，再替换 f 中的变量 x=findsym(f)
A2=compose(f,g,t)            %令 x=g=sin(t)，再替换 f 中的变量 x=findsym(f)
A3=compose(h,g,x,z)          %令 x=g=sin(z)，再替换 h 中的变量 x
A4=compose(h,g,t,z)          %令 t=g=sin(z)，再替换 h 中的变量 t
A5=compose(h,p,x,y,z)        %令 x=p(y)=sqrt(-y/u)，替换 h 中的变量 x，再将 y 换成 z
A6=compose(h,p,t,u,z)        %令 t=p(u)=sqrt(-y/u)，替换 h 中的变量 t，再将 u 换成 z
```

运行程序，输出结果为：

```
A1 =
     1/(sin(y)^2+1)
A2 =
     1/(sin(t)^2+1)
A3 =
     sin(z)^t
A4 =
     x^sin(z)
A5 =
     exp(-z/u)^t
A6 =
     x^exp(-y/z)
```

（3）符号复数的共轭函数：conj

其调用格式为：

conj(X)：返回符号复数 X 的共轭复数。

【例 1-4】 conj 函数示例。

X=real(X)+i*imag(X)，则 conj(X)=real(X)−i*imag(X)。

（4）符号复数的实数部分函数：real

其调用格式为：

real(Z)：返回符号复数 Z 的实数部分。

（5）符号复数的虚数部分函数：imag

其调用格式为：

imag(Z)：返回符号复数 Z 的虚数部分。

（6）设置变量的精度函数：digits

其调用格式为：

digits：显示当前可变算术精度的位数。

digits(d)：设置当前的可变算术精度的位数为整数 d 位。

d = digits：返回当前的可变算术精度位数给 d。

注意：设置有意义的十进制数值的、在 Maple 软件中用作可变算术精度（命令为：vpa）计算的数字位数，其默认值为 32 位数字。

【例 1-5】 digits 函数示例。

在命令窗口中输入以下代码：

```
>> z = 1.0e-16  %z 为一很小的数
x = 1.0e+2      %x 为较大的数
digits(14)
y = vpa(x*z+1)  %大数 1 “吃掉” 小数 x*y
digits(15)
y = vpa(x*z+1)  %防止 “去掉” 小数 x*y
```

运行程序，输出结果为：

```
z =
   1.0000e-016
x =
   100
y =
   1.0000000000000
y =
   1.00000000000001
```

（7）将符号转换为 MATLAB 的数值形式函数：double

其调用格式为：

R=double(S)：将符号对象 S 转换为数值对象 R。若 S 为符号常数或表达式常数，double 返回 S 的双精度浮点数值表示形式；若 S 中的每一元素是符号常数或表达式常数的符号矩阵，double 返回 S 中每一元素的双精度浮点数值表示的数值矩阵 R。

【例 1-6】double 函数示例。

在命令窗口中输入以下代码：

```
>> gold_ratio=double(sym('(sqrt(5)-1)/2')) %计算黄金分割率
T=sym(hilb(4))
R=double(T)
```

运行程序，输出结果为：

```
gold_ratio =
    0.6180
T =
    [   1, 1/2, 1/3, 1/4]
    [ 1/2, 1/3, 1/4, 1/5]
    [ 1/3, 1/4, 1/5, 1/6]
    [ 1/4, 1/5, 1/6, 1/7]
 R =
    1.0000    0.5000    0.3333    0.2500
    0.5000    0.3333    0.2500    0.2000
    0.3333    0.2500    0.2000    0.1667
    0.2500    0.2000    0.1667    0.1429
```

（8）符号表达式的展开函数：expand

其调用格式为：

R=expand(S)：对符号表达式 S 中每个因式的乘积进行展开计算。该命令通常用于计算多项式函数、三角函数、指数函数与对数函数等表达式的展开。

【例 1-7】expand 函数示例。

在命令窗口中输入以下代码：

```
>> syms x y a b c t
R1=expand((x-2)*(x-4)*(y+a))
R2=expand(sin(x+y))
R3=expand(exp((a+b)^2))
R4=expand(log(a*b/sqrt(c)))
R5=expand([sin(2*t), cos(2*t)])
```

运行程序，输出结果为：

```
R1 =
    x^2*y+x^2*a-6*x*y-6*x*a+8*y+8*a
R2 =
    sin(x)*cos(y)+cos(x)*sin(y)
R3 =
    exp(a^2)*exp(a*b)^2*exp(b^2)
R4 =
    log(a*b/c^(1/2))
R5 =
    [ 2*sin(t)*cos(t),      2*cos(t)^2-1]
```

（9）符号因式分解函数：factor

其调用格式为：

factor(X)：参量 X 可以是正整数、符号表达式矩阵或符号整数矩阵。若 X 为一正整数，则 factor(X)返回 X 的质数分解式。若 X 为多项式或整数矩阵，则 factor(X)分解矩阵的每一元素。若整数矩阵中有一元素位数超过 16 位，用户必须用命令 sym 生成该元素。

【例 1-8】factor 函数示例。

在命令窗口中输入以下代码：

```
>> syms a b x y
C1=factor(x^5-y^3)
C2=factor([a^3-b^3,x^2+y^2])
C3=factor(sym('12345678998765432101593 57'))
```

运行程序，输出结果为：

```
C1 =
    x^5-y^3
C2 =
    [ (a-b)*(a^2+a*b+b^2),                    x^2+y^2]
C3 =
    (3)*(11)*(17)^2*(479)*(32242613353)*(8381803)
```

（10）符号表达式的分子与分母函数：numden

其调用格式为：

[N,D]=numden(A)：将符号或数值矩阵 A 中的每一元素转换成整系数多项式的有理式形式，其中分子与分母是相对的。输出的参量 N 为分子的符号矩阵，输出的参量 D 为分母的符号矩阵。

【例 1-9】numden 函数示例。

```
>> syms x y a b c d;
[n1,d1] = numden(sym(cos(4/5)))
[n2,d2] = numden(x/y + y/x)
A=[a,a/b;1/b,1/a];
[n3,d3]=numden(A)
```

运行程序，输出结果为：

```
n1 =
    6275376153204837
d1 =
    9007199254740992
n2 =
    x^2+y^2
d2 =
    x*y
n3 =
    [ a, a]
    [ 1, 1]
d3 =
    [ 1, b]
    [ b, a]
```

（11）搜索符号表达式的最简形式函数：simple

其调用格式为：

r=simple(S)：该命令试图找出符号表达式 S 的代数上的简单形式，显示任意的能使表达式 S 长度变短的表达式，且返回其中最短的一个。若 S 为一矩阵，则结果为整个矩阵的最短形式，而非每一个元素的最简形式。若没有输出参量 r，则该命令将显示所有可能使用的算法与表达式，同时返回最短的一个。

[r, how]=simple(S)：没有显示中间的化简结果，但返回能找到的最短的一个。输出参量 r 为一符号，how 为一字符串，用于表示算法。

【例 1-10】simple 函数示例。

在命令窗口中输入以下代码：

```
>> syms x
r1=simple(cos(x)^3+sin(x)^3)
r2=simple(2*sin(x)^2-cos(x)^2)
r3=simple(sin(x)^2-cos(x)^2)
r4=simple(cos(x)+(-sin(x)^2)^(1/2))
r5=simple(sin(x)+i*2*cos(x))
r6=simple((x+2)*x*(x-2))
r7=simple(x^3+2*x^2+2*x+1)
[r8,how]=simple(cos(3*acos(x)))
```

运行程序，输出结果为：

```
r1 =
     cos(x)^3+sin(x)^3
r2 =
     3*sin(x)^2-1
r3 =
     -cos(2*x)
r4 =
     cos(x)+i*sin(x)
r5 =
     sin(x)+2*i*cos(x)
r6 =
     x^3-4*x
r7 =
     x^3+2*x^2+2*x+1
r8 =
     4*x^3-3*x
how =   expand
```

（12）符号表达式的化简函数：simplify

其调用格式为：

R=simplify(S)：使用 Maple 软件中的化简规则，将化简符号矩阵 S 中的每一元素。

【例 1-11】simplify 函数示例。

在命令窗口中输入以下代码：

```
>> syms x a b c
R1=simplify(sin(x)^4 + cos(x)^3)
R2=simplify(exp(c*log(sqrt(a+b))))
S=[(x^2+5*x+6)/(x+2),sqrt(16)];
R3=simplify(S)
```

运行程序，输出结果为：

```
R1 =
    cos(x)^3+1-2*cos(x)^2+cos(x)^4
R2 =
    (a+b)^(1/2*c)
R3 =
    [ x+3,    4]
```

（13）符号矩阵的维数函数：size

其调用格式为：

d = size(X)：若 A 为 m×n 阶的符号矩阵，则输出结果 d=[m, n]。

[m,n] = size(X)：分别返回矩阵 A 的行数 m、列数 n。

m = size(X,dim)：返回由标量 n 指定的 A 方向的维数。n=1 为行方向，n=2 为列方向。

【例 1-12】size 函数示例。

在命令窗口中输入以下代码：

```
>> m = size(rand(2,3,4),2)
d = size(rand(2,3,4))
[m,n,p] = size(rand(2,3,4))
```

运行程序，输出结果为：

```
m =      3
d =
     2     3     4
m =      2
n =      3
p =      4
```

（14）代数方程的符号解析解函数：solve

其调用格式为：

solve(eq)：输入参量 eq 可以是符号表达式或字符串。若 eq 是一符号表达式 x^2-2*x-1 或一没有等号的字符串‘x^2-2*x-1’，则 solve(eq)对方程 eq 中的默认变量（由命令 findsym(eq) 确定的变量）求解方程 eq=0。若输出参量 g 为单一变量，则对于有多重解的非线性方程，g 为一行向量。

solve(eq,var)：对符号表达式或没有等号的字符串 eq 中指定的变量 var 求解方程 eq(var)=0。

solve(eq1,eq2,⋯,eq*n*)：输入参量 eq1, eq2,⋯, eq*n* 可以是符号表达式或字符串。该命令对方程组 eq1, eq2,⋯, eq*n* 中由命令 findsym 确定的 *n* 个变量如 x1, x2,⋯, x*n* 求解。若 g 为一单个变量，则 g 为一包含 *n* 个解的结构；若 g 为有 *n* 个变量的向量，则分别返回结果给相应的变量。

g=solve(eq1,eq2,⋯,eq*n*,var1,var2,⋯,var*n*)：对方程组 eq1, eq2,⋯, eq*n* 中指定的 *n* 个变量如 var1, var2,⋯, var*n* 求解。

注意：对于单个的方程或方程组，若不存在符号解，则返回方程（组）的数值解。

【例 1-13】solve 函数示例。

在命令窗口中输入以下代码：

```
>> syms a b c x y
g1=solve('a*x^2 + b*x + c')
g2=solve('a*x^2 + b*x + c','b')
g3=solve('x + y = 1','x - 11*y = 5')
A = solve('a*u^2 + v^2', 'u - v = 1', 'a^2 - 5*a + 6')
```

运行程序，输出结果为：

```
g1 =
    -1/2*(b-(b^2-4*a*c)^(1/2))/a
    -1/2*(b+(b^2-4*a*c)^(1/2))/a
g2 =
    -(a*x^2+c)/x
g3 =
    x: [1x1 sym]
    y: [1x1 sym]
A =
    a: [4x1 sym]
    u: [4x1 sym]
    v: [4x1 sym]
```

（15）以共同的子表达式形式重写一符号表达式函数：subexpr

其调用格式为：

[Y,SIGMA] = subexpr(X,SIGMA)

[Y,SIGMA] = subexpr(X,'SIGMA')

说明：找出符号表达式 X 中相同的子表达式，再结合命令 pretty(X)将 X 中相同的、比较复杂的子字符串用符号%1，%2，…代替。而用命令 pretty(Y)将 Y 中相同的、比较复杂的子字符串用符号 SIGMA 代替。

【例 1-14】subexpr 函数示例。

在命令窗口中输入以下代码：

```
>> t=solve('a*x^3+b*x^2+c*x+d = 0');
[r,s]=subexpr(t,'s');
pretty(r)
```

运行程序，输出结果为：

```
      [       1/3                        2           ]
      [      s               3 c a - b            ]
      [1/6 ---- - 2/3 ----------- - 1/3 b/a]
      [       a                        1/3         ]
      [                               a s           ]

      [               1/3                          2
      [              s                    3 c a - b
      [- 1/12 ---- + 1/3 ----------- - 1/3 b/a
      [               a                          1/3
```

```
[                          a s

                      /        1/3                              2\]
                  1/2 |       s                3 c a - b |]
  + 1/2 i 3        |1/6 ---- + 2/3 ----------|]
                      |        a                              1/3   | ]
                      \                          a s          /]

[             1/3                             2
[            s                  3 c a - b
[- 1/12 ---- + 1/3 ---------- - 1/3 b/a
[            a                      1/3
[                          a s

                      /        1/3                              2\]
                  1/2 |       s                3 c a - b |]
  - 1/2 i 3       |1/6 ---- + 2/3 ----------|]
                      |        a                              1/3   | ]
                      \                          a s          /]
```

（16）特征多项式函数：poly

其调用格式为：

p=poly(A)：若 A 为一数值阵列，则返回矩阵 A 的特征多项式的系数，且有命令 poly(sym(A))近似等于 poly2sym(poly(A))，其近似程度取决于舍入误差的大小。若 A 为一符号矩阵，则返回矩阵 A 的变量为 x 的特征多项式。

p=poly(A,v)：若带上参量 v，则返回变量为 v 的特征多项式。

【例 1-15】poly 函数示例。

在命令窗口中输入以下代码：

```
>> syms z
A=hilb(4);
p=poly(A)
q=poly(sym(A))
s=poly(sym(A),z)
```

运行程序，输出结果为：

```
p =
    1.0000    -1.6762     0.2652    -0.0017     0.0000
q =
    x^4-176/105*x^3+3341/12600*x^2-41/23625*x+1/6048000
s =
    z^4-176/105*z^3+3341/12600*z^2-41/23625*z+1/6048000
```

（17）将多项式系数向量转化为带符号变量的多项式函数：poly2sym

其调用格式为：

r=poly2sym(c)：将系数在数值向量 c 中的多项式转化成相应的带符号变量的多项式（按次数的降幂排列）。默认的符号变量为 x。

r=poly2sym(c, v)：若带上参量 v，则符号变量用 v 显示。poly2sym 使用命令 sym 的默认转换模式（有理形式）将数值型系数转换为符号常数。该模式将数值转换成接近的整数比值的表达式，否则用 2 的幂指数表示。若 x 有一数值值，且命令 sym 能将 c 的元素精确表示，则 eval(poly2sym(c))的结果与 polyval(c, x)相同。

【例 1-16】 poly2sym 函数示例。

在命令窗口中输入以下代码：

```
>> r1=poly2sym([1 3 2])
r2=poly2sym([.694228, .333, 6.2832])
r3=poly2sym([1 0 1 -1 2], y)
```

运行程序，输出结果为：

```
r1 =
    x^2+3*x+2
r2 =
    6253049924220329/9007199254740992*x^2+333/1000*x+3927/625
r3 =
    y^4+y^2-y+2
```

（18）将复杂的符号表达式显示成习惯的数学书写形式函数：pretty

其调用格式为：

pretty(S)：用默认的线型宽度 79 显示符号矩阵 S 中的每一元素。

【例 1-17】 pretty 函数示例。

```
>> A=sym(pascal(3));
B=eig(A)
pretty(B)    %多看几次结果，会发现该命令的特点
syms x
y=log(x)/sqrt(x);
dy=diff(y)
pretty(dy)
```

运行程序，输出结果为：

```
B =
           1
 4+15^(1/2)
 4-15^(1/2)
                  [      1      ]
                  [             ]
                  [          1/2]
                  [4 + 15       ]
                  [             ]
                  [          1/2]
                  [4 - 15       ]
dy =
    1/x^(3/2)-1/2*log(x)/x^(3/2)
    1          log(x)
   ---- - 1/2 ------
    3/2          3/2
    x            x
```

（19）从一符号表达式中或矩阵中找出符号变量函数：findsym

其调用格式为：

r=findsym(S)：以字母表的顺序返回表达式 S 中的所有符号变量（注：符号变量为由字母（除 i 与 j 外）与数字构成的、以字母开头的字符串）。若 S 中没有任何的符号变量，则 findsym 返回一空字符串。

r=findsym(S,n)：返回字母表中接近 x 的 n 个符号变量。

【例 1-18】findsym 函数示例。

在命令窗口中输入以下代码：

```
>> syms a x y z t alpha heta
R1=findsym(cos(pi*t*alpha+heta))
R2=findsym(x+i*y-j*z+eps-nan)
R3=findsym(a+y,pi)
```

运行程序，输出结果为：

```
R1 =
    alpha, heta, t
R2 =
    NaN, x, y, z
R3 =
    a, y
```

（20）函数的反函数：finverse

其调用格式为：

g=finverse(f)：返回函数 f 的反函数。其中 f 为单值的一元数学函数，如 f=f(x)。若 f 的反函数存在，设为 g，则有 g[f(x)]=x。

g=finverse(f,v)：若符号函数 f 中有几个符号变量时，对指定的符号自变量 v 计算其反函数。若其反函数存在，设为 g，则有 g[f(v)]=v。

【例 1-19】finverse 函数示例。

在命令窗口中输入以下代码：

```
>> syms x p q u v
g1=finverse(1/((x^3+p)*(x^3+q)))
g2=finverse(exp(u-2*v),u)
```

运行程序，输出结果为：

```
Warning: finverse(1/(x^3+p)/(x^3+q)) is not unique.
> In sym.finverse at 48
g1 =
    1/2/x*((-4*x*q-4*x*p+4*(x^2*q^2-2*x^2*q*p+x^2*p^2+4*x)^(1/2))*x^2)^(1/3)
g2 =
    2*v+log(u)
```

（21）嵌套形式的多项式的表达式函数：horner

其调用格式为：

R=horner(P)：若 P 为一符号多项式的矩阵，该命令将矩阵的每一元素转换成嵌套形式的表达式 R。

【例 1-20】horner 函数示例。

在命令窗口中输入以下代码：

```
>> syms x y
horner(x^3-6*x^2+11*x-6)
horner([x^2+x;y^3-2*y])
```

运行程序，输出结果为：

```
R1 =
     -6+(11+(-6+x)*x)*x
R2 =
     [ (1+x)*x  ]
     [(-2+y^2)*y ]
```

（22）符号表达式求和函数：symsum

其调用格式为：

r=symsum(s)：对符号表达式 s 中的符号变量 k（由命令 findsym(s)确定的）从 0 到 k−1 求和。

r=symsum(s,v)：对符号表达式 s 中指定的符号变量 v 从 0 到 v−1 求和。

r=symsum(s,a,b)：对符号表达式 s 中的符号变量 k（由命令 findsym(s)确定的）从 a 到 b 求和。

r=symsum(s,v,a,b)：对符号表达式 s 中指定的符号变量 v 从 a 到 b 求和。

【例 1-21】symsum 函数示例。

在命令窗口中输入以下代码：

```
>> syms k n x
r1=symsum(k^2)
r2=symsum(k)
r3=symsum(sin(k*pi)/k,0,n)
r4=symsum(k^2,0,10)
%为使 k!通过 MATLAB 表达式的检验，必须将其作为一符号表达式
r5=symsum(x^k/sym('k!'), k, 0,inf)
```

运行程序，输出结果为：

```
r1 =
     1/3*k^3-1/2*k^2+1/6*k
r2 =
     1/2*k^2-1/2*k
r3 =
     -1/2*sin(k*(n+1))/k+1/2*sin(k)/k/(cos(k)-1)*cos(k*(n+1))- 1/2*sin(k)/k/(cos(k)-1)
r4 =
     385
r5 =
     exp(x)
```

1.7 字符串、元胞和结构

除了前面介绍的数值（double）和逻辑（logical）数据以外，常用的数据类型还有字符（char）、元胞（cell）和结构（structure）。由此进一步组成字符数组（char array）、元胞数组（cell array）和结构数组（structure array）。尽管 MATLAB 中也有单精度数值型和整数型数据，但不常使用。

1.7.1 字符串

MATLAB 字符串用单引号对来标识，其数据类型为字符数组。

例如：

```
>> A1='Hello MATLAB'
A1 =
>> A2='MATLAB 你好!'     %注意是单引号，不是双引号，在 MATLAB 中不认识双引号
A2 =
MATLAB 你好!
>> A=[A1,'.',A2,'.']     %字符串拼接
A =
Hello MATLAB.MATLAB 你好!.
>> size(A)
ans =
     1     23            %共 19 个字符，一个中文字可看作一个字符
>> length(A)             %注意 size 与 length 的区别，可参考联机帮助文档
ans =
        23
```

注意：如果 MATLAB 中文输入出现困难，可先写在记事本上，再粘贴到表达式中。

字符串可按 ASCII 码与数值相互换算。例如：

```
>> B=double(A)           %将字符数组 A 转化为数值数组 B
B =
  Columns 1 through 9
  72     101    108     108     111     32     77     65     84
  Columns 10 through 18
  76     65     66     46     77     65     84     76     65
  Columns 19 through 23
  66     20320    22909     33     46   %中文 ASCII 码 21508、20301、22909 很大
>> C=char(B)             %将数值数组 B 转化为字符数组 C
C =
Hello MATLAB.MATLAB 你好!.
```

数字字符串与数值之间可以用 num2str 和 str2num 转换。一个数组的元素要么都是数值，要么都是字符，数值要转换为字符串后才可以与其他字符串出现在同一数组中。如：

```
>> A=12;B=sqrt(A);
>> C=[num2str(A),'的开方等于',num2str(B)]
```

```
C =
    12 的开方等于 3.4641
```

MATLAB 命令可以定义成一个字符串，然后使用 eval 使该字符串所表达的 MATLAB 命令得到执行。如：

```
>> fun='x.^2.*sin(x)';
>> x1=1;y=eval(fun)
y =
   x^2*sin(x)
>> x=1:3;y=eval(fun)
y =
   0.8415      3.6372      1.2701
```

1.7.2 元胞和结构

无论是数值数组还是字符数组，其数据结构必须是整齐的。首先数值和字符不能混合，其次小数组拼接成大数组时，其尺寸（size）必须相符（agree）。如：

```
>> a=['first';'second']
??? Error using ==> vertcat
CAT arguments dimensions are not consistent.
```

将不同类型、不同尺寸（size）的数组加大括号“{}”，可构成一个元胞（cell）。几个元胞可以构成元胞数组。如：

```
>> Ac1={'first';1:3};
>> Ac2={'second';[1 2;6 8]};
>> Ac=[Ac1,Ac2]
Ac =
        'first'              'second'
        [1x3 double]      [2x2 double]
>> size(Ac)
ans =
        2        2
>> Ac(2,1)        %小括号，查询 Ac 的第 2 行第 1 列元素
ans =
        [1x3 double]
>> Ac{2,1}        %大括号，查询 Ac 的第 2 行第 1 列元素的具体内容
ans =
      1        2        3
```

一个结构通过“域”来定义，比元胞更丰富、更灵活。几个结构可以合成一个结构数组，但其域名必须一致。如：

```
>> As1.f1='fisrt'; As1.f2=1:3;
>> As2.f1='second';As2.f2=[1 2;6 8];
>> As=[As1;As2]
As =
    2x1 struct array with fields:
    f1
    f2
```

```
>> size(As)   %注意其 size 结果与元胞数组的不同
ans =
     2     1
>> As(1)
ans =
        f1: 'fisrt'
        f2: [1 2 3]
>> As(2).f2
ans =
     1     2
     6     8
>> As.f2
ans =
     1     2     3
ans =
     1     2
     6     8
```

元胞数组与结构数组之间可以用 struct2cell 和 cell2struct 函数进行适当的转换。如：

```
>> Bc=struct2cell(As)
Bc =
        'fisrt'          'second'
        [1x3 double]     [2x2 double]
>> Bs=cell2struct(Ac,{'one','two'},1)      %定义域名，并指定域名的维数
Bs =
        2x1 struct array with fields:
        one
        two
>> Bs.two
ans =
     1     2     3
ans =
     1     2
     6     8
```

查看 Workspace 的类型，并观察其字节数。如：

```
>> whos
  Name      Size            Bytes  Class     Attributes
  A         1x1                 8  double
  A1        1x12               24  char
  A2        1x9                18  char
  Ac        2x2               318  cell
  Ac1       2x1               154  cell
  Ac2       2x1               164  cell
  As        2x1               446  struct
  As1       1x1               282  struct
  As2       1x1               292  struct
  B         1x1                 8  double
  Bc        2x2               318  cell
  Bs        2x1               446  struct
```

```
C        1x13          26   char
ans      2x2           32   double
fun      1x12          24   char
x        1x3           24   double
x1       1x1            8   double
y        1x3           24   double
```

1.8 符号计算局限性和 Maple 调用

1.8.1 符号计算局限性

符号计算可以处理函数运算、矩阵计算、微积分、代数方程、微分方程和作图等问题，并有可解析求解、可任意精度、使用方便等突出优点，被许多用户喜爱。但是，我们必须认识到，符号计算有很大的局限性，所以从工程意义上来说，其价值远远不及 MATLAB 数值计算。符号计算主要有下列缺陷：

（1）许多问题没有解析解，一般无法用符号计算求解。

（2）速度太慢，尤其是高维问题。

（3）数值近似求解算法参数设置不够灵活，往往不能满足实际需要。

（4）不能处理离散数据分析、最优化等常见工程问题。

所以通常 Symbolic 指令主要作为“符号计算器”作解析运算，数值计算一般不提倡用 Symbolic 指令。应该说，符号计算与数值计算具有很好的互补性，充分利用它们各自的长处，可以更好地发挥 MATLAB 软件的效率为我们服务。

【例 1-22】求解微分方程 $y'=t+\sin(y)$， $y(0)=1,0<t<1$。

在命令窗口中输入以下代码：

```
>> dsolve('Dy=t+sin(y)','y(0)=1')                   %符号运算求解出现错误
Warning: Explicit solution could not be found.
> In dsolve at 333
ans =
      [ empty sym ]
>> [t,y]=ode45(inline('t+sin(y)','t','y'),[0 1],1)    %很容易用数值计算求解
t =
          0
    0.0250
    0.0500
    ……
    0.9750
    1.0000
y =
    1.0000
    1.0215
    ……
    2.3712
    2.4129
```

【例 1-23】求方程组$\begin{cases} 4x - y + \dfrac{1}{10}e^x = 1, \\ -x + 4y + \dfrac{1}{8}x^2 = 0 \end{cases}$的实根。

其实现的 MATLAB 代码如下：

```
>> syms x y;
s=solve(4*x-y+exp(x)/10-1,-x+4*y+x^2/8,x,y)
s =
    x: [1x1 sym]
    y: [1x1 sym]
>> vpa([s.x,s.y],5)    %求得一个解，但不是实根
 ans =
    [ 5.5440+3.7952*i, .87560-.36623*i]
```

【例 1-24】计算$B = \begin{bmatrix} 1+1 & 1 & \cdots & 1 \\ 1 & 4+1 & \cdots & 1 \\ \vdots & \vdots & & \vdots \\ 1 & 1 & \cdots & n^2+1 \end{bmatrix}$的逆和其逆的行列式。

解：符号计算可以求出准确解，但速度很慢。数值计算求得近似解，速度很快。其实现的 MATLAB 代码如下：

```
>> clear all;
tic
n=50;
A=sym(1:n);
B=diag(A.^2)+ones(n,n);
C=inv(B);
det(C)
toc
ans =
1/2428292577231634649473709721003487128410946219033422544933821986553009069859
16778464912234587886433975717068800000000000000000000000
Elapsed time is 7.042232 seconds.
>> clear all;
tic
n=50;
A=1:n;
B=diag(A.^2)+ones(n,n);
C=inv(B);
det(C)
toc
ans =
  4.1181e-130
Elapsed time is 0.316777 seconds.
```

1.8.2 Maple 调用

MATLAB 的符号工具箱是从另一著名的数学软件 Maple 移植而来的，但只涉及 Maple

最常用的一部分。MATLAB 的符号工具箱提供了以下几个命令连接 Maple，以扩展其计算能力。

- mhelp：查阅 Maple 函数帮助。
- maple('Maple 命令')：执行 Maple 命令。
- mfun：执行 Maple 的特殊函数。
- mfunlist：能用 mfun 调用的 Maple 的特殊函数列表。
- procread：读入 Maple 程序。

例如：

```
>> mhelp index                              %可以找到帮助目录，其中有 packages
Index of Help Descriptions
Calling Sequence
      ?index[category]     or     help(index, category)
Description
- The following categories of topics are available in the help subsystem:
     expression    operators for forming expressions
     function      list of Maple functions and commands
     misc          miscellaneous facilities
     module        topics related to modules
     packages      descriptions of library packages
     procedure     topics related to procedures and programming
     statement     list of Maple statements
   To access these help pages, you must prefix the category with index, thus ?
  index[category].
See Also
examples,index
>> mhelp index[package]                     %可以找到 Maple 程序包列表，其中有 student
>> mhelp student;                           %程序包 student 介绍
>> mhelp extrema                            %这是求极值问题的指令
```

【例 1-25】求二元函数 $f(x,y)=e^{xy}$ 在 $x=1, y=0$ 的三阶 Taylor 展开式。

解：MATLAB 符号工具箱没有二元函数 Taylor 展开命令，调用 Maple 命令 mtaylor 求解。其实现的代码如下：

```
>> mhelp mtaylor                            %先查看 mtaylor 的用法
mtaylor - multivariate Taylor series expansion
Calling Sequence
      mtaylor(f, v)
      mtaylor(f, v, n)
      mtaylor(f, v, n, w)
…… ……
>> maple('mtaylor(exp(x*y),[x=1,y=0],4)')  %三阶 Taylor 展开式，参数用 4
ans =
      1+y+(x-1)*y+1/2*y^2+y^2*(x-1)+1/6*y^3
```

【例 1-26】求 $f(x,y)=xy$ 的极值，约束条件 $x^2+y^2+a^2=1$，这里 a 为参数。

解：MATLAB 符号工具箱没有符号最优化命令，调用 Maple 命令 extrema 求解。

```
>> mhelp extrema                            %先查看 extrema 的用法
```

```
extrema - find relative extrema of an expression
Calling Sequence
      extrema(expr, constraints)
      extrema(expr, constraints, vars)
      extrema(expr, constraints, vars, 's')
……  ……
>> maple('extrema((x*y,x^2+y^2+a^2=1),{x,y});')
ans =
    {min(1/2-1/2*a^2,-1/2+1/2*a^2), max(1/2-1/2*a^2,-1/2+1/2*a^2)}
```

第 2 章　MATLAB 的程序与图形

本章主要介绍 MATLAB 的程序设计和 MATLAB 作图方法。

MATLAB 语言与其他计算机语言一样，可以用来进行编程。充分利用 MATLAB 数据结构的特点，可以使程序结构简单，提高编程效率。

2.1　程 序 结 构

程序的结构有顺序结构、分支结构和循环结构 3 种。任何复杂的程序都是由这 3 种基本结构构成的。

2.1.1　顺序结构

顺序结构是指按照程序中语句的排列顺序执行，直到程序的最后一个语句。这是最简单的一种程序结构。一般涉及数据的输入、计算或处理、输出等内容。

1．数据的输入

从键盘上输入数据，可以使用 input 函数，其调用格式为：

a=input（提示信息，选项）：其中，提示信息为一个字符串，用于提示用户输入什么样的数据。

例如，从键盘输出正整数 n，可以采用以下命令来完成。

```
n=input('输入正整数 n=');
```

执行该语句时，首先在屏幕上显示提示信息“输入正整数 n=”，然后等待用户从键盘上输入正整数 n 的值。

如果在 input 函数调用时采用's'选项，则允许用户输入一个字符串。例如，想输入一个人的姓名，可采用命令：

```
name=input('请输入姓名', 's')
```

2．数据的输出

MATLAB 提供的命令窗口输出函数主要包括 disp 和 fprintf。disp 函数的调用格式为：

disp(输出项)：输出项可以是字符串，也可以是矩阵。例如：

```
>> A='您好';
>> disp(A)
```

输出结果为：

```
        您好
```

又如：

```
>> A=[1 4 7;2 5 8;3 6 9];
>> disp(A)
```

输出结果为：

```
     1     4     7
     2     5     8
     3     6     9
```

fprintf 函数最常见的使用方式用以下例子来说明。

若输入命令：

```
fprintf('圆周率 pi=%10.9f',pi)
```

则会按浮点型数输出含 9 位小数、1 位整数的圆周率近似值，其输出结果为：

```
圆周率 pi=3.141592654
```

若输入命令：

```
>> n=24; fprintf('n=%d',n)
```

则会按整型数输出 n 的值，其输出结果为：

```
n=24
```

若输入命令：

```
>> n=24;fprintf('n=%f',n)
```

则会按浮点型数输出 n 的值，其输出结果为：

```
n=24.000000
```

3．程序的暂停

当程序运行时，为了查看程序的中间结果或观看输出的图形，有时需要暂停程序的执行，这时可以使用 pause 函数，其调用格式为：

pause(延迟秒数)

如省略延迟秒数，则将暂停程序，直到用户按任意键后程序继续执行。

2.1.2　分支结构

分支结构是根据给定的条件成立或不成立，分别执行下面的语句。MATLAB 用于实现分支结构的语句有 if 语句和 switch 语句。

1．if 语句

在 MATLAB 中，if 语句有 3 种形式。

（1）单分支 if 语句

```
if   条件
     语句组
end
```

当条件成立时，则执行语句组，执行完之后继续执行 if 语句的后继语句，若条件不成立，则直接执行 if 语句的后继语句。

（2）双分支语句

```
if  条件
    语句组 1
else
    语句组 2
end
```

当条件成立时，执行语句组 1，否则执行语句组 2，语句组 1 或语句组 2 执行后，再执行 if 语句的后继语句。

【例 2-1】 计算以下分段函数的值：

$$y=\begin{cases}\dfrac{\sin x}{x}, & x\neq 0\\ 1, & x=0\end{cases}$$

在命令窗口中输入以下代码：

```
fprintf('n=%d',n)
n=24>> n=24;fprintf('n=%f',n)
n=24.000000>> clear all;
x=input('请输入 x=');
if x~=0
    y=sin(x)/x;
else
    y=1;
end
y
```

在 MATLAB 命令窗口中输入 x=3.5，按 Enter 键，其输出结果如下：

```
请输入 x=3.5
y =
    -0.1002
```

（3）多分支 if 语句

```
if      表达式 1
            语句组 1
elseif  表达式 2
            语句组 2
   ……
elseif  表达式 m
            语句组 m
    else
            语句组 n
end
```

如果逻辑表达式 1 的值为真，则执行语句 1；如果为假，则判断逻辑表达式 2，如果为真，则执行语句 2……，否则向下执行，直至执行到 end 为止。

if 条件语句可以嵌套使用，但是 if 语句和 end 语句必须成对出现。

【例 2-2】 多分支 if 条件语句使用示例。

在 M 文件编辑器中输入以下命令：

```
n=input('n=')
%判断输入数的正负性
if n<=0 a='negative'
    %判断输入是否为空
    elseif isempty(n)==1
        a='empty'
        %除 2 取余数，判断奇偶性
    elseif rem(n,2)==0
        a='even'
    else
        a='odd'
end
```

输出结果为：

```
n =      []
a =   empty
n =      3
a =   odd
n =      -2
a = negative
```

2．switch 语句

switch 语句根据表达式的取值不同，分别执行不同的语句，其语句格式为：

```
switch   表达式
    case  表达式 1
           语句组 1
    case  表达式 2
           语句组 2
     ……
    case  表达式 m
           语句组 m
    otherwise
        语句组 n
end
```

当表达式的值等于表达式 1 的值时，执行语句组 1；当表达式的值等于表达式 2 的值时，执行语句组 2……当表达式的值等于表达式 m 的值时，执行语句组 m；当表达式的值不等于 case 所列的表达式的值时，执行语句组 n。当任意一个分支语句执行完成后，直接执行 switch 语句的下一句。例如：

```
var=input('var=?');
switch var
    case 1
    disp('var=1');
    case {2,3,4}
        disp('var=2 or 3 or 4');
    case 5
        disp('var=5');
```

```
    otherwise
        disp('other value');
end
```

2.1.3 循环结构

循环是指按照给定的条件，重复执行指定的语句。这是一种十分重要的程序结构。MATLAB 用于实现循环结构的语句有 for 语句和 while 语句。

1．for 语句

for 语句的格式为：

```
    for  循环变量=表达式 1:表达式 2:表达式 3
         循环体语句
    end
```

其中，表达式 1 的值为循环变量的初值，表达式 2 的值为步长，表达式 3 的值为循环变量的终值。步长为 1 时，表达式 2 可以省略。

for 语句执行过程为：首先计算 3 个表达式的值，再将表达式 1 的值赋给循环变量，如果此时循环变量的值介于表达式 1 和表达式 3 的值之间，则执行循环体语句，否则结束循环的执行。执行完一次循环之后，循环变量自增一个表达式 2 的值，然后再判断循环变量的值是否介于表达式 1 和表达式 3 之间，如果满足，仍然执行循环体，直到不满足为止。这时将结束 for 语句的执行，而继续执行 for 语句的后继语句。

【例 2-3】编程输入范德蒙德型的矩阵。

$$A=\begin{bmatrix}(-1)^0 & (-1)^1 & (-1)^2 & (-1)^3 & (-1)^4\\ 0^0 & 0^1 & 0^2 & 0^3 & 0^4\\ 1^0 & 1^1 & 1^2 & 1^3 & 1^4\\ 2^0 & 2^1 & 2^2 & 2^3 & 2^4\\ 3^0 & 3^1 & 3^2 & 3^3 & 3^4\end{bmatrix}$$

在 MATLAB 命令窗口中输入以下代码：

```
>> clear all;
x=[-1,0,1,2,3]';              %定义 5 维列向量 x
for i=1:1:5                   %行控制变量 i 从 1～5，步长为 1
    for j=1:1:5               %列控制变量 j 从 1～5，步长为 1
        A(i,j)=x(i)^(j-1);    %对矩阵元素 A(i,j)赋值
    end
end
A
```

运行程序，输出结果为：

```
A =
     1    -1     1    -1     1
     1     0     0     0     0
     1     1     1     1     1
     1     2     4     8    16
     1     3     9    27    81
```

在实际的 MATLAB 编程中，采用循环语句会降低其执行速度，应尽可能多地利用向量来设计程序。如上述程序可改写成以下更简明的形式：

```
clear all;
x=[-1,0,1,2,3]';                %定义 5 维列向量 x
for j=1:5                       %列控制变量 j 从 1～5，步长为 1
        A(i,j)=x(i)^(j-1);      %对矩阵元素 A 的 j 列赋值
end
A
```

由于 MATLAB 支持向量运算，上述问题可以改用单循环来处理。由此可见，MATLAB 语句较其他语言的编程效率更高、更方便。

2．while 语句

while 语句的一般格式为：

```
    while   (条件)
            循环体语句
    end
```

while 语句的执行过程为：若条件成立，则执行循环体语句，执行后再判断条件是否成立，如果成立，则继续执行循环体语句，如果不成立则跳出循环。

【例 2-4】 while 循环语句使用示例。

在 M 文件编辑器中输入以下命令：

```
%计算 1999 以内的 fibnacci 数
f(1)=1;f(2)=2
n=1;
while f (n)+f(n +1)<1999
    f(n +2)=f(n)+f(n +1);
    n = n +1
end
f
```

程序输出结果为：

```
n =
    15
f =
  Columns 1 through 9
  1      2      3      5      8      13     21     34     55
  Columns 10 through 16
  89     144    233    377    610    987    1597
```

3．break 语句和 continue 语句

break 语句与 if 语句配合使用时，一般用来控制流程中断；而当 break 语句出现在循环体中时，程序执行到该语句，会跳出当前循环，继续执行循环语句的下一语句。

continue 语句一般出现在循环体中，当执行到该语句时，程序将跳过循环体中所有剩下的语句，继续下一次循环。

【例 2-5】（角谷猜想）任何一个大于 1 的整数，如果是偶数，将其除以 2；如果是奇

数，将其乘以 3 再加 1，反复运算。试问：有使这个过程不中止的正整数吗？

在 MATLAB 命令窗口中输入以下代码：

```
>> clear all;
n=input('请输入一个大于 1 的正整数 n=');
if n<=0
    disp('输入的数为负数或零，程序中断')
    break
end
while n>1
    if rem(n,2)==0
        n=n/2
    else
        n=3*n+1
    end
end
```

从程序的运行结果中可以发现，没有使这个过程不终止的正整数。

2.2 M 文件

1. 主程序文件结构

通常，MATLAB 主程序文件由以下两部分组成。

（1）有关程序的功能、使用方法等内容的注释部分

主程序前面的若干行通常是程序的注释，每行以“%”开始。注释可以使用汉字。注释是对程序用途的说明，也包括了运行时对用户输入数据的要求。这些注释是很有必要的，它增加了程序的可读性。在执行程序时，MATLAB 将不执行“%”后直到行末的全部文字。MATLAB 规定，在输入“help 文件名”时，屏幕上会将该文件中以“%”符号开始的最前面几行的内容显示出来，使用户知道如何使用。“%”符号也可以放在程序行的后面做注释，MATLAB 将不执行该字符后的任何注释内容。

（2）程序的主体

由若干条 MATLAB 函数命令组成，实现程序设计功能。通常用 clear、close all 等语句开始，清除掉工作空间中原有的变量和图形，以避免其他已执行程序的残留数据对本程序的影响。如果文件中有全局变量，即子程序与主程序公用的变量，应在程序的起始部分注明。其语句为：

```
Global  变量名 1  变量名 2 ……
```

为了改善可读性，要注意流程控制语句的缩进及与 end 的对应关系。另外，程序中必须都用半角英文字母和符号（只有单引号“' ”括住的和“%”后的内容可用汉字）。特别要注意英文和汉字的有些标点符号（如句号“。”、冒号“：”、逗号“，”、分号“；”、引号“” ”乃至“%”、“=”、“（）”等），看起来很相似，其实代码不同。若使用错误，不但程序执行不通，还会导致计算机死机。因此，输入程序时，最好从头到尾用英文

和半角标点符号，不要插入汉字。汉字可在程序调试完毕后加入。

注意在给主程序文件取文件名时，应按 MATLAB 标识符的要求起文件名，并加上后缀.m。文件名中不允许用汉字，因为这个文件名也就是 MATLAB 的调用命令，MATLAB 系统是不认汉字的。

2．主程序文件的运行方式

主程序文件的运行方式通常包括以下两种：

（1）在 MATLAB 的命令窗口中运行。在 MATLAB 的命令窗口中直接输入程序文件名（或 run 程序文件名），回车后系统即开始执行文件中的程序。

（2）在编程窗口中运行，通过编辑窗口打开所要运行的文件，然后再运行。

主程序文件中的语句可以对 MATLAB 工作空间中的所有数据进行运算操作。

例如，列出求素数的程序。所谓素数就是只能被它自身和 1 除尽的数。MATLAB 程序如下：

```
%求素数（prime number）的程序      →程序用途的说明注释
%用户由键盘输入正整数 N      →程序使用说明注释
%列出从 2～N 的全部素数
clear;    →程序主体开始处
close all
N=input('N=\n');
x=2:N;                                  %列出从 2～N 的全部自然数
for u=2:sqrt(N)                         %依次列出除数（最大到 N 的平方根）
    n=find(rem(x,u)==0&x~=u);           %找出能被 u 除尽而 u 不等于 x 的序号
    x(n)=[]; %忽略该数
end;
x    %循环结束显示结果
```

将此程序以文件名 prime.m 存入 MATLAB 搜索目录下，然后在 MATLAB 命令窗口中输入 prime，系统即开始执行该程序。它首先要求用户输入 N，然后计算数值小于 N 的素数。

给出 N=35，结果为：

```
x =
     2     3     5     7    11    13    17    19    23    29    31
```

若在 MATLAB 命令窗口中输入 help prime 命令，屏幕上将显示：

```
求素数（prime number）的程序
用户由键盘输入正整数 N
列出从 2～N 的全部素数
```

3．函数文件结构

与主程序文件不同的另一类 M 文件就是函数文件。它与主程序文件的主要区别有三点。

（1）由 function 开头，后跟的函数名必须与文件名相同。

（2）有输入输出变元（变量），可进行变量传递。

（3）除非用 global 声明，程序中的变量均为局部变量，不保存在工作空间中。

通常，函数文件由以下 5 部分构成：

① 函数定义行。

② H1 行。

③ 函数帮助文本。

④ 函数体。

⑤ 注释。

下面以 MATLAB 的函数文件 mean.m 为例，来说明函数文件的各个部分。在命令窗口中输入：

```
>> type mean
```

屏幕将显示函数文件 mean.m 的内容为：

```
function y = mean(x,dim)                    %函数定义行
%MEAN    Average or mean value.  %H1 行
%     For vectors, MEAN(X) is the mean value of the elements in X. For %函数帮助文本
%     matrices, MEAN(X) is a row vector containing the mean value of
%     each column.   For N-D arrays, MEAN(X) is the mean value of the
%     elements along the first non-singleton dimension of X.
%
%     MEAN(X,DIM) takes the mean along the dimension DIM of X.
%
%     Example: If X = [0 1 2
%                      3 4 5]
%
%     then mean(X,1) is [1.5 2.5 3.5] and mean(X,2) is [1
%                                                        4]
%
%     Class support for input X:
%        float: double, single
%
%     See also MEDIAN, STD, MIN, MAX, VAR, COV, MODE.
%     Copyright 1984-2005 The MathWorks, Inc.
%     $Revision: 5.17.4.3 $   $Date: 2005/05/31 16:30:46 $
if nargin==1,                                    %函数主体
  % Determine which dimension SUM will       %注释
  dim = min(find(size(x)~=1));
  if isempty(dim), dim = 1; end
  y = sum(x)/size(x,dim);
else
  y = sum(x,dim)/size(x,dim);
end
```

❑ 函数定义行：function y=mean(x, dim)

function 为函数定义的关键字，mean 为函数名，y 为输出变量，x 和 dim 为输入变量。

注意： 当函数具有多个输出变量时，则以方括号括起；当函数具有多个输入变量时，则直接用圆括号括起。例如，function [x, y, z]=sphere (theta, phi, rho)。当函数不包含输出变量时，则直接省略输出部分或采用空方括号表示。例如，function printresults(x); function []= printresults(x)。

所有在函数中使用和生成的变量都为局部变量（除非利用 global 语句定义），这些变量值只能通过输入和输出变量进行传递。例如，变量 y 是函数 mean 的局部变量，当 mean.m 文件执行完毕后，这些变量值会自动消失，不会保存在工作空间中。如果在该文件执行前，工作空间中已经有同名的变量，系统会将两者看作各自无关的变量，不会混淆。这样，调用子程序时即不必考虑其中的变量与程序变量冲突的问题。如果希望把两者看成同一变量，则必须在主程序和子程序中都加入 global 语句，对此共同变量作出说明。

给输入变量 x 赋值时，应将 x 变换成主程序中的已知变量，假如它是一个已知向量或矩阵 Z，可写成 mean(Z)，该变量 Z 通过变量替换传递给 mean 函数后，在子程序内，它就变成了局部变量 x。

- H1 行：%MEAN   Average or mean value

在函数文件中，其第二行一般是注释行，这一行称为 H1 行，实际上它是帮助文本中的第一行。H1 行不仅可以由"help 函数文件名"命令显示，而且 lookfor 命令只在 H1 行内搜索，因此这一行内容提供了该函数的重要信息。

- 函数帮助文本

这一部分内容是从 H1 行开始到第一个非%开头行结束的帮助文本，它用来比较详细地说明这一函数。当在 MATLAB 命令窗口下执行"help 函数文件名"时，可显示出 H1 行和函数帮助文本。

- 函数体

函数体是完成指定功能的语句实体，它可采用任何可用的 MATLAB 命令，包括 MATLAB 提供的函数和用户自己设计的 M 函数。

- 注释

注释行是以%开头的行，它可出现在函数的任意位置，也可加在语句行之后，以便对本行进行解释。

在函数文件中，除了函数定义行和函数体之外，其他部分都是可以省略的，不是必须有的。但作为一个函数，为了提高函数的可用性，应加上 H1 行和函数帮助文本；为了提高函数的可读性，应加上适当的注释。

下面的例子是多输入变量函数 logspace，用于生成等比的数组，其程序为：

```
function y=logspace(a1,a2,n)
% logspace 对数的均分数组
% logspace(a1,a2)在 10^a1 与 10^a2 之间生成长度为 50 的对数数组
% 如果 a2 为 pi，则这些点在 10^a1 和 pi 之间
% logspace(a1,a2,n)的数组长度为 n
if nargin==2      %输入变量分析及 n 的默认值设置
    n=50;
end;
if a2==pi          %a2 为 pi 时的设置
    a2=log10(pi);
end
y=(10).^[a1+(0:n-2)*(a2-a1)/(n-1),a2];    %将结果返回到输出变量
```

在本例中使用了特定变量 nargin 表示输入变量的数目。当只有两个输入变量时，它默

认设定 n=50。nargin 和表示输出变量数目的变量 nargout 是很有用的，它们是 MATLAB 的永久变量，通常根据 nargin 和 nargout 的数目不同而调用不同的程序段，从而体现它的智能作用。

例如，写出非线性函数

$$y=\frac{1}{(x-0.3)^2+0.01}+\frac{1}{(x-0.9)^2+0.04}-6$$

的函数文件，用于对微分方程作数值积分或求解任意非线性方程时调用。函数文件名取为 humps，则可写出如下函数文件 humps.m：

```
function [out1,out2]=humps(x)
% 由 QUADDEMO、ZERODEMO 和 FPLOTDEMO 等函数调用的一个函数
% humps(x)是一个在 x=0.3 和 x=0.9 附近有尖锐极大值的函数
% [X,Y]=HUMPS(x)在无输入时，HUMPS 将使用 x=0:0.5:1 返回 X
% 例如 plot (humps)
% 参看 QUADDEMO、ZERODEMO 和 FPLOTDEMO
if nargin==0
    x=0:0.05:1;
end
y=1./((x-0.3).^2+0.1)+1./((x-0.9).^2+0.4)-6;
if nargout==2
    out1=x;
    out2=y;
else
    out1=y;
end
```

程序中的运算都采用元素群算法，以保证此函数可按元素群调用。MATLAB 中几乎所有的函数都能用元素群运算，所以自编的子程序也要尽量满足这个要求。

此函数的联机帮助信息可以由下面的命令获得：

```
>> help humps
  由 QUADDEMO、ZERODEMO 和 FPLOTDEMO 等函数调用的一个函数
  humps(x)是一个在 x=0.3 和 x=0.9 附近有尖锐极大值的函数
  [X,Y]=HUMPS(x)在无输入时，HUMPS 将使用 x=0:0.5:1 返回 X
  例如 plot (humps)
  参看 QUADDEMO、ZERODEMO 和 FPLOTDEMO
```

2.3 MATLAB 的二维图形

MATLAB 不但擅长于矩阵相关的数值运算，也适合用于各种科学可视化表示（scientific visualization）。本节将介绍 MATLAB 基于 xy 平面的各项绘图命令。

2.3.1 一般二维图形

MATLAB 的二维基本绘图函数如表 2-1 所示。

表 2-1　MATLAB 基本绘图函数

函 数 名	函 数 功 能
plot	x 轴和 y 轴均为线性刻度（linear scale）
loglog	x 轴和 y 轴均为对数刻度（logarithmic scale）
semilogx	x 轴为对数刻度，y 轴为线性刻度
semilogy	x 轴为线性刻度，y 轴为对数刻度

plot 命令打开一个称为图形窗口的窗口，将坐标轴缩扩以适应并绘制数据。如果已经存在一个图形窗口，则 plot 命令会清除当前图形窗口的图形，绘制新的图形。

其调用格式为：

plot(y)：当 y 为向量时，是以 y 的分量为纵坐标，以元素序号为横坐标，用直线依次连接数据点，绘制曲线。若 y 为实矩阵，则按列绘制每列对应的曲线，图中曲线数等于矩阵的列数。

plot(x, y)：若 y 和 x 为同维向量，则以 x 为横坐标，y 为纵坐标绘制连线图。若 x 是向量，y 是行数或列数与 x 长度相等的矩阵，则绘制多条不同色彩的连线图，x 被作为这些曲线的共同横坐标。若 x 和 y 为同型矩阵，则以 x,y 对应元素为横坐标分别绘制曲线，曲线条数等于矩阵的列数。

plot(x1, y1, x2, y2,…)：在此格式中，每对 x,y 必须符合 plot(x, y)中的要求，不同对之间没有影响，命令将对每一对 x,y 绘制曲线。

以上 3 种格式中的 x,y 都可以是表达式。plot 是绘制一维曲线的基本函数，但在使用此函数之前，需先定义曲线上每一点的 x 及 y 坐标。下例可绘制出一条余弦曲线，效果如图 2-1 所示。

在 MATLAB 命令窗口中输入以下代码：

```
>> close all;clear all;
x=linspace(0,2*pi,50);        %100 个点的 x 坐标
y=cos(x);                     %对应的 y 坐标
plot(x,y);
```

若要绘制多条曲线，如图 2-2 所示，只需将坐标对依次放入 plot 函数即可：

```
>> plot(x,cos(x),x,sin(x));
```

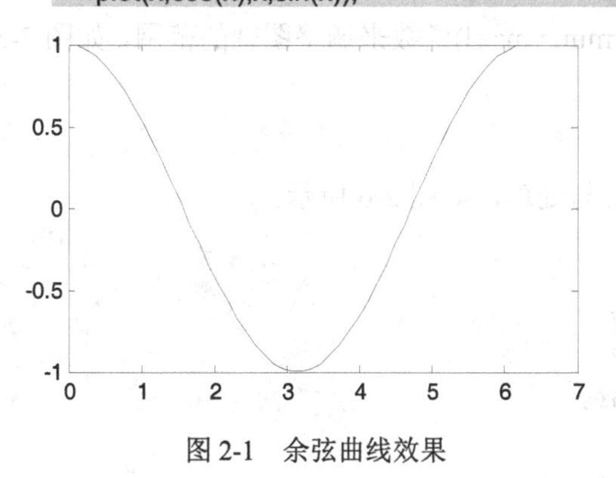

图 2-1　余弦曲线效果

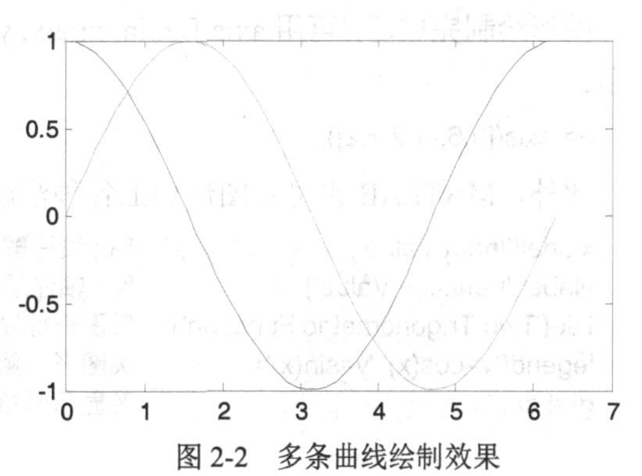

图 2-2　多条曲线绘制效果

若要改变颜色，如图 2-3 所示，在坐标对后面加上相关字串即可：

```
>> plot(x,cos(x),'b',x,sin(x),'r');
```

若要同时改变颜色及图的线型（line style），如图 2-4 所示，也是在坐标对后面加上相关字串即可：

```
>> plot(x,cos(x),'mo',x,sin(x),'r*');
```

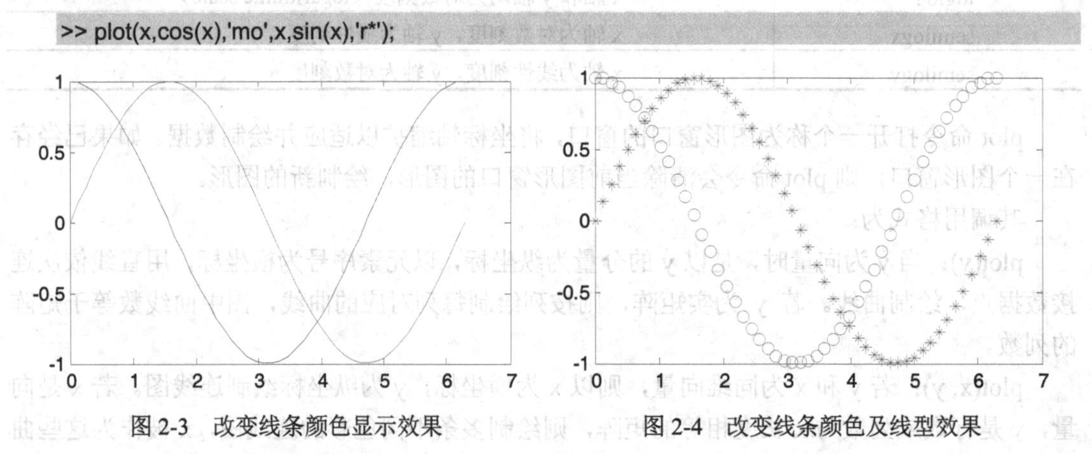

图 2-3　改变线条颜色显示效果　　图 2-4　改变线条颜色及线型效果

从上面的例子中可知，通过 plot 绘图函数的参数可以为所绘图形选择不同的颜色和图的线型。plot 绘图函数的参数如表 2-2 所示。

表 2-2　plot 绘图函数的参数

符　号	说　明	符　号	说　明	符　号	说　明
y	黄色	+	+	*	*
k	黑色	.	点	-	实线
w	白色	o	圆	:	点线
b	蓝色	x	叉	-.	点虚线
g	绿色	∨	三角形（向下）	--	虚线
r	红色	∧	三角形（向上）	s	正方形
c	亮青色	<	三角形（向左）	d	菱形
m	锰紫色	>	三角形（向右）	p	五角星形
				h	六角星形

图形绘制完成后，可用 axis([xmin, xmax, ymin, ymax])函数来调整图轴的范围，如图 2-5 所示。

```
>> axis([0,6,-1.2,1.2]);
```

此外，MATLAB 也可对图形加上各种注解与处理，如图 2-6 所示。

```
xlabel('Input Value');                    %x 轴注解
ylabel('Function Value');                 %y 轴注解
title('Two Trigonometric Function');      %图形标题
legend('y=cos(x)','y=sin(x)');            %图形注解
grid on;                                  %显示网格线
```

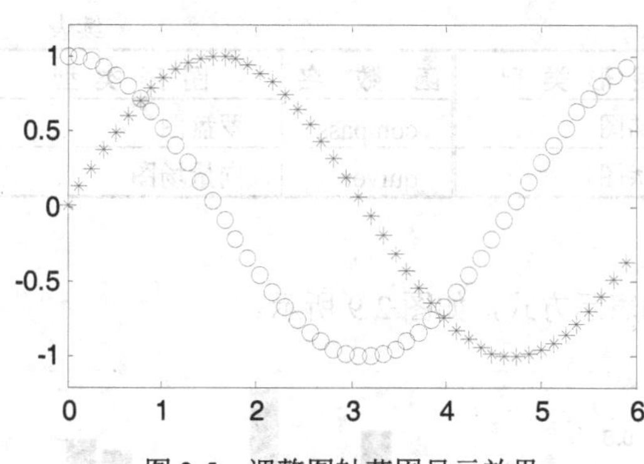

图 2-5　调整图轴范围显示效果

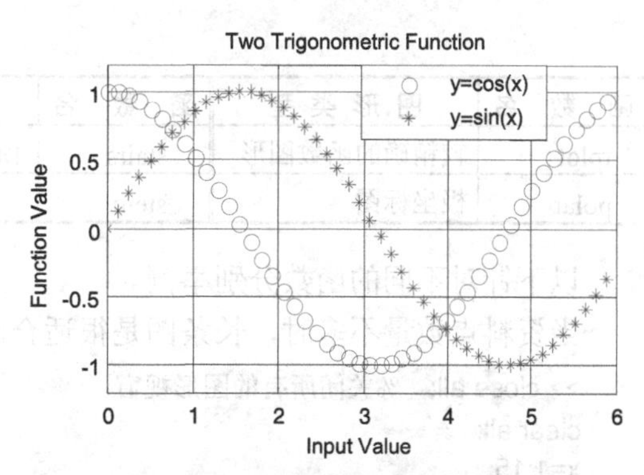

图 2-6　图形加上各种注解与处理效果

subplot 绘图函数可用来同时画出数个小图形于同一个视窗之中，如图 2-7 所示。

```
>> subplot(2,2,1);plot(x,sin(x));          %subplot(n,m,v)调用格式
subplot(222);plot(x,cos(x));               %subplot(nmv)调用格式，两种调用格式效果一样
subplot(223);plot(x,sinh(x));
subplot(2,2,4);plot(x,cosh(x));
```

还可以用参数方程来绘出椭圆 $\frac{x^2}{5^2}+\frac{y^2}{2^2}=1$，如图 2-8 所示。先写出椭圆参数方程：

$$\begin{cases} x = 5\cos t \\ y = 2\sin t \end{cases} \quad (0 \leqslant t \leqslant 2\pi)$$

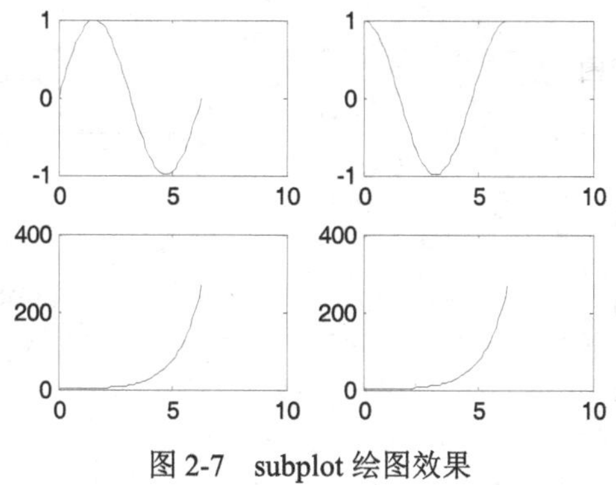

图 2-7　subplot 绘图效果

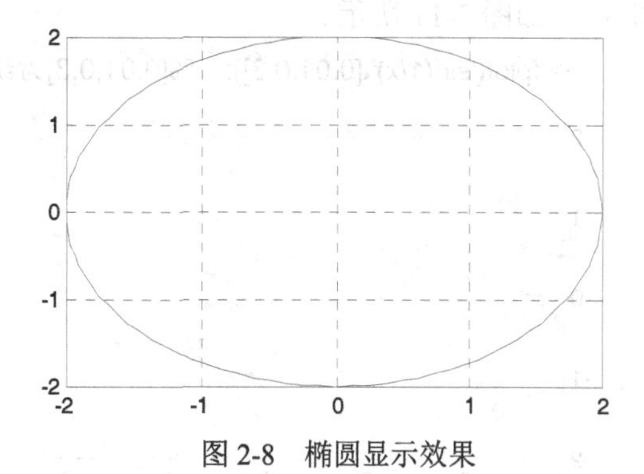

图 2-8　椭圆显示效果

在 MATLAB 命令窗口中输入以下代码：

```
t=0:pi/50:2*pi;
x=2*cos(t);
y=2*sin(t);
plot(x,y);grid on;
```

MATLAB 还有其他各种二维绘图函数，以适合不同的应用，如表 2-3 所示。

表 2-3　其他各种二维绘图函数

函　数　名	图 形 类 型	函　数　名	图 形 类 型	函　数　名	图 形 类 型
bar	长条图	hist	累计图	fill	实心圆
errorbar	图形加上误差范围	rose	极坐标累计图	feather	羽毛图

续表

函数名	图形类型	函数名	图形类型	函数名	图形类型
fplot	较精确的函数图形	stairs	阶梯图	compass	罗盘图
polar	极坐标图	stem	针状图	quiver	向量场图

以下针对不同的函数分别举例。

当资料点数量不多时，长条图是很适合的表示方式，如图 2-9 所示。

```
>> close all;   %关闭所有的图形视窗
clear all;
x=1:15;
y=rand(size(x));
bar(x,y);xlabel('长条图显示')
```

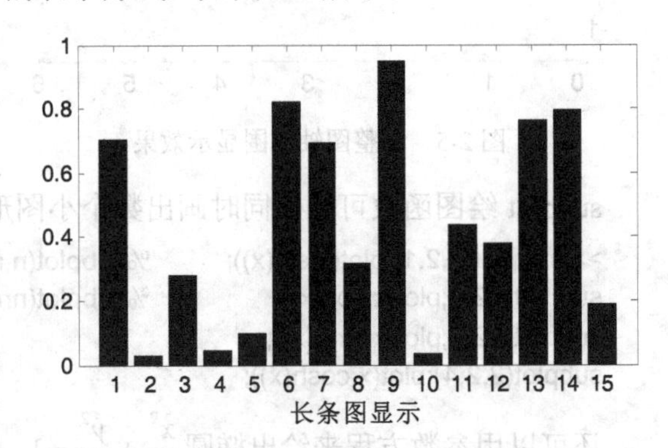

图 2-9　长条图显示效果

如果已知资料的误差量，可用 errorbar 来表示。以单位标准差来做资料的误差量，如图 2-10 所示。

```
>> x=linspace(0,2*pi,20);
y=sin(x);
z=std(y)*ones(size(x));
errorbar(x,y,z)
```

对于变化剧烈的函数，可用 fplot 来进行较精确的绘图，会对剧烈变化处进行较密集的取样，如图 2-11 所示。

```
>> fplot('sin(1/x)',[0.01,0.3]);   %[0.01,0.3]为绘图范围
```

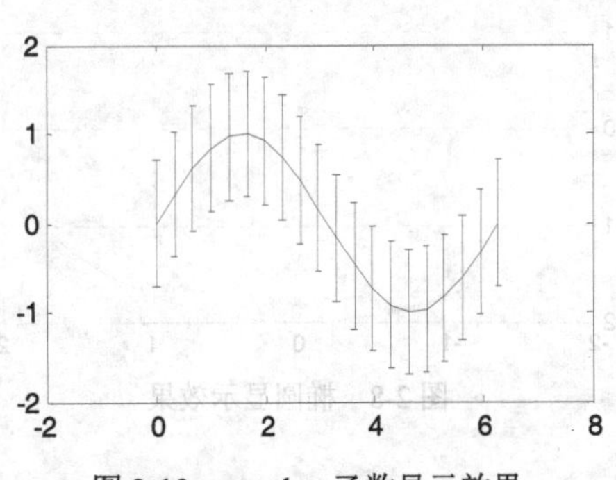

图 2-10　errorbar 函数显示效果

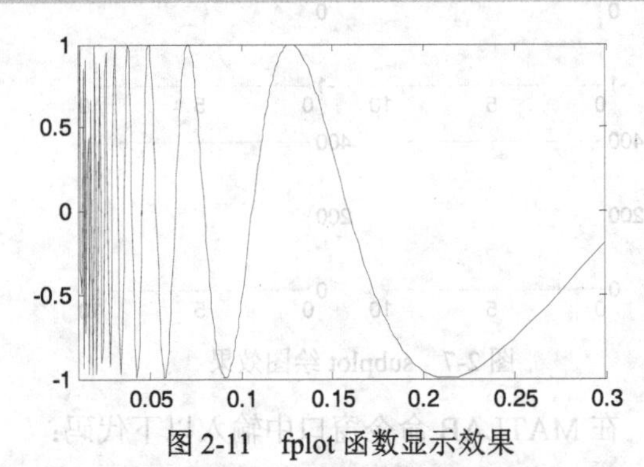

图 2-11　fplot 函数显示效果

若要产生极坐标图形，可用 polar 来表示，如图 2-12 所示。

```
>> theta=linspace(0,2*pi);
r=cos(2*theta);
polar(theta,r);
```

对于大量的资料，可用 hist 来显示资料的分段情况和统计特性，如图 2-13 所示。下面几个命令可用来验证 randn 产生的高斯随机数分段。

```
>> x=randn(9999,1);          %产生 9999 个 μ =0、σ =1 的高斯随机数
hist(x,50);                  %50 代表长条的个数
```

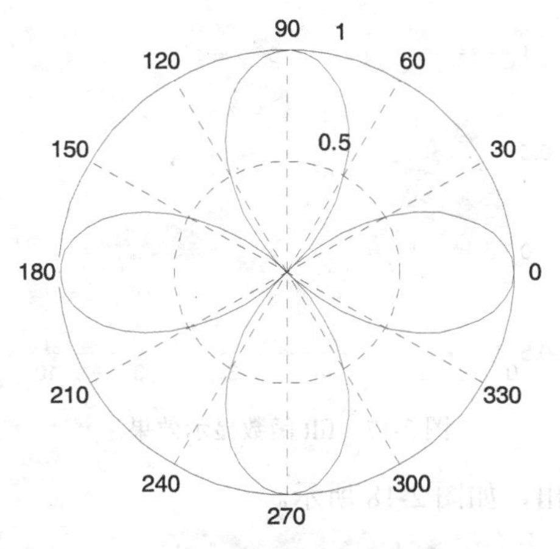

图 2-12　polar 函数产生极坐标图形显示

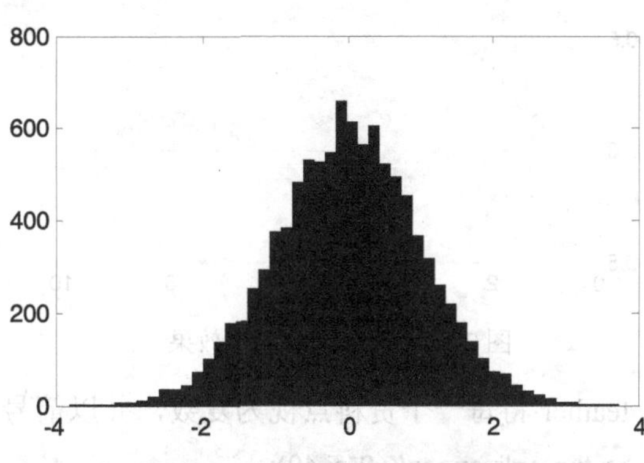

图 2-13　hist 函数显示效果

rose 和 hist 很接近，只不过是将资料大小视为角度，资料个数视为距离，并用极坐标绘制表示，如图 2-14 所示。

```
>> x=randn(9999,1);
rose(x);
```

stairs 可画出阶梯样图，如图 2-15 所示。

```
>> x=linspace(0,10,30);
y=sin(x).*exp(-x/4);
stairs(x,y);
```

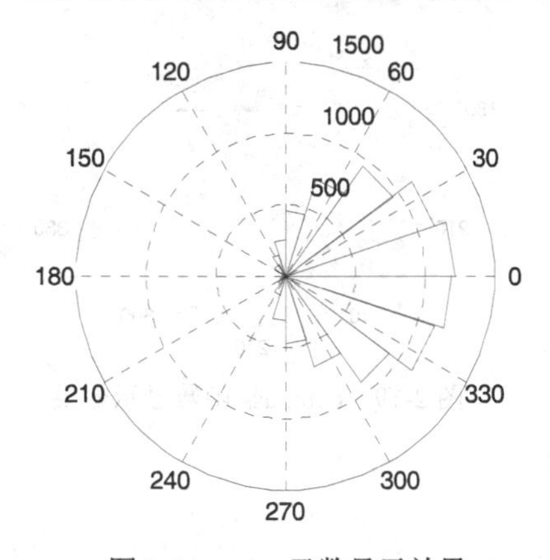

图 2-14　rose 函数显示效果

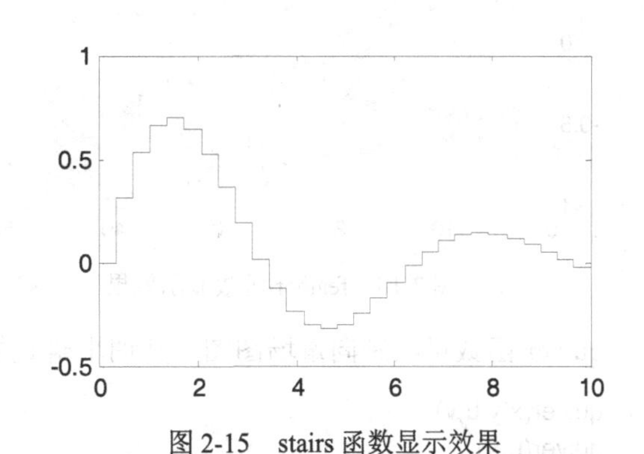

图 2-15　stairs 函数显示效果

stem 可产生针状图，常被用来绘制数位讯号，如图 2-16 所示。

```
>> x=linspace(0,10,100);
y=sin(x).*exp(-x/4);
stem(x,y);
```

fill 将资料点视为多边形顶点，并将此多边形涂上颜色，如图 2-17 所示。

```
>> x=linspace(0,10,100);
y=sin(x).*exp(-x/4);
fill(x,y,'c');    %'c'为锰青色
```

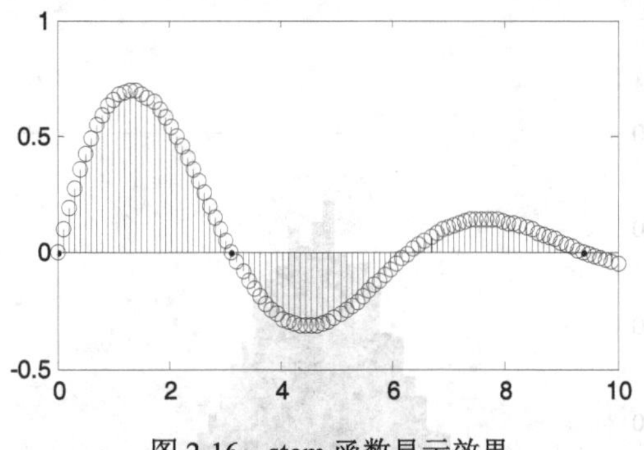

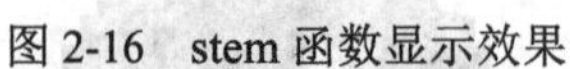
图 2-16　stem 函数显示效果

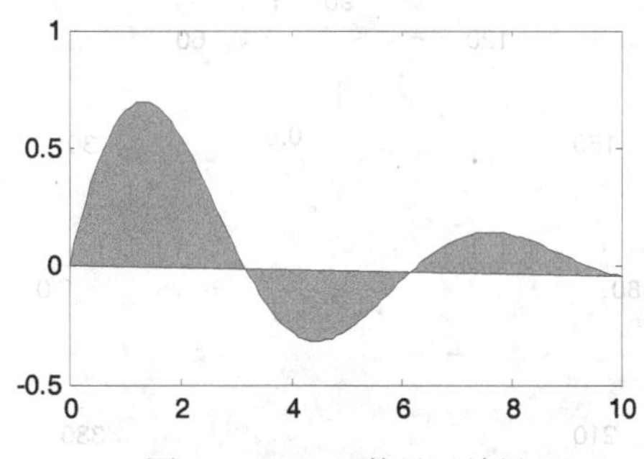

图 2-17　fill 函数显示效果

feather 将每一个资料点视为复数，并以箭号画出，如图 2-18 所示。

```
>> theta=linspace(0,2*pi,40);
z=cos(theta)+i*sin(theta);
feather(z);
```

compass 和 feather 很接近，只是每个箭号的起点都在圆内，如图 2-19 所示。

```
>> theta=linspace(0,2*pi,40);
z=cos(theta)+i*sin(theta);
compass(z);
```

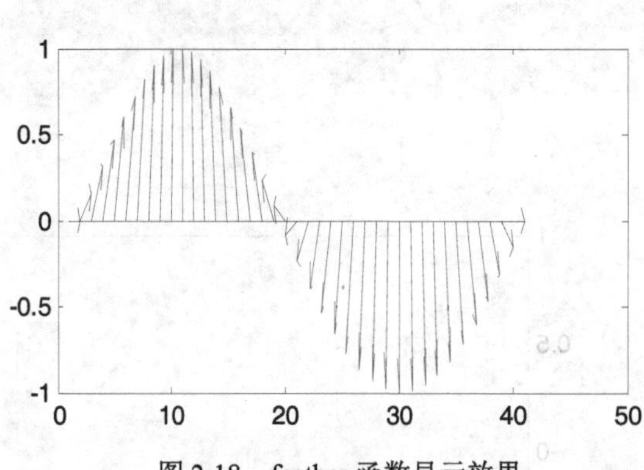

图 2-18　feather 函数显示效果

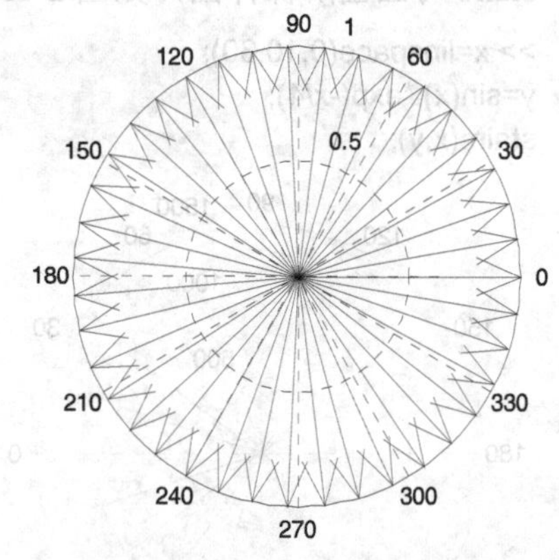

图 2-19　compass 函数显示效果

quiver 函数可绘制向量场图图，其调用格式如下：

```
quiver(x,y,u,v)
quiver(u,v)
quiver(...,scale)
quiver(...,LineSpec)
quiver(...,LineSpec,'filled')
quiver(axes_handle,...)
h = quiver(...)
hlines = quiver('v6',...)
```

【例 2-6】已知 $z = xe^{(-x^2-y^2)}$ 函数，绘制此函数的等高线。

其实现的 MATLAB 程序代码如下：

```
>> [X,Y] = meshgrid(-2:.2:2);
Z = X.*exp(-X.^2 - Y.^2);
[DX,DY] = gradient(Z,.2,.2);
contour(X,Y,Z)
hold on
quiver(X,Y,DX,DY)
colormap hsv
hold off
```

运行程序，效果如图 2-20 所示。

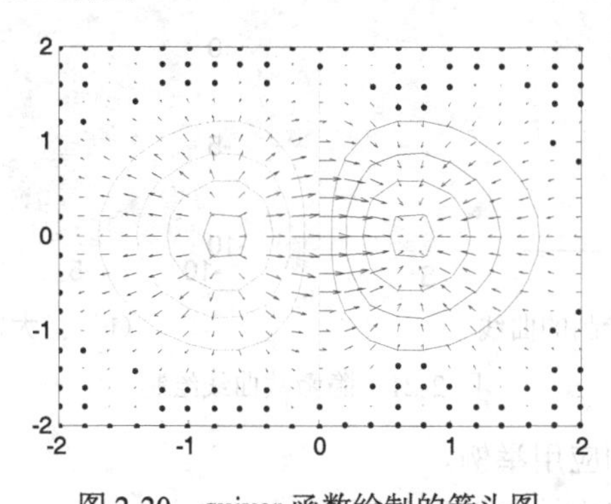

图 2-20　quiver 函数绘制的箭头图

2.3.2　隐函数作图

plot 函数可用于显函数作图，而 ezplot 可用于显函数、隐函数和参数方程的作图。下面介绍其用法。

（1）对于显函数 $y = f(x)$，ezplot 函数的调用格式为：

ezplot(f)：在默认区间 $-2\pi < x < 2\pi$ 绘制 $y = f(x)$ 的图形。

ezplot(f, [xmin, xmax])：在区间 $x_{min} < x < x_{max}$ 绘制 $y = f(x)$ 的图形。

（2）对于隐函数 $f(x,y) = 0$，ezplot 函数的调用格式为：

ezplot(f)：在默认区间 $-2\pi < x < 2\pi$，$-2\pi < y < 2\pi$ 绘制 $f(x,y) = 0$ 图形。

ezplot(f, [xmin, xmax], [ymin, ymax])：在区间 $x_{min} < x < x_{max}$，$y_{min} < y < y_{max}$ 绘制 $f(x,y) = 0$ 的图形。

ezplot(f, [a, b])：在区间 $a < x < b$，$a < y < b$ 绘制 $f(x,y) = 0$ 的图形。

（3）对于参数方程 $x = x(t)$，$y = y(t)$，ezplot 函数的调用格式为：

ezplot(x, y)：在默认区间 $0 < t < 2\pi$ 绘制 $x = x(t)$ 和 $y = y(t)$ 的图形。

ezplot(f, [tmin, tmax])：在区间 $t_{min} < t < t_{max}$ 绘制 $x = x(t)$ 和 $y = y(t)$ 的图形。

【例 2-7】试绘制出隐函数 $f(x,y) = x^2\sin(x + y^2) + y^2e^{x+y} + 5\cos(x^2 + y) = 0$ 的曲线。

解：从给出的函数可知，无法用解析的方法写出该函数，所以不能用 plot()函数绘制出该函数的曲线。对这样的隐函数，可以给出如下的 MATLAB 命令，并将得到如图 2-21（a）所示的隐函数曲线。

```
>> clear all;close all;
ezplot('x^2*sin(x+y^2)+y^2*exp(x+y)+5*cos(x^2+y)')
```

上面的语句将自动选择 x 轴的范围，亦即函数的定义域，如果想改变定义域，则可以用下面的语句给出命令，并得出如图 2-21（b）所示的隐函数曲线。

```
>> ezplot('x^2*sin(x+y^2)+y^2*exp(x+y)+5*cos(x^2+y)',[-10,10])
```

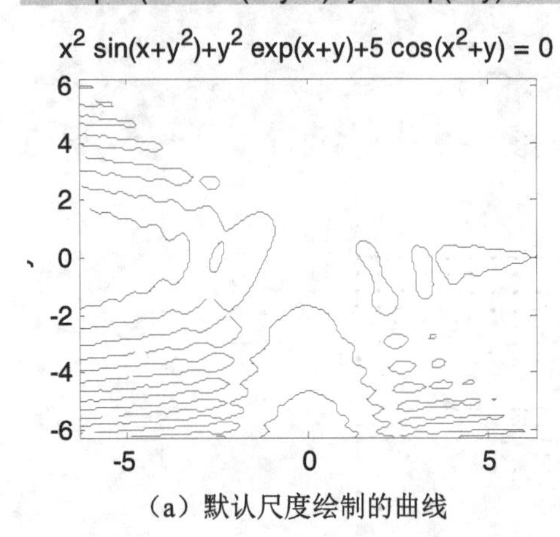

（a）默认尺度绘制的曲线

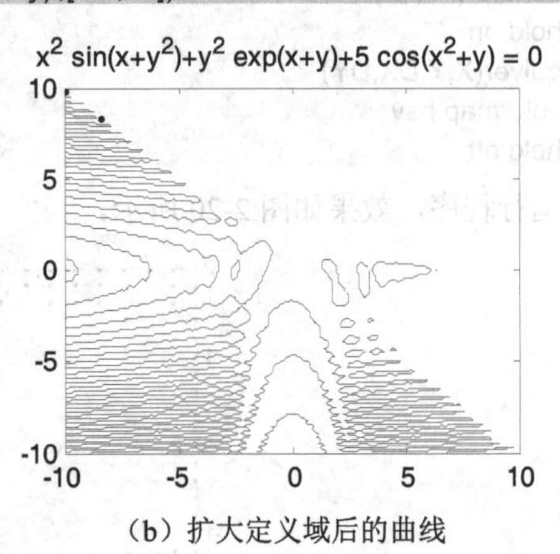

（b）扩大定义域后的曲线

图 2-21　隐函数曲线绘制

【例 2-8】隐函数绘图应用举例。

在 MATLAB 命令窗口中输入以下代码：

```
>> clear all;close all;
syms x y t
subplot(2,2,1);
ezplot('sin(x)')                        %显函数作图
subplot(2,2,2);
ezplot('x^2+y^2-1',[-1,1],[-1,1]); %隐函数作图 1
subplot(2,2,3);
ezplot('x^3+y^3-5*x*y');           %隐函数作图 2
subplot(2,2,4)
ezplot('2*cos(t)','sin(t)',[0,2*pi]); %参数方程作图
```

运行程序输出如图 2-22 所示。

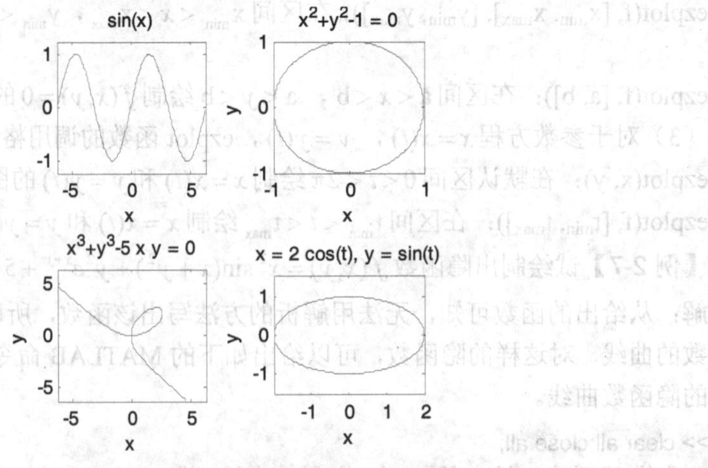

图 2-22　隐函数绘图

2.4　三维图形绘制

2.4.1　三维曲线绘制

二维曲线绘制函数 plot()可以扩展到三维曲线的绘制中。这时可以用 plot3()函数绘制三维曲线。该函数的调用格式为：

plot3(x, y, z)

plot(x1, y1, z1,选项, x2, y2, z2, 选项 2,⋯,xm, ym, zm, 选项 m)

其中，“选项”和二维曲线绘制的完全一致，如表 2-2 所示。

相应地，类似于二维曲线绘制函数，MATLAB 还提供了其他的三维曲线绘制函数，如 stem3()可以绘制三维火柴杆形曲线，fill3()可以绘制三维的填充图形，bar3()可以绘制三维的直方图等。

【例 2-9】试绘制参数方程 $x(t)=t^3\sin(3t)e^{-t}$， $y(t)=t^3\cos(3t)e^{-t}$， $z=t^2$ 的三维曲线。

解：若想绘制该参数方程的曲线，可以先定义一个时间向量 t，由其计算出 x, y, z 向量，并用函数 plot3()绘制出三维曲线，如图 2-23（a）所示。注意，这里应该采用点运算。

其实现的 MATLAB 程序代码如下：

```
>> clear all; close all;
t=0:0.1:2*pi;      %构造 t 向量，注意下面的点运算
x=t.^3.*sin(3*t).*exp(-t);
y=t.^3.*cos(3*t).*exp(-t);
z=t.^2;
plot3(x,y,z);      %三维曲线绘制
grid on;
```

用 stem3()函数绘制出火柴杆形曲线，如图 2-23（b）所示。

```
>> stem3(x,y,z);   hold on;
  plot3(x,y,z); grid on;
```

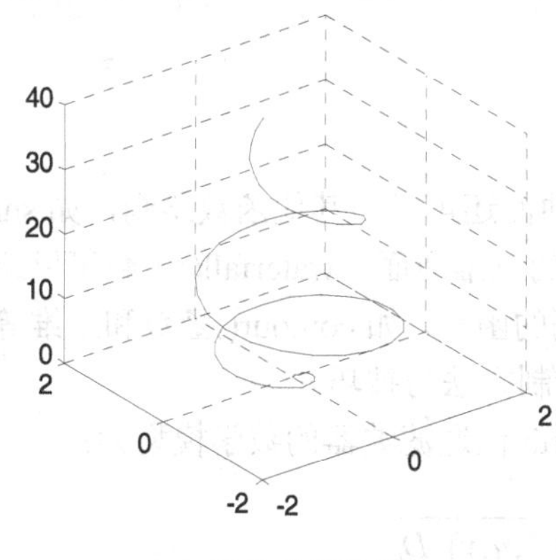

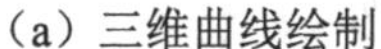
（a）三维曲线绘制

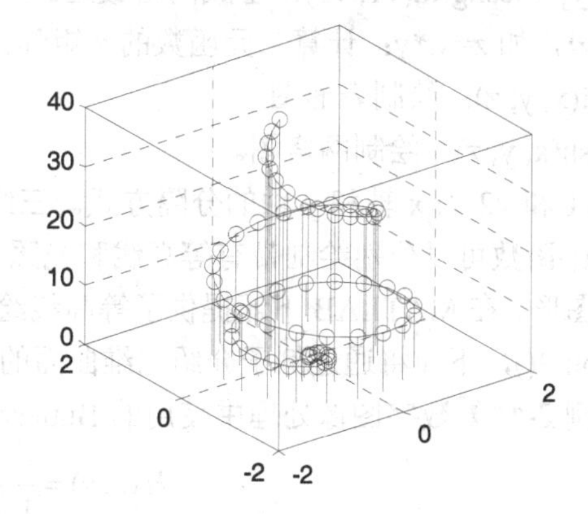

（b）stem3()函数绘制的三维图形

图 2-23　三维曲线的绘制

【例 2-10】试利用 plot3 绘制宝石项链。

在 MATLAB 命令窗口中输入以下代码：

```
t=(0:0.02:2)*pi;
x=sin(t);
y=cos(t);
z=cos(2*t);
plot3(x,y,z,'b-',x,y,z,'bd');
view([-82,58]);
box on;
legend('链','宝石') ;
```

执行程序，效果如图 2-24 所示。

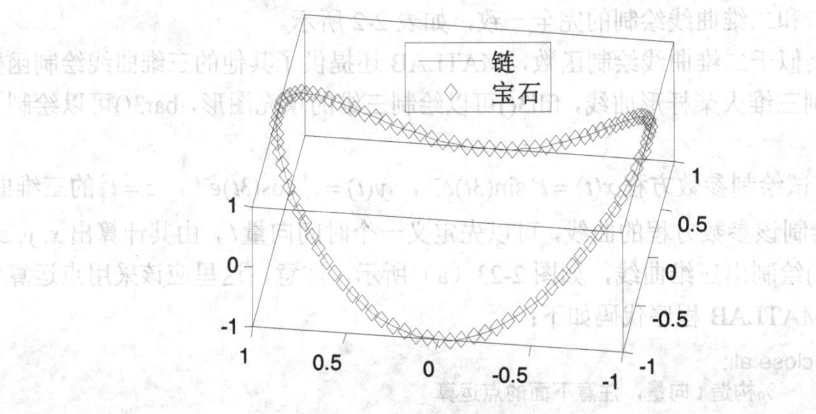

图 2-24　宝石项链效果图

2.4.2　三维曲面绘制

如果已知二元函数 $z = f(x,y)$，则可以绘制出该函数的三维曲面图。在绘制三维图之前，应该先调用 meshgrid()函数生成网格矩阵数据 x 和 y，这样即可按函数公式用点运算的方式计算出 z 矩阵，之后用 mesh()或 surf()等函数进行三维图形绘制。具体的函数调用格式为：

[x, y]=meshgrid(v1, v2)：生成网格数据。

z=…，如 z=x.*y：计算二元函数的 z 矩阵。

surf(x, y, z)：绘制表面图。

mesh(x, y, z)：绘制网格图。

其中，v1 和 v2 为 x 轴和 y 轴的分隔方式。三维曲面还可以由其他函数绘制，如 surf()函数和 surf1()函数可以分别绘制带有等高线和光照下的三维曲面，waterfall()函数可以绘制瀑布形三维图形。在 MATLAB 下还提供了等高线绘制的函数，如 contour()函数和三维等高线函数 contour3()，下面将通过例子介绍三维曲面的绘制方法与技巧。

【例 2-11】数字图像处理中使用的 Butterworth 低通滤波器的数学模型为：

$$H(u,v) = \frac{1}{1 + D^{2n}(u,v)/D_0}$$

其中，$D(u,v) = \sqrt{(u-u_0)^2 + (v-v_0)^2}$，$D_0$ 为给定的区域半径，n 为阶次，u_0 和 v_0 为区

域的中心。假设 $D_0=200, n=2$，试用三维曲面的形式绘制该滤波器图形。

解：给定滤波器数学模型的三维曲面可以通过下列语句绘制出来，如图 2-25（a）所示。

```
>> clear all;
[x,y]=meshgrid(0:31);
n=2;D0=200;
D=sqrt((x-16).^2+(y-16).^2);      %求距离
z=1./(1+D.^(2*n)/D0);             %计算滤波器
mesh(x,y,z);                      %绘制滤波器
axis([0,31,0,31,0,1]);            %重新设置坐标系，增大可读性
```

若用 surf()函数取代 mesh()函数，则可以得到如图 2-25（b）所示的表面图。

```
>> surf(x,y,z);                   %绘制三维表面图
```

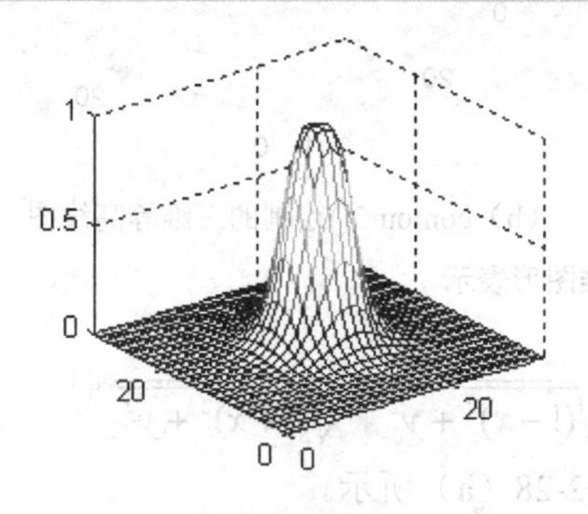

（a）mesh()函数绘制的网格图

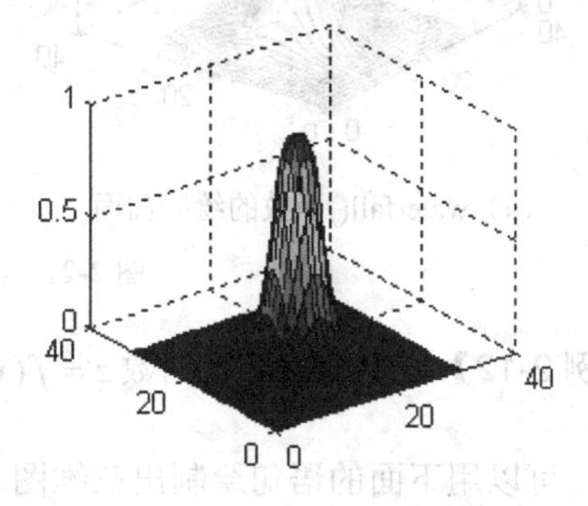

（b）surf()函数绘制的表面图

图 2-25　Butterworth 低通滤波器的三维图表示

三维表面图可以用 shading 命令修饰其显式形式，该命令有 3 种不同的选项，flat（每个网格块用同样颜色着色的没有网格线的表面图，效果如图 2-26（a）所示）、interp（插值的光滑表面图，效果如图 2-26（b）所示）和 faceted（不同于 flat，有网格线的，本选项是默认的，效果如图 2-25（b）所示）。

```
>> shading flat       %实现效果如图 2-26（a）所示
>> shading interp     %实现效果如图 2-26（b）所示
```

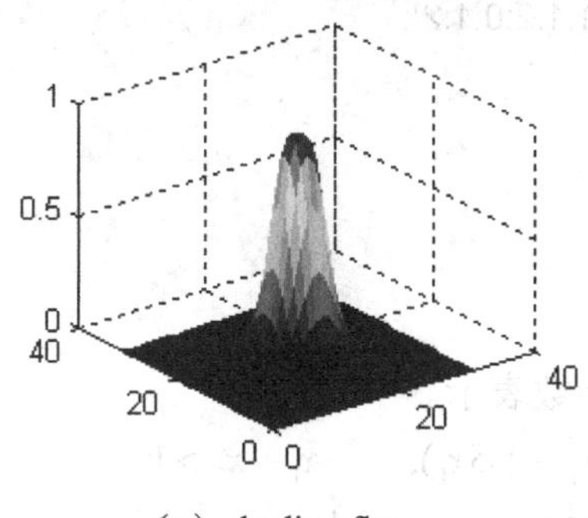

（a）shading flat

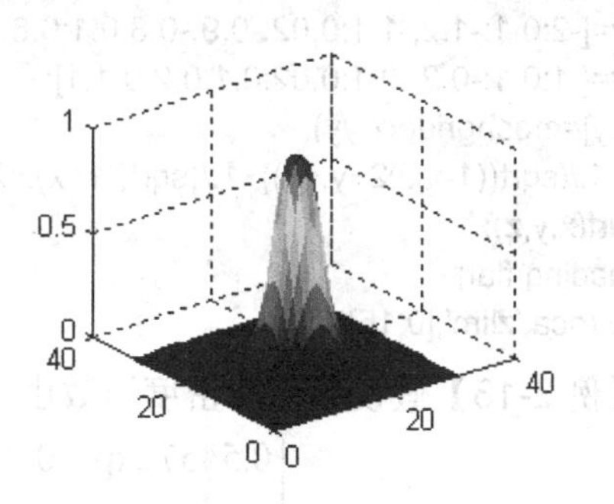

（b）shading interp

图 2-26　shading 命令修饰的三维图

MATLAB 还提供了其他的三维图形绘制函数。例如，waterfall(x, y, z)命令可以绘制出

瀑布形图形，如图 2-27（a）所示；而 contour3(x, y, z, 30)命令可以绘制出三维的等高线图形，如图 2-27（b）所示。其中的 30 为用户选定的等高线条数，当然可以不给出该参数，那样将默认设置等高线条数，对这个例子来说显得过于稀疏。

```
>> waterfall(x, y, z)          %实现效果如图 2-27（a）所示
>> contour3(x, y, z, 30)    %实现效果如图 2-27（b）所示
```

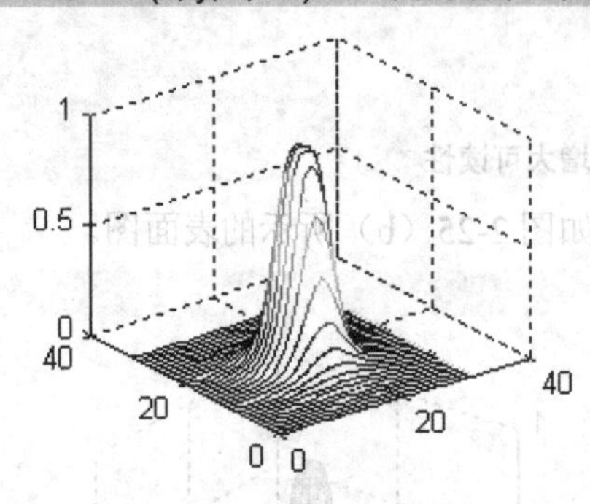

（a）waterfall()函数的绘制曲面

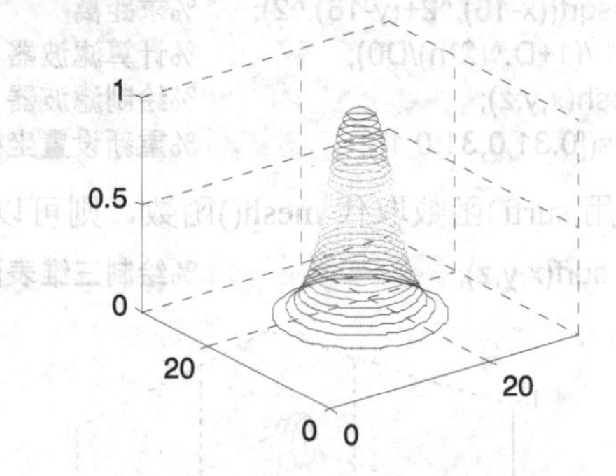

（b）contour3()绘制的三维等高线图

图 2-27　其他三维图形表示

【例 2-12】试绘制出二元函数 $z = f(x,y) = \dfrac{1}{\sqrt{(1-x)^2+y^2}} + \dfrac{1}{\sqrt{(1+x)^2+y^2}}$。

解：可以用下面的语句绘制出三维图，如图 2-28（a）所示。

```
>> clear all; close all;
[x,y]=meshgrid(-2:0.1:2);
z=1./(sqrt((1-x).^2+y.^2))+1./(sqrt((1+x).^2+y.^2));
surf(x,y,z);
shading flat;
```

事实上，这样得出的图形有点问题，在(-±1,0)点出现∞值，所以应该在该区域减小步距，采用变步距的方式，最终读出如图 2-28（b）所示的图形，为了便于比较，这里仍然选择 z 轴的范围和图 2-28（a）一致。注意在(-±1,0)处的值趋于无穷大。

```
>> clear all;
xx=[-2:0.1:-1.2,-1.1:0.02:-0.9,-0.8:0.1:0.8,0.9:0.02:1.1,1.2:0.1:2];
yy=[-1:0.1:-0.2,-0.1:0.02:0.1,0.2:0.1:1];
[x,y]=meshgrid(xx,yy);
z=1./(sqrt((1-x).^2+y.^2))+1./(sqrt((1+x).^2+y.^2));
surf(x,y,z);
shading flat;
set(gca,'zlim',[0,15]);
```

【例 2-13】假设某概率密度函数由下列分段函数表示。

$$p(x_1,x_2)=\begin{cases} 0.5457\exp(-0.75x_2^2-3.75x_1^2-1.5x_1), & x_1+x_2>1 \\ 0.7575\exp(-x_2^2-6x_1^2), & -1<x_1+x_2\leqslant 1 \\ 0.5457\exp(-0.75x_2^2-3.75x_1^2-1.5x_1), & x_1+x_2\leqslant -1 \end{cases}$$

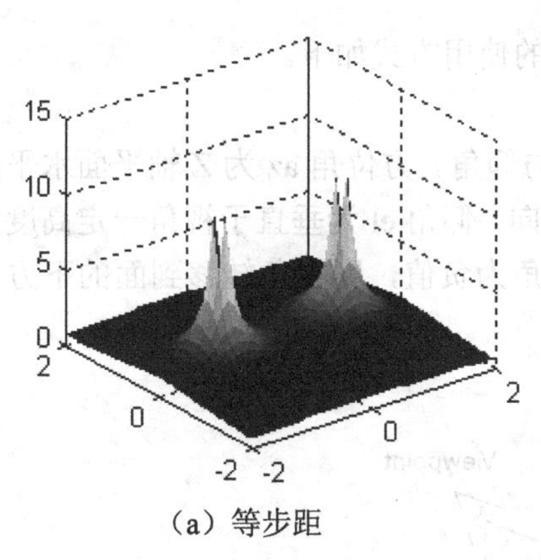

(a) 等步距

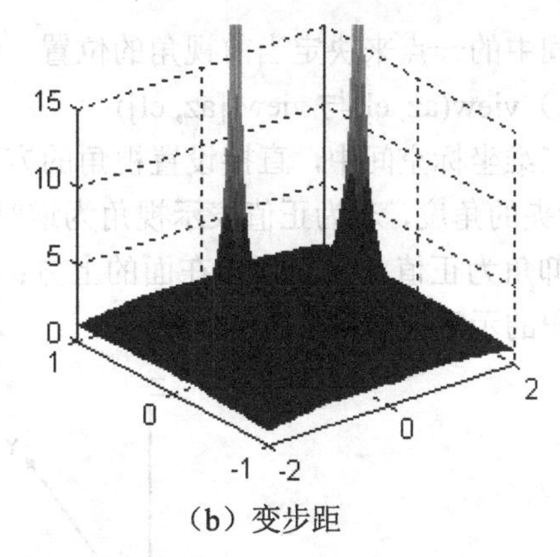

(b) 变步距

图 2-28　不同网格选择下的三维图

试以三维曲面的形式来表示这一函数。

解：选择 $x = x_1, y = x_2$，则这样的函数曲面绘制用 if 结构可以实现该函数值求取，但结构将很繁琐，所以可以利用类似于前面介绍的分段函数求取方法来求此二维函数的值。

其实现的 MATLAB 程序代码如下：

```
>> clear all; close all;
[x,y]=meshgrid(-1.5:0.1:1.5,-2:0.1:2);
z=0.5457*exp(-0.75*y.^2-3.75*x.^2-1.5*x).*(x+y>1)+...
    0.7575*exp(-y.^2-6*x.^2).*((x+y>-1)&(x+y<=1))+...
    0.5457*exp(-0.75*y.^2-3.75*x.^2-1.5*x).*(x+y<=-1);
surf(x,y,z);   %绘制效果图
set(gca,'xlim',[-1.5,1.5]);
shading flat;
```

运行程序效果如图 2-29 所示。

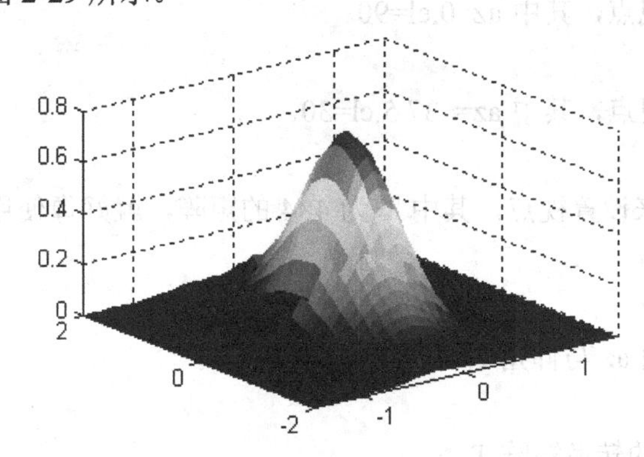

图 2-29　分段二维函数曲线绘制

2.4.3　三维图形视角设置

1．观看视角的定义

在 MATLAB 中使用 view 可以控制图形的视角（viewpoint）。观察者（视角）的位置决定了坐标轴的定位方向。用户可以指定方位角（azimuth）与仰角（elevation），或用三维

坐标空间中的一点来决定当前视角的位置。view 的使用方式如下。

（1）view(az, el)与 view([az, el])

在三维坐标空间中，直接设置视角的方位角与仰角。方位角 az 为 Z 轴平面水平旋转至 −Y 轴所夹的角度，若为正值表示视角为逆时针方向。仰角 el 为垂直于视角一定高度上的夹角，若仰角为正值，表示视角在面的上方；若仰角为负值，则视角转移到面的下方。方位角与仰角的示意图如图 2-30 所示。

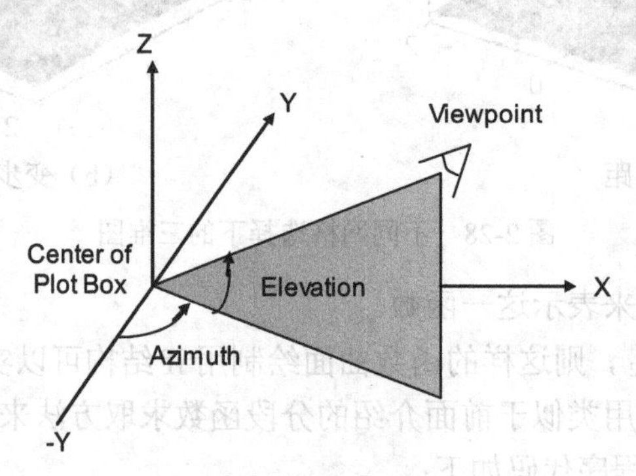

图 2-30　方位角与仰角示意图

若仅显示 X、Y 两个轴，则设置 view(0,90)；若仅显示 Y、Z 两个轴，则设置 view(90,0)；若仅显示 X、Z 两个轴，则设置 view(0,0)；若 az=−37.5,el=30，则为默认的三维视角方向；若 az=0,el=90，则为默认的二维视角方向。

（2）view([x, y, z])

在笛卡儿坐标系中的点坐标(x, y, z)处设置视角。

（3）view(2)

设置默认的二维视点，其中 az=0,el=90。

（4）view(3)

设置默认的三维视点，其中 az=−37.5,el=30。

（5）view(T)

根据转换矩阵 T 来设置视点，其中 T 为 4×4 的矩阵，就好像使用函数 viewmtx 所产生的透视转换矩阵一样。

（6）[az, el]=view

返回当前的方位角 az 与仰角 el。

（7）T=view

返回当前的 4×4 的转换矩阵 T。

【例 2-14】从不同视点绘制多峰函数曲面。

在 M 文件编辑器中输入以下命令：

```
subplot(221);
mesh(peaks);
view(-37.5,30);
title('azimuth=-37.5,elevation=30');
subplot(222);
```

```
mesh(peaks);
view(0,90);
title('azimuth=0,elevation=90');
subplot(223);
mesh(peaks);
view(90,0);
title('azimuth=90,elevation=0');
subplot(224);
mesh(peaks);
view(-7,-12);
title('azimuth=-7,elevation=-12');
```

运行程序效果如图 2-31 所示。

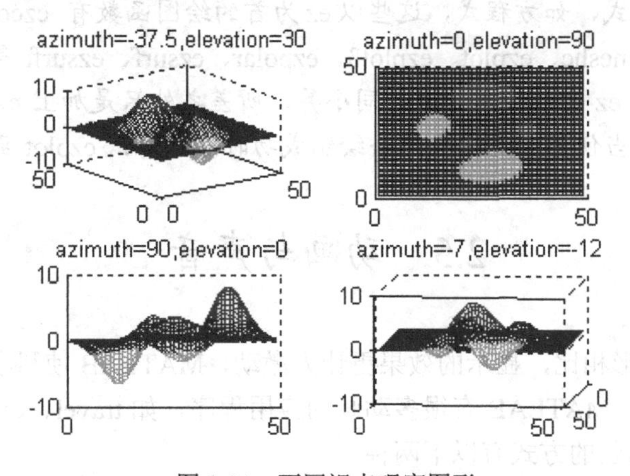

图 2-31　不同视点观察图形

2．视点转换矩阵

在 MATLAB 中使用 viewmtx 计算一个 4×4 的正交或透视的转换矩阵，并且该矩阵是一个四维具有齐次的向量转换到一个二维的视平面上（如计算机平面）。使用方式如下：

（1）T=viewmtx(az,el)

返回一个对应于方位角 az 与仰角 el 的正交矩阵。使用此方式与 view(az,el)和 T=view 所产生的结果一致，但不会改变当前视点。

（2）T=viewmtx(az, el, phi)

返回一个透视转换矩阵，其中 phi 是单位为度的透视角度，phi 为正规化立方体（单位为度）的对视角角度，且控制透视扭曲的数量，表 2-4 为对应的关系。

表 2-4　phi 的值

phi 的值/度	说　明
0	正交投影
10	类似摄影距离投影
25	类似正常投影
60	类似广角投影

用户可以使用返回的矩阵 T 通过 view(T)来转变视点的位置。该 4×4 的矩阵将转换四维齐次的向量为（x,y,z,w）的非正规化向量，其中 w 不等于 1。正规化向量(x/w,y/w,z/w,1)的 x 与 y 元素为需要的二维向量。

（3）T=viewmtx(az, el, phi, xc)

返回以正规化立方体图形中的点 xc 为目标点的透视转换矩阵（如相机正对着点 xc），目标点 xc 为视点的中心点。用户可以用一个三维向量 xc=[xc,yc, zc]来指定该点，且都在区间[0,1]中。默认值为 xc=[0,0,0]。

注意：若在以上的一些绘图函数前加上 ez，即表示容易使用这些绘图函数来产生图形，它们是符号数学工具箱内的绘图函数，因此最大的特色是可以用来绘制由符号所组成的表达式，如方程式，这些以 ez 为首的绘图函数有 ezcontour、ezcontourf、ezmesh、ezmeshc、ezplot、ezplot3、ezpolar、ezsurf、ezsurfc 等，其使用方式与原来没有加上 ez 时的使用方式大同小异，所差之处只是加上 ez 的绘图不会那么严谨，另外，当使用 plot 函数无法绘制成功时可以尝试 ezplot 函数，可能会成功。

2.5 动画与声音

动画与静态的图形相比，显示的效果更让人激动，MATLAB 使科学计算与动画自然结合，实现完美的效果。MATLAB 有很多动画的应用程序，如 travel、truss、lorenz 等。

MATLAB 产生动画的方式有以下两种。

- 影片方式

这种方式是以图像的方式预存多个画面，再将这些画面逐帧播放，即可得到动画的效果。这种方式类似于电影的原理，可以制作精美的图像，且播放速度快不会有不连贯的感觉，但是其缺点是每个画面都必须事先准备，无法进行实时成像，而且占用相当大的内存空间。

- 对象方式

这种方式保持图形窗口中的大部分对象，即整个背景不变，而只更新部分运动的对象，以便加快整幅图像的实时生成速度。使用对象方式所产生的动画，可以实现实时的变化，也不需要太高的内存需求，但其缺点是无法产生太复杂的动画。

1. 以影片方式产生动画

（1）使用 getframe 命令来抓取图形作为画面，每个画面都是以一个列向量的方式，置于存放整个电影的矩阵 M 中。

（2）使用 moive(M,k)命令播放电影，k 为重复次数。

【例 2-15】以影片方式产生绘制正弦曲线的动画。

其实现的 MATLAB 程序代码如下：

```
>> clear all;
s=0.2;x1=0;             %确定起始点横坐标 x1 及其增量
nframes=50;             %确定动画总帧数
for k=1:nframes
```

```
    x1=x1+s;                %确定画图时横坐标终止值 x1
    x=0:0.01:x1;
    y=sin(x);
    plot(x,y);              %在 x=[0 x1]作 y=sin(x)曲线
    axis([0 2*pi -1 1]);    %定义坐标轴范围
    grid off;               %不显示网格
    M(k)=getframe;          %将当前图形存入矩阵 M(k)
end
movie(M,3);                 %重复 3 次播放动画 M
```

2．以对象方式产生动画

以对象方式产生动画，使用 MATLAB 句柄图形的概念，所有的曲线或曲面均可被看成一个对象，对其中的每个对象都可以通过属性设置进行修改。以对象方式产生动画就是擦除旧对象，产生相似但不同的新对象，这样既不破坏背景又可以看到动画的效果。这种方式技巧性较高，不需要大量的内存，而且可以产生实时的动画。

产生移动的动画效果需要先计算对象的新位置，并在新位置上显示出对象；然后擦除原位置上的旧对象，并刷新屏幕。

（1）计时函数。

函数 cputime 计算自当前 MATLAB 程序启动之后到运行结束所占用的 CPU 时间，时间单位是秒。

下面的命令用来计算程序 order(5).m 的运行时间。

```
>> t=cputime;
>> order(5);
>> cputime-t
ans =
   0.18750000000000
```

order 是当前目录的一个命令程序。该程序的运行时间为 0.1875 秒。

下面的语句也是计算 order(5)程序的运行时间，计算结果为 10.844 秒。

```
>> t1=clock;
>> order(5);
>> etime(clock,t1)
ans =
  10.84400000000000
```

这个时间比前面语句的计算时间多很多，原因是后面实验时，命令执行后需要先从硬盘装入程序等，这些工作花费了一些时间。另外，因为 CPU 运行时间与内存使用情况等有关，所以每次运行时间也稍有差别。函数 etime 计算两个时间向量的间隔。

计算运行时间的函数还有 tic 函数与 toc 函数，tic 函数启动一个秒表，表示计时开始；toc 函数则停止这个秒表，且计算运行时间。例如：

```
>> tic;
>> plot(rand(45,5));
>> toc
```

运行程序，绘制效果如图 2-32 所示。

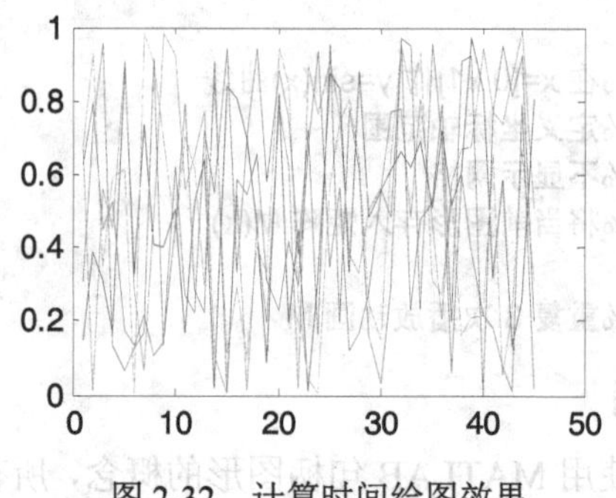

图 2-32　计算时间绘图效果

所需的运行时间为：

```
Elapsed time is 17.322865 seconds.
```

【例 2-16】计算绘制直线段所用时间。

下面程序调用绘制直线段函数 DDA，该程序绘制了(30−1)/0.2=145 条直线段。随着 i 的变化，每次都产生一个参数 A，以新参数 A 定义线段上的始点与终点，绘制直线段。

在 M 文件编辑器中输入以下命令：

```
tic
for i=1:.2:30
    A=[1 1 i 30];
    DDA(A);
end
toc

function k=DDA(B)
x1=B(1);
y1=B(2);
x2=B(3);
y2=B(4);
dx=x2-x1;
dy=y2-y1;
k=dy/dx;
y=y1;
for x=x1:x2
    x=x+1;
    plot(x,(y+0.5));
    hold on
    y=y+k;
end
```

绘制直线段的函数 DDA 是使用画点语句完成直线段的绘制，使用的算法是微分法。该算法的基本思想是随着 x 的增加，新的 y 值等于前一点的 y 值加上斜率。在计算新的 y 值时，不需要乘除法运算，只需要计算加减法。

运行程序，调用函数，绘制效果如图 2-33 所示。

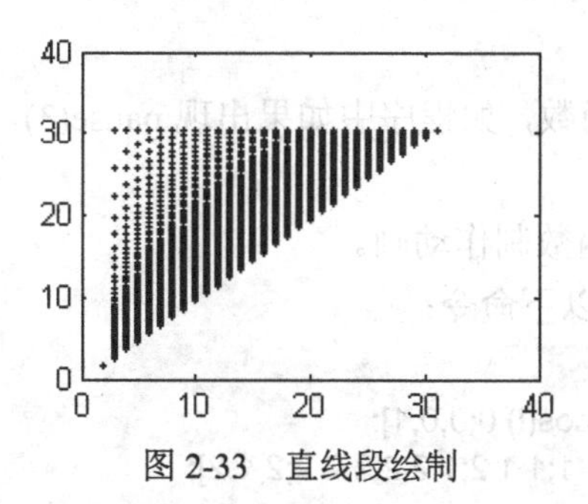

图 2-33　直线段绘制

运行程序所需要时间为：

```
Elapsed time is 6.484634 seconds.
```

事实上，可以直接使用直线方程计算 y 值，不过那样需要计算乘除法，计算时间就会增加。所以计算机图形学中有很多算法来绘制直线段，DDA 方法为其中的一种。

（2）设置擦除属性 erasemode，其取值可以为 normal、xor、background、none。一般设置为 xor。

（3）用 drawnow 命令刷新屏幕。

【例 2-17】由函数 $f(x,y)=y-\operatorname{sgn}x\sqrt{|bx-c|}$ 与 $g(x,y)=a-x$ 构成的二维迭代称为 Martin 迭代。在 $a=45, b=2, c=-300$ 时，取初值为(0, 0)所得到的二维迭代散点图（5000 个点）。效果如图 2-34 所示。

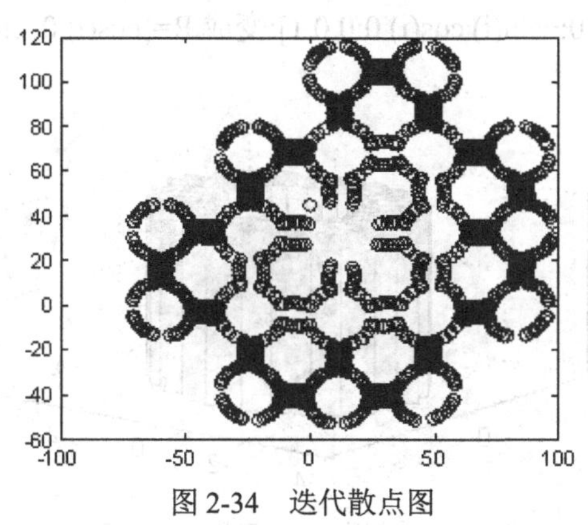

图 2-34　迭代散点图

其实现的 MATLAB 程序代码如下：

```
>> clear all;
a=45;b=2;c=-300;
s=0;t=0;
for n=1:5000
    x=t-sign(s)*(sqrt(abs(b*s-c)));
    y=a-s;
    plot(x,y,'o');
    hold on;
    s=x;
    t=y;
end
```

（4）pause 函数。

pause()函数是延迟等待函数，如程序中如果出现 pause(3)，那么在执行到该语句时，停留 3 秒，然后继续。

【例 2-18】使用 pause 函数制作动画。

在 M 文件编辑器中输入以下命令：

```
for i=-2*pi:0.5:2*pi;
    R=[cos(i) sin(i) 0;-sin(i) cos(i) 0;0,0,1];
    vt=[1 1 1;1 2 1;2 2 1;2 1 1;1 1 2;1 2 2;2 2 2;2 1 2];
    vt=vt*R;
    f=[1 2 3 4;2 6 7 3;4 3 7 8;1 5 8 4;1 2 6 5;5 6 7 8];
    pause(0.1)
    patch('faces',f,'vertices',vt,'FaceVertexCData',hsv(8),'FaceColor','interp');
    view(3);
    grid on;
end
```

程序是先绘制一个长方体，然后隔 0.1 秒又绘制出另一个长方体，新长方体的顶点坐标经过了变换，这个变换是乘以矩阵 R=[cos(i) sin(i) 0;−sin(i) cos(i) 0;0,0,1]完成的，该矩阵是绕 Z 轴旋转矩阵，每次（每个顶点）都被这个矩阵变成新的顶点。如此下去，绘制出如图 2-35 所示的图形，从而完成了这个动画。

如果没有 pause(0.1)，直接绘制出图 2-35，就没有了动画效果。

如果将 R=[cos(i) sin(i) 0;−sin(i) cos(i) 0;0,0,1];变成 R=[cos(i) 0 sin(i); 0,0,1;−sin(i) 0 cos(i)];，即为绕 Y 轴旋转。

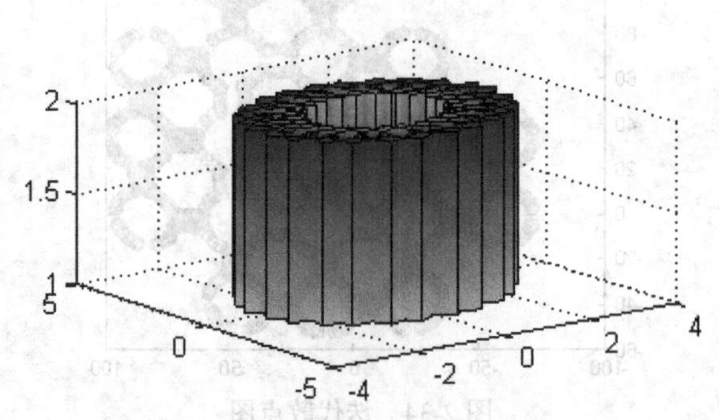

图 2-35　使用 pause 函数制作动画

第 3 章　基本的数学函数

MATLAB 提供了丰富的标准函数，利用这些标准函数可以很方便地进行科学与工程计算。本章介绍 MATLAB 中一些最为基本的数学函数以及它们的使用方法。

3.1　统 计 分 析

在日常生活中我们会在很多事件中收集到一些数据（如考试分数、窗口排队人数、月用电量、灯泡寿命、测量误差、产品质量、月降雨量等数据），这些数据的产生一般都是随机的。这些随机数据乍看起来并没有什么规律，但通过数量统计的研究发现：这些随机数是符合某种分布规律的，这种规律被称为统计规律。

3.1.1　相关函数

（1）根据密度函数 pdf 系列。以 normpdf()为例，其调用格式为：

y=normpdf(x, mu, sigma)

计算参数为 mu 和 sigma 的样本数据 x 的正态概率密度函数。参数 sigma 必须为正。其中，mu 为均值，sigma 为标准差。

（2）参数估计 fit 系列。以 normfit()为例，其调用格式为：

[muhat, sigmahat, muci, sigmaci]=normfit(x, alpha)

对样本数据 x 进行参数估计，并计算置信度为 100（1-alpha）%的置信区间。如 alpha=0.01 时，则给出置信度为 99%的置信区间。省略 alpha 时，即 alpha 取默认值 0.05。

（3）load()函数，其调用格式为：

S=load('数据文件')

将纯数据文件（文本文件）中的数据导入 MATLAB，S 为双精度的数组，其行数、列数与数据文件相一致。

（4）hist(x, m)函数：画样本数据 x 的直方图，m 为直方图的条数，默认值为 10。

（5）tabulate()函数：绘制频数表。返回 table 矩阵，第一列包含 x 的值，第二列包含该值出现的次数，最后一列包含每个值的百分比。

（6）ttest(x, m, alpha)函数：假设检验函数。此函数对样本数据 x 进行显著性水平为 alpha 的 t 假设检验，以检验正态分布样本 x（标准差未知）的均值是否为 m。h=1 表示拒绝零假设，h=0 表示不能拒绝零假设。

（7）normplot(x)或 weibplot(x)函数：统计绘图函数，进行正态分布检验。

3.1.2 常见概率分布密度函数

常见的概率分布密度函数如表 3-1 所示。

表 3-1 常见概率分布密度函数

序号	中文函数名	英文函数名	英文简写
1	Beta 分布	Beta	beta
2	二项分布	Binomial	bio
3	卡方分布	Chisquare	chi2
4	指数分布	Exponential	exp
5	F 分布	F	f
6	Gamma 分布	Gamma	gam
7	几何分布	Geometric	geo
8	超几何分布	Hypergeometric	hyge
9	对数正态分布	Lognormal	logn
10	负二项式分布	Negative Binomial	nbin
11	非中心 F 分布	Nocentral F	ncf
12	非中心 t 分布	Nocentral t	nct
13	非中心卡方分布	Nocentral Chi-square	ncx2
14	正态分布	Normal	norm
15	泊松分布	Possion	poiss
16	瑞利分布	Rayleigh	ray1
17	T 分布	T	t
18	均匀分布	Uniform	unif
19	离散分布	Discrere Uniform	unid
20	Weibull 分布	Weibull	weib

下面对部分常见概率分布函数进行介绍。

1. 常见连续分布的密度函数

(1) 正态分布

若连续型随机变量 X 的密度函数为:

$$f(x)=\frac{1}{\sigma\sqrt{2\pi}}e^{-\frac{(x-\mu)^2}{2\sigma^2}}，\quad -\infty<x<+\infty，\quad \sigma>0$$

则称 X 服从正态分布的随机变量，记作 $X\sim N(\mu,\sigma^2)$。特别地，称 $\mu=0,\sigma=1$ 时的正态分布 $N(0,1)$ 为标准正态分布，其概率分布的密度函数如图 3-1 (a) 所示。一个非标准正态分布的密度函数如图 3-1 (b) 中的虚线部分（$\mu=1,\sigma=2$）所示。

正态分布是概率论与数理统计中最重要的一个分布，高斯（Gauss）在研究误差理论时首先用正态分布来刻画误差的分布，所以正态分布又称高斯分布。一个变量如果是由大量微小、独立的随机因素的叠加，那么这个变量一定是正态变量。如测量误差、产品质量、月降雨量等都可用正态分布描述。

【例 3-1】正态分布示例。

其实现的 MATLAB 程序代码如下：

```
>> clear all; close all;
x=-8:0.1:8;
y=normpdf(x,0,1);
figure(1);plot(x,y);
y1=normpdf(x,1,2);
figure(2);plot(x,y,x,y1,':');
```

运行程序效果如图 3-1 所示。

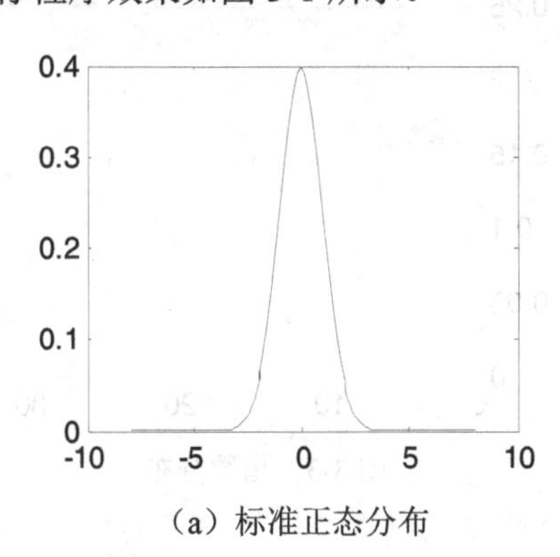

（a）标准正态分布

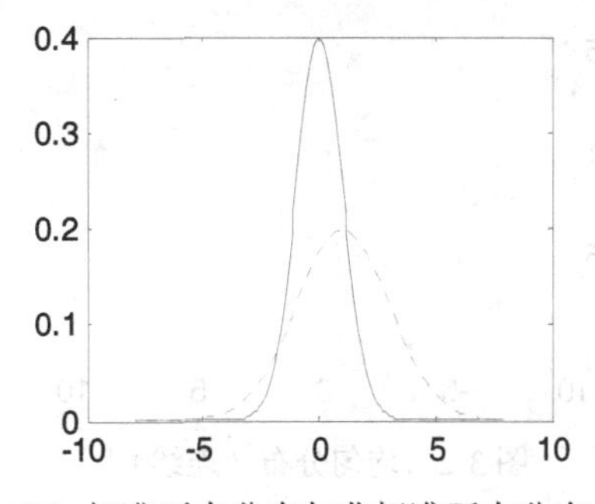

（b）标准正态分布与非标准正态分布

图 3-1 正态分布显示效果

（2）均匀分布（连续）

若随机变量 X 的密度函数为：

$$f(x)=\begin{cases}\dfrac{1}{b-a}, & a\leqslant x\leqslant b\\ 0, & \text{其他}\end{cases}$$

则称 X 服从 $[a,b]$ 上的均匀分布（连续），记作 $X\sim U$[a,b]，其概率分布的密度函数如图 3-2 所示（$a=0, b=2\pi$）。

均匀分布在实际中经常使用，如一个半径为 r 的汽车轮胎，因为轮胎上的任一点接触地面的可能性是相同的，所以轮胎圆周接触地面的位置 X 服从 $[2,2\pi r]$ 上的均匀分布，这只要看报废轮胎四周磨损程度几乎是相同的即可明白均匀分布的含义。

```
>>clear all;
x=-10:0.01:10;
r=1;
y=unifpdf(x,0,2*pi*r);
plot(x,y,'r--');
```

（3）指数分布

若连续型随机变量 X 的密度函数为：

$$f(x)=\begin{cases}\lambda e^{-\lambda x}, & x>0\\ 0, & x\leqslant 0\end{cases},\lambda>0$$

则称 X 为服从参数为 λ 的指数分布的随机变量，记作 $X \sim \exp(\lambda)$ 。

在实际应用中，等待某特定事物发生所需要的时间往往服从指数分布。例如，某些元件的寿命、某人打一个电话持续的时间、随机服务系统中的服务时间、动物的寿命等都常假定服从指数分布。

指数分布的重要性还在于它具有无记忆性的连续型随机变量。即设随机变量 X 服从参数 λ 的指数分布，则对任意的实数 $s>0, t>0$，有：

$$P\{X>s+t \mid X>s\}=P\{X>t\}$$

其概率分布的密度函数如图 3-3 所示。

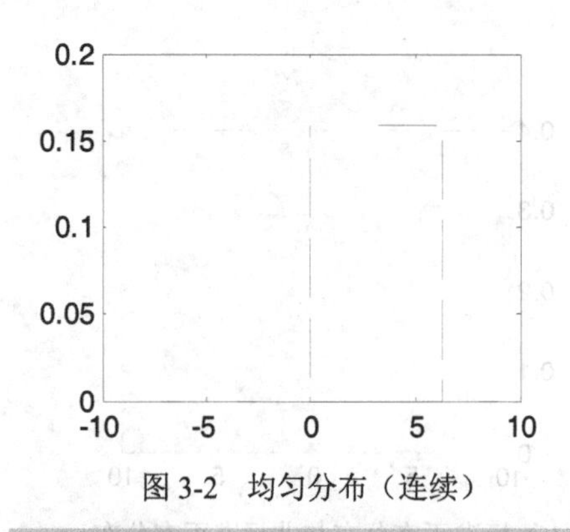

图 3-2　均匀分布（连续）

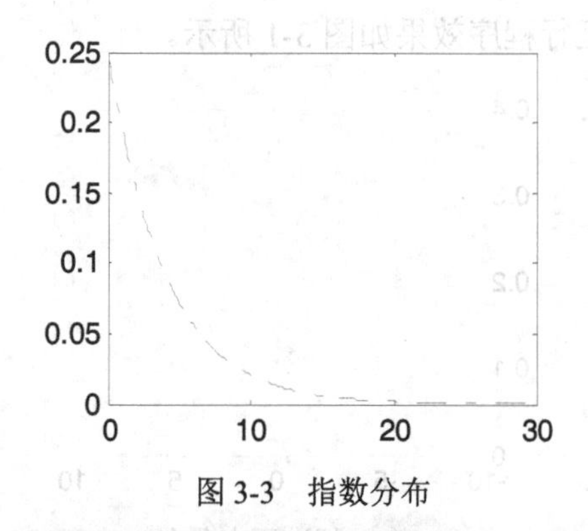

图 3-3　指数分布

```
>> clear all;
x=0:0.1:30;
y=exppdf(x,4);
plot(x,y,'m-.')
```

2．常见离散分布的密度函数

（1）几何分布

在伯努利实验中，每次试验成功的概率为 p，失败的概率为 $q=1-p(0<p<1)$，设试验进行到第 ξ 次才出现成功，则 ξ 的分布列为：

$$P(\xi=k)=pq^{k-1}\text{，}\quad k=1,2,\cdots$$

可以看出：$pq^{k-1}(k=1,2,\cdots)$ 是几何级数 $\sum_{k=1}^{\infty} pq^{k-1}$ 的一般项，于是人们称它为几何分布，其概率分布的密度函数如图 3-4 所示。

```
>> clear all;
x=0:30;
y=geopdf(x,0.5);
plot(x,y,'b')
```

（2）二项分布

如果随机变量 X 的分布列为：

$$P(X=k)=\binom{n}{k} p^{k}(1-p)^{n-k}\text{，}\quad k=1,2,\cdots,n$$

则这个分布称为二项分布，记为 $X \sim b(n,p)$ 。当 $n=1$ 时，二项分布又称为 0-1 分布，分布律为：

X	0	1
P	$1-p$	p

一般的二项分布的密度函数如图 3-5 所示（$n=500, p=0.05$）。

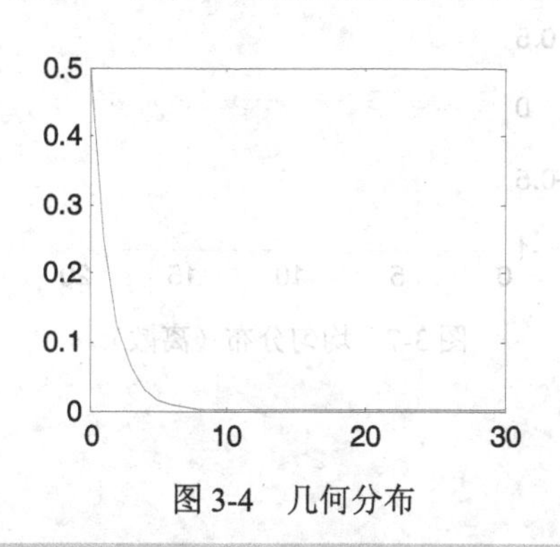

图 3-4　几何分布

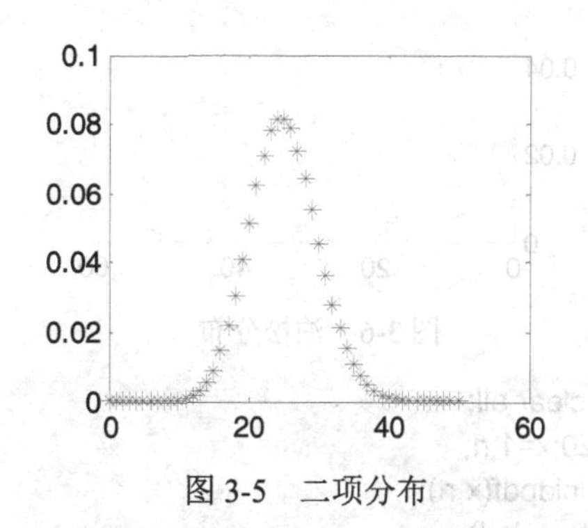

图 3-5　二项分布

```
>> clear all;
x=0:50;
y=binopdf(x,500,0.05);
plot(x,y,'r*');
```

（3）泊松（Poisson）分布

泊松分布是 1837 年由法国数学家泊松（S.D.Poisson1，1781—1840）首次提出的，其概率分布列为：

$$P(X=k)=\frac{\lambda^k}{k!}e^{-\lambda}\text{，}\quad k=0,1,2,\cdots\text{，}\quad \lambda>0$$

记为 $X \sim P(\lambda)$，其概率分布的密度函数如图 3-6 所示。

泊松分布是一种常用的离散分布，它与单位时间（或单位面积、单位产品等）上的计数过程相联系。例如，单位时间内，电话总机接到用户呼唤次数；1 平方米内，玻璃上的气泡数；一铸件上的砂眼数；在单位时间内，某种放射性物质分裂到某区域的质点数等。

```
>> clear all;
x=0:50;
y=poisspdf(x,25);
plot(x,y,'r:');
```

注意：对比二项分布的概率密度函数图可以发现，当二项分布的 $n \cdot p$ 与泊松分布 λ 充分接近时，两图拟合程度非常高（图 3-5 与图 3-6 中的 $n \cdot p=20=\lambda$），直观地验证了泊松定理（泊松分布是二项分布的极限分布），可对比图 3-5 与图 3-6。

（4）均匀分布（离散）

如果随机变量 X 的分布列为：

$$P(X=k)=\frac{1}{n}\text{，}\quad k=1,2,\cdots,n$$

则这个分布称为离散均匀分布，记为 $X \sim U([1,2,\cdots,n])$，其概率分布的密度函数如图 3-7 所示（n=20）。

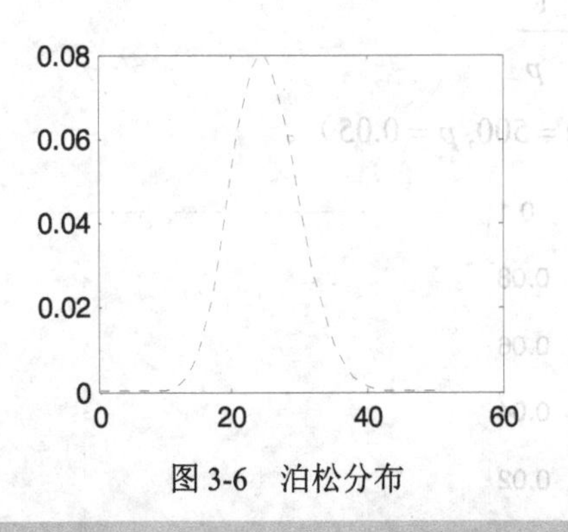

图 3-6　泊松分布

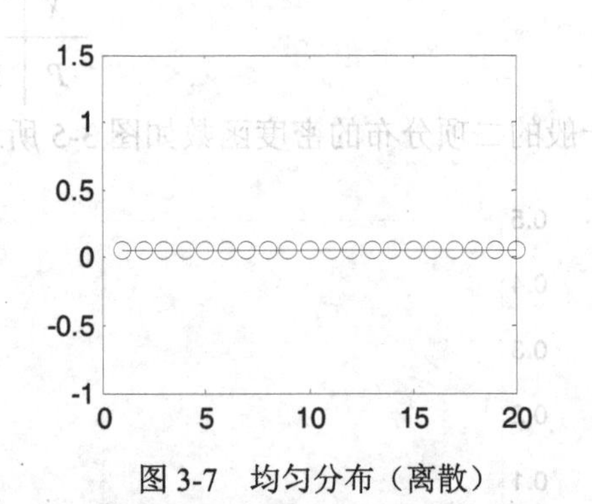

图 3-7　均匀分布（离散）

```
>> clear all;
n=20;x=1:n;
y=unidpdf(x,n);
plot(x,y,'o-');
```

3．三大抽样分布的密度函数

（1）χ^2 分布

设随机变量 $X_1,X_2,\cdots,X_n$ 相互独立，且同服从正态分布 $N(0,1)$，则称随机变量 $\chi_n^2 = X_1^2 + X_2^2 + \cdots + X_N^2$ 服从自由度为 n 的 χ^2 分布，记作 $\chi_n^2 \sim \chi^2(n)$，亦称随机变量 χ_n^2 为 χ^2 的变量。概率分布的密度函数如图 3-8（a）（$n=4$）和图 3-8（b）（$n=10$）所示。

```
>> clear all;
x=0:0.1:20;
y1=chi2pdf(x,4);
figure(1);plot(x,y1);
y2=chi2pdf(x,10);
figure(2);plot(x,y2)
```

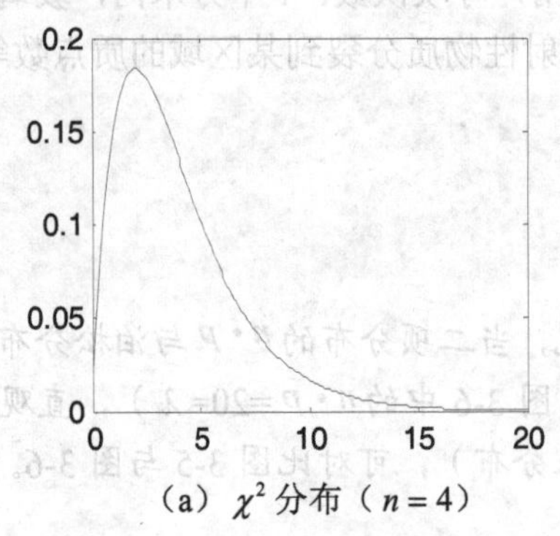

（a）χ^2 分布（$n=4$）

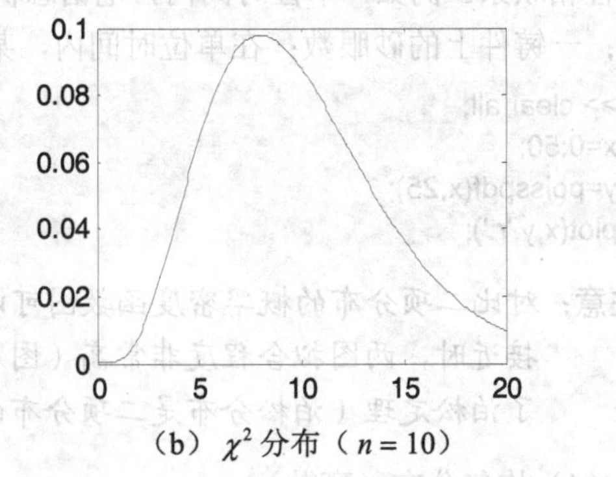

（b）χ^2 分布（$n=10$）

图 3-8　χ^2 分布效果

（2）F 分布

设随机变量 $X \sim \chi^2(m)$，$Y \sim \chi^2(n)$，且 X 与 Y 相互独立，则称随机变量

$$F = \frac{X/m}{Y/n}$$

服从自由度为(m,n)的 F 分布，记作$F \sim F(m,n)$，其概率分布的密度函数如图 3-9 所示，即$F(4,10)$。

```
>> clear all;
x=0.01:0.1:8.01;
y=fpdf(x,4,10);
plot(x,y,'r:');
```

（3）t 分布

设随机变量$X \sim N(0,1)$，$Y \sim \chi^2(n)$，且 X 与 Y 相互独立，则称随机变量

$$T = \frac{X}{\sqrt{Y/n}}$$

服从自由度为 n 的 t 分布，记作$T \sim t(n)$，其概率分布的密度函数如图 3-10 所示，即$t(4)$。

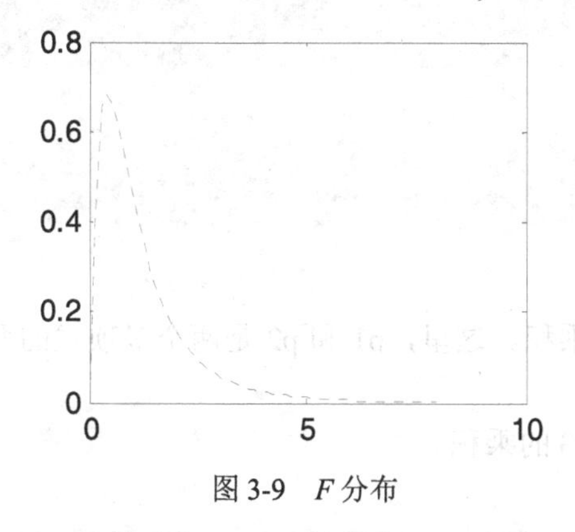

图 3-9　F 分布

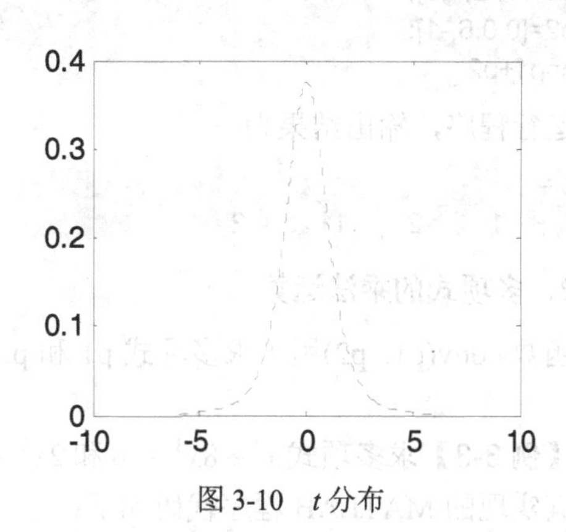

图 3-10　t 分布

细心的读者可能已经发现，图 3-10 的 t 分布图与图 3-1 的正态分布十分相似。可以证明，当$n \to \infty$时，t 分布趋于标准正态分布$N(0,1)$。

```
>> clear all;
x=-6:0.01:6;
y=tpdf(x,4);
plot(x,y,'r:');
```

3.2　多　项　式

在 MATLAB 中，n 次多项式用一个 n+1 维的行向量表示，缺少的幂次项系数为 0，如果 n 次多项式表示为：

$$p(x) = a_1x^n + a_2x^{n-1} + a_nx + a_{n+1}$$

则在 MATLAB 中，$p(x)$用向量$p = [a_1, a_2, \cdots, a_n, a_{n+1}]$来表示。

3.2.1 多项式的四则运算

多项式之间可以进行四则运算，其运算结果仍为多项式。

1. 多项式的加减运算

MATLAB 没有提供专门进行多项式加减运算的函数。事实上，多项式的加减运算就是其所对应的系数向量的加减运算。对于次数相同的两个多项式，可直接对多项式系数向量进行加减运算。如果多项式的次数不同，则应该将低次的多项式系数不足的高次用 0 补足，使各多项式具有相同的次数。

【例 3-2】求多项式 x^3-2x^2+5x+3 和 $6x-1$ 的和。

其实现的 MATLAB 程序代码如下：

```
>> clear all;
p1=[1,-2,5,3];
p2=[0,0,6,-1];
c=p1+p2
```

运行程序，输出结果为：

```
c =
     1    -2    11     2
```

2. 多项式的乘法运算

函数 conv(p1, p2)用于求多项式 p1 和 p2 的乘积。这里，p1 和 p2 是两个多项式的系数向量。

【例 3-3】求多项式 x^4+8x^3-10 和 $2x^2-x+3$ 的乘积。

其实现的 MATLAB 程序代码如下：

```
>> clear all;
p1=[1,8,0,0,-10];
p2=[2,-1,3];
c=conv(p1,p2)
```

运行程序，输出结果为：

```
c =
     2    15    -5    24   -20    10   -30
```

3. 多项式的除法运算

函数[q, r]=deconv(p1, p2)用于多项式 p1 和 p2 作除法运算，其中 q 为返回多项式 p1 除以 p2 的商式，r 为返回 p1 除以 p2 的余式。这里，q 和 r 仍是多项式的系数向量。

【例 3-4】求多项式 x^4+8x^3-10 除以多项式 $2x^2-x+3$ 的结果。

其实现的 MATLAB 程序代码如下：

```
>> clear all;
p1=[1,8,0,0,-10];
p2=[2,-1,3];
[q,r]=deconv(p1,p2)
```

运行程序，输出结果为：

```
q =
    0.5000    4.2500    1.3750
r =
         0         0         0  -11.3750  -14.1250
```

这表明，商式 $q(x)=0.5x^2+4.25x+1.375$，余式 $r(x)=-11.375x-14.125$。

3.2.2　多项式的求导

对多项式求导的函数是 polyder，其调用格式为：

p=polyder(p1)：求多项式 p1 的导函数。

p=polyder(p1, p2)：求多项式 p1 和 p2 乘积的导函数。

[p, q]=polyder(p1, p2)：求多项式 p1 和 p2 之商的导函数，p 和 q 分别是导函数的分子和分母。

【例 3-5】 求有理分式 $f(x)=\dfrac{x-1}{x^2-x+3}$ 的导函数。

其实现的 MATLAB 程序代码如下：

```
>> clear all;
p1=[1,-1];
p2=[1,-1,3];
[p,q]=polyder(p1,p2)
```

运行程序，输出结果为：

```
p =
    -1     2     2
q =
     1    -2     7    -6     9
```

结果表明 $f'(x)=\dfrac{-x^2+2x+2}{x^4-2x^3+7x^2-6x+9}$。

3.2.3　多项式的求值与求根

polyval 函数用来求代数多项式的值，其调用格式为：

y=polyval(p, x)

若 x 为一数值，则求多项式在该点的值；若 x 为向量，则对向量中的每个元素求其多项式的值。

【例 3-6】 求多项式 $p(x)=x^2+2x+1$ 在点 1、2、3、4 的值。

其实现的 MATLAB 程序代码如下：

```
>> clear all;
p=[1,2,1];
x=1:4;
y=polyval(p,x)
```

运行程序，输出结果为：

```
y =
     4     9    16    25
```

roots 函数用来求代数多项式的根，其调用格式为：

x=roots(p)

如果 x 为向量，则 p=poly(x)可以建立一个以 x 为其根的多项式。

【例 3-7】求多项式 $p(x)=x^3-6x^2+11x-6$ 的根。

其实现的 MATLAB 程序代码如下：

```
>> clear all;
p=[1,-6,11,-6];
x=roots(p)
```

运行程序，输出结果为：

```
x =   3.0000
      2.0000
      1.0000
```

如果输入命令 p=poly(x)，则可以得到以 3、2、1 为根的三次多项式的系数：

```
p =
     1.0000    -6.0000    11.0000    -6.0000
```

MATLAB 还提供了一个 fzero 函数，可以用来求单变量非线性方程的根。该函数的调用格式为：

z=fzero('fname', x0)

其中，fname 是待求根的函数文件，x0 为搜索的起点。当函数有多个根时，fzero 函数只能给出离 x0 最近的那个根。

【例 3-8】求函数 $f(x)=x-10^x+2=0$ 在 $x_0=0.5$ 附近的根。

其实现的 MATLAB 程序代码如下：

```
>> fzero('x-10^x+2',0.5)
```

运行程序，输出结果为：

```
ans =     0.3758
```

或建立函数文件 a.m：

```
function y=a(x)
y=x-10^x+2;
```

调用 fzero 函数求根。

```
>> fzero('a',0.5)
```

运行程序，输出结果为：

```
ans =     0.3758
```

3.2.4 有理多项式

在许多应用中，如傅里叶（Fourier）、拉普拉斯（Laplace）和 Z 变换，出现有理多项式或两个多项式之比。在 MATLAB 中，有理多项式由它们的分子多项式和分母多项式表示。

对有理多项式进行运算的两个函数是 residue 和 polyder。函数 residue 执行部分分式展开。

【例 3-9】将多项式$\frac{10(s+3)}{(s-1)(s+4)(s+6)}$展开成几个简单多项式的和。

其实现的 MATLAB 程序代码如下：

```
>> clear all;
num=10*[1,3];           %分子多项式
den=poly([1;-4;-6]);  %分母多项式
[res,poles,k]=residue(num,den)
```

运行程序，输出结果为：

```
res =
   -2.1429
    1.0000
    1.1429
poles =
   -6.0000
   -4.0000
    1.0000
k =
     []
```

结果是余数、极点和部分分式展开的常数项。上述结果表明：

$$\frac{10(s+3)}{(s-1)(s+4)(s+6)}=\frac{-2.1429}{s+6}+\frac{1.0000}{s+4}+\frac{1.1429}{s-1}+0$$

这个函数也执行逆运算。

```
>> [n,d]=residue(res,poles,k)
n =
          0    10.0000    30.0000
d =
    1.0000     9.0000    14.0000   -24.0000
>> roots(d)
ans =
   -6.0000
   -4.0000
    1.0000
```

在截断误差内，这与开始时的分子和分母多项式一致。residue 也能处理重极点的情况，尽管这里没有考虑。

正如前面所述，函数 polyder 可以对多项式求导。除此之外，如果给出两个输入，则它对有理多项式求导。即[Q,D]=polyder(B,A)表示多项式 B/A 求导的结果是 Q/D。

【例 3-10】求$\frac{\mathrm{d}}{\mathrm{d}x}\left[\frac{10(x+3)}{(x+1)(x+4)(x+5)}\right]$。

其实现的 MATLAB 程序代码如下：

```
>> clear all;
num=10*[1,3];     %分子多项式
```

```
den=poly([1;4;5]);  %分母多项式
[b,a]=polyder(num,den)
```

运行程序，输出结果为：

```
b =
        -20          10          600          -1070
a =
      1        -20         158        -620         1241        -1160        400
```

该结果证实：

$$\frac{\mathrm{d}}{\mathrm{d}x}\left[\frac{10(x+3)}{(x+1)(x+4)(x+5)}\right]=\frac{-20x^3+10x^2+600x-1070}{x^6-20x^5+158x^4-620x^3+1241x^2-1160x+400}$$

3.2.5 M 文件示例

在讨论 M 文件函数的内部结构之前，首先考虑这些函数做什么。

```
n=
  0.0000              10.0000               20.0000  %先前数据
b=
  -20     -140      -320        -260                  %先前数据
>> mmpsin(n)                                          %去掉可以忽略的第一项
ans =
    10.0000    20.0000
>> s=mmp2str(b)
s =
       -20s^3-260
>> mmp2str(b,'x')
ans =
       -20x^3-260
>> mmp2str(b,[],1)
ans =
   -20*(s^37s^216s^1+13)
>> mmp2str(b,'x',1)
ans =
   -20*(x^37x^216x^1+13)
```

这里，函数 mmpsin 删除在多项式 n 中近似为零的第一个系数，函数 mmp2str 将数值多项式变换成等价形式的字符串表达式。该两个函数的主体为：

```
function y=mmpsin(x,tol)
%MMPSIM Polynomial Simplification,Strip Leading Zero Terms.
%MMPSIM(A) Delets leading zeros and small coefficients in the
%polynomial(A).
%Coefficients are considered small if their
%magnitude is less than both one and norm(A)*1000*epx.
%MMPSIM(A,TOL) uses TOL for its smallness tolerance.

%Copyright(c) 1996 by Prentice-Hall,Inc.
if nargin<2
```

```
    tol=norm(x)*1000*eps;
end
x=x(:).';                           %确信输入一个向量
i=find(abs(x)<.99&abs(x)<tol);  %寻找可忽略的索引
x(i)=zeros(1,length(i));            %将其归零
i=find(x~=0);                       %寻找不可忽略的索引
if isempty(i)
    y=0;                            %极限情形：什么都不剩
else
    y=x(i(1):length(x));            %从第一项开始
end

function s=mmp2str(p,v,ff)
%MMP2STR Polynomial Vector to String Conversion.
%MMP2STR(P) converts the polynomial vector P into a string.
% For example:P=[2 3 4] becomes the string '2s^2+3s+4'
%
%MMP2STR(P,V) generates the string using the variable V
% instead of s .MMP2STR([2 3 4],'z') become '2z^2+3z+4'
%
%MMP2STR(P,V,1) factors the polynomial into the product of a  constant and
%monic polynomial.
%MMP2STR([2 3 4],[],1) become '2(s^2+1.5s+2)'
% Copyright (c) 1996 by Prentice-Hall, Inc.
if nargin<3                         %计算形式为假
    ff=0;
end
if nargin<2,                        %默认变量为's'
    v='s';
end
if isempty(v)                       %默认变量为's'
    v='s';
end
v=v(1);                             %赋变量一个数
p=mmpsin(p);                        %去掉可忽略的项
n=length(p);
if ff                               %提交计算形式
    k=p(1);
    Ka=abs(k);
    p=p/k;
    if abs(k-1)<1e-4
        pp=[];pe=[];
    elseif abs(k+1)<1e-4
        pp='-(';pe=')';
    elseif abs(Ka-round(Ka))<=1e-5*Ka
        pp=[sprintf('%.0f',k) '*('];pe=')';
    else
        pp=[sprintf('%.4g',k) '*('];pe=')';
        end
```

```
    else                                %若不是计算形式
        k=p(1);
        pp=sprintf('%.4g',k);
          pe=[];
    end
if n==1                                 %多项式为一个常数
    s=sprintf('%.4g',k);
    return
end
s=[pp v '^' sprintf('%.0f',n-1)];       %串行形式形成
for i=2:n-1                             %处理多项式中的每一项
    if p(i)<0,
        pm='- ';
    else
        if p(i)>0,
            pm='';
        end
        if p(i)==1
            pp=[];
        else
            pp=sprintf('%.4g',abs(p(i)));
        end
        if p(i)~=0
            s=[s pm pp v '^' sprintf('%.0f',n-i)];
        end
    end
    if p(n)~=0
        pp=sprintf('%.4g',abs(p(n)));
    else
        pp=[];
    end
    if p(n)<0,
        pm='-';
    elseif p(n)>0,
        pm='+';
    else
        pm=[];
    end
end
s=[s pm pp pe];                         %最终形式
```

3.3 函数的极限

3.3.1 基本函数

在 MATLAB 中求极限的基本函数如表 3-2 所示。

表 3-2　MATLAB 常用求极限函数

数 学 运 算	MATLAB 函数
$\lim\limits_{x\to 0} f(x)$	limit(f)
$\lim\limits_{x\to a} f(x)$	limit (f, x, a) 或 limit(f, a)
$\lim\limits_{x\to a^-} f(x)$	limit(f, x, a, 'left')
$\lim\limits_{x\to a^+} f(x)$	limit(f, x, a, 'right')

MATLAB 代数方程求解命令 solve 的使用方法在第 1 章 1.6 节中已经介绍过，在此不再赘述。

3.3.2　极限概念

数列 $\{x_n\}$ 收敛或有极限是指当 n 无限增大时，x_n 与某常数无限接近或 x_n 趋向于某一定值，就图形而言，也就是其点列以某一平行于 y 轴的直线为渐近线。

【例 3-11】观察数列 $\left\{\dfrac{n+1}{n}\right\}$，当 $n\to\infty$ 时的变化趋势。

其实现的 MATLAB 程序代码如下：

```
>> clear all;
n=1:100;xn=(n+1)./n;
```

得到该数列的前 100 项，由这前 100 项可知，随着 n 的增大，$\dfrac{n+1}{n}$ 与 1 非常接近，画出 x_n 的图形，如图 3-11 所示。

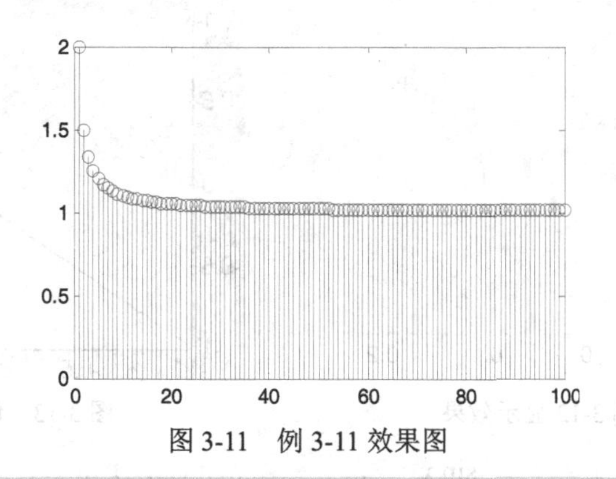

图 3-11　例 3-11 效果图

```
>> clear all;
n=1:100;xn=(n+1)./n;
stem(n,xn);
```

或

```
for i=1:100;
    plot(n(i),xn(i),'r');
    hold on;
end
```

由图 3-11 可以看出，随着 n 的增大，点列与直线 $y=1$ 无限接近，因此可得结论：

$$\lim_{n\to\infty}\frac{n+1}{n}=1$$

对函数的极限概念，也可用上述方法理解。

【例 3-12】分析函数 $f(x)=x\sin\frac{1}{x}$，当 $x\to 0$ 时的变化趋势。

给出函数 $f(x)$ 在[−1, 1]上的图形，如图 3-12 所示。

其实现的 MATLAB 程序代码如下：

```
>> clear all;
x=-1:0.01:1;
y=x.*sin(1./x);
plot(x,y);
```

从图 3-12 可以看出，$f(x)=x\sin\frac{1}{x}$ 随着 x 的减小，振幅越来越小且趋近于 0，频率越来越高，作无限次振荡，极限不存在。仔细观察该图像，发现图像的某些峰值不是 1 和−1，而正弦曲线的峰值是 1 和−1，这是由于自变量的数据点选取未必使 $\sin\frac{1}{x}$ 取到 1 和−1 的缘故。

【例 3-13】作出 $y=\pm x$ 的图像。

其实现的 MATLAB 程序代码如下：

```
>> close all;
hold on;plot(x,x,x,-x)
```

运行程序效果如图 3-13 所示。

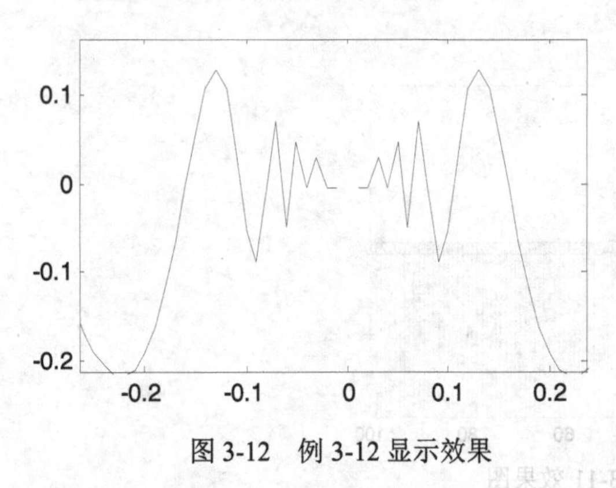

图 3-12　例 3-12 显示效果

图 3-13　例 3-13 显示效果

【例 3-14】考察函数 $f(x)=\frac{\sin x}{x}$，当 $x\to 0$ 时的变化趋势。

其实现的 MATLAB 程序代码如下：

```
>> clear all; close all;
x=linspace(-2*pi,2*pi,50);
y=sin(x)./x;
plot(x,y,'r:');
```

运行程序效果如图 3-14 所示。

由图 3-14 看出，$f(x)=\dfrac{\sin x}{x}$ 在 $x=0$ 附近连续变化，其值与 1 无限接近，可见：

$$\lim_{x\to 0}\frac{\sin x}{x}=1$$

【例 3-15】 考察函数 $f(t)=\left(1+\dfrac{1}{t}\right)^{t}$，当 $t\to\infty$ 时的变化趋势。

其实现的 MATLAB 程序代码如下：

```
>> clear all;
t=1:100;h=(1+1./t).^t;
plot(t,h,'r');
```

运行程序效果如图 3-15 所示。

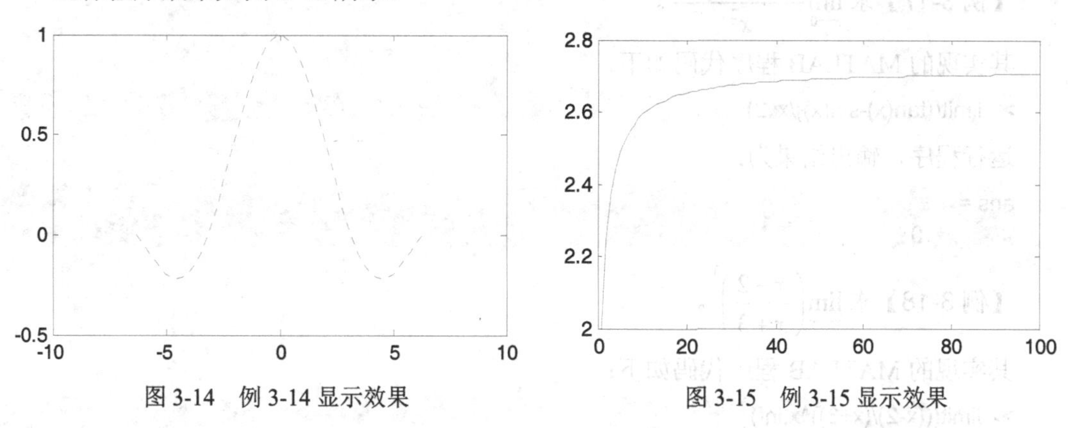

图 3-14　例 3-14 显示效果　　　　图 3-15　例 3-15 显示效果

由图 3-15 可以看出，当 $t\to\infty$ 时，函数值与某常数无限接近，该常数为 e。

3.3.3　求函数极限

【例 3-16】 求 $\lim\limits_{x\to 1}\left(\dfrac{1}{x+1}-\dfrac{2}{x^3-2}\right)$。

其实现的 MATLAB 程序代码如下：

```
>> clear all; close all;
syms x;
f=1/(x+1)-2/(x^3-2);
limit(f,x,1)
```

运行程序，输出结果为：

```
ans =
         5/2
```

画出函数图形，如图 3-16 所示。

```
>> ezplot(f); hold on; plot(-1,-1,'r.');
```

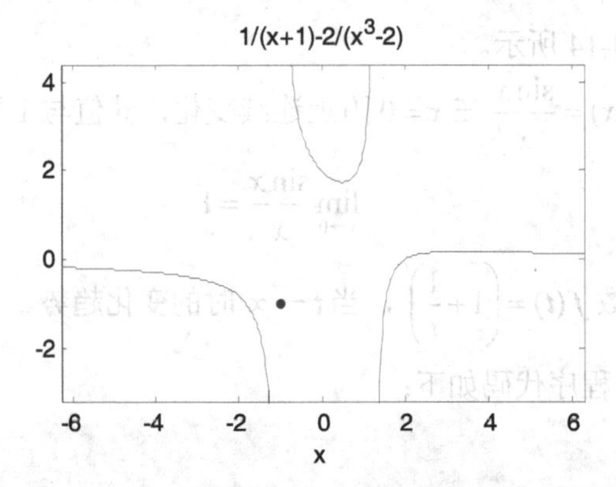

图 3-16　例 3-16 显示效果

【例 3-17】求 $\lim\limits_{x\to 0}\dfrac{\tan x-\sin x}{x^2}$。

其实现的 MATLAB 程序代码如下：

```
>> limit((tan(x)-sin(x))/x^2)
```

运行程序，输出结果为：

```
ans =
        0
```

【例 3-18】求 $\lim\limits_{x\to\infty}\left(\dfrac{x-2}{x+3}\right)^3$。

其实现的 MATLAB 程序代码如下：

```
>> limit(((x-2)/(x+3))^x,inf)
```

运行程序，输出结果为：

```
ans =
     exp(-5)
```

【例 3-19】求 $\lim\limits_{x\to 0^+}x^{x^x}$。

其实现的 MATLAB 程序代码如下：

```
>> limit((x^x)^x,x,0,'right')
```

运行程序，输出结果为：

```
ans =
        1
```

【例 3-20】求 $\lim\limits_{x\to 0^+}(\tan x)^{\frac{1}{\ln x}}$。

其实现的 MATLAB 程序代码如下：

```
>> limit((tan(x))^(1/log(x)),x,0,'right')
```

运行程序，输出结果为：

```
ans =
        exp(1)
```

3.4　数 值 积 分

3.4.1　由给定的数据进行梯形求积

一元函数定积分的数学表示为：

$$I=\int_a^b f(x)\mathrm{d}x$$

在该被积函数 $f(x)$ 理论上不可积时，即使有强大的计算机数学语言帮忙，也不能够求出该积分的解析解，所以往往要采用数值方法来求解。求解定积分的数值方法是多种多样的，如简单的梯形法、Simpson 法、Romberg 法等算法都是数值分析课程中经常介绍的方法。它们的基本思想都是将整个积分空间 $[a,b]$ 分割成若干个子空间 $[x_i,x_{i+1}]$，$i=1,2,\cdots,N$，其中 $x_1=a$, $x_{N+1}=b$ 。这样整个积分问题即分解为下面的求和形式：

$$\int_a^b f(x)\mathrm{d}x=\sum_{i=1}^{N}\int_{x_i}^{x_{i+1}} f(x)\mathrm{d}x=\sum_{i=1}^{N}\Delta f_i$$

而在每一个小的子空间上都可以近似地求解，当然最简单的求每一小的子空间的积分方法是采用梯形近似的方法。梯形方法还可以应用于已知数据样本点的数值积分问题求解。假设在实验中测得一组数据 $(x_1,y_1),(x_2,y_2),\cdots,(x_N,y_N)$，且 x_i 为严格单调递增的数值，直接求取这些点对应曲线的数值积分最直观的方法是用梯形方法，用直线将这些点连接起来，则积分可以近似为该折线与 x 轴之间围成的面积。这样，

$$S=\frac{1}{2}\left[\sum_{i=1}^{N-1}(y_{i+1}+y_i)(x_{i+1}-x_i)\right]=\frac{1}{2}\left\{\sum_{i=1}^{N-1}[(y_{i+1}-y_i)+2y_i](x_{i+1}-x_i)\right\}$$

由此可见，用 MATLAB 语言实现梯形积分算法很容易。

假设已知建立起向量 $x=[x_1,x_2,\cdots,x_N]^T$, $y=[y_1,y_2,\cdots,y_N]^T$，则可以用下面的语句得出该积分的值为：

```
>> sum((2*y(1:end-1,:)+diff(y)).*diff(x))/2
```

MATLAB 提供的 trapz()函数也可以直接用梯形法求解积分问题，该函数的调用格式为：

S=trapz(x, y)

其中，x 可以为行向量或列向量，y 的行数应该等于 x 向量的元素数。如果 y 由多列矩阵给出，则用该函数可以得出若干个函数的积分值。

【例 3-21】 试用梯形法求出 $x\in(0,\pi)$ 区间内函数 $\sin(x)$ 、 $\cos(x)$ 、 $\sin(x/2)$ 的定积分值。

其实现的 MATLAB 程序代码如下：

```
>> clear all;
x1=[0:pi/30:pi]';
y=[sin(x1) cos(x1) sin(x1/2)];
x=[x1 x1 x1];
sum((2*y(1:end-1,:)+diff(y)).*diff(x))/2
```

运行程序，输出结果为：

```
ans =
      1.9982        0.0000        1.9995
```

如果使用 trapz 函数，即输入：

```
>> S1=trapz(x1,y)   %得出和上述完全一样的结果
```

由于选择的步距变大，为$h=\pi/30\approx 0.1$，故得出的结果有较大的误差。

【例 3-22】用定步长方法求解积分$\int_0^{3\pi/2}\cos(15x)\mathrm{d}x$。

解：求解问题之前，首先用下面的 MATLAB 语句绘制出被积函数的曲线，如图 3-17 所示。可见，在求解区域内被积函数有很强的振荡。

```
>> clear all;close all;
x=[0:0.01:3*pi/2,3*pi/2];   %这样赋值能确保 pi/2 点被包含在内
y=cos(15*x);
plot(x,y,'*');
```

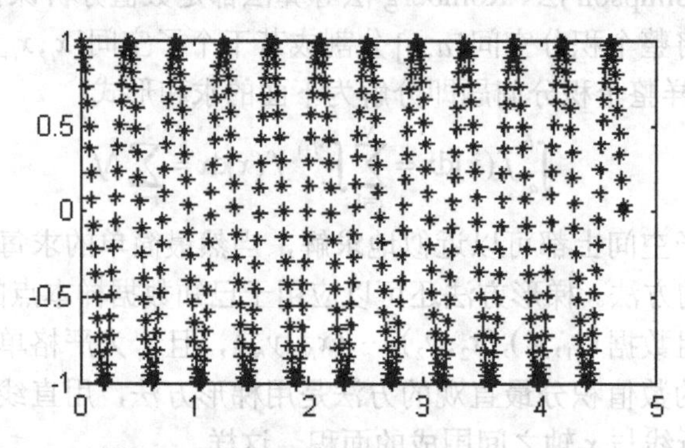

图 3-17　被积函数 $f(x)=\cos(15x)$ 的曲线

对不同的步距 h=0.1, 0.01, 0.001, 0.0001, 0.00001, 0.000001，可以用下面的语句求出采用不同步距的近似结果。为了有更好的表示，将结果用表 3-3 列出。

```
>> clear all;
syms x;A=int(cos(15*x),0,3*pi/2)   %求取理论值
A =
      1/15
>> h0=[0.1,0.01,0.001,0.0001,0.00001,0.000001];
v=[];
for h=h0
    x=[0:h:3*pi/2,3*pi/2];
    y=cos(15*x);
    I=trapz(x,y);
    v=[v;h,i,1/15-I];
end
```

表 3-3　步距选择与计算结果

步　长	得出积分值	误　　差	步　长	得出积分值	误　　差
0.1	0.05389175150075948	0.0127749152	0.0001	0.06666665416666881	1.24999978×10^{-8}
0.01	0.0665416954658383	0.0001249712	0.00001	0.0666666665416685	1.24999816×10^{-10}
0.001	0.06666541668003727	1.2499866×10^{-6}	0.000001	0.06666666666541621	1.25045807×10^{-12}

3.4.2　单变量数值积分

单变量函数的数值积分还可以采用一般数值分析中介绍的其他算法进行求解。例如，可以采用下面给出的 Simpson 方法来求解出 $[x_i, x_{i+1}]$ 上的积分 Δf_i 的近似值为：

$$\Delta f_i = \frac{h_i}{12}\left[f(x_i) + 4f\left(x_i + \frac{h_i}{4}\right) + 2f\left(x_i + \frac{h_i}{2}\right) + 4f\left(x_i + \frac{3h_i}{4}\right) + f\left(x_i + h_i\right)\right]$$

其中，$h_i = x_{i+1} - x_i$。MATLAB 基于此算法，采用自适应变步长的方法给出了 quad()函数来求取定积分，该函数的调用格式为：

y=quad(Fun, a, b)：求定积分。

y=quad(Fun, a ,b , ε)：限定精度的定积分求解。

其中，Fun 为描述被积函数的字符串变量，可以是一个 Fum.m 函数文件名，该函数的一般格式为 y=Fun(x)，还可以用 inline()函数直接定义。a,b 分别为定积分的上限和下限，ε 为用户指定的误差限，默认值为 10^{-6}。给定了这些因素，可以利用 MATLAB 的求积分函数 quad()直接求解定积分问题的数值解。下面通过实例演示数值积分的求解方法。

【例 3-23】 考虑数学函数 $\mathrm{erf}(x) = \dfrac{2}{\sqrt{x}}\int_0^x e^{-t^2}\,\mathrm{d}t$，由于其解析不可积，故需要用数值方法来求解。

解：在求取数值解之前，需要描述一下被积函数。描述被积函数有两种方法，其一是建立一个 MATLAB 函数并将其存成文件，其内容为：

```
function y=c3ffun(x)
y=2/sqrt(pi)*exp(−x.^2);
```

这样，可以将上述内容存入 c3ffun.m 文件。另一种是用 inline()函数定义被积函数，可以给出下面的语句：

```
f=inline('2/sqrt(pi)*exp(−x.^2)','x');
```

这样的方法无须建立一个单独的 MATLAB 文件，inline()函数的第一个输入变量为被积函数本身，和 MATLAB 函数描述格式完全相同，第二个输入变量为自变量，当然还可以带有多个自变量。

定义了被积函数，即可调用 quad()函数直接求解出定积分的值。

其实现的 MATLAB 程序代码如下：

```
>> clear all;
syms x
f=inline('2/sqrt(pi)*exp(-x.^2)','x');
y=quad(f,0,1.5)                    %用 inline 函数定义被积函数
y =
        0.966105186231726
>> y=quad('c3ffun',0,1.5)          %用 M-函数定义被积函数
y =
        0.966105186231726
```

两种方法得出的结果完全相同。其实，用符号运算工具箱可以求解出更精确的解如下：

```
>> syms x
y0=vpa(int(2/sqrt(pi)*exp(-x^2),0,1.5),60)
y0 =
    .966105146475310713936933729949905794996224943257461473285749
```

和前面得出的数值解比较可见，数值精度不同，用户可以试着减小误差限 tol 值的方法获取更高精度的解。

```
>> y=quad(f,0,1.5,1e-20)   %设置高精度，但该方法失效
Warning: Maximum function count exceeded; singularity likely.
> In quad at 106
y =
   0.966060260015354
```

MATLAB 还提供了一个新的函数 quadl()，其调用格式和 quad()完全一致，使用的算法为 Lobbato 算法，其精度和速度均远高于 quad()函数，所以在追求高精度数值解时可以采用这个方法。

早期版本的 MATLAB 还实现了 8 阶 Newton-Cotes 算法，给出了可用的积分函数 quad8()，其调用格式与 quad()完全一致，精度和速度均优于 quad()，在目前的版本下一般不建议使用该函数，而建议统一使用 quadl()。

【例 3-24】仍然考虑上面的问题，试提高求解的精度。

解：使用 quadl()函数可以立即得出如下结果。和精确解相比，其误差达到10^{-16}级，虽然未达到预期的10^{-20}级，但已经足够精确了。事实上，毕竟数值解采用的是双精度变量，所以精度也不可能达到10^{-20}级。

```
>> y=quadl(f,0,1.5,1e-20)
y =
    0.96610514647531
>> abs(y-y0)
ans =
   .4699707397337673e-16
```

【例 3-25】求解下面的分段函数的积分问题。

$$I=\int_0^4 f(x)\mathrm{d}x\text{，其中 } f(x)=\begin{cases} e^{x^2}, & 0\leqslant x\leqslant 2 \\ \dfrac{80}{4-\sin(16\pi x)}, & 2<x\leqslant 4 \end{cases}$$

解：用曲线绘制函数不难绘制出分段函数，这里为减小视觉上的误差，在端点和间断点处采用了特殊处理，故可以得出如图 3-18 所示的填充图形。可见，在 $x=2$ 点处有跳跃。

其实现的 MATLAB 程序代码如下：

```
>> clear all;close all;
x=[0:0.01:2,2+eps:0.01:4,4];
y=exp(x.^2).*(x<=2)+80./(4-sin(16*pi*x)).*(x>2);
y(end)=0;x=[eps,x];
y=[0,y];fill(x,y,'m');
```

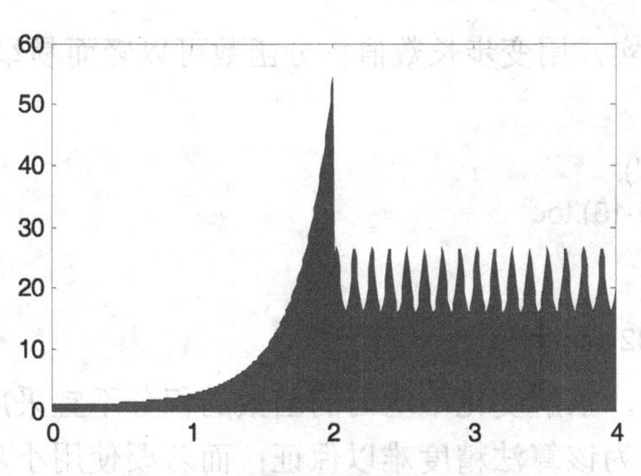

图 3-18　被积函数填充示意图

利用关系表达式可以描述出被积函数，再分别调用两种积分函数 quad()和 quadl()即可求解出原始问题。

```
>> f=inline('exp(x.^2).*(x<=2)+80.*(x>2)./(4-sin(16*pi*x))','x');
I1=quad(f,0,4)
I1 =
    57.76435412500863
>> I2=quadl(f,0,4)
I2 =
   57.76445016946768
```

不过从得出的结果看，两者有很大的差异。其实，可以将原来的积分问题转换成$\int_0^2+\int_2^4$的问题，用积分问题解析解求解函数 int()可以得出原始问题的解析解。

```
>> syms x
I=vpa(int(exp(x^2),0,2)+int(80/(4-sin(16*pi*x)),2,4))
I =
 57.764450125053010333315235385182
```

与解析解对比可见，用 quad()函数得出的积分误差相当大。如果将积分区域分成两个部分单独计算，仍将出现很大的误差。由此可见该函数的局限性。在实际积分运算中应慎用或不用该函数。但采用 quadl()函数由分段函数积分将明显改善精度，若人为指定误差限，则能得出更精度的结果。

```
>> f1=inline('exp(x.^2)','x');
f2=inline('80./(4-sin(16*pi*x))','x');
quad(f1,0,2)+quad(f2,2,4)
ans =
    57.76444288914186
>> quadl(f1,0,2)+quadl(f2,2,4)
ans =
   57.76445012538125
>> quadl(f1,0,2,1e-11)+quadl(f2,2,4,1e-11)   %人为给定精度限制
ans =
   57.76445012505302
```

【例 3-26】试用 quad()和 quadl()函数分别求解例 3-22 中的定积分问题。

解：从例 3-22 中演示的定步长方法看，只有步长选得极小，才能得出小数点后 11 位有

效数字，且耗时较长。其实，用变步长数值积分函数可以轻而易举地求出该积分问题的解，且使用的时间大大减少。

```
>> f=inline('cos(15*x)','x');
tic,S=quadl(f,0,3*pi/2,1e-15),toc
S =
     0.06666666666667
Elapsed time is 3.479032 seconds.
```

所以，由此可以得出，求解变化不均匀的函数的积分不宜采用传统数值分析类课程介绍的定步长积分算法，因为该算法精度难以保证；而若要使用小步长，则计算量将极大，且仍然无法保证计算精度。采用变步长算法可以很容易地得出原问题的解。

同样考虑用 quad()函数求解问题，则可以给出如下语句：

```
>> S1=quad(f,0,3*pi/2)   %采用默认精度
S1 =
     0.06666665694139
```

可见，这样计算的结果精度不高，基本相当于 h=0.00001 的梯形法结果，不是很令人满意。仿照 quadl()函数，也给出10^{-15}的精度要求，则无法得到收敛的结果。所以对一般定积分求取问题，数值方法的首选为 quadl()函数。

```
>> S1=quad(f,0,3*pi/2,1e-15)
Warning: Maximum function count exceeded; singularity likely.
> In quad at 106
S1 =
     1.27830264040033
```

3.4.3 双重积分问题的数值解

考虑下面的双重定积分问题。

$$\int_{ym}^{yM}\int_{xm}^{xM} f(x,y)\mathrm{d}x\mathrm{d}y$$

使用 MATLAB 提供的 dblquad()函数可以直接求出上述双重定积分的数值解。该函数的调用格式为：

y=dblquad(Fun, xm, xM, ym, yM)：矩形区域的双重积分。

y=dblquad(Fun, xm, xM, ym, yM, ε)：限定精度的双重积分。

注意： 本函数不允许返回被积函数的调用次数，故用户可以自己在被积函数中设置一个计数器，从而测出调用次数。

【例 3-27】试求出下面函数的双重定积分。

$$J=\int_{-1}^{1}\int_{-2}^{2} e^{-x^2/2}\sin(x^2+y)\mathrm{d}x\mathrm{d}y$$

解：由给出的被积函数可以简单地写出下面的函数，这样即可通过下面的 MATLAB 语句求出被积函数的双重定积分。

```
>> clear all;
f=inline('exp(-x.^2/2).*sin(x.^2+y)','x','y');
```

```
y=dblquad(f,-2,2,-1,1)
y =
   1.574493189744944
```

3.4.4　三重定积分的数值求解

长方体区域的三重定积分：

$$I = \int_{xm}^{xM}\int_{ym}^{yM}\int_{zm}^{zM} f(x,y,z)\mathrm{d}z\mathrm{d}y\mathrm{d}x$$

可以由 MATLAB 提供的 triplequad()函数得出。该函数的调用格式为：

triplequad(fun,xmin,xmax,ymin,ymax,zmin,zmax)

triplequad(fun,xmin,xmax,ymin,ymax,zmin,zmax,tol)

triplequad(fun,xmin,xmax,ymin,ymax,zmin,zmax,tol,method)

其中，fun 描述三元被积函数，可以用 M-函数或 inline()函数定义。tol 变量是积分精度控制量，默认值为10^{-6}，为提高精度起见，还可以选择更小的值。method 为具体求解一元积分的数值函数，也可以选择为@quad 甚至是用户自己编写的积分函数，但要求其调用格式与 quadl()函数完全一致。

【例 3-28】用数值方程求解下面的三重定积分问题。

$$\int_0^1\int_0^{\pi}\int_0^{\pi} 4xze^{-x^2y-z^2}\mathrm{d}z\mathrm{d}y\mathrm{d}x$$

解：用 inline()函数可以描述被积函数，通过下面的语句可以求出三重定积分值。

```
>> triplequad(inline('4*x.*z.*exp(-x.*x.*y-z.*z)','x','y','z'),0,2,0,pi,0,pi,1e-7,@quadl)
ans =
    3.108079443936880
```

NIT 工具箱还可以解决多重超维长方体边界的定积分问题。例如，使用 quadndg()函数，但对一般积分区域来说没有现成的求解函数。另外，该工具箱单重积分函数 quadg()的调用格式和 quad()一致，其效率也高于 quadl()，故在进行数值求积分时建议使用此工具箱。

3.5　常微分方程

3.5.1　常微分方程简述

解常微分方程的主要 MATLAB 命令如表 3-4 所示。

表 3-4　解常微分方程的主要 MATLAB 命令

函　数	意　义	函　数	意　义
ode45	四、五阶 Runge-Kutta 法	ode15s	刚性方程组多步 Gear 法
ode23	二、三阶 Runge-Kutta 法	ode23s	刚性方程组二阶 Rosenbrock 法
ode113	多步 Adams 算法	ode23tb	刚性方程组低精度算法
odeset	解 ode 选项设置	bvpinit	边值问题预估解
ode23t	适度刚性问题梯形算法	bvp4c	边值问题解法
		deval	微分方程解的求值

1．微分方程的概念

含有未知的函数及其某些阶的导数以及自变量本身的方程称为微分方程。如果未知函数是一元函数，称为常微分方程。如果未知函数是多元函数，称为偏微分方程。联系一些未知函数的一组微分方程称为微分方程组。微分方程中出现的未知函数的导数的最高阶数称为微分方程的阶。若方程中未知函数及其各阶导数都是一次的，称为线性微分方程，一般表示为：

$$y^{(n)}+a_1(t)y^{(n-1)}+\cdots+a_{n-1}(t)y'+a_n(t)y=b(y) \tag{3-1}$$

若式（3-1）中系数 $a_i(t)\ (i=1,2,\cdots,n)$ 均与 t 无关，称之为常系数（或定常、线性、时不变的）。

2．初等积分法

有些微分方程可直接通过积分求解。例如，一阶常系数线性常微分方程：

$$y'=ay+b\ \ (a\neq 0) \tag{3-2}$$

可化为：

$$\frac{\mathrm{d}y}{ay+b}=\mathrm{d}t \tag{3-3}$$

两边积分可得通解 $y(t)$ 为：

$$y(t)=C\exp(at)-a^{-1}b \tag{3-4}$$

其中 C 为任意常数。有些常微分方程可用一些技巧（如分离变量法、积分因子法、常数变易法、降阶法等）化为可积分的方程而求得显式解。

3．常系数线性微分方程

线性常微分方程的解满足叠加性原理，从而它的求解可归结为求一个特解和相应齐次微分方程的解。一阶变系数线性常微分方程可用这一思路求得显式解。高阶线性常系数微分方程可用特征根法求得相应齐次微分方程的基本解，再用常数变易法求特解。

【例 3-29】求 $x''+0.2x'+3.92x=0$ 的通解。

解：特征方程为：

$$\lambda^2+0.2\lambda+3.92=0$$

其实现的 MATLAB 程序代码如下：

```
>> roots([1 0.2 3.92])
ans =
  -0.1000 + 1.9774i
  -0.1000 - 1.9774i
```

求得共轭复根 $-0.1\pm 1.9774\mathrm{i}$，从而得到通解为：

$$x(t)=Ae^{-0.1t}\cos(1.9774t)+Be^{-0.1t}\sin(1.9774t)$$

其中 A,B 为任意常数。

4．初值问题数值解

除常系数线性微分方程可用特征根求解，少数特殊方程可用初等积分法求解外，大部分微分方程无显式解，应用中主要依靠数值解法。考虑一阶常微分方程组初值问题：

$$y'=f(t,y)\text{，}\ t_0<t<t_f\text{，}\ y(t_0)=y_0 \tag{3-5}$$

其中 $y=(y_1,y_2,\cdots,y_m)^T$，$f=(f_1,f_2,\cdots,f_m)^T$，$y_0=(y_{10},y_{20},\cdots,y_{m0})^T$，这里 T 表示转置。所谓数值解，就是寻求解 $y(t)$ 在一系列离散节点 $t_0<t_1<\cdots<t_n\leqslant t_f$ 上的近似值 $y_k\ (k=0,1,\cdots,n)$。称 $h_k=t_{k+1}-t_k$ 为步长，通常取为常量 h。

高阶常微分方程初值问题可以化为一阶常微分方程组，已给一个 n 阶方程：

$$y^{(n)}=f(t,y,y',\cdots,y^{(n-1)}) \tag{3-6}$$

设 $y_1=y,y_2=y',\cdots,y_n=y^{(n-1)}$，式（3-6）化为一阶方程组：

$$\begin{cases} y'_1=y_2, \\ y'_2=y_3, \\ \cdots \\ y'_{n-1}=y_n \\ y'_n=f(t,y_1,y_2,\cdots,y_n) \end{cases} \tag{3-7}$$

3.5.2　常微分方程的 MATLAB 命令

1．初值问题求解

常微分方程求解 MATLAB 命令具有相同的格式，下面以最常用的 ode45 为例进行讲解。其调用格式为：

[t, y]=ode45 (odefun, tspan, y0)

其中，odefun 为用以表示 $f(t,y)$ 的函数句柄或 inline 函数，t 为标量，y 为标量或向量；tspan 如果是二维向量[t0, tf]，表示自变量初值 t_0 和终值 t_f；如果是高维向量[t0, t1,⋯,tn]，则表示输出节点列向量；y0 表示节点列向量 $t=(t_0,t_1,\cdots,t_n)^T$；y 表示数值解矩阵，每一列对应 y 的一个分量；若无输出参数，则作出图形。

[t, y]=ode45(odefun, tspan, y0, options, p1, p2,⋯)

其中，options 为计算参数（如精度要求）设置，默认可用空矩阵[]表示；p1,p2,⋯为附加传递参数，这时 odefun 的表示为 $f(t,y,p1,p2,\cdots)$。

ode45 是最常用的求解微分方程的命令。它采用变步长四、五阶 Runge-Kutta-Felhberg 法，适合高精度问题，ode23 与 ode45 类似，只是精度低一些。ode113 是多步法，高低精度均可。这些命令对于刚性方程组不宜采用。ode23t、ode23tb、ode15s 都是求解刚性方程组的命令。

【例 3-30】解微分方程：

$$y'=y-2t/y,\quad y(0)=1,\quad 0<t<4 \tag{3-8}$$

其实现的 MATLAB 程序代码如下：

```
>> odefun=inline('y-2*t/y','t','y');
[t,y]=ode45(odefun,[0,4],1);
[t,y]
```

运行程序，输出结果为：

```
ans =
        0    1.0000
```

```
    0.0502     1.0490
    0.1005     1.0959
    0.1507     1.1408
    ……   ……
    3.8507     2.9503
    3.9005     2.9672
    3.9502     2.9839
    4.0000     3.0006
>> plot(t,y,'ro-')   %解函数图形表示，如图 3-19 所示
>> ode45(odefun,[0,4],1);   %不用输出变量，则直接输出图 3-19
>> [t,y]=ode45(odefun,0:1:4,1);
>> [t,y]
ans =
         0     1.0000
    1.0000     1.7321
    2.0000     2.2361
    3.0000     2.6458
    4.0000     3.0006
```

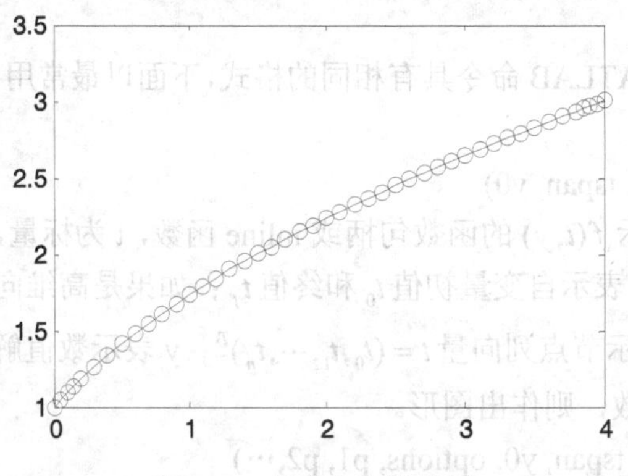

图 3-19　微分方程数值解

事实上，式（3-9）的准确解为 $y=\sqrt{1+2t}$。下面来比较一下几种方法的计算量和精度。下列结果中 n 为节点个数，反映计算量大小，e 为每个节点均方误差。

```
>> [t,y]=ode45(odefun,[0,4],1);
>> n=length(t);e=sqrt(sum((sqrt(1+2*t)-y).^2)/n);
>> [n,e]
ans =
   45.0000    0.0002
>> [t,y]=ode23(odefun,[0,4],1);
n=length(t);e=sqrt(sum((sqrt(1+2*t)-y).^2)/n);
[n,e]
ans =
   13.0000    0.1905
>> [t,y]=ode113(odefun,[0,4],1);
n=length(t);e=sqrt(sum((sqrt(1+2*t)-y).^2)/n);
[n,e]
ans =
   18.0000    0.0097
```

```
>> [t,y]=ode23t(odefun,[0,4],1);
n=length(t);e=sqrt(sum((sqrt(1+2*t)-y).^2)/n);
[n,e]
ans =
   18.0000    0.0392
>> [t,y]=ode23s(odefun,[0,4],1);
n=length(t);e=sqrt(sum((sqrt(1+2*t)-y).^2)/n);
[n,e]
Warning: Failure at t=3.925277e+000.  Unable to meet integration tolerances without reducing the
step
size below the smallest value allowed (1.394538e-014) at time t.
> In ode23s at 478
ans =
   81.0000    2.5437
>> [t,y]=ode23tb(odefun,[0,4],1);
n=length(t);e=sqrt(sum((sqrt(1+2*t)-y).^2)/n);
[n,e]
ans =
   15.0000    0.2431
>> [t,y]=ode15s(odefun,[0,4],1);
n=length(t);e=sqrt(sum((sqrt(1+2*t)-y).^2)/n);
[n,e]
ans =
   22.0000    0.4551
```

可见，ode45 精度高，但计算量比较大；ode23 计算量小，但误差大；ode113 适中。用刚性方程组解法解非刚性问题不合适，特别是 ode23s，计算量大且误差大。

【例 3-31】解微分方程组：

$$\begin{cases} x'=-x^3-y, x(0)=1, \\ y'=x-y^3, y(0)=0.5, \end{cases} \quad 0<t<30 \tag{3-9}$$

解：将变量 x,y 合写成向量变量 x，先编写 M 函数文件 li3_31fun.m。

```
function f=li3_31fun(t,x)
f(1)=-x(1)^3-x(2);
f(2)=x(1)-x(2)^3;
f=f(:);   %保证 f 为列向量
```

然后在命令窗口中输入以下代码：

```
>> clear all; close all;
[t,x]=ode45(@li3_31fun,[0,30],[1;0.5]);
subplot(1,2,1);plot(t,x(:,1),t,x(:,2),':');
title('函数图');
subplot(1,2,2);plot(x(:,1),x(:,2));
title('相平面图');
```

运行程序，输出的函数图和相关平面图如图 3-20 所示。

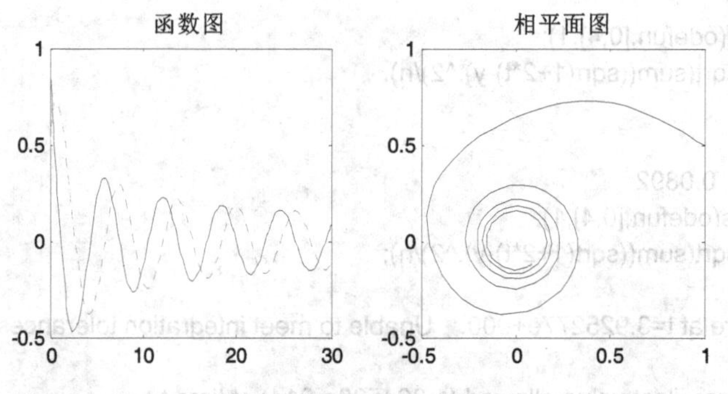

图 3-20　例 3-31 显示效果

【例 3-32】求解微分方程组（竖起加热板的自然对流）：

$$\frac{\mathrm{d}^3 f}{\mathrm{d}\eta^3}+3f\frac{\mathrm{d}^2 f}{\mathrm{d}\eta^2}-2\left(\frac{\mathrm{d}f}{\mathrm{d}\eta}\right)^2+T=0$$

$$\frac{\mathrm{d}^2 T}{\mathrm{d}\eta^2}+2.1f\frac{\mathrm{d}T}{\mathrm{d}\eta}=0$$

已知当 $\eta=0$ 时，$f=0$，$\frac{\mathrm{d}f}{\mathrm{d}\eta}=0$，$\frac{\mathrm{d}^2 f}{\mathrm{d}\eta^2}=0.68$，$T=1$，$\frac{\mathrm{d}T}{\mathrm{d}\eta}=0.5$。

解：首先引入辅助变量：

$$t=\eta,y_1=f,y_2=\frac{\mathrm{d}f}{\mathrm{d}\eta},y_3=\frac{\mathrm{d}^2 f}{\mathrm{d}\eta^2},y_4=T,y_5=\frac{\mathrm{d}T}{\mathrm{d}\eta}$$

化为一阶方程组：

$$\begin{cases}\frac{\mathrm{d}y_1}{\mathrm{d}t}=y_2,\\ \frac{\mathrm{d}y_2}{\mathrm{d}t}=y_3,\\ \frac{\mathrm{d}y_3}{\mathrm{d}t}=-3y_1y_3+2y_2^2-y_4,\\ \frac{\mathrm{d}y_4}{\mathrm{d}t}=y_5,\\ \frac{\mathrm{d}y_5}{\mathrm{d}t}=-2.1y_1y_5,\end{cases}\tag{3-10}$$

先编写 M 函数 li3_32fun.m：

```
function f=li3_32fun(t,y)
f=[y(2);y(3);-3*y(1)*y(3)+2*y(2)^2-y(4);y(5);-2.1*y(1)*y(5)];
```

然后在命令窗口中输入以下代码：

```
>> clear all; close all;
y0=[0,0,0.68,1,-0.5];
[t,y]=ode45(@li3_32fun,[0 5],y0);
plot(t,y(:,1),t,y(:,4),':');
```

运行程序输出 f 和 T 的效果图如图 3-21 所示。

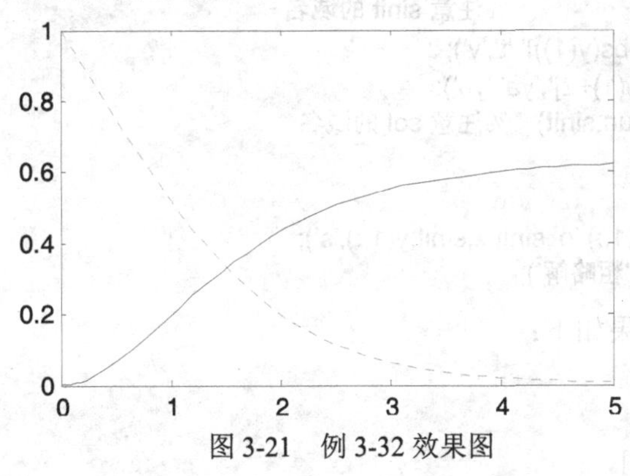

图 3-21　例 3-32 效果图

2．边值问题

常微分方程一阶方程组边值问题 MATLAB 的标准提法为：

$$\begin{cases} y'(t) = f(t, y(t)), \\ g(y(a), y(b)) = 0, \end{cases} \quad a < t < b \tag{3-11}$$

这里 y,f,g 都为向量。高阶微分方程边值问题可用式（3-7）转化为一阶方程组边值问题。MATLAB 提供了 bvpinit、bvp4c、deval 函数解决边值问题。各函数调用的格式如下：

sinit=bvpinit(tinit, yinit)：由在粗略节点 tinit 的预估解 yinit 生成粗略解网络 sinit。

sol=bvp4c(odefun, bcfun, sinit)：odefun 是微分方程组函数，bcfun 为边值条件函数，sinit 是由 bvpinit 得到的粗略解网络。求边值问题解 sol 是一个结构，sol.x 为求解节点，sol.y 是 y(t)的数值解。

sx=deval(sol, ti)：计算由 bvp4c 得到的解在 ti 的值。

【例 3-33】求解边值问题。

$$z'' + |z| = 0, z(0) = 0, z(4) = -2$$

解：首先编写为式（3-11）的标准形式。令 $y(1)=z, y(2)=z'$，则方程为：

$$y'(1) = y(2), y'(2) = -|y(1)|$$

边界条件为：

$$ya(1) = 0, yb(1) + 2 = 0$$

其实现的 MATLAB 程序代码如下。注意 sol 的域名，结果如图 3-22 所示。

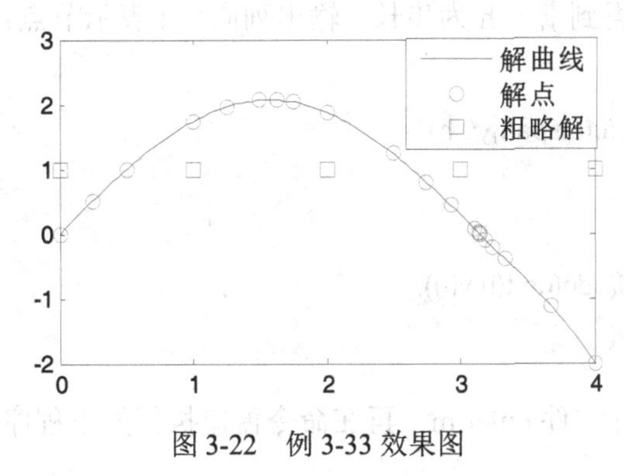

图 3-22　例 3-33 效果图

```
>> clear all; close all;
sinit=bvpinit(0:4,[1;0])              %注意 sinit 的域名
odefun=inline('[y(2);-abs(y(1))]','t','y');
bcfun=inline('[ya(1);yb(1)+2]','ya','yb');
sol=bvp4c(odefun,bcfun,sinit)   %注意 sol 的域名
t=linspace(0,4,101);
y=deval(sol,t);
plot(t,y(1,:),sol.x,sol.y(1,:),'o',sinit.x,sinit.y(1,:),'s');
legend('解曲线','解点','粗略解');
```

运行程序，输出结果如下：

```
sinit =
      solver: 'bvpinit'
           x: [0 1 2 3 4]
           y: [2x5 double]
       yinit: [2x1 double]
sol =
           x: [1x22 double]
           y: [2x22 double]
          yp: [2x22 double]
      solver: 'bvp4c'
```

3.5.3 Euler 法和刚性方程组

1. Euler 法

Euler 法的思路极其简单：在节点处用差商近似代替导数：

$$y'(t_k)\approx\frac{y(t_{k+1})-y(t_k)}{h}$$

这样导出计算公式（称 Euler 格式）：

$$y_{k+1}=y_k+hf(t_k,y_k)\ k=0,1,2,\cdots \tag{3-12}$$

它能求解各种形式的微分方程。Euler 法也称折线法。

下列程序 euler.m 给出定步长 Euler 法解一阶常微分方程的计算程序，其调用格式为：

[t, y]=euler(odefun, tspan, y0, h)

这里字符串 odefun 用以表示 $f(t,y)$ 的函数句柄或 inline 函数，tspan=[t0, tf]表示自变量初值 t_0 和终值 t_f；y0 表示初值得到 y_0，h 为步长。输出列向量 t 表示节点 $t=(t_0,t_1,\cdots,t_n)^T$，输出向量 y 表示数值解。

```
function [t,y]=euler(odefun,tspan,y0,h)
t=tspan(1):h:tspan(2);
y(1)=y0;
for i=1:length(t)-1
    y(i+1)=y(i)+h*feval(odefun,t(i),y(i));
end
t=t';y=y';
```

考虑例 3-30，先保存文件 euler.m，再在命令窗口执行如下程序。

```
>> odefun=inline('y-2*t/y','t','y');
[t,y]=euler(odefun,[0 4],1,0.01);
n=length(t);
e=sqrt(sum(sqrt(1+2*t-y).^2)/n);
[n,e]
ans =
  401.0000    1.6317
```

Euler 法只有一阶精度，所以实际应用效率比较差，只能解低精度问题。ode23、ode45 都是在此基础上的改进。

2．刚性方程组

【例 3-34】解下列刚性方程组：

$$\begin{cases} y'_1 = -0.01y_1 - 99.99y_2, & y_1(0) = 2, \\ \quad y'_2 = -100y_2, & y_2(0) = 1, \end{cases} \quad (0 < t < 400)$$

解：先编写 li3_34fun.m 文件。

```
function f=li3_34funfun(t,y)
f(1)=-0.01*y(1)-99.99*y(2);
f(2)=-100*y(2);
f=f(:);    %这样是为了保证 f 输出时为列向量
```

若用 ode45 求解，即输入以下 MATLAB 程序代码（效果如图 3-23 所示）：

```
>> clear;
tic;
[t,y]=ode45(@li3_34fun,[0 400],[2 1]);
toc,plot(t,y)
Elapsed time is 12.292114 seconds.
```

可见计算速度太慢。

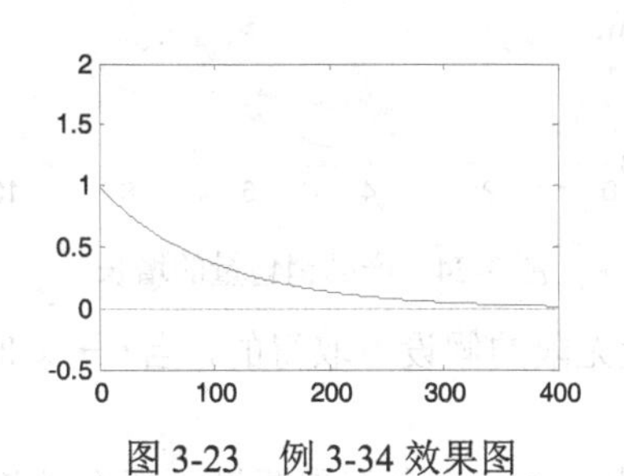

图 3-23　例 3-34 效果图

这个问题的特点是 y_2 下降很快，而 y_1 下降太慢。一方面，由于 y_2 下降太快，为了保证数值稳定性，步长 h 需足够小；另一方面，由于 y_1 下降太慢，为了反映解的完整性，时间区间需足够长，这就造成计算量太大。这类方程组称为刚性方程组或病态方程组。ode45 不适用于病态方程组，下面用 ode15s 求解。

```
>> clear;
tic;
[t,y]=ode15s(@li3_34,[0 400],[2 1]);
toc,plot(t,y)
Elapsed time is 0.399461 seconds.
```

可见计算速度大大提高。读者可自行比较各种算法的效率。

3.5.4 导弹系统的改进

1. 产品销售量的增长

【例 3-35】（产品销售量的增长）电饭锅这一类的家庭主妇购买的商品，其实物广告的效果是很大的。经调查发现，电饭锅销售速度与当时的销量成正比。下面建立一个数学模型以预测销量。

解：设 $x(t)$ 表示 t 时刻的销量，那么得：

$$\text{模型 1：} \frac{\mathrm{d}x}{\mathrm{d}t}=kx \tag{3-13}$$

其中 k 为比例常数，容易求得解为：

$$x(t)=x_0 e^{k(t-t_0)} \tag{3-14}$$

这里 x_0 为初始时刻 t_0 的销量。当 $k>0$ 时，$x(t)$ 随 t 增长而呈爆炸式的指数增长，这对于销售初期可以认为是合适的。设 $t_0=0$（年），$x_0=1$（万台），$k=0.9$（年$^{-1}$万台），可用下列命令作出 10 年内电饭锅销量预测图形。

```
>> clear all;close all;
fplot('exp(0.9*x)',[0 10]);hold on;
```

运行程序效果如图 3-24 所示。

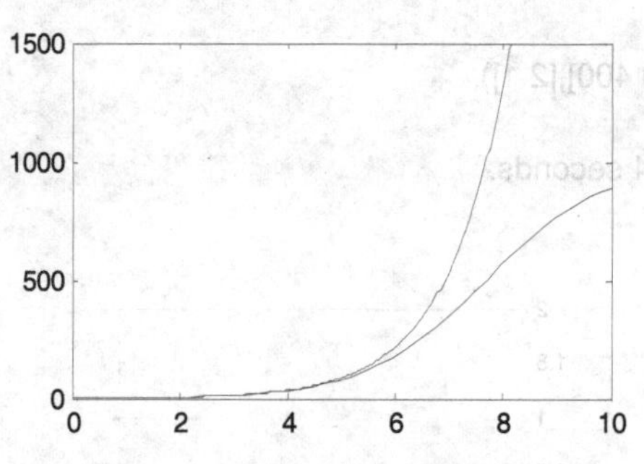

图 3-24 产品销售量的增长

但这一模型是在市场容量无限的假设下取得的，当 $t\to\infty$ 时，$x(t)\to\infty$，可见式（3-13）用于长期预报显然是荒唐的。

为了考虑市场容量的限制，设 x_∞ 为全部需要量，那么销售速度与当时的潜在需求比例 $(1-x/x_\infty)$ 成正比。从而得：

$$\text{模型 2：} \frac{\mathrm{d}x}{\mathrm{d}t}=kx\left(1-\frac{x}{x_\infty}\right) \tag{3-15}$$

设 $t_0=0$（年），$x_0=1$（万台），$x_\infty=1000$（万台），$k=0.9$（年$^{-1}$万台），可用下列命令作出 10 年内电饭锅销量预测图形。

```
>> [t,x]=ode45(inline('0.9*x*(1-x/1000)','t','x'),[0 10],1);
plot(t,x); hold on
axis([0 10 0 1500]);
```

可见短期预报两者相近，但作为长期预报，模型 2 较模型 1 合理（图 3-24）。当然式（3-16）也有不尽合理之处，如 x_∞ 难以确定，未考虑产品更新换代等。

2．导弹系统的改进

海军方面要求改进现有的舰对舰导弹系统。目前的电子系统能迅速测出敌舰的种类、位置以及敌舰行驶速度和方向，且导弹自动制导系统能保证在发射后任一时刻都能对准目标。根据情报，这种敌舰能在我军舰发射导弹后 T 分钟作出反应并摧毁导弹。现在要求改进电子导弹系统使能自动计算出敌舰是否在有效打击范围之内。

设我舰发射导弹的位置在坐标原点，敌舰在 x 轴正向 $d$km 处，其行驶速度为 $a$km/h，方向与 x 轴夹角为 θ，导弹水平飞行线速度为 $b$km/h。问题的关键是求出导弹击中敌舰的时间。设 t 时刻导弹位置为$(x(t),y(t))$，那么：

$$\sqrt{\left(\frac{\mathrm{d}x}{\mathrm{d}t}\right)^2+\left(\frac{\mathrm{d}y}{\mathrm{d}t}\right)^2}=b \tag{3-16}$$

易知 t 时刻敌舰位置为 $(d+at\cos\theta, at\sin\theta)$，为了保持对准目标，导弹轨迹切线方向应为：

$$\frac{\mathrm{d}y}{\mathrm{d}t}=\frac{at\sin\theta-y(t)}{d+at\cos\theta-x(t)} \tag{3-17}$$

由式（3-16）和式（3-17）可得下列微分方程：

$$\frac{\mathrm{d}x}{\mathrm{d}t}=\frac{b}{\sqrt{1+\left(\frac{\mathrm{d}y}{\mathrm{d}t}\right)^2}}=\frac{b}{\sqrt{1+\left(\frac{at\sin\theta-y(t)}{d+at\cos\theta-x(t)}\right)^2}} \tag{3-18}$$

$$\frac{\mathrm{d}y}{\mathrm{d}t}=\frac{b}{\sqrt{1+\left(\frac{\mathrm{d}x}{\mathrm{d}t}\right)^2}}=\frac{b}{\sqrt{1+\left(\frac{d+at\cos\theta-x(t)}{at\sin\theta-y(t)}\right)^2}} \tag{3-19}$$

初始条件 $x(0)=0, y(0)=0$。对于给定的 a,b,d,θ 进行计算。当 $x(t)$ 满足：

$$x(t)\geqslant d+at\cos\theta \tag{3-20}$$

则认为已击中目标。如果 $t<T$，则敌舰在打击范围内，可以发射。

【例 3-36】在导弹系统中设 $a=90\text{km/h}, b=450\text{km/h}, T=0.1\text{h}$。现要求 d,θ 的有效范围。

解：有两个极端情形容易算出。若 $\theta=0$，即敌舰正好背向行驶，即 x 轴正向。那么导弹直线飞行，击中时间：

$$t=d/(b-a)<T$$

得 $d=T(b-a)=36\text{km}$。若 $\theta=\pi$，即迎面驶来，类似有 $d=T(b-a)=54\text{km}$。一般地，应有 36< d <54。下面介绍 3 种算法解此例题。

（1）在线算法：对于测定的 d 和 θ，可用式（3-18）和式（3-19）计算出 t。例如，$d=50$，$\theta=\pi/2$，编写 M 文件 li3_36A.m。为了防止分母为 0，加了一个小正数 1e−8，且使用附加参数 a, b, d, theta 传递。

```
function dy=li3_36A(t,y,a,b,d,theta)
dydx=(a*t*sin(theta)-y(2)+1e-8)/(abs(d+a*t*cos(theta)-y(1))+1e-8);
dy(1)=b/(1+dydx^2)^0.5;
```

```
dy(2)=b/(1+dydx^(-2))^0.5;
dy=dy(:);
```

在 MATLAB 命令窗口中执行下列代码：

```
>> clear all; close all;
a=90;b=450;
d=50;theta=pi/2;
[t,y]=ode45(@li3_36A,[0 0.1],[0 0],[],a,b,d,theta);
plot(y(:,1),y(:,2));
max(y(:,1)-d-a*t*cos(theta))
ans =
        -5.7410
```

由于在 $T = 0.1\text{h}$ 内，式（3-20）不成立，所以敌舰不在有效打击范围内，应等近一些再发射。图形如图 3-25 所示。

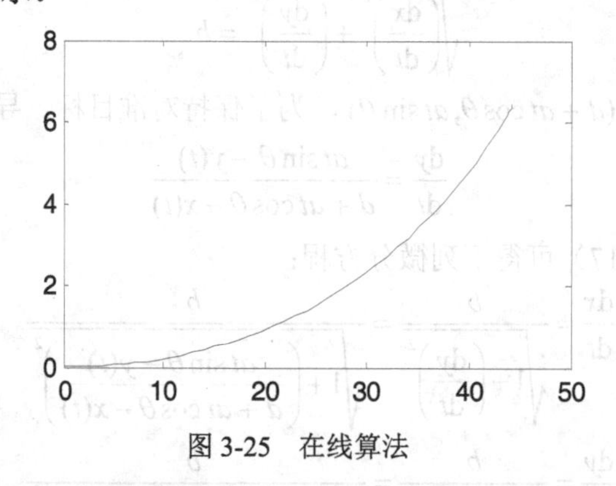

图 3-25　在线算法

（2）离线算法：首先对于所有可能的 d 和 θ，计算击中所需时间，从而对不同 θ，得 d 的临界值。具体应用时直接查表判断。其实现的 MATLAB 程序代码如下：

```
>> clear all; close all;
a=90;b=450;
d=50;theta=pi/2;
i=1;
for d=54:-1:36
    for theta=0:0.1:pi
        [t,y]=ode45(@li3_36A,[0 0.1],[0 0],[],a,b,d,theta);
        if max(y(:,1)-d-a*t*cos(theta))>0
            range(i,:)=[d,theta];
            i=i+1;
            break;
        end
    end
end
plot(range(:,1),range(:,2));
xlabel('d');ylabel('theta');
```

运行程序得临界曲线如图 3-26 所示。

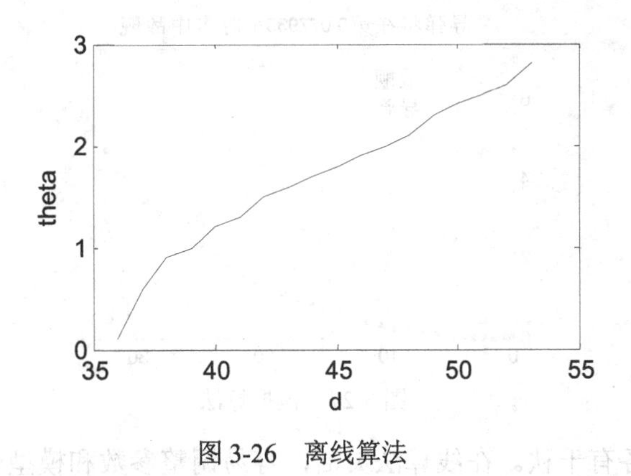

图 3-26　离线算法

图 3-26 中，曲线上方为打击范围。由于 $\theta=1.57, d=50$ 在曲线下方，这样即可知不在打击范围内。

（3）计算机模拟：一个较基本但形象的方法。对于任意选定的参数 a,b,d,θ,T ，下面的 M 函数提供一个导弹追击敌舰演示工具。其中使用了 MATLAB 动画制作命令 getframe 和动画播放命令 movie。编写 li3_36B.m 文件：

```
function m=li3_36B(a,b,d,theta,T)
[t,y]=ode45(@li3_36,[0 T],[0 0],[],a,b,d,theta);
x=[d+a*t*cos(theta),a*t*sin(theta)];
n=length(t);j=n;
for i=1:n
    plot(x(i,1),x(i,2),'o',y(i,1),y(i,2),'r.');
    axis([0 max(x(:,1)) 0 max(x(:,2))]);
    hold on;
    m(i)=getframe;
    if y(i,1)>=x(i,1),
        j=i;
        break;
    end
end
hold off;movie(m);
legend('敌舰','导弹',2);
if j<n
    hold on;
    plot(y(j,1),y(j,2),'rh','markersize',18);
    hold off;
    title(['导弹将在第',num2str(t(j)),'小时击中敌舰']);
else
    title(['导弹在',num2str(T),'小时内不能击中敌舰']);
end
```

对于敌舰速度 a=90km/h，导弹速度 b=450km/h，距离 d=30km，敌舰行驶角度 $\theta=0.3\pi$，反应时间 T=0.1h，在命令窗口中执行如下代码：

```
>> li3_36B(90,450,30,0.3*pi,0.1);
```

得到的效果如图 3-27 所示，可见导弹约在 $t=0.08$ 时击中敌舰，位置约在(34, 5.5)。

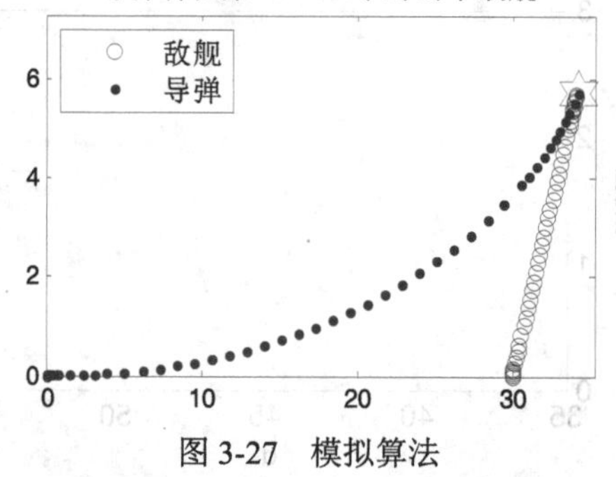

图 3-27　模拟算法

上述 3 种算法各有千秋。在线算法灵活，容易调整参数和模型，但速度慢。离线算法事先计算好，实时使用查询方式，不需计算，速度极快。模拟算法比较直观、生动。

3.6　偏微分方程

MATLAB 提供了一个专门用于求解偏微分方程的工具箱——PDE Toolbox（Paticial Difference Equation）。本节仅提供一些最简单、经典的偏微分方程，如椭圆型、双曲型、抛物型等少数的偏微分方程，并给出求解方程。用户可以从中了解题的基本方法，从而解决相类似的问题。

MATLAB 能解决的偏微分类型：

$$-\nabla \cdot (c\nabla u) + au = f\text{，其中 } u = u(x,y)\text{，}(x,y) \in G$$

$$\nabla(c\nabla u) = \frac{\partial}{\partial x}\left(c\frac{\partial u}{\partial x}\right) + \frac{\partial}{\partial y}\left(c\frac{\partial u}{\partial y}\right)\text{，}\quad f \in L_2(G)$$

$$c = c(x,y) \in C^1(\partial G)\text{，}\quad a \geqslant 0\text{，}\quad a \in C^0(\partial G)$$

3.6.1　单的 Poission 方程

Poission 方程是特殊的椭圆型方程：$\begin{cases} -\nabla^2 u = 1 \\ y|_{\partial G} \end{cases}$，$G = \{(x,y) \mid x^2 + y^2 \leqslant 1\}$

即 c=1,a=0,f=−1

Poission 的解析解为：$u = \dfrac{1 - x^2 - y^2}{4}$。在下列计算中，用求得的数值解与精确解进行比较，看误差如何。

（1）问题输入

```
>> c=1;a=0;f=1;        %方程输入，为 c, a ,f 赋值即可
g='circleg'            %区域 G，内部已经定义为 circleg
b='circleb1'           %u 在区域 G 的边界上的条件，内部已经定义好
```

（2）对单位圆进行网格化，对求解区域 G 作部分三角分划

```
>> [p,e,t]=initmesh(g,'hmax',1)
```

（3）迭代求解

```
>> error=[];
err=1;
while err>0.001
    [p,e,t]=refinemesh('circleg',p,e,t);
    u=assempde('circleb1',p,e,t,1,0,1);
    exact=-(p(1,:)^2+p(2,:)^2-1)/4;
    err=norm(u-axcat',inf);
    error=[error,err];
end
```

（4）结果显示

```
>> subplot(1,2,1);pdemesh(p,e,t)        %结果显示如图 3-28 所示
title('数值解');
subplot(1,2,2);pdesurf(p,t,u)           %精确解显示
title('精确解');
```

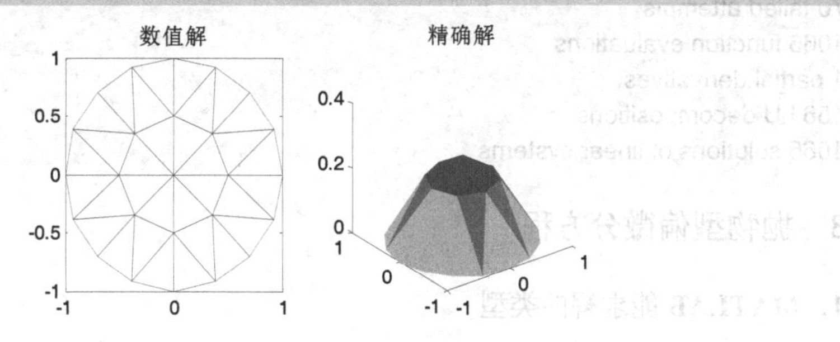

图 3-28　Poission 方程图

3.6.2　双曲线偏微分方程

1．MATLAB 能求解的类型

$$\mathrm{d}\frac{\partial^2 u}{\partial t^2}-\nabla\bullet(c\nabla u)+au=f$$

其中 $u=u(x,y,z)$，$(x,y,z)\in G$，$\mathrm{d}=\mathrm{d}(x,y,z)\in C^0(G)$，$a\geqslant 0$，$a\in C^0(\partial G)$，$f\in L_2(G)$。

2．形传递问题

$$\begin{cases}\dfrac{\partial^2 u}{\partial t^2}-\left(\dfrac{\partial^2 u}{\partial x^2}+\dfrac{\partial^2 u}{\partial y^2}+\dfrac{\partial^2 u}{\partial z^2}\right)=0\\ u\big|_{t=0}=0\\ \left.\dfrac{\partial u}{\partial t}\right|_{t=0}=0\end{cases},\quad G=\{(x,y,z)\,|\,0\leqslant x,y,z\leqslant 1\}$$

即 $c=1,a=0,f=0,d=1$

3．方程求解

（1）问题输入

```
>> c=1;a=0;f=0;d=1;   %输入方程的系数
```

```
g='squareg';   %输入方形区域 G，内部已经定义好
b='sqareb3';   %输入边界条件，即初始条件
```

（2）对单位矩形 G 进行网格化

```
>> [p,e,t]=initmesh('squareg');
```

（3）定解条件和求解时间点

```
>> x=p(1,:)';
y=p(2,:)';
u0=atan(cos(pi/2*x));
ut0=3*sin(pi*x).*exp(cos(pi*y));
tlist=linspace(0,5,31);
uu=hyperbolic(u0,ut0,tlist,'squareb3',p,e,t,c,a,f,d);
```

（4）显示结果

```
462 successful steps
70 failed attempts
1066 function evaluations
1 partial derivatives
156 LU decompositions
1065 solutions of linear systems
```

3.6.3 抛物型偏微分方程

1．MATLAB 能求解的类型

$$\mathrm{d}\frac{\partial u}{\partial t}-\nabla\cdot(c\nabla u)+au=f$$

其中 $u=u(x,y,z)$，$(x,y,z)\in G$，$\mathrm{d}=\mathrm{d}(x,y,z)\in C^0(G)$，$a\geqslant 0$，$a\in C^0(\partial G)$，$f\in L_2(G)$。

2．热传导方程

$$\begin{cases}\dfrac{\partial u}{\partial t}-\left(\dfrac{\partial^2 u}{\partial x^2}+\dfrac{\partial^2 u}{\partial y^2}+\dfrac{\partial^2 u}{\partial z^2}\right)=0\\ u|_{\partial G}=0\end{cases},\quad G=\{(x,y,z)\,|\,0\leqslant x,y,z\leqslant 1\}$$

即 $c=1,a=0,f=0,d=1$

（1）问题输入

```
>> c=1;a=0;f=1;d=1; %输入方程的系数
g='squareg';        %输入方形区域 G
b='squareb1';       %输入边界条件
```

（2）对单位矩形的网格化

```
>> [p,e,t]=initmesh(g);
```

（3）定解条件和求解的时间点

```
>> [p,e,t]=refinemesh('squareg',p,e,t);
u0=zeros(size(p,2),1);
ix=find(sqrt(p(1,:).^2+p(2,:).^2)<0.4);
```

```
u0(ix)=ones(size(ix));
tlist=linspace(0,0.1,20);
```

（4）求解方程

```
>>u1=parabolic(u0,tlist,'squareb1',p,e,t,1,0,1,1);
```

显示结果如下：

```
96 successful steps
0 failed attempts
194 function evaluations
1 partial derivatives
20 LU decompositions
193 solutions of linear systems
```

3.7　曲线积分与曲面积分

MATLAB 语言和 Maple 等计算机数学语言并未直接提供曲线积分和曲面积分的现成函数。本节将介绍两类曲线、曲面积分的概念，引入它们转换成一般积分问题的算法，并介绍利用 MATLAB 语言的符号运算工具箱直接求解曲线、曲面积分的解析解方法。

3.7.1　曲线积分

1．第一类曲线积分

曲线积分在高等数学中一般分为第一类曲线积分和第二类曲线积分。其中，第一类曲线积分问题起源于对不均匀分布的空间曲线总质量的求取。假设在空间曲线 l 上的密度函数为 $f(x,y,z)$，则其总质量，亦即第一类曲线积分的值可以由下列公式直接求出：

$$I_1 = \int_l f(x,y,z)\mathrm{d}s \tag{3-21}$$

其中，s 为曲线上某点的弧长，所以这类曲线积分又称为对弧长的曲线积分。若 x,y,z 均由参数方程 $x=x(t)$、$y=y(t)$、$z=z(t)$ 给出，则可以将这些量直接调入 $f(\bullet)$ 函数，而弧长可以表示为：

$$\mathrm{d}s = \sqrt{\left(\frac{\mathrm{d}x}{\mathrm{d}t}\right)^2 + \left(\frac{\mathrm{d}y}{\mathrm{d}t}\right)^2 + \left(\frac{\mathrm{d}z}{\mathrm{d}t}\right)^2}\mathrm{d}t\text{，简记作 } \mathrm{d}s = \sqrt{x_t^2 + y_t^2 + z_t^2}\mathrm{d}t \tag{3-22}$$

则可以将这类曲线积分也变换成对参数 t 的普通定积分问题：

$$I = \int_{tm}^{tM} f[x(t),y(t),z(t)]\sqrt{x_t^2 + y_t^2 + z_t^2}\mathrm{d}t \tag{3-23}$$

若被积函数 $f(x,y)$ 为二元函数，也可以用相应的转换方法将其转换成普通积分问题，故用 MATLAB 语言可以求出第一类曲线积分的值。

【例 3-37】 试求 $\int_l \frac{z^2}{x^2+y^2}\mathrm{d}s$，其中 l 为螺线，$x=a\cos t$，$y=a\sin t$，$z=at$ $(0\leqslant t\leqslant 2\pi,$ $a>0)$。

解： 用下面的语句可以立即得出曲线积分值。

```
>> syms t; syms a positive;
x=a*cos(t);
y=a*sin(t);z=a*t;
I=int(z^2/(x^2+y^2)*sqrt(diff(x,t)^2+diff(y,t)^2+diff(z,t)^2),t,0,2*pi)
```

运行程序，输出结果为：

```
I =
        8/3*pi^3*a*2^(1/2)
```

【例 3-38】试求$\int_l (x^2+y^2)\mathrm{d}s$，其中$l$曲线为$y=x$与$y=x^2$围成的正向曲线。

解：应该用下面的指令绘制出给定的两条曲线，如图 3-29 所示。

```
>> clear all; close all;
x=0:0.001:1.2;
y1=x;y2=x.^2;
plot(x,y1,x,y2)
```

可见，可将原来的积分问题化成两段曲线的积分问题来求解。故应给出如下的命令，求解出两段曲线的积分值，将其相加则得出原问题的解。

```
>> syms x;
y1=x;y2=x^2;
I1=int((x^2+y2^2)*sqrt(1+diff(y2,x)^2),x,0,1);
I2=int((x^2+y1^2)*sqrt(1+diff(y1,x)^2),x,1,0);
I=I2+I1
```

运行程序，输出结果为：

```
I =
-2/3*2^(1/2)-1/32/pi^(1/2)*(1/8*pi^(1/2)-1/4*(1/2-4*log(2))*pi^(1/2)-9*pi^(1/2)*5^(1/2)+1/2*pi^(1/2)*log
(1/2+1/4*5^(1/2)))-1/128/pi^(1/2)*(-5/48*pi^(1/2)+1/8*(5/6-4*log(2))*pi^(1/2)-133/6*pi^(1/2)*5^(1/2)-
1/4*pi^(1/2)*log(1/2+1/4*5^(1/2)))
```

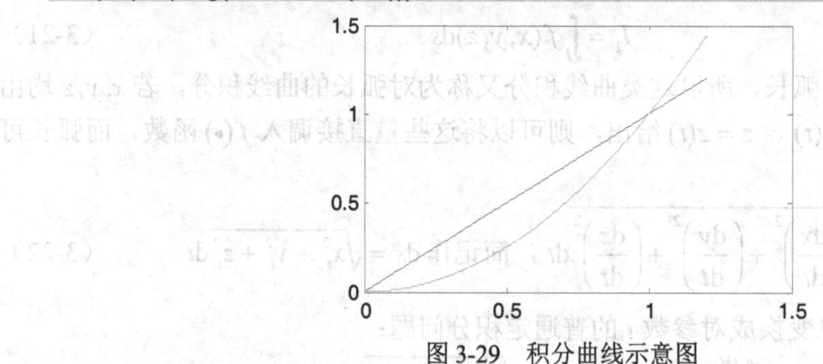

图 3-29　积分曲线示意图

2．第二类曲线积分

第二类曲线积分问题又称为对坐标的曲线积分，它起源于变力$\vec{f}(x,y,z)$沿曲线l移动时作功的研究。这类曲线积分的数学表达式为：

$$I_2=\int_l \vec{f}(x,y,z)\cdot \mathrm{d}\vec{s} \tag{3-24}$$

其中，$\vec{f}(x,y,z)$为向量，可以写成$\vec{f}=[P(x,y,z),Q(x,y,z),R(x,y,z)]$，曲线$\mathrm{d}\vec{s}$亦为向量，若曲线可以由参数方程表示成$t$的函数，记作$x(t),y(t),z(t)$，则可以将$\mathrm{d}\vec{s}$表示为：

$$d\vec{s} = \left[\frac{dx}{dt}, \frac{dy}{dt}, \frac{dz}{dt}\right]^T dt \tag{3-25}$$

则两个向量的点乘可以由这两个向量直接得出，这样即可利用 MATLAB 语言求出第二类曲线积分的值。

【例 3-39】 试求出曲线积分 $\int_l \frac{x+y}{x^2+y^2}dx - \frac{x-y}{x^2+y^2}dy$，$l$ 为正向圆周 $x^2+y^2=a^2$。

解：若想按圆周曲线进行积分，则可以写出参数方程 $x=a\cos(t), y=a\sin(t)(0\leqslant t\leqslant 2\pi)$，这样，用下面的方法可以直接求出曲线积分。

```
>> syms t;syms a positive;
x=a*cos(t);
y=a*sin(t);
F=[(x+y)/(x^2+y^2),-(x-y)/(x^2+y^2)];
ds=[diff(x,t);diff(y,t)];
I=int(F*ds,t,2*pi,0)   %正向圆
```

运行程序效果如下：

```
I =
    2*pi
```

【例 3-40】 试求出曲线积分的值 $\int_l (x^2-2xy)dx+(y^2-2xy)dy$，$l$ 为抛物线 $y=x^2$ $(-1\leqslant x\leqslant 1)$。

解：其实，曲线给出的方程已经是关于 x 的参数方程，且 x 对 x 的导数显然为 1，故可以用下面的语句求出曲线积分的值。

```
>> syms x;
y=x^2;
F=[x^2-2*x*y,y^2-2*x*y];
ds=[1;diff(y,x)];
I=int(F*ds,x,-1,1)
```

运行程序，输出结果为：

```
I =
    -14/15
```

3.7.2 曲面积分

1．第一类曲面积分

第一类曲面积分的数学定义为：

$$I = \iint_S \varphi(x,y,z)dS \tag{3-26}$$

其中，dS 为小区域的面积，故这类积分又称为面积的曲面积分。曲面 S 由 $z=f(x,y)$ 给出，则该积分可以转换成 x-y 平面的二重积分为：

$$I = \iint_{\sigma_{xy}} \varphi[x,y,f(x,y)]\sqrt{1+f_x^2+f_y^2}dxdy \tag{3-27}$$

其中，σ_{xy} 为积分区域。

【例 3-41】试求出$\iint_S xyz\mathrm{d}S$，其中积分曲面S由$x=0, y=0, z=0$和$x+y+z=a$围成，且$a>0$。

解：记这 4 个平面为S_1、S_2、S_3、S_4，则原积分可以由$\iint_S = \iint_{S_1} + \iint_{S_2} + \iint_{S_3} + \iint_{S_4}$求出。考虑$S_1$、$S_2$、$S_3$、$S_4$平面，由于被积函数的值为 0，故这些积分也为 0，所以只需研究S_4的曲线积分。S_4平面的数学表示为$z=a-x-y$，故由下面的语句可以求出曲面积分的结果。

```
>> syms x y;
syms a positive;z=a-x-y;
I=int(int(x*y*z*sqrt(1+diff(z,x)^2+diff(z,y)^2),y,0,a-x),x,0,a)
```

运行程序，输出结果为：

```
I =
    1/120*3^(1/2)*a^5
```

若曲面由参数方程：

$$x=x(u,v), y=y(u,v), z=z(u,v) \tag{3-28}$$

给出，则曲面积分可以由下面的公式求出：

$$I=\iint_\Sigma \varphi[x(u,v), y(u,v), z(u,v)]\sqrt{EG-F^2}\mathrm{d}u\mathrm{d}v \tag{3-29}$$

其中，

$$E=x_u^2+y_u^2+z_u^2，\ F=x_u x_v+y_u y_v+z_u z_v，\ G=x_v^2+y_v^2+z_v^2 \tag{3-30}$$

【例 3-42】试求出曲面积分$\iint (x^2 y+zy^2)\mathrm{d}S$，其中$S$为螺旋曲线$x=u\cos v$, $y=u\sin v$, $z=v$（$0\leqslant u\leqslant a, 0\leqslant v\leqslant 2\pi$）。

解：由说明介绍的公式可以立即得出积分结果。

```
>> syms u v;
syms a positive
x=u*cos(v);y=u*sin(v);
z=v;f=x^2*y+z*y^2;
E=simple(diff(x,u)^2+diff(y,u)^2+diff(z,u)^2);
F=diff(x,u)*diff(x,v)+diff(y,u)*diff(y,v)+diff(z,u)*diff(z,v);
G=simple(diff(x,v)^2+diff(y,v)^2+diff(z,v)^2);
I=int(int(f*sqrt(E*G-F^2),u,0,a),v,0,2*pi)
```

运行程序，输出结果为：

```
I =
   1/8*log(-a+(a^2+1)^(1/2))*pi^2+1/4*(a^2+1)^(3/2)*a*pi^2-1/8*(a^2+1)^(1/2)*a*pi^2
```

2．第二类曲面积分

第二类曲面积分又称为对坐标的曲面积分，其数学定义为：

$$I=\iint_{S^+} P(x,y,z)\mathrm{d}y\mathrm{d}z+Q(x,y,z)\mathrm{d}x\mathrm{d}z+R(x,y,z)\mathrm{d}x\mathrm{d}y \tag{3-31}$$

其中，正向曲面S^+由$z=f(x,y)$给出，这类曲面积分问题可以转换成第一类曲面积分：

$$I=\iint_{S^+}[P(x,y,z)\cos\alpha+Q(x,y,z)\cos\beta+R(x,y,z)\cos\gamma]\mathrm{d}S \tag{3-32}$$

其中，z由$f(x,y)$代替，且

$$\cos\alpha=\frac{-f_x}{\sqrt{1+f_x^2+f_y^2}},\cos\beta=\frac{-f_y}{\sqrt{1+f_x^2+f_y^2}},\cos\gamma=\frac{1}{\sqrt{1+f_x^2+f_y^2}} \tag{3-33}$$

这样，分母上的$\sqrt{1+f_x^2+f_y^2}$ 正好和式（3-27）中的相应项抵消，故整个曲面积分可以写成：

$$I=\iint_{\sigma_{xy}}-Pf_x\mathrm{d}x\mathrm{d}y-Qf_y\mathrm{d}x\mathrm{d}z+R\mathrm{d}y\mathrm{d}z \tag{3-34}$$

若曲面由参数方程（3-27）给出，则可以由下面的方程求出：

$$\cos\alpha=\frac{A}{\sqrt{A^2+B^2+C^2}},\cos\beta=\frac{B}{\sqrt{A^2+B^2+C^2}},\cos\gamma=\frac{C}{\sqrt{A^2+B^2+C^2}} \tag{3-35}$$

其中，$A=y_uz_v-z_uy_v,B=z_ux_v-x_uz_v,C=x_uy_v-y_ux_v$。这样，由得出的第一类曲面积分转换成二重积分会发现，式（3-35）的分母正好与$\sqrt{EG-F^2}$ 抵消。这时整个曲面积分可以简化成：

$$I=\iint_{S^+}[AP(u,v)+BQ(u,v)+CR(u,v)]\mathrm{d}u\mathrm{d}v \tag{3-36}$$

【例 3-43】试求出曲面积分$\iint x^3\mathrm{d}y\mathrm{d}z$，其中 S 为椭球面$\dfrac{x^2}{a^2}+\dfrac{y^2}{b^2}+\dfrac{z^2}{c^2}=1$的上半部，且积分沿椭球的上面。

解：可以引入参数方程 $x=a\sin u\cos v$，$y=b\sin u\sin v$，$z=c\cos u$，且$\left(0\leqslant u\leqslant\dfrac{\pi}{2}\right)$ $(0\leqslant u\leqslant 2\pi)$，则可以用下面的语句求出所需的曲面积分。

其实现的 MATLAB 代码如下：

```
>> syms u v;
syms a b c positive;
x=a*sin(u)*cos(v);
y=b*sin(u)*sin(v);
z=c*cos(u);
A=diff(y,u)*diff(z,v)-diff(z,u)*diff(y,v);
I=int(int(x^3*A,u,0,pi/2),v,0,2*pi)
```

运行程序，输出结果为：

```
I =
    2/5*a^3*c*b*pi
```

3.8　数据分析

在经济管理活动中，往往会产生大量的统计数据，对这些数据进行科学分析，可以提高管理决策水平。

3.8.1　向量的距离与夹角余弦

1．向量的各种距离与范数的定义

在解决实际问题的过程中常用向量表示各种方案（或样本）。为了对不同的方案进行综合评价（或不同的样品进行判别分析），这里介绍向量的距离、向量范数与矩阵的范数以及条件数的概念。

设n维向量$x=(x_1,x_2,\cdots,x_n)^T$， $y=(y_1,y_2,\cdots,y_n)^T$，记为：

$$d_2(x,y)=\sqrt{\sum_{i=1}^{n}(x_i-y_i)^2}$$

称$d_2(x,y)$为n维向量x,y之间的欧氏距离。

记为：

$$d_1(x,y)=\sum_{i=1}^{n}|x_i-y_i|$$

称$d_1(x,y)$为n维向量x,y之间的绝对距离。

记为：

$$d_r(x,y)=\left[\sum_{i=1}^{n}|x_i-y_i|^r\right]^{\frac{1}{r}}$$

称$d_r(x,y)$为n维向量x,y之间的闵可夫斯基距离。

显然，当$r=1,2$时，闵可夫斯基距离分别为绝对距离与欧氏距离。

记为：

$$d_{\Sigma}(x,y)=\sqrt{(x-y)\sum{}^{-1}(x-y)^T}$$

称$d_{\Sigma}(x,y)$为n维向量x,y之间的马氏距离，其中$\sum$为总体协方差矩阵。

设x是取自均值向量μ，协方差矩阵为$\sum$的总体G，记为：

$$d(x,G)=\sqrt{(x-m)\sum{}^{-1}(x-m)^T}$$

称$d(x,G)$为n维向量x与总体G的马氏距离。

显然，当$\sum$为单位矩阵时马氏距离即为欧氏距离。记为：

$$\|x\|_p=\left(\sum_{i=1}^{n}|x_i|^p\right)^{\frac{1}{p}}$$

称$\|x\|_p$为向量x的l_p范数，其中$p\in[1,+\infty]$。

显然，当$p\to+\infty$时，范数$\|x\|_\infty=\max\limits_i|x_i|$。

设n阶实数矩阵$\mathrm{A}=(a_{ij})_n$，则与向量范数$\|\bullet\|_\infty$，$\|\bullet\|_1$，$\|\bullet\|_2$相容的矩阵范数分别为：

（1）行范数$\|\mathrm{A}\|_\infty=\max\limits_{1\leqslant i\leqslant n}\left\{\sum\limits_{i=1}^{n}|a_{ij}|\right\}$。

（2）列范数$\|\mathrm{A}\|_1=\max\limits_{1\leqslant j\leqslant n}\left\{\sum\limits_{i=1}^{n}|a_{ij}|\right\}$。

（3）2-范数$\|\mathrm{A}\|_2=\sqrt{\lambda_{\max}(\mathrm{A}^T\mathrm{A})}$，其中$\lambda_{\max}(\mathrm{A}^T\mathrm{A})$表示矩阵$\mathrm{A}^T\mathrm{A}$的最大特征值。

称$N(\mathrm{A})=\sqrt{\sum\limits_{i,j=1}^{n}a_{ij}^2}$为矩阵 A 的 Frobenius 范数。

设矩阵 A 可逆，$\|\bullet\|$是某种矩阵范数，则称 $\text{cond} = \|A^{-1}\| \bullet \|A\|$ 为矩阵 A 相应于该矩阵范数的条件数。

矩阵的条件数在求解线性方程组时具有重要的意义，它可以帮助判别所得到的数值解的置信水平以及模型的合理性，通常，条件数大的矩阵是病态的矩阵，条件数小的矩阵是良态的矩阵。

向量范数与矩阵范数满足下列不等式：

（1）$\|x\|_\infty \leqslant \|x\|_1 \leqslant n\|x\|_\infty$。

（2）$\|x\|_\infty \leqslant \|x\|_2 \leqslant n\|x\|_\infty$。

（3）$\rho(A) \leqslant \|A\|$，其中 $\rho(A) = \max_i \{|\lambda_i|\}$ 称为方阵 A 的谱半径。

（4）$\|A\|_2 \leqslant N(A)$。

（5）$\|Ax\|_2 \leqslant N(A)\|x\|_2$。

2．求距离与范数的 MATLAB 命令

计算各种距离的 MATLAB 命令如表 3-5 所示。

表 3-5　计算距离与范数的 MATLAB 命令

格　式	功　能
dist (X, Y)	计算 X 中的每一行向量与 Y 中的每个列向量之间的欧氏距离
mandist(X, Y)	计算 X 中的每一行向量与 Y 中的每个列向量之间的绝对距离
pdist(X, 'euclidean')	计算 X 中的每一行向量之间的欧氏距离
pdist(X,'cityblock')	计算 X 中的每一行向量之间的绝对距离
pdist(X, 'minkowski', r)	计算 X 中的每一行向量之间的闵可夫斯基距离
sqrt(mahal (X, G))	计算 X 中的每一行向量与总体 G 的马氏距离

注意：dist (X, Y)与 mandist(X, Y)中要求 X 的列数等于 Y 的行数，sqrt(mahal(X, G))中 G 的行数必须大于 G 的列数。

计算向量范数、矩阵范数、向量夹角余弦的 MATLAB 命令如表 3-6 所示。

表 3-6　矩阵范数、向量夹角余弦的命令

格　式	功　能
norm(A, 1)	矩阵 A 的 1 范数
norm(A, 2)	矩阵 A 的 2 范数
norm(A, inf)	矩阵 A 的无穷范数
norm (A, 'fro')	矩阵 A 的 Frobenius 范数
normr(A)	将矩阵 A 的行向量单位化
normc(A)	将矩阵 A 的列向量单位化
pdist(A, 'cosine')	计算矩阵 A 的行向量之间的夹角余弦

3. 数据的判别分析

在自然科学和社会科学研究中，研究对象用某种方法已划分为若干类。当得到一个新的样本数据（通常是多元的），要确定该样品属于已知类型中的哪一类，这类问题属于判别分析。例如，某医院已有1000个分别患有胃炎、肝炎、冠心病、糖尿病等病人的资料，记录了他们每个人若干项症状指标数据。利用这些资料，在测得一个新病人若干项症状指标的数据时，能够判定他患的是哪种病；在经济学中，根据人均国民收入、人均工农业产值、人均消费水平等多种指标来判定一个国家的经济发展程序所属类型等。总之，在实际问题中需要判别的问题几乎到处可见。

建立一定的判别准则来判断新样品属于哪一类是判别分析的第一步，常用的判别准则有贝叶斯准则、费希尔准则、距离判别、回归方法和非参数方法等。这里主要介绍距离判别法。

设有两个总体（或称两类）G_1、G_2，现任取一个样品，实测指标值为$x=(x_1,x_2,\cdots,x_p)^T$，问x应判归为哪一类？

距离判别分析的准则为：

若$d(x,G_1)<d(x,G_2)$，则$x\in G_1$；若$d(x,G_1)>d(x,G_2)$，则$x\in G_2$。

判别分析的误差通常用回代误判率和交叉误判率进行估计。若属于G_1的样品被误判为属于G_2的个数为N_1个，属于G_2的样品被误判为属于G_1的个数为N_2个，两类总体的样品总数为n，则误判率为：

$$p=\frac{N_1+N_2}{n}$$

（1）回代误判率

设G_1、G_2为两个总体，$x_1,x_2,\cdots,x_m$和$y_1,y_2,\cdots,y_n$是分别来自G_1、G_2的训练样本，以全体训练样本作为$m+n$个新样品，逐个代入已建立的判别准则中判别其归属，这个过程称为回判。若属于G_1的样品被误判为属于G_2的个数为N_1个，属于G_2的样品被误判为属于G_1的个数为N_2个，则误判率估计为：

$$\hat{p}=\frac{N_1+N_2}{m+n}$$

（2）交叉误判率估计

交叉误判率估计是每次剔除一个样品，利用其余的$m+n-1$个训练样本建立判别准则，再用所建立的准则对删除的样品进行判别。对训练样本中每个样品都做如上分析，以其误判的比例作为误判率。

具体步骤如下：

（1）从总体为G_1的训练样本开始，剔除其中一个样品，剩余的$m-1$个样品与G_2中的全部样品建立判别函数。

（2）用建立的判别函数对剔除的样品进行判别。

（3）重复步骤（1）和（2），直到G_1中的全部样品依次被删除，再进行判别，其误判的样品个数记为m_{12}。

（4）对G_2的样品重复步骤（1）、（2）和（3），直到G_2中的全部样品依次被删除，再进行判别，其误判的样品个数记为n_{21}。

于是交叉误判率估计为：

$$\hat{p}=\frac{m_{12}+n_{21}}{m+n}$$

3.8.2　数据的属性与处理方法

1．评价指标矩阵与指标的无量纲化

评价指标通常分为效益型、成本型、固定型等，效益型指标值越大越好、成本型指标值越小越好、固定型指标值既不能太大也不能太小为好。

对方案进行综合评价，必须统一评价指标的属性，即进行指标的无量纲化处理。常见的处理方法有极差变换、线性比例变换、向量归一化、标准样本变换、等效系数法等方法。下面说明极差变换及线性比例变换，其他处理方法读者可参考其他相关书籍。

设 n 个决策方案的集合为$\mathrm{A}=\{\mathrm{A}_1^T,\mathrm{A}_2^T,\cdots,\mathrm{A}_n^T\}$，其中$\mathrm{A}_i^T=(a_{i1},a_{i2},\cdots,a_{im})$是第 i 个方案关于第 m 项评价指标的指标值向量。记为 n 个方案关于 m 项评价指标的指标矩阵为：

$$\mathrm{A}=\begin{bmatrix} a_{11} & a_{12} & \cdots & a_{1m} \\ a_{21} & a_{22} & \cdots & a_{2m} \\ \cdots & \cdots & \vdots & \cdots \\ a_{n1} & a_{n2} & \cdots & a_{nm} \end{bmatrix}$$

其中a_{ij}表示第 i 个方案关于第 j 项平价因素的指标值。

下面用I_1、I_2、I_3分别表示效益型、成本型和固定型指标集合。

（1）运用极差变换法建立无量纲的效益型矩阵 B 与成本型矩阵 C

变换公式如下：

① 效益型矩阵

$$\mathrm{B}=(b_{ij})_{n\times m}，\quad b_{ij}=\begin{cases} \dfrac{(a_{ij}-\min\limits_j a_{ij})}{(\max\limits_j a_{ij}-\min\limits_j a_{ij})} & (a_{ij}\in I_1) \\ \dfrac{(\max\limits_j a_{ij}-a_{ij})}{(\max\limits_j a_{ij}-\min\limits_j a_{ij})} & (a_{ij}\in I_2) \\ \dfrac{(\max\limits_j |a_{ij}-\alpha_j|-|a_{ij}-\alpha_j|)}{\max\limits_j |a_{ij}-\alpha_j|-\min\limits_j |a_{ij}-\alpha_j|} & (a_{ij}\in I_3) \end{cases}$$

其中，α_j为第 j 项指标的适度数值。

显然，指标经过极差变换后均有$0\leqslant b_{ij}\leqslant 1$，且各指标下最好结果的属性值$b_{ij}=1$，最坏结果的属性值$b_{ij}=0$。指标变换前后的属性值成比例。

② 成本型矩阵

$$C=(c_{ij})_{n\times m},\quad c_{ij}=\begin{cases}\dfrac{(\max\limits_j a_{ij}-a_{ij})}{(\max\limits_j a_{ij}-\min\limits_j a_{ij})} & (a_{ij}\in I_1)\\[2ex] \dfrac{(a_{ij}-\min\limits_j a_{ij})}{(\max\limits_j a_{ij}-\min\limits_j a_{ij})} & (a_{ij}\in I_2)\\[2ex] \dfrac{\left|a_{ij}-\alpha_j\right|-\min\limits_j\left|a_{ij}-\alpha_j\right|}{\max\limits_j\left|a_{ij}-\alpha_j\right|-\min\limits_j\left|a_{ij}-\alpha_j\right|} & (a_{ij}\in I_3)\end{cases}$$

其中，α_j 为第 j 项指标的适度数值。

显然，指标经过极差变换后均有 $0\leqslant c_{ij}\leqslant 1$，且各指标下最坏结果的属性值 $c_{ij}=1$，最好结果的属性值 $c_{ij}=0$。

（2）运用线性比例变换法建立无量纲的效益型矩阵 D 与成本型矩阵 E

变换公式如下：

① 效益型矩阵

$$D=(d_{ij})_{n\times m},\quad d_{ij}=\begin{cases}\dfrac{a_{ij}}{\max\limits_j a_{ij}} & (a_{ij}\in I_1)\\[2ex] \dfrac{\min\limits_j a_{ij}}{a_{ij}} & (a_{ij}\in I_2)\\[2ex] \dfrac{\min\limits_j\left|a_{ij}-\alpha_j\right|}{\left|a_{ij}-\alpha_j\right|} & (a_{ij}\in I_3)\end{cases}$$

② 成本型矩阵

$$E=(e_{ij})_{n\times m},\quad e_{ij}=\begin{cases}\dfrac{\min\limits_j a_{ij}}{a_{ij}} & (a_{ij}\in I_1)\\[2ex] \dfrac{a_{ij}}{\max\limits_j a_{ij}} & (a_{ij}\in I_2)\\[2ex] \dfrac{\left|a_{ij}-\alpha_j\right|}{\max\limits_j\left|a_{ij}-\alpha_j\right|} & (a_{ij}\in I_3)\end{cases}$$

其中，α_j 为第 j 项指标的适度数值。显然指标变换前后的属性值成比例。

2．客观性权向量建立的方法

指标权重的合理确定是综合评价结果是否可信的一个核心问题，确定权重系数的途径有 3 类，一是主观赋权法，二是客观赋权法，三是主客观结合赋权法。这里主要介绍 3 种客观赋权法，一是变异系数法，二是夹角余弦法，三是熵值法。

（1）变异系数法

对无量纲的理想值矩阵$\mathrm{H}=(h_{ij})_{n\times m}$，计算各列向量的变异系数$v_j=\dfrac{s_j}{h_j}(j=1,2,\cdots,m)$，其中$s_j$为第$j$列的标准差，然后将其归一化即可得到权向量。

（2）夹角余弦法

设无量纲的效益型矩阵为$\mathrm{B}=(b_{ij})_{n\times m}$，则可得到各方案与理想最佳和最劣方案的相对偏差矩阵为：

$$\mathrm{U}=(u_{ij})_{n\times m}, \quad \mathrm{V}=(v_{ij})_{n\times m}$$

式中，$u_{ij}=\dfrac{\max\limits_j b_{ij}-b_{ij}}{\max\limits_j b_{ij}-\min\limits_j b_{ij}}$，$v_{ij}=\dfrac{b_{ij}-\min\limits_j b_{ij}}{\max\limits_j b_{ij}-\min\limits_j b_{ij}}$，再计算U,V对应列向量的夹角余弦得到初始权重，归一化后得到客观性权向量。

（3）熵值法

① 对决策矩阵$\mathrm{X}=(x_{ij})_{n\times m}$作标准化处理，得到标准化矩阵$\mathrm{Y}=(y_{ij})_{n\times m}$，并进行归一化处理得：

$$p_{ij}=\frac{y_{ij}}{\sum\limits_{i=1}^{m}y_{ij}}\ (1\leqslant i\leqslant m,1\leqslant j\leqslant n)$$

② 计算第j个指标的熵值：

$$e_j=-k\cdot\sum_{i=1}^{m}p_{ij}\ln p_{ij}(1\leqslant j\leqslant n)\ (k>0,e_j\geqslant 0)$$

③ 计算第j个指标的差异系数。差异系数定义为：

$$g_j=1-e_j(1\leqslant j\leqslant n)$$

显然，对于第j个指标，指标值的差异越大，对方案评价的作用越大，熵值越小；反之，差异越小，对方案评价的作用越小，熵值就越大。

④ 确定指标权重。第j个指标的权值为：

$$w_j=\frac{g_j}{\sum\limits_{j=1}^{n}g_j}(1\leqslant j\leqslant n)$$

3．综合评价的步骤

综合评价一般按以下步骤进行：

（1）确定综合评价指标体系，这是综合评价的基础和依据。由于以下步骤的操作较为确定，因此，指标的选择往往是综合评价科学性的关键。

（2）搜集数据并进行同度量处理，以消除量纲的影响。

（3）确定指标权重。由于参评指标的重要性是不同的，所以要根据指标的重要性大小进行加权处理。

（4）对经过处理后的指标值（变量值）进行汇总，计算综合评价指数或综合评价分值。

（5）根据综合评价指数或综合评价分值对参评单位进行排序。

4．应用实例

（1）湖泊的水质评价模型

【例 3-44】近年来我国淡水湖水质富营养化的污染日趋严重，正确评价湖水的水质情况，有利于今后开展对湖水的污染治理和保护工作。表 3-7 所示为我国 5 个湖泊的评价参数实测数据，表 3-8 所示为湖泊水质评价标准，试建立模型对我国 5 个湖泊的水质进行评价，以确定各湖泊水质等级。

表 3-7　全国 5 个主要湖泊的实测数据

指标 湖泊	总磷/（mg/L）	耗氧量/（mg/L）	透明度/m	总氮/（mg/L）
杭州西湖	130	10.30	0.35	2.76
武汉东湖	105	10.70	0.40	2.0
青海湖	20	1.4	4.5	0.22
巢湖	30	6.26	0.25	1.67
滇池	20	10.13	0.50	0.23

表 3-8　湖泊水质评价标准

参数值 指标	极贫营养	贫营养	中营养	富营养	极富营养
总磷/（mg/L）	<1	4	23	110	>660
耗氧量/（mg/L）	<0.09	0.36	1.80	7.10	>27.1
透明度/m	>37	12	2.4	0.55	<0.17
总氮/（mg/L）	<0.02	0.06	0.31	1.20	>4.6

分析：这是一个多指标评价问题，影响水质的指标有总磷、耗氧量、透明度、总氮，其中透明度是效益型指标，其余为成本型指标。

① 由表 3-7 和表 3-8 建立实测指标数据矩阵：

$$X=(x_{ij})_{5\times4}=\begin{bmatrix}130 & 10.3 & 0.35 & 2.76\\105 & 10.7 & 0.4 & 2.0\\20 & 1.4 & 4.5 & 0.22\\30 & 6.26 & 0.25 & 1.67\\20 & 10.13 & 0.5 & 0.23\end{bmatrix}$$

建立等级标准矩阵：

$$Y=(y_{ij})_{4\times5}=\begin{bmatrix}1 & 4 & 23 & 110 & 660\\0.09 & 0.36 & 1.8 & 7.10 & 27.1\\37 & 12 & 2.4 & 0.55 & 0.17\\0.02 & 0.06 & 0.31 & 1.20 & 4.60\end{bmatrix}$$

运用线性比例变换法将 X 无量纲化得效益型指标矩阵：

$$A=(a_{ij})_{5\times4}，其中\ a_{ij}=\begin{cases}\dfrac{x_{ij}}{\max\limits_{j} x_{ij}} & (j\neq3)\\[2ex] \dfrac{\min\limits_{j} x_{ij}}{x_{ij}} & (j=3)\end{cases}$$

将 Y 无量纲化得效益型等级标准矩阵：

$$B=(b_{kt})_{4\times5}，其中\ b_{kt}=\begin{cases}\dfrac{y_{kt}}{\max\limits_{k} y_{kt}} & (k\neq3)\\[2ex] \dfrac{\min\limits_{k} y_{kt}}{y_{kt}} & (k=3)\end{cases}$$

② 计算评价指标的权重。运用变异系数法由矩阵 B 来确定各指标的权重，具体过程为首先计算 B 各行向量的均值与标准差。

$$\mu_i=\frac{1}{5}\sum_{j=1}^{5}b_{ij}，\quad s_i=\sqrt{\frac{\sum\limits_{j=1}^{5}(b_{ij}-\mu_i)^2}{4}}(i=1,2,3,4)$$

再计算变异系数 $v_i=\dfrac{s_i}{\mu_i}(i=1,2,3,4)$，最后对变异系数归一化得到各指标的权向量为 $w=(w_1,w_2,w_3,w_4)$。

③ 建立水质的等级评价模型。利用欧氏距离和绝对距离进行建模，计算 A 中各行向量到 B 中各列向量的欧氏距离 d_{ij}。

$$d_{ij}=\sqrt{\sum_{k=1}^{4}(a_{ik}-b_{kj})^2}，\quad (i=1,2,3,4,5;\ j=1,2,3,4,5)$$

若 $d_{ik}=\min\limits_{1\leqslant j\leqslant5}\{d_{ij}\}$，则第 i 个湖泊属于第 k 级 $(i=1,2,3,4,5)$。

解：在命令窗口中输入以下 MATLAB 代码：

```
>> clear all;
%输入原始数据
X=[130 10.30 0.35 2.76;105 10.70 0.40 2.0;20 1.4 4.5 0.22;30 6.26 0.25 1.67;20 10.13 0.50 0.23];
Y=[1 4 23 110 660;0.09 0.36 1.80 7.10 27.1;37 12 2.4 0.55 0.17;0.02 0.06 0.31 1.20 4.6];
%计算无量纲化的指标矩阵
A=[X(:,1)./max(X(:,1)),X(:,2)./max(X(:,2)),min(X(:,3))./X(:,1),X(:,4)./max(X(:,4))]
A =
    1.0000    0.9626    0.0019    1.0000
    0.8077    1.0000    0.0024    0.7246
    0.1538    0.1308    0.0125    0.0797
    0.2308    0.5850    0.0083    0.6051
    0.1538    0.9467    0.0125    0.0833
>> B=[Y(1,:)./max(Y(1,:));Y(2,:)./max(Y(:,2));min(Y(3,:))./Y(3,:);Y(4,:)./max(Y(4,:))]
B =
    0.0015    0.0061    0.0348    0.1667    1.0000
    0.0075    0.0300    0.1500    0.5917    2.2583
```

```
    0.0046    0.0142    0.0708    0.3091    1.0000
    0.0043    0.0130    0.0674    0.2609    1.0000
>> %运用变异系数法由矩阵 B 来确定各指标的权重
b=B';
t=std(b)./mean(b);
w=t/sum(t)
w =
    0.2767    0.2444    0.2347    0.2442
>> %计算绝对距离
jd=dist(A,B)
jd =
    1.7031    1.6828    1.5705    1.2136    1.6356
    1.4676    1.4457    1.3253    0.9417    1.6406
    0.2101    0.1909    0.1345    0.5773    2.6579
    0.8643    0.8421    0.7216    0.4616    2.1286
    0.9548    0.9312    0.8078    0.4957    2.0620
>> %计算欧氏距离
mjd=mandist(A,B)
mjd =
    2.9519    2.9258    2.7793    2.2506    2.2938
    2.5212    2.4950    2.3485    1.8198    2.7236
    0.3589    0.3170    0.2088    0.9514    4.8814
    1.4113    1.3776    1.2311    0.7157    3.8291
    1.1785    1.1365    0.9900    0.8420    4.0619
```

说明：① 由权重向量 w=[0.2767 0.2444 0.2347 0.2442]知，4 项指标在湖泊水质富营养化中的权重依次是总磷最大、耗氧量与总氮次之、透明度最小，也就是说总磷的变化对湖泊水质富营养化作用最大。

② 由绝对距离结果可知，杭州西湖、武汉东湖水质评为 5 级，青海湖水质评为 3 级，巢湖、滇池水质评为 4 级。由欧氏距离结果可知，杭州西湖、武汉东湖水质评为 5 级，青海湖、滇池水质评为 3 级，巢湖评为 4 级。两种距离的评估结果有一点差别，这说明方法还值得改进。

（2）经济效益综合评价模型

【例 3-45】设北京、上海、天津和昆明 4 个城市的 6 项经济效益指标统计数据如表 3-9 所示，试建立综合评价模型，对这 4 个地区经济效益进行评价。

表 3-9 经济效益指标统计数据

指标 地区	资金利润率/%	销售利润率/%	全员劳动生产率	综合能耗	物耗	固定资产投资比率/%
北京	29.09	24.05	1.94	4.55	67.40	67.60
上海	36.97	22.90	2.60	2.43	67.90	54.55
天津	29.13	20.40	1.97	3.60	68.70	64.00
昆明	23.92	27.20	1.17	7.92	58.10	55.20

分析：在表 3-9 的 6 项指标中，综合能耗和物耗是成本型指标，其余指标为效益型指标。

① 由表 3-9 建立指标矩阵 $X=(x_{ij})_{4\times6}$，其中 x_{ij} 表示第 i 个城市第 j 个指标的值。用极差变换法将 X 无量纲化得效益型矩阵 B 与成本型矩阵 D；运用线性比例变换法将 X 无量纲化得效益型矩阵 C 与成本型矩阵 E。

② 运用夹角余弦法建立客观性权重向量。首先由指标矩阵 X 得到各方案与理想最佳和最劣方案的相对偏差矩阵 R 与矩阵 T，然后求出 R 与 T 两矩阵对应列向量的夹角余弦，并作为初始权重，归一化后得到客观性权向量 w。

③ 计算综合评价值。由矩阵 B 可得第 i 个城市的综合评价得分 $H_i=\sum_{j=1}^{6}b_{ij}w_j$，且 H_i 值越大越好。同理，由矩阵 D、C 与 E 可得第 i 个城市的综合评价得分分别是 $F_i=\sum_{j=1}^{6}d_{ij}w_j$、$h_i=\sum_{j=1}^{6}c_{ij}w_j$ 与 $f_i=\sum_{j=1}^{6}e_{ij}w_j$ $(i=1,2,3,4)$。

在命令窗口中输入以下 MATLAB 代码：

```
>> clear all;
A=[29.09 24.05 1.94 4.55 67.40 67.60;36.97 22.90 2.60 2.43 67.90 54.55;...
   29.13 20.40 1.97 3.60 68.70 64.00;23.92 27.20 1.17 7.92 58.10 55.20];
%运用极差法建立无量纲的效益型矩阵 B
B=[(A(:,1:3)-ones(4,1)*min(A(:,1:3))),(ones(4,1)*max(A(:,4:5))-A(:,4:5)),...
    A(:,6)-min(A(:,6))]./(ones(4,1)*range(A))
B =
    0.3962    0.5368    0.5385    0.6138    0.1226    1.0000
    1.0000    0.3676    1.0000    1.0000    0.0755         0
    0.3992         0    0.5594         0    0.7869    0.7241
         0    1.0000         0         0    1.0000    0.0498
>> %运用线性比例变换法建立无量纲的效益型矩阵 D
D=[A(:,1:3)./(ones(4,1)*max(A(:,1:3))),(ones(4,1)*min(A(:,4:5)))./A(:,4:5),...
    A(:,6)/max(A(:,6))]
D =
    0.7869    0.8842    0.7462    0.5341    0.8620    1.0000
    1.0000    0.8419    1.0000    1.0000    0.8557    0.8070
    0.7879    0.7500    0.7577    0.6750    0.8457    0.9467
    0.6470    1.0000    0.4500    0.3068    1.0000    0.8166
>> %理想最佳和最劣方案向量 U 与 V
U=[max(A(:,1:3)),min(A(:,4:5)),max(A(:,6))]
V=[min(A(:,1:3)),max(A(:,4:5)),min(A(:,6))]
U =
   36.9700   27.2000    2.6000    2.4300   58.1000   67.6000
V =
   23.9200   20.4000    1.1700    7.9200   68.7000   54.5500
>> %计算相对偏差矩阵 R 与 T
R=abs(A-ones(4,1)*U)./(ones(4,1)*range(A))
T=abs(A-ones(4,1)*V)./(ones(4,1)*range(A))
R =
    0.6038    0.4632    0.4615    0.3862    0.8774         0
         0    0.6324         0         0    0.9245    1.0000
```

```
    0.6008    1.0000    0.4406    0.2131    1.0000    0.2759
    1.0000         0    1.0000    1.0000         0    0.9502
T =
    0.3962    0.5368    0.5385    0.6138    0.1226    1.0000
    1.0000    0.3676    1.0000    1.0000    0.0755         0
    0.3992         0    0.5594    0.7869         0    0.7241
         0    1.0000         0         0    1.0000    0.0498
>> %运用夹角余弦法建立权重向量 w
r=normc(R);
t=normc(T);
w=sum((r.*t))/sum(sum(r.*t))
w =
    0.2151    0.2148    0.2231    0.1774    0.0733    0.0962
>> %计算综合评价值
H=B*(w')
F=D*(w')
H =
    0.5348
    0.7001
    0.4200
    0.2930
F =
    0.7799
    0.9369
    0.7725
    0.6607
```

说明：① 权重向量 w=[0.2151　0.2148　0.2231　0.1774　0.0733　0.0962]，从中可知物耗指标权重最小，固定资产投资比率指标权重次之，全员劳动生产率权重最大。

② 求无量纲的成本型矩阵 C 与 E 的程序没有给出，需读者补充，对应的综合评价值的程序也需读者补充。

③ 综合评价值结果与排序从上面的显示结果中可以看出，对于两类不同的效益型矩阵和成本型矩阵，综合评估的结果完全一样，表明此方法具有较高的可靠性。

第4章 数据建模

本章主要学习数据挖掘和建模的一些基本方法和相关的MATLAB命令，包括插值、拟合和回归分析、函数逼近等。

4.1 插 值 法

4.1.1 一维插值

一维插值是进行数据分析的重要手段，MATLAB提供了interp1()函数进行一维多项式插值。interp1()函数使用多项式技术，用多项式函数通过所提供的数据点计算目标插值点上的插值函数值，其调用格式可参看示例。

其中interp1()的插值方法包括以下4种。

- 'nearest'：最邻近插值。
- 'linear'：线性插值，为默认设置。
- 'cubic'：三次插值。
- 'spline'：三次样条插值。

【例4-1】已知数据点来自函数，根据生成的数据进行插值处理，得出较平滑的曲线直接生成数据。

先绘制样本点图，其代码如下：

```
x=0:0.12:1;
y=(x.^2-3*x+5).*exp(-5*x).*sin(x);          %等距输入样本点
plot(x,y,'ro',x,y)                          %绘制样本点（已知数据点），如图4-1（a）所示
```

可以看出，由这样的数据直接连线绘制出的曲线十分粗糙，可以再选择一组插值点，然后直接调用interp1()函数进行插值。

```
x1=0:0.02:1;                                %要插值点
y1=(x1.^2-3*x1+5).*exp(-5*x1).*sin(x1);
y2=interp1(x,y,x1);                         %默认为线性插值
y3=interp1(x,y,x1,'spline');                %三次样条插值
y4=interp1(x,y,x1,'nearest');               %最临近插值
y5=interp1(x,y,x1,'cubic');                 %三次 Hermite 插值
plot(x1,[y2' y3' y4' y5'],':',x,y,'ro',x1,y1)    %绘图比较各插值方法计算结果
legend('linear','spline','nearest','cubic','样本点','原函数');
%计算各插值方法最大计算误差
[max(abs(y1-y2)),max(abs(y1-y3)),max(abs(y1-y4)),max(abs(y1-y5))];
ans =
    0.0614    0.0086    0.1598    0.0177
```

分别选择各种插值方法，可以得出插值函数曲线与理论曲线，它们之间的比较如图 4-1（b）所示。

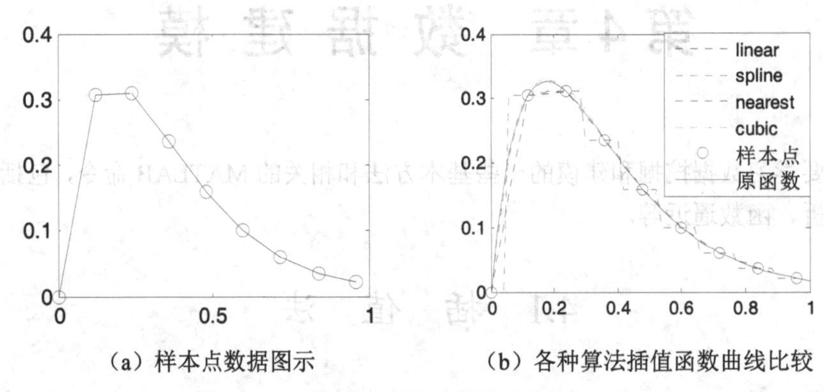

（a）样本点数据图示　　（b）各种算法插值函数曲线比较

图 4-1　插值函数曲线图

4.1.2 二维插值

二维插值是对两个自变量的插值。二维插值在图像处理和数据可视化方面有着非常重要的应用。MATLAB 提供了两个函数，即 interp2 和 griddata 来实现此功能。其中 interp2 函数用于对二维网格数据进行插值，griddata 函数用于二维随机数据点的插值。

1．二维网格数据插值

MATLAB 提供了二维网格数据插值函数 interp2，其用法与 interp1 类似，其调用格式可参看以下示例。

【例 4-2】由 $z=f(x,y)=(x^2-2x)e^{-x^2-y^2-xy}$ 可计算出一些较稀疏的网格数据，对整个函数曲面进行各种插值拟合，并比较插值效果。

绘制已知数据的网格图，其代码如下：

```
clear;
[x,y]=meshgrid(-3:0.6:3,-2:0.4:2);
z=(x.^2-2*x).*exp(-x.^2-y.^2-x.*y);
surf(x,y,z);   %绘制已知数据的网格图，如图 4-2（a）所示
axis([-3,3,-2,2,-0.7,1.5]);
```

选择较密的插值点，则可以用下面的 MATLAB 语句采用默认的插值算法进行插值，得出的结果如图 4-2（b）所示。

```
[x1,y1]=meshgrid(-3:0.2:3,-2:0.2:2);
z1=interp2(x,y,z,x1,y1);
surf(x1,y1,z1);
axis([-3,3,-2,2,-0.7,1.5]);
```

可以看出，默认的线性插值方法还原后的三维表面图在很多地方还是很粗糙。可以用下面的命令分别由立方插值选项和样条插值选项来进行插值，得出的结果如图 4-3 所示。

```
[x1,y1]=meshgrid(-3:0.2:3,-2:0.2:2);
z2=interp2(x,y,z,x1,y1,'cubic');
```

```
surf(x1,y1,z2);
axis([-3,3,-2,2,-0.7,1.5]);
figure;
z3=interp2(x,y,z,x1,y1,'spline');
surf(x1,y1,z3);
axis([-3,3,-2,2,-0.7,1.5]);
```

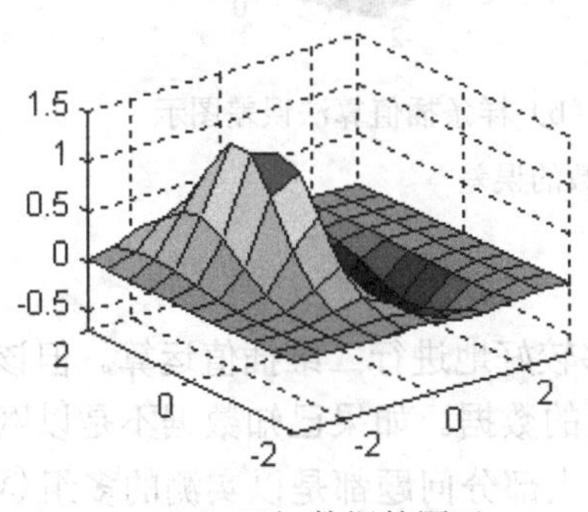

（a）已知数据的图示

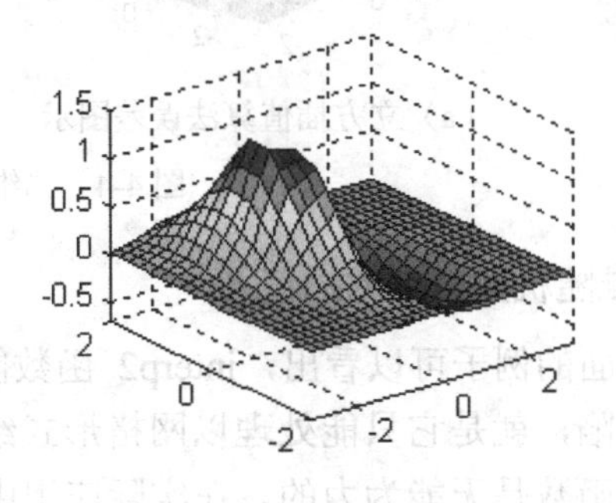

（b）线性插值结果

图 4-2　二维函数插值比较

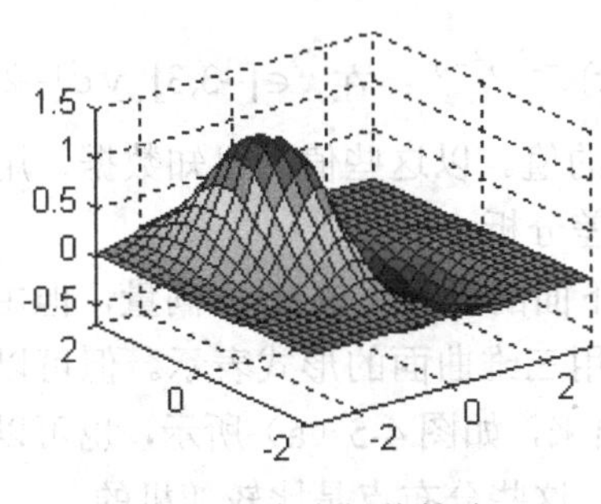

（a）立方插值算法

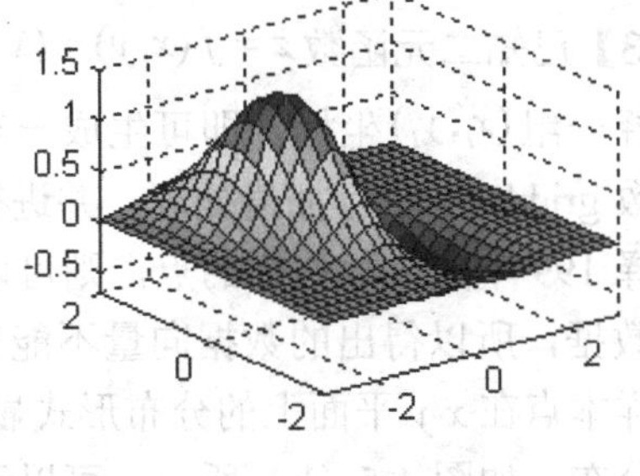

（b）样条插值算法

图 4-3　二维函数其他插值结果比较

可以看出，这样的插值结果还是比较理想的。

通过下面的误差分析，可以对'cubic'和'spline'两种插值方法作进一步比较。因为网格已知，故可以由已知函数计算出 z 的精确值 z0，可以通过下面的语句求出两种算法得出的矩阵 z2 和 z3 与真值 z0 之间误差的绝对值，分别如图 4-4（a）和图 4-4（b）所示。可以看出，选择样条方法的插值精度要远高于立方插值算法，所以在实际应用中建议选用'spline'插值选项。

```
z0=(x1.^2-2*x1).*exp(-x1.^2-y1.^2-x1.*y1);
surf(x1,y1,abs(z0-z2));
axis([-3,3,-2,2,0,0.08]);
figure;
surf(x1,y1,abs(z0-z3));
axis([-3,3,-2,2,0,0.08]);
```

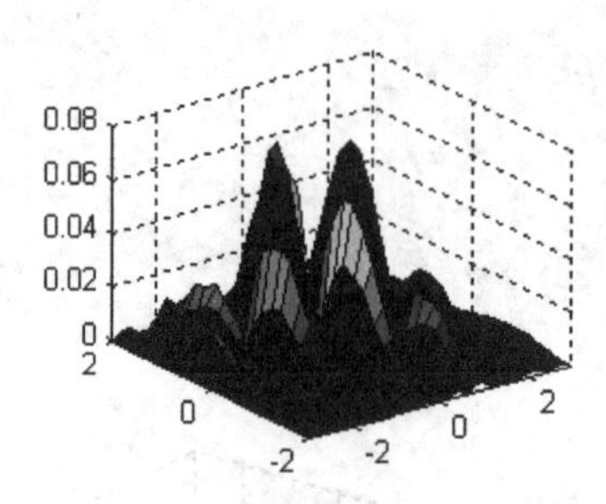

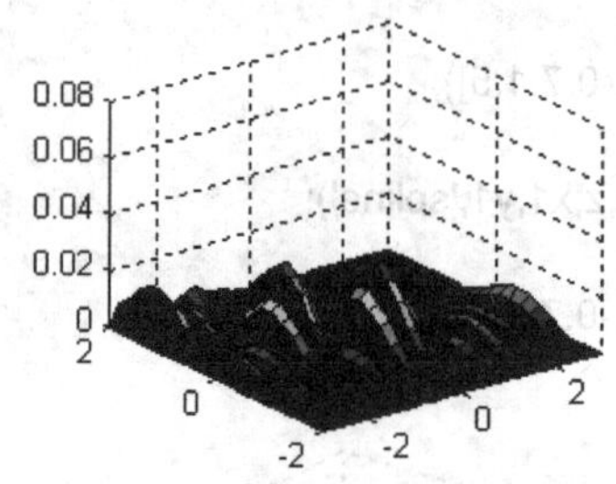

（a）立方插值算法误差图示　　（b）样条插值算法误差图示

图 4-4　二维函数的误差

2．二维随机数据点的插值

通过上面的例子可以看出，interp2 函数能够较好地进行二维插值运算。但该函数有一个重要的缺陷，就是它只能处理以网格形式给出的数据。如果已知数据不是以网格形式给出的，则该函数是无能为力的。在实际应用中，大部分问题都是以实测的多组(x_i, y_i, z_i)点给出的，所以不能直接使用函数 interp2 进行二维插值。

MATLAB 提供了一个 griddata()函数，用来专门解决这样的问题，其调用格式可参考以下示例。

【例 4-3】已知二元函数$z = f(x,y) = (x^2 - 2x)e^{-x^2-y^2-xy}$，在$x \in [-3,3]$, $y \in [-2,2]$矩形区域内随机选择一组(x_i, y_i)坐标，即可生成一组z_i的值。以这些值为已知数据，用一般分布数据插值函数 griddata()进行插值处理，并进行误差分析。

这里选择 199 个随机数构成的点，则可以用下面的语句生成 *x,y,z* 向量，但由于这些数据不是网格数据，所以得出的数据向量不能直接用三维曲面的形式表示。但可以用下面的语句将各个样本点在 *x-y* 平面上的分布形式显示出来，如图 4-5（a）所示，也可以绘制出样本点的三维分布，如图 4-5（b）所示。可以看出，这些分布点是比较随机的。

```
clear;
x=-3+6*rand(199,1);
y=-2+4*rand(199,1);
z=(x.^2-2*x).*exp(-x.^2-y.^2-x.*y);     %生成已知数据
plot(x,y,'*');                          %样本点的二维分布
figure;
plot3(x,y,z,'*');                       %样本点的三维分布
axis([-3,3,-2,2,-0.7,1.5]);
```

用下面的语句生成网格矩阵作为插值点，用'cubic'和'v4'两种算法获得插值结果，还可以绘制出拟合后的曲面形式，分别如图 4-6（a）和图 4-6（b）所示。可以看出，用'v4'算法得出的结果效果明显更好些。

```
[x1,y1]=meshgrid(-3:0.2:3,-2:0.2:2);
z1=griddata(x,y,z,x1,y1,'cubic');
surf(x1,y1,z1);
axis([-3,3,-2,2,-0.7,1.5]);
figure;
z2=griddata(x,y,z,x1,y1,'v4');
```

```
surf(x1,y1,z2);
axis([-3,3,-2,2,-0.7,1.5]);
```

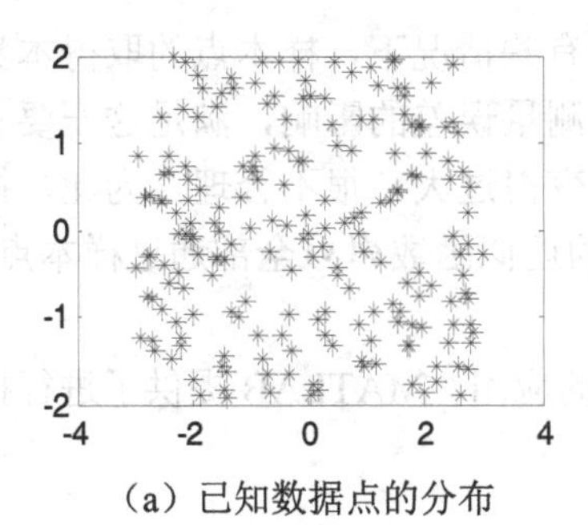

（a）已知数据点的分布

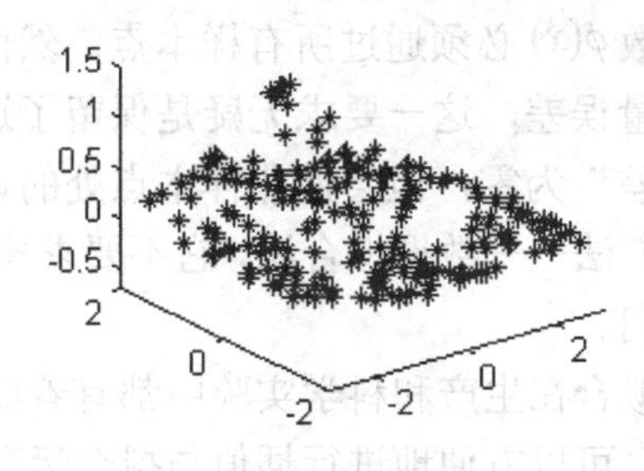

（b）已知数据点的三维分布

图 4-5　已知样本数据显示

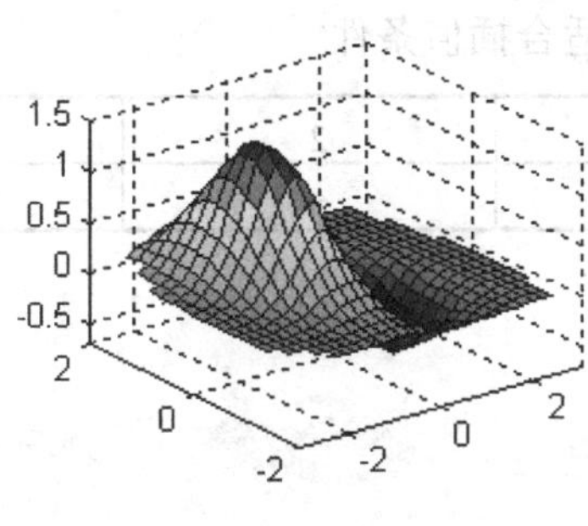

（a）立方插值算法

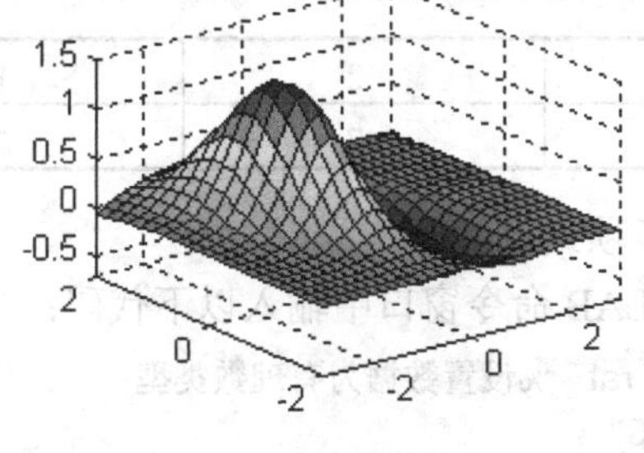

（b）'v4'插值算法

图 4-6　二维函数各种插值结果比较

还可以进一步进行误差分析。用下面的语句可以先计算出在新网格点处函数值的精确解，并用这些点和两种方法计算出误差，得出如图 4-7（a）和图 4-7（b）所示的误差曲面。可见，用'v4'选项的插值结果明显优于立方插值算法，所以在实际应用中建议采用该算法。

```
z0=(x1.^2-2*x1).*exp(-x1.^2-y1.^2-x1.*y1);    %新网格各点的函数值
surf(x1,y1,abs(z0-z1));
axis([-3,3,-2,2,0,0.15]);
figure;
surf(x1,y1,abs(z0-z2));
axis([-3,3,-2,2,0,0.15]);
```

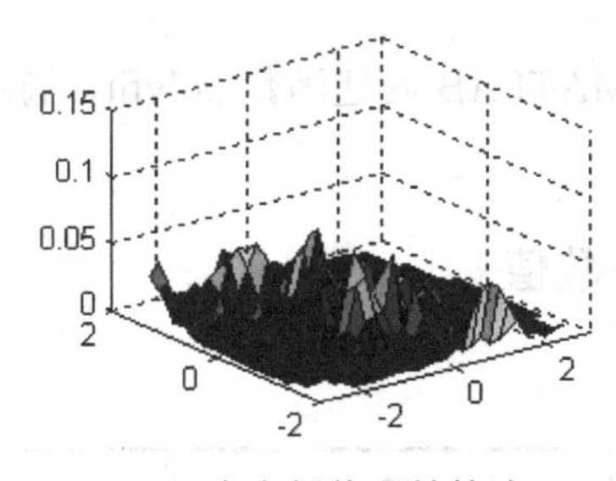

（a）立方插值误差算法

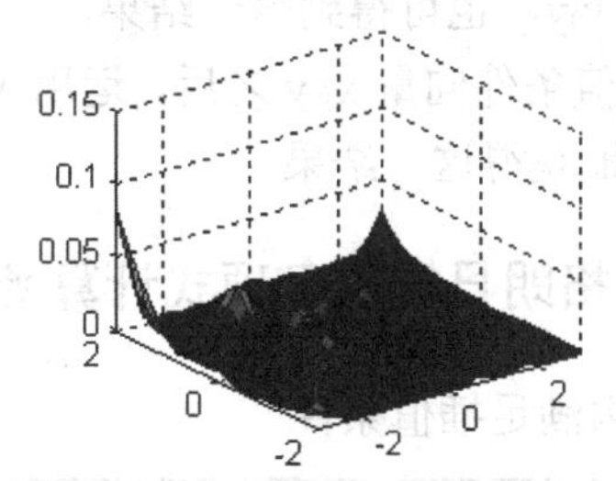

（b）'v4'插值误差算法

图 4-7　二维函数各种插值误差比较

在已知数据中，用较简单的插值函数 $\phi(x)$ 通过所有样本点，并对临近数据进行估值计算称为插值。

插值函数 $\phi(x)$ 必须通过所有样本点。然而在有些情况下，样本点的取得本身就包含着实验中的测量误差，这一要求无疑是保留了这些测量误差的影响，满足这一要求虽然使样本点处“误差”为零，但会使非样本点处的误差变得过大，很不合理。为此，提出了另一种函数逼近方法——数据拟合法，它不要求构造的近似函数 $\phi(x)$ 全部通过样本点，而是“很好逼近”它们。

插值与拟合在生产和科学实验中都有着广泛的应用。MATLAB 提供了进行插值与拟合运算的函数，可以方便地进行插值与拟合运算。

4.1.3 拉格朗日插值多项式的存在性

【例 4-4】利用求解线性方程组的方法，给出适合插值条件

x_i	−2	1	2	5
y_i	−7	7	−4	35

的三次插值多项式。

在 MATLAB 命令窗口中输入以下代码：

```
>> format rat   %设置数据为有理数类型
x=[-1,1,2,5]';
y=[-7,7,-4,35]';
A=[x.^3,x.^2,x.^1,x.^0];
[A\y]'
```

可以得到 ans = [2 −10 5 10]。这表明，满足上述插值条件的拉格朗日插值多项式为：

$$L_3(x) = 2x^3 - 10x^2 + 5x + 10$$

在输入了插值条件列向量 x,y 之后，调用函数 v=vander(x)，可得到相应的范德矩阵：

```
v =
      -1       1      -1       1
       1       1       1       1
       8       4       2       1
     125      25       5       1
```

再输入命令 v\y，也可得到这一结果。

在输入了插值条件向量 x, y 之后，运用 MATLAB 内建函数 polyfit，输入命令 polyfit(x, y, 3)也可很方便地获得这一结果。

4.1.4 利用拉格朗日插值多项式计算函数值

【例 4-5】求满足插值条件

x_i	100	121	144
y_i	10	11	12

的拉格朗日插值多项式在 x=115 处的值，其步骤如下：

（1）利用 MATLAB 函数 polyfit,polyval 可给出拉格朗日插值多项式，并计算该多项式在某点的函数值。解决上述实验问题，只需在命令窗口依次输入以下命令：

```
>> clear all;
x=[100 121 144];
y=[10 11 12];
polyval(polyfit(x,y,2),115)
```

运行程序，输出结果为：

```
ans =
      6691/624
```

（2）利用拉格朗日插值多项式的基函数表示形式：

$$L(z)=\sum_{i=1}^{n}\left(\prod_{\substack{j=1\\ j\neq i}}^{n}\frac{z-x_j}{x_i-x_j}\right)y_i$$

编程计算，其算法如下：

① 将插值节点存入向量 x，其对应的函数值存入向量 y。

② 测出 x 所含节点个数 n。

③ 输入 z。

④ $L\leftarrow 0$。

⑤ 对于 $i=1,2,\cdots,n$，做以下操作。

- ❑ $t\leftarrow 1$。
- ❑ 对于 $j=1,2,\cdots,n$，若 $i\neq j$，则 $t\leftarrow t(z-x_j)/(x_i-x_j)$。
- ❑ $L\leftarrow L+ty_i$。

⑥ 输出 L。

其实现的程序代码如下：

```
>> clear all;
x=[100 121 144];
y=[10 11 12];
n=length(x);
z=input('请输入欲求其函数值的节点 z=');
L=0;
for i=1:n
    t=1;
    for j=1:n
        if j~=i
            t=t*(z-x(j))/(x(i)-x(j));     %计算拉格朗日插值基函数
        end
    end
    L=L+t*y(i);                          %计算拉格朗日插值多项式
```

```
end
fprintf('函数值 L(%8.4f)=%10.6f\n',z,L)
```

运行程序为：

```
请输入欲求其函数值的节点 z=115
```

输入结果为：

```
函数值 L(115.0000)= 10.722756
```

4.1.5 差商表构造

【例 4-6】 对于插值条件

x_i	0.40	0.55	0.65	0.80	0.90	1.05
y_i	0.41075	0.57815	0.69675	0.88811	1.02652	1.25382

编程构造差商表，其编程思路如下：

（1）将插值节点存入向量 x，其对应的函数值存入向量 y。

（2）$n \leftarrow \text{length}(x)$。

（3）newton $\leftarrow [x', y']$。

（4）对于 $j = 1,2,\cdots,n$，做以下操作。

① 对于 $i = n, n-1, \cdots, 2, 1$，若 $i \geqslant j$，则 $y_i \leftarrow (y_i - y_{i-1})/(x_i - x_{i-j-1})$；否则 $y_i \leftarrow 0$。

② newton $\leftarrow$ [newton, y']。

（5）显示牛顿差商表 newton 。

需要说明的是，差商表上三角部分的 0 仅表示空格，不具有任何实际意义。向量 y 中最后存放的实际上是 0 阶，1 阶，…，n-1 阶差商。

其实现的程序代码如下：

```
>> clear all;
x=[0.4,0.55,0.66,0.80,0.90,1.05]; %插值节点
%插值节点处的函数值
y=[0.41075,0.57815,0.69675,0.88811,1.02652,1.25382];
n=length(x);                    %测 x 所含节点个数
newton=[x',y'];                 %给出牛顿差商表的前两列
for j=2:n                       %计算第 j-1 阶差商
    for i=n:-1:1
        if i>=j
            y(i)=(y(i)-y(i-1))/(x(i)-x(i-j+1));
        else
            y(i)=0;             %0 不具有实际意义，仅表示空格
        end
    end
    newton=[newton,y'];  %将 j-1 阶差商存入牛顿差商表的第 j+1 列
end
disp('下三角状的牛顿差商表如下:')
disp(newton)
```

运行程序，输出结果及下三角状的牛顿差商表如下：

```
0.4000    0.4108         0         0         0         0         0
0.5500    0.5782    1.1160         0         0         0         0
0.6600    0.6967    1.0782   -0.1455         0         0         0
0.8000    0.8881    1.3669    1.1547    3.2504         0         0
0.9000    1.0265    1.3841    0.0718   -3.0939  -12.6885         0
1.0500    1.2538    1.5153    0.5249    1.1618    8.5113   32.6151
```

4.1.6　利用牛顿插值多项式计算函数值

【例 4-7】已知函数 $f(x)$ 的部分函数值：

x_i	0.40	0.55	0.65	0.80	0.90	1.05
y_i	0.41075	0.57815	0.69675	0.88811	1.02652	1.25382

利用牛顿插值多项式，计算 $f(0.596)$ 的近似值估计其误差。其编程思路如下：

（1）将插值节点存入向量 x，其对应的函数值存入向量 $y, z \leftarrow 0.596$。

（2）将 1 阶，2 阶，…，n-1 阶差商依次存入 y 中的 $y_2, y_3, \cdots, y_n$，其算法如下。对于 $j = 2,3,\cdots,n, i = n, n-1,\cdots, j$，做 $y_i \leftarrow (y_i - y_{i-1})/(x_i - x_{i-j+1})$。

（3）用 u 表示牛顿插值多项式在 z 处的值，u 的计算采用秦九韶算法：

① $u \leftarrow y_n$。

② 对于 $i = n-1,\cdots,2,1$，做 $u \leftarrow y_i + u(z - x_i)$。

（4）用 r 表示误差，r 计算的算法如下。

① $r \leftarrow y_n$。

② 对于 $i = 2,3,\cdots,n$，做 $r \leftarrow r(z - x_i)$。

（5）输出 $u, |r|$。

其 MATLAB 程序代码如下：

```
>> clear all;
x=[0.4,0.55,0.66,0.80,0.90,1.05]; %插值节点
%插值节点处的函数值
y=[0.41075,0.57815,0.69675,0.88811,1.02652,1.25382];
n=length(x);                                    %测 x 所含节点个数
z=0.596;                                        %给出需求其函数值的点
n=length(x);
for j=2:1:n
    for i=n:-1:j
        y(i)=(y(i)-y(i-1))/(x(i)-x(i-j+1));     %计算差商
    end
end
u=y(n);
for i=n-1:-1:1
    u=y(i)+u*(z-x(i));                          %计算牛顿插值多项式的值
end
r=y(n);
for i=1:n
```

```
    r=r*(z-x(i));   %误差估计
end
fprintf('f(%8.5f)=%8.5f\n',z,u);
fprintf('截断误差 R(%8.5f)=%15.14f\n',z,abs(r));
```

运行程序，输出结果为：

```
f( 0.59600)= 0.62364
截断误差 R( 0.59600)=0.00052987326294
```

4.1.7 龙格现象

【例 4-8】对于被插函数 $y=\dfrac{1}{1+x^2}(-5\leqslant x\leqslant 5)$ 以及插值节点 $x_i=-5+i(i=0,1,\cdots,10)$：

（1）作出 $y=\dfrac{1}{1+x^2}$ 与 $y=L_{10}(x)$ 在 $[-5,5]$ 上的图像，观察龙格现象。

（2）如果被插函数为 $y=e^{-|x|}$ 或 $y=\sin x$，试利用图像来说明龙格现象是否会发生。

其编程思路如下：

（1）为被插函数创建函数文件 f.m，其代码如下：

```
function y=li4_8(x)
y=1./(1+x.^2);
```

（2）为使程序具有一般性，用实型变量 a,b 分别表示插值区间的左右端点，这里，$a=-5$，$b=5$。用正整数变量 n 表示区间 $[a,b]$ 的等分数，这里 $n=10$，而插值节点 $x_i=a+(b-a)i/n\ (i=0,1,\cdots,n)$。

（3）计算 $y=L_n(x)$ 在 $x_i=a+(b-a)i/(4n)\ (i=0,1,\cdots,4n)$ 处的函数值。

（4）分别用蓝色和粉红色线作函数 $y=\dfrac{1}{1+x^2}$ 和 $y=L_n(x)$ 的图像。

其实现的程序代码如下：

```
>> close all;clear all;
a=input('请输入插值区间的左端点 a=');
b=input('请输入插值区间的右端点 b=');
n=input('请输入插值区间的等分数 n=');
x=a:(b-a)/n:b;          %给出插值条件
y=f(x);
z=a:(b-a)/(4*n):b;      %给出需计算其插值多项式值的节点
m=length(z);
for k=1:m               %计算插值多项式的值
    L(k)=0;
    for i=1:n+1
        t=1;
        for j=1:n+1
            if j~=i
                t=t*(z(k)-x(j))/(x(i)-x(j));
            end
        end
        L(k)=L(k)+t*y(i);
```

```
    end
end
plot(x,y,'b');              %用蓝色线作被插函数的图像
hold on
plot(z,L,'m');              %用粉红色线作拉格朗日插值多项式图
title('龙格现象演示'); %给图形窗口加标题
hold off
```

运行程序，输出结果为：

```
请输入插值区间的左端点 a=-5
请输入插值区间的右端点 b=5
请输入插值区间的等分数 n=10
```

其效果图如图4-8所示。

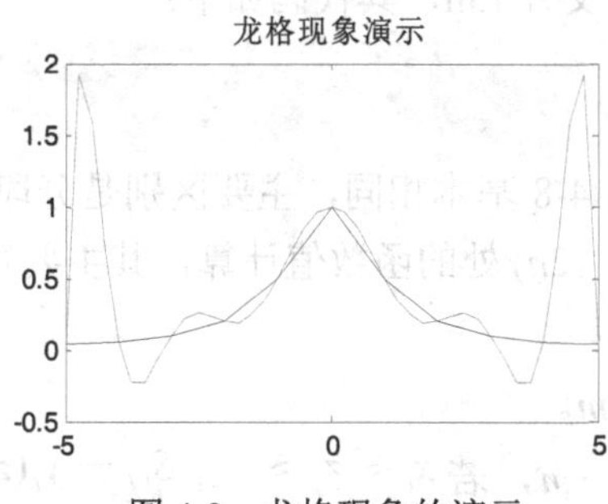

图4-8 龙格现象的演示

只需将函数文件f.m的内容分别修改为：

```
function y=f(x)
y=exp(-abs(x));
```

或

```
function y=f(x)
y=sin(x);
```

输入内容仍为$a=-5,b=5,n=10$，可得到图4-9所示的图像。观察图像可发现，对于被插函数$y=e^{-|x|}$，仍有龙格现象出现。而对于被插值函数$y=\sin x$，没有龙格现象发生。

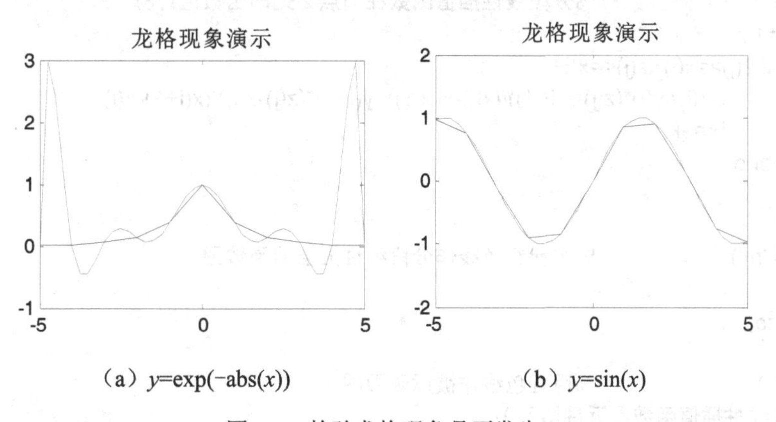

（a）y=exp(−abs(x))　　（b）y=sin(x)

图4-9 检验龙格现象是否发生

4.1.8 分段线性插值的逼近法

【例 4-9】对于被插函数 $y=\dfrac{1}{1+x^2}$ $(-5\leqslant x\leqslant 5)$ 以及插值节点 $x_i=-5+\dfrac{10i}{n}$ $(i=1,2,\cdots,n)$：

（1）对用户输入插值区间的等分数 n 之后，作出被插函数 $y=\dfrac{1}{1+x^2}$ 与其分段线性插值函数 $y=S_1(x)$ 的图像。

（2）当 n 增大时，是否会发生龙格现象。

（3）观察 $n=2, 4, 8, 16, 32$ 时的图像，可以得出怎样的结论。

其编程思路如下：

（1）为被插函数创建函数文件 f.m，其代码如下：

```
function y=f(x)
y=1./(1+x.^2);
```

（2）程序的主要结构与例 4-8 基本相同，主要区别是分段线性插值函数 $y=S_1(x)$ 在节点 $x_i=a+(b-a)i/(2n)(i=0,1,\cdots,2n)$ 处的函数值计算，其主要算法如下：

① 取 $z=a:(b-a)/(2n):b$ 。

② 测向量 z 的长度并赋给 m。

③ 对于 j=1,2,…,m,i=1,2,…,n，若 $x_i\leqslant z_j\leqslant x_{i+1}, S_{1j}\leftarrow y_i(z_j-x_{i+1})/(x_i-x_{i+1})+y_{i+1}(z_j-x_i)/(x_{i+1}-x_i)$，break。

其实现的程序代码如下：

```
>> close all;clear all;
a=input('请输入插值区间的左端点 a=');
b=input('请输入插值区间的右端点 b=');
n=input('请输入插值区间的等分数 n=');
x=a:(b-a)/n:b;                  %给出插值条件
y=f(x);                         %插值节点处的函数值
z=a:(b-a)/(4*n):b;              %给出需计算其插值多项式值的节点
m=length(z);
for j=1:m                       %分段线性插值函数在节点 z 处的函数值计算
    for i=1:n
        if z(j)>=x(i)&z(j)<=x(i+1)
            S1(j)=y(i)*(z(j)-x(i+1))/(x(i)-x(i+1))+y(i+1)*(z(j)-x(i))/(x(i+1)-x(i));
            break;
        end
    end
end
plot(z,S1,'m')                  %用粉红色线作分段线性插值的函数图像
hold on;
u=a:0.01:b;
v=f(u);
plot(u,v,'r');                  %用红色线作被插函数图像
title('分段线性插值函数逼近性演示');
hold off
```

运行程序，输入结果为：

```
请输入插值区间的左端点 a=-5
请输入插值区间的右端点 b=5
请输入插值区间的等分数 n=10
```

运行程序输出效果图如图 4-10 所示。

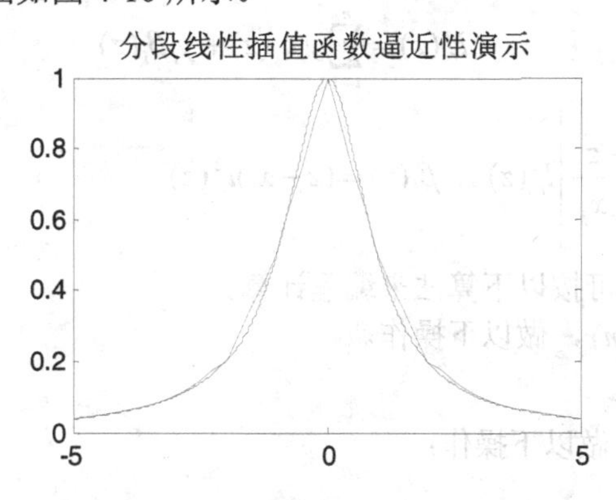

图 4-10　分段线性插值函数逼近性演示

反复运行该程序，可以发现：当 n 增大时，龙格现象不会发生；当 n=2, 4, 8, 16, 32 时，分段线性插值函数的图像逐渐逼近被插函数的图像。

4.1.9　拉格朗日插值多项式与埃尔米特插值多项式的比较

【例 4-10】给定函数 $f(x)=\dfrac{1}{1+x^2}$，节点 $x_i=-5+i(i=0,1,\cdots,10)$ 以及插值条件：

$$H(x_i)=f(x_i)，\quad H'(x_i)=f'(x_i)\ i(i=0,1,\cdots,10)$$

（1）作出被插函数 $y=f(x)$，10 次拉格朗日插值多项式 $y=L(x)$，21 次的埃尔米特插值多项式 $y=H(x)$ 的图像。

（2）观察图像，你认为结论“在插值区间的某些点处，21 次埃尔米特插值多项式 $H(x)$ 比 10 次拉格朗日插值多项式 $L(x)$ 的龙格现象更加显著”是否正确。

其编程思路如下：

（1）将插值节点存入向量 x，将其对应的函数值、导数值分别存入向量 y、$ybar$，n=length(x)。

（2）给出需计算拉格朗日多项式、埃尔米特插值多项式的节点 $z=-5:0.01:5$，m=length(z)。

（3）对于 $k=1,2,\cdots,m$，计算拉格朗日插值多项式的值 $L(z_k)$，埃尔米特插值多项式的值 $H(z_k)$。

（4）作被插函数拉格朗日插值多项式、埃尔米特插值多项式的图像。

下面对 $L(z_k)$、$H(z_k)$ 计算的原理与编程思路作简要说明。

数值分析中给出了拉格朗日插值多项式与埃尔米特插值多项式的计算公式：

$$L(z)=\sum_{i=1}^{n}y_i l_i(z)$$

其中，$l_i(z)=\prod_{\substack{j=1\\j\neq 1}}^{n}\frac{z-x_j}{x_i-x_j}$。

$$H(z)=\sum_{i=1}^{n}y_i a_i(z)+y_i'\beta_i(z)$$

其中，$a_i(z)=\left[1+2\sum_{\substack{j=1\\j\neq 1}}^{n}\frac{x_i-z}{x_i-x_j}\right]l_i^2(z)$，$\beta_i(z)=(z-x_i)l_i^2(z)$。

对这两个计算公式，可按以下算法来编程计算。

对于 $z_k=(k=1,2,\cdots,m)$，做以下操作。

① $L_k\leftarrow 0$，$H_k\leftarrow 0$。

② 对于 $i=1,2,\cdots,n$，做以下操作：

❑ $t\leftarrow 1$，$s\leftarrow 1$。

❑ 对于 $j=1,2,\cdots,n$，若 $j\neq i$，则 $t\leftarrow t(z_k-x_j)/(x_i-x_j)$，$s\leftarrow s+2(x_i-z_k)/(x_i-x_j)$。

❑ $L_k\leftarrow L_k+y_i t$，$H_k\leftarrow H_k+y_i st^2+y_i'(z_k-x_i)t^2$。

其实现的 MATLAB 程序代码如下：

```
>> close all;clear all;
%给出插值条件
x=-5:1:5;
y=1./(1+x.^2);
ybar=-2*x./(1+x.^2).^2;
n=length(x);
%计算拉格朗日插值多项式、埃尔米特插值多项式在点 z=-5:0.01:5 的值
z=-5:0.01:5;
m=length(z);
for k=1:m
    L(k)=0;   %拉格朗日插值多项式的初值
    H(k)=0;   %给埃尔米特插值多项式赋初值
    for i=1:n
        t=1; %拉格朗日插值基函数的初值
        s=1; %给埃尔米特插值基函数 alpha 中的和式赋初值
        for j=1:n
            if j~=i
                t=t*(z(k)-x(j))/(x(i)-x(j));
                s=s+2*(x(i)-z(k))/(x(i)-x(j));
            end
        end
        L(k)=L(k)+y(i)*t;
        H(k)=H(k)+y(i)*s*t^2+ybar(i)*(z(k)-x(i))*t^2;
    end
end
u=-5:0.01:5;
```

```
v=1./(1+u.^2);
plot(u,v,'b');      %用蓝色线作被插值函数图像
hold on;
plot(z,L,'m');      %用粉红色线作拉格朗日插值多项式图像
plot(z,H,'r');      %用红色线作埃尔米特插值多项式图像
hold off;
```

程序运行后的图像如图 4-11 所示。从图中可发现，埃尔米特插值多项式在 0 的附近与被插函数吻合得较好，而在−5,5 附近会出现更为显著的龙格现象。这表明，次数更高的埃尔米特插值多项式并不能更好地改进对被插函数的逼近性，反而使逼近的整体效果更差。

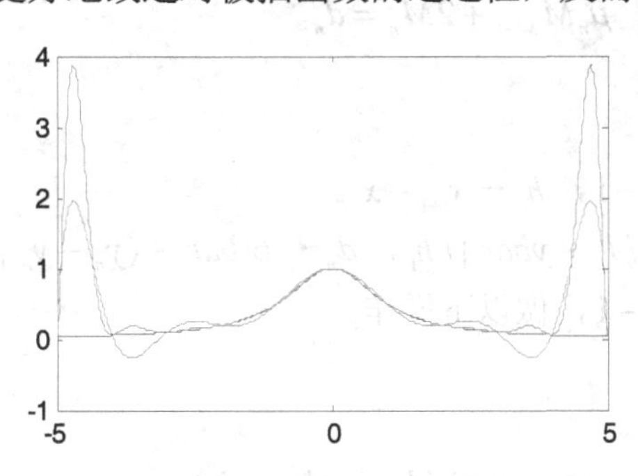

图 4-11 拉格朗日插值多项式与埃尔米特插值多项式的比较

4.1.10 拉格朗日插值多项式与三次样本插值函数的比较

【例 4-11】给定函数 $f(x)=\dfrac{1}{1+x^2}$，节点 $x_i=-5+i(i=0,1,\cdots,10)$ 以及插值条件：

$$L(x_i)=f(x_i)\quad(i=0,1,\cdots,10)$$
$$S(x_i)=f(x_i)\quad(i=0,1,\cdots,10)$$
$$S'(-5)=f'(-5)\quad S'(5)=f'(5)$$

（1）计算 $x_i=-5+0.5i(i=0,1,\cdots,20)$ 处的拉格朗日插值多项式 $L(x)$、三次样条插值函数 $S(x)$ 的值，并对计算结果进行比较。

（2）作被插函数 $y=f(x)$、拉格朗日插值多项式 $y=L(x)$、三次样条插值函数 $y=S(x)$ 的图像。观察图像，你认为“三次样条插值函数 $S(x)$ 比拉格朗日插值多项式 $L(x)$ 能更好地逼近被插函数 $f(x)$”这一结论是否正确。

其编程思路如下：

（1）将插值节点存入向量 *x*，其对应的函数值存入向量 *y*，*n*=length(*x*)。将两个端点导数值存入向量 *ybar*。取 $z=-5:0.01:5$，*m*=length(*z*)。

（2）计算 $L(x)$ 在 *z* 处的函数值。

（3）计算 $S(x)$ 在 *z* 处的函数值。

（4）输出节点、被插函数值、三次样条插值函数值以及拉格朗日插值多项式的值。

（5）作被插函数拉格朗日插值多项式、三次样条插值函数的图像。

数值分析教材中给出的第一边界条件下三次样条插值函数计算公式如下：

$$S(z)=M_i\frac{(x_{i+1}-z)^3}{6h_i}+M_{i+1}\frac{(z-x_i)^3}{6h_i}+\left(y_i-\frac{M_ih_i^2}{6}\right)\frac{x_{i+1}-z}{h_i}+$$
$$\left(y_{i+1}-\frac{M_{i+1}h_i^2}{6}\right)\frac{z-x_i}{h_i}(i=1,2,\cdots,n-1)$$

其中，矩 $M_1,M_2,\cdots,M_n$ 满足以下三弯矩方程：

$$\mu_iM_{i-1}+2M_i+\lambda_iM_{i+1}=d_i(i=1,2,\cdots,n-1)$$
$$2M_1+\lambda_1M_2=d_1$$
$$\mu_nM_{M-1}+2M_n=d_n$$

其计算的算法如下：

（1）$\lambda_1\leftarrow1$，$\mu_n\leftarrow1$。

（2）对于 $i=1,2,\cdots,n-1$，$h_i\leftarrow x_{i+1}-x_i$。

（3）$d_1\leftarrow6[(y_2-y_1)/h_1-ybar_1]/h_1$，$d_n\leftarrow6(bar_2-(y_n-y_{n-1})/h_{n-1})/h_{n-1}$。

（4）对于 $i=1,2,\cdots,n-1$，做以下操作。

① $\lambda_i\leftarrow h_i/(h_{i-1}+h_i)$。

② $\mu_i\leftarrow h_{i-1}/(h_{i-1}+h_i)$。

③ $d_i\leftarrow6[(y_{i+1}-y_i)/h_i-(y_i-y_{i-1})/h_{i-1}]/(h_{i-1}+h_i)$。

（5）用追赶法求解三弯矩方程，计算矩 $M_1,M_2,\cdots,M_n$。

（6）对于 $i=1,2,\cdots,n-1$，若 $x_i\leqslant z_k\leqslant x_{i+1}$，则：

$$S_h\leftarrow M_i(x_{i+1}-z_k)^3/(6h_i)+M_{i+1}(z_k-x_i)^3(6h_i)+(y_i-M_ih_i^2/6)(x_{i+1}-z_k)/$$
$$h_i+(y_{i+1}-M_{i+1}h_i^2/6)(z_k-x_i)/h_i$$

break

其实现的 MATLAB 程序代码如下：

```
>> close all;clear all;
%给出插值条件
x=-5:1:5;
y=1./(1+x.^2);
n=length(x);
ybar=[10/(26)^2,-10/(26)^2];
%给出需计算函数数值的节点
z=-5:0.5:5;
m=length(z);
%计算 L(x)在 z 处的函数值
for k=1:m
    L(k)=0;
    for i=1:n
        t=1;
        for j=1:n
            if j~=i
                t=t*(z(k)-x(j))/(x(i)-x(j));
            end
        end
```

```
        L(k)=L(k)+y(i)*t;
    end
end
%计算 S(x)在 z 处的函数值
%计算三弯矩方程的系数
lmd(1)=1;
mu(n)=1;
for i=1:n-1
    h(i)=x(i+1)-x(i);
end
d(1)=6*((y(2)-y(1))/h(1)-ybar(1))/h(1);
d(n)=6*(ybar(2)-(y(n)-y(n-1))/h(n-1))/h(n-1);
for i=2:n-1
    lmd(i)=h(i)/(h(i-1)+h(i));
    mu(i)=h(i-1)/(h(i-1)+h(i));
    d(i)=6*((y(i+1)-y(i))/h(i)-(y(i)-y(i-1))/h(i-1))/(h(i-1)+h(i));
end
%追赶法解三弯矩方程，求矩 M
bata(1)=lmd(1)/2;
for i=2:n-1
    bata(i)=lmd(i)/(2-mu(i)*bata(i-1));
end
u(1)=d(1)/2;
for i=2:n
    u(i)=(d(i)-mu(i)*u(i-1))/(2-mu(i)*bata(i-1));
end
M(n)=u(n);
for i=n-1:-1:1
    M(i)=u(i)-bata(i)*M(i+1);
end
%计算三次样条插值函数的值
for k=1:m
    for i=1:n-1
        if z(k)>=x(i) & z(k)<=x(i+1)

        S(k)=M(i)*(x(i+1)-z(k))^3/(6*h(i))+M(i+1)*(z(k)-x(i))^3/(6*h(i))+(y(i)-M(i)*h(i)^2/6)*(x(i+1)-
        z(k))/h(i)+(y(i+1)-M(i+1)*h(i)^2/6)*(z(k)-x(i))/h(i);
            break
        end
    end
end
%计算 f(x)在 z 处的函数值
F=1./(1+z.^2);
%输出节点、函数值、样条值以及拉氏插值
disp('节点   函数值    样条值     拉氏插值');
disp([z',F',S',L']);
%作图
plot(z,F,'b');  %用蓝色线作被插函数图像
hold on;
```

```
plot(z,L,'k');   %用黑色线作拉格朗日插值多项式图像
plot(z,S,'r');   %用红色线作三次样本插值函数图像
hold off
```

运行程序，可得到图 4-12 及以下输出值。由于被插函数是偶函数，这里仅给出了 z 取负值时所对应的函数值。

```
     节点      函数值     样条值     拉氏插值
  -5.0000    0.0385    0.0385    0.0385
  -4.5000    0.0471    0.0472    1.5787
  -4.0000    0.0588    0.0588    0.0588
  -3.5000    0.0755    0.0748   -0.2262
  -3.0000    0.1000    0.1000    0.1000
  -2.5000    0.1379    0.1400    0.2538
  -2.0000    0.2000    0.2000    0.2000
  -1.5000    0.3077    0.2974    0.2353
  -1.0000    0.5000    0.5000    0.5000
  -0.5000    0.8000    0.8205    0.8434
        0    1.0000    1.0000    1.0000
   0.5000    0.8000    0.8205    0.8434
   1.0000    0.5000    0.5000    0.5000
   1.5000    0.3077    0.2974    0.2353
   2.0000    0.2000    0.2000    0.2000
   2.5000    0.1379    0.1400    0.2538
   3.0000    0.1000    0.1000    0.1000
   3.5000    0.0755    0.0748   -0.2262
   4.0000    0.0588    0.0588    0.0588
   4.5000    0.0471    0.0472    1.5787
   5.0000    0.0385    0.0385    0.0385
```

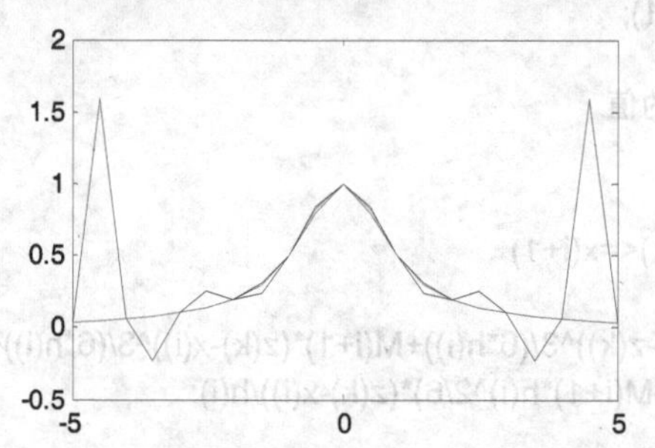

图 4-12　拉格朗日插值多项式与三次样条插值函数的比较

4.2　拟　合　法

本节所讲的曲线拟合主要以多项式拟合为主。

4.2.1　多项式拟合

一般多项式拟合的目标是找出一组多项式系数 $a_i\ (i=1,2,\cdots,n+1)$，使得多项式：

$$\psi(x)=a_1x^n+a_2x^{n-1}+\cdots+a_nx+a_{n+1}$$

能够较好地拟合原始数据。多项式拟合并不能保证每个样本点都在拟合的曲线上，但能使整体的拟合误差较小。多项式拟合可以通过 MATLAB 提供的 polyfit()函数实现。该函数的调用格式为：

p=polyfit(x, y, n)

其中，x 和 y 为原始的样本点构成的向量，n 为选定的多项式的阶次，得出的 p 为多项式系数按降幂排列得出的行向量，可以用符号运算工具箱中的 poly2sym()函数将其转换成真正的多项式形式，也可以使用 polyval()函数求取多项式的值。下面将通过例子演示多项式拟合函数的使用方法和优缺点。

【例 4-12】已知数据点来自函数 $f(x)=(x^2+3x+5)e^{-5x}\sin x$，试观察多项式拟合的效果。

其实现的 MATLAB 程序代码如下：

```
>> clear all;
x0=-1+2*[0:10]/10;
y0=1./(1+25*x0.^2);
x=-1:0.01:1;
ya=1./(1+25*x.^2);
p3=polyfit(x0,y0,3);y1=polyval(p3,x);
p5=polyfit(x0,y0,5);y2=polyval(p5,x);
p8=polyfit(x0,y0,8);y3=polyval(p8,x);
p10=polyfit(x0,y0,10);y4=polyval(p10,x);
plot(x,ya,x,y1,x,y2,'-.',x,y3,'--',x,y4,':');
```

运行程序效果如图 4-13 所示。

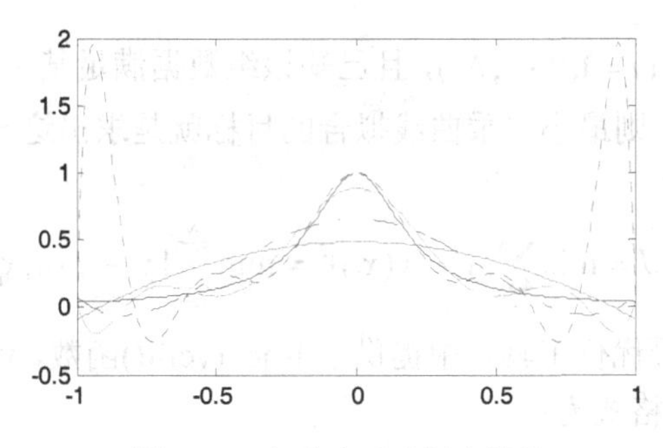

图 4-13　各阶多项式拟合效果

【例 4-13】已知在某实验中测得某质点的位移和速度随时间的变化如下，求质点的速度与位移随时间的变化曲线以及位移随速度的变化曲线：

```
t=[0 0.5 1.0 1.5 2.0 2.5 3.0]
v=[0 0.4794 0.8415 0.9975 0.9093 0.5985 0.1411]
s=[1 1.5 2 2.5 3 3.5 4]
```

其实现的 MATLAB 程序代码如下：

```
>> clear all;
t=[0 0.5 1.0 1.5 2.0 2.5 3.0];
```

```
v=[0 0.4794 0.8415 0.9975 0.9093 0.5985 0.1411];
s=[1 1.5 2 2.5 3 3.5 4];
p1=polyfit(t,s,8);
p2=polyfit(t,v,8);
tt=0:0.1:3;
s1=polyval(p1,tt);
v1=polyval(p2,tt);
plot(tt,s1,'r-',tt,v1,'b',t,s,'p',t,v,'d');
xlabel('t');ylabel('x(t),y(t)');
legend('位移曲线','速度曲线','位移点','速度点');
```

运行程序效果如图 4-14 所示。

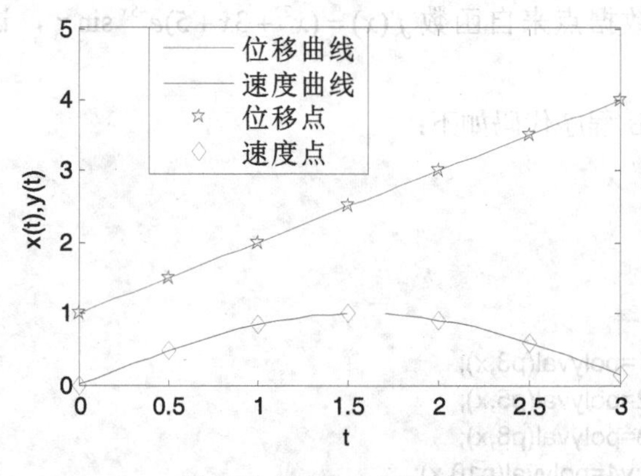

图 4-14　例 4-13 运行结果

4.2.2　非线性最小二乘拟合

假设有一组数据 $x_i, y_i\,(i=1,2,\cdots,N)$，且已知该组数据满足某一函数原型 $\hat{y}(x)=f(a,x)$，其中 a 为待定系数向量，则最小二乘曲线拟合的目标就是求出这一组待定系数的值，使得目标函数：

$$J=\min_a \sum_{i=1}^{N}[y_i-\hat{y}(x_i)]^2=\min_a \sum_{i=1}^{N}[y_i-f(a,x_i)]^2$$

为最小。在 MATLAB 的最优化工具箱中提供了 lsqcurvefit()函数，可以解决最小二乘曲线拟合的问题。该函数的调用格式为：

[a, Jm]=lsqcurvefit(Fun, a0, x, y)

其中，Fun 为原型函数的 MATLAB 表示，可以是 M-函数或 inline()函数。a0 为最优化的初值，x, y 为原始输入输出数据向量，调用该函数则将返回待定系数向量 a 以及在此待定系数下的目标函数的值 Jm。

【例 4-14】体重约 70kg 的某人在短时间内喝下 2 瓶啤酒后，隔一定时间测量他的血液中酒精含量（mg/100ml），得到数据如表 4-1 所示。试用所给数据用函数 $\varphi(t)=at^b e^{ct}$ 进行拟合，求出常数 a, b, c。

表 4-1 一定时间测量的血液中酒精含量

时间 t/h	0.25	0.5	0.75	1	1.5	2	2.5	3	3.5	4	4.5	5
酒精含量 h/mg/100ml	30	68	75	82	82	77	68	68	58	51	50	41
时间 t/h	6	7	8	9	10	11	12	13	14	15	16	
酒精含量 h/mg/100ml	38	35	28	25	18	15	12	10	7	7	4	

分析：由于拟合函数形式已经确定，且不是多项式函数，但若取对数可得$\ln a+b\ln t+ct$，这样对参数$\ln a$，b，c是线性的，因此可考虑先对数据h进行对数变换，再调用 lsqcurvefit()函数进行拟合。

其 MATLAB 代码如下：

```
>> clear all;close all;
t=[0.25    0.5   0.75 1 1.5 2 2.5 3 3.5 4 4.5 5 6 7 8 9 10 11 12 13 14 15 16];
h=[30 68 75      82 82 77 68      68     58     51     50     41 38 35 28      25 18 15 12      10 7 7 4]; %输入数据
h1=log(h);                                                   %对数变换
f=inline('a(1)+a(2).*log(t)+a(3).*t','a','t');               %建立内联函数
[x,r]=lsqcurvefit(f,[1,0.5,-0.5],t,h1)                        %求参数 lna,b,c 的拟合值
```

运行程序，输出结果为：

```
Optimization terminated: first-order optimality less than OPTIONS.TolFun,
 and no negative/zero curvature detected in trust region model.
x =
    4.4834     0.4709    -0.2663                         %即 lna= 4.4834,b=0.4709,c=-0.2663
r =
    0.4097                                              %误差平方和
>> plot(t,h,'*');                                        %绘散点图（如图 4-15 所示）
hold on;
ezplot('exp(4.4834+0.4709*log(t)+-0.2663*t)',[0.2 16])  %绘拟合函数图（如图 4-15 所示）
grid on;
```

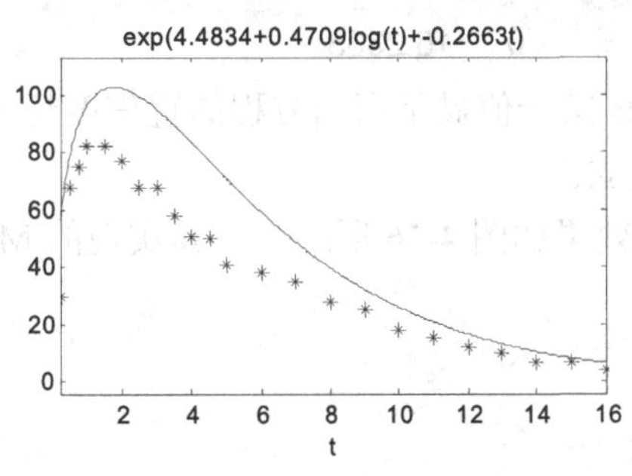

图 4-15 例 4-14 显示效果

说明：计算结果得拟合函数为$\ln\varphi(t)=4.4834+0.4709\ln t-0.2663t$，即$a=e^{4.4834}$，$b=0.4709$，$c=-0.2663$。

4.3 回归分析法

4.3.1 线性回归分析

理论上，最小二乘法总能找到符合经验公式的最优曲线，但这一经验分布式是否有效，还需要用回归分析方法进行检验。

MATLAB 提供了 regress 函数进行线性回归分析检验，rcoplot 函数绘制残差图。它们对应的调用格式如下：

[b,bint,r,rint,stats] = regress(y,x)：多元线性回归。

其中，y 为因变量观测值数据 $n\times1$ 向量；x 为自变量观测值数据 $n\times p$ 矩阵；b 为参数估计值；stats 为 1×3 检验统计量，第一值是回归方程的置信度，第二值是 F 统计量值，第三值是与 F 统计量相应的 p 值，p 很小说明回归方程系数不为 0。

rcoplot(r, rint)：绘制残差图。

例如：

```
>> load carsmall                         %MATLAB 自带数据
x1 = Weight;
x2 = Horsepower;
y = MPG;
X = [ones(size(x1)) x1 x2 x1.*x2];
[b,bint,r,rint,stats]= regress(y,X);     %对数据进行回归分析
b,stats
```

运行程序，输出结果为：

```
b =
   60.7104
   -0.0102
   -0.1882
    0.0000
stats =
    0.7742   101.7026         0   15.2363
```

可见系数估计基本正确，stats 第一值显示回归方程的置信度超过 70%，第三值为 0，即拒绝“$H_0:b=0$”，回归模型成立。

对以上数据进行绘图（效果如图 4-16 所示），其实现的 MATLAB 代码如下：

```
>> scatter3(x1,x2,y,'filled')
hold on
x1fit = min(x1):100:max(x1);
x2fit = min(x2):10:max(x2);
[X1FIT,X2FIT] = meshgrid(x1fit,x2fit);
YFIT = b(1) + b(2)*X1FIT + b(3)*X2FIT + b(4)*X1FIT.*X2FIT;
mesh(X1FIT,X2FIT,YFIT)
xlabel('Weight')
ylabel('Horsepower')
```

```
zlabel('MPG')
view(50,10)
```

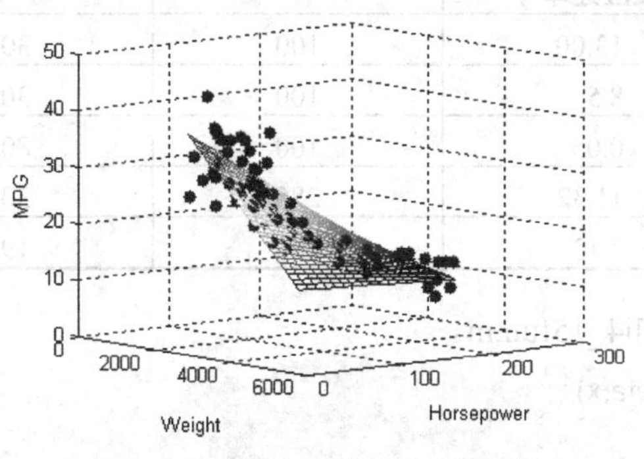

图 4-16　carsmall 数据显示效果图

4.3.2　非线性回归分析

MATLAB 提供了 nlinfit 函数进行非线性回归分析，其调用格式如下：

[beta, R, J]=nlinfit(x, y, 'model', beta0)

其中，x 为因素数据矩阵，每列一个变量；y 为响应数据向量；'model'表示模型的 M 函数名，此 M 函数形式为：

y=f(beta, x)：beta 为参数。

beta0 为参数迭代值。beta 返回参数估计，R 返回残差，J 返回用于估计预测误差的 Jacobi 矩阵。

【例 4-15】（化学反应速率与反应物含量）在研究化学反应过程中，建立了一个反应速率和反应物含量的数学模型，形式为：

$$y=\frac{\beta_1 x_2-\dfrac{x_3}{\beta_5}}{1+\beta_2 x_1+\beta_3 x_2+\beta_4 x_3}$$

其中，$\beta_1,\beta_2,\beta_3,\beta_4,\beta_5$ 为未知的参数，x_1,x_2,x_3 为 3 种反应物的含量，y 是反应速率，今测得一组数据如表 4-2 所示，试由此确定参数 $\beta_1,\beta_2,\beta_3,\beta_4,\beta_5$。已给出其参考值为（1, 0.05, 0.02, 0.1, 2）。

表 4-2　化学反应速率与反应物含量

序　　号	反应速率 y	x_1	x_2	x_3
1	8.55	470	300	10
2	3.79	285	80	10
3	4.82	470	300	120
4	0.02	470	80	120
5	2.75	470	80	10
6	14.39	100	190	10
7	2.54	100	80	65
8	4.35	470	190	65

续表

序　号	反应速率 y	x_1	x_2	x_3
9	13.00	100	300	54
10	8.5	100	300	10
11	0.05	100	80	120
12	11.32	285	300	10
13	3.13	285	190	120

解：先编写 M 文件 li4_15fun.m。

```
function y=li4_15fun(beta,x)
b1=beta(1);
b2=beta(2);
b3=beta(3);
b4=beta(4);
b5=beta(5);
x1=x(:,1);
x2=x(:,2);
x3=x(:,3);
y=(b1*x2-x3/b5)./(1+b2*x1+b3*x2+b4*x3);
```

其实现的 MATLAB 程序代码如下：

```
>> clear all; close all;
x=[470 285 470 470 470 100 100 470 100 100 100 285 285;...
   300 80 300 80 80 190 80 190 300 300 80 300 190;...
   10 10 120 120 10 10 65 65 54 10 120 10 120]';
y=[8.55 3.79 4.82 0.02 2.75 14.39 2.54 4.35 13.00 8.5 0.05 11.32 3.13]';
beta0=[1 0.05 0.02 0.1 2]';
[beta,R,J]=nlinfit(x,y,@li4_15fun,beta0);
beta
beta =
   34.7283
    1.2667
    2.1796
    0.8868
    0.0401
>> betacu=nlparci(beta,R,J)
betacu =
  1.0e+004 *
   -1.7148      1.7217
   -0.0626      0.0628
   -0.1078      0.1082
   -0.0439      0.0441
   -0.0020      0.0020
>> [ypre,delta]=nlpredci(@li4_15fun,x,beta,R,J);
>> plot(x(:,1),y,'o',x(:,1),ypre,'*');
```

由此得出，从第一个变量关系上用回归方程得出的估计值与真值很接近（如图 4-17 所示）。

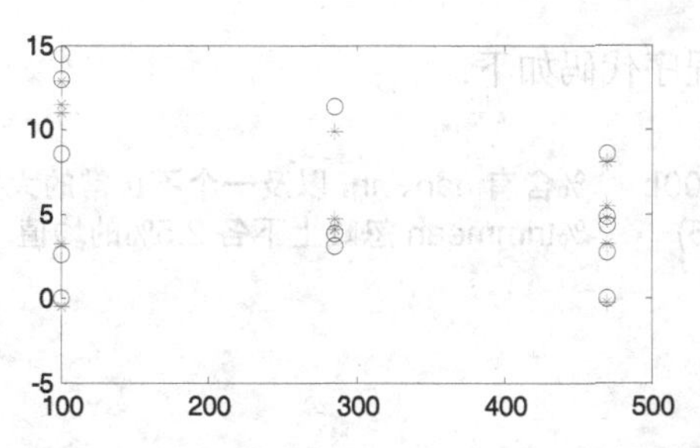

图 4-17　回归方程得出的估计值与真值

4.4　异常数据的处理

若确认列状数据来自同一总体的样本，那么绝大部分数据应在均值的 4 或 5 个标准偏差之内，因一些外在因素往往会有一些“坏数据”（异常大或异常小）混杂其中，这些“坏数据”往往会严重影响统计量的计算结果，从而影响统计推断的正确性，所以应该去除。这些“坏数据”可以个别处理，也可以按一定百分比剔除最大和最小的一部分数据，如上下各剔除 2.5%。坏数据去除后，统计量需重新计算。

在 MATLAB 中提供 trimmean 函数对“坏数据”的剔除，其调用格式为：

m = trimmean(X,percent)：忽略数据上下各 $\frac{\text{percent}}{2}$% 后的均值，$0 \leqslant \text{percent} \leqslant 100$。

设列状态数据为 cdata，可用下列 M 函数 trim.m 去除“坏数据”（默认按 4 个标准偏差）。其 M 文件代码如下：

```
function data=trim(data,outval)
%去除坏数据，包括 NaN、Inf 和异常大小数据
%data：列状数据，每列来自一个总体
%outval：系数因子，离均值超过 outval 倍标准差被判为异常大小，默认值为 4
if nargin<2,
    outval=4;
end
outliers=(isnan(data) | abs(data)==inf);
[n,m]=size(data);
if m>1,
    data(any(outliers'),:)=[];
else
    data(find(outliers'),:)=[];
end
[n,m]=size(data);
mu=mean(data);
sigma=std(data);
outliers=(abs(data-ones(n,1)*mu)>outval*ones(n,1)*sigma);
if m>1,
    data(any(outliers'),:)=[];
else
    data(find(outliers'),:)=[];
end
```

其实现的 MATLAB 程序代码如下：

```
clear all;
c=[nan;ones(100,1);inf;100];      %含有 nan、inf 以及一个不正常的大数 100
>> mean(c),trimmean(c,5)          %trimmean 忽略上下各 2.5%的均值
ans =
       NaN
ans =
        1
>> c=trim(c);
mean(c)                           %坏数据已被清除
ans =
        1
```

4.5 凸轮设计和人口预测

【例 4-16】（万能拉拨机凸轮设计）在万能拉拨机中有一个圆柱形凸轮，其底圆半径 R=300mm，凸轮的上端面不在同一平面上，而要根据从动杆位移变化的需要进行设计制造。

根据设计要求，将底圆周 18 等分，旋转一周，第 i 个分点对应柱高 $y_i(i=0,1,2,\cdots,18)$ 数据如下。为了数控加工，需要计算出圆周任一点的柱高。

i	0 和 18	1	2	3	4	5
y_i	502.8	525.0	514.3	451.0	326.5	188.6
i	6	7	8	9	10	11
y_i	92.2	59.6	65.2	102.7	147.1	191.6
i	12	13	14	15	16	17
y_i	236.0	280.5	324.9	369.4	413.8	458.3

将圆周展开，画出对应的柱高曲线（如图 4-18 所示），其实现的 MATLAB 程序代码如下：

```
>> clear all; close all;
x=linspace(0,2*pi*300,18);
y=[502.8 525.0 514.3 451.0 326.5 188.6 92.2   59.6 65.2 102.7  147.1 191.6...
   236.0 280.5 324.9 369.4 413.8 458.3];
plot(x,y,'o');axis([0 2000 0 550]);
```

可见柱高形成一条 V 形曲线。现在的问题是，怎样给出分点之外的柱高呢？

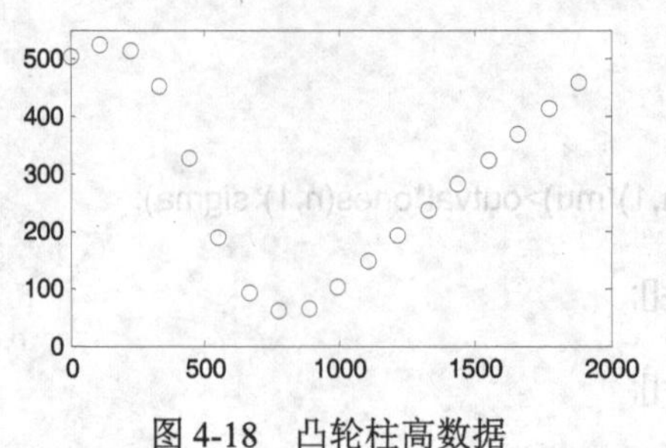

图 4-18　凸轮柱高数据

由于没有拟合经验公式，又要求严格按设计数据要求（而这些数据应认为是足够精确的），所以应该用插值方法。又由于问题是一条封闭曲线，所以考虑使用周期性端点条件样条插值，它具有较好的光滑性。MATLAB 代码如下：

```
>> clear all; close all;
x=linspace(0,2*pi*300,18);
y=[502.8 525.0 514.3 451.0 326.5 188.6 92.2   59.6 65.2 102.7  147.1 191.6...
    236.0 280.5 324.9 369.4 413.8 458.3];
pp=csape(x,y,'periodic');
fnplt(pp);                    %样条插值曲线如图 4-19 所示
axis([0 2000 0 550]);
pp.breaks,pp.coefs            %分段多项式
pp=mkpp(pp.breaks,pp.coefs);
xi=0:2*pi*300;
yi=ppval(pp,xi)               %插值数据结果
```

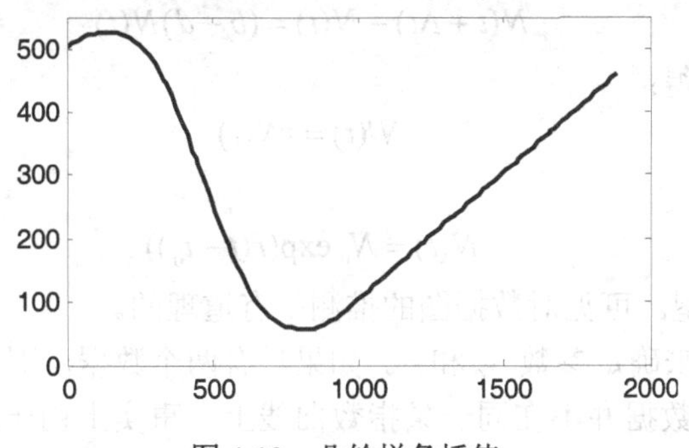

图 4-19　凸轮样条插值

【例 4-17】（人口预测）以下为美国人口两个世纪以来的统计数据，试依此建立美国人口增长的数学模型，并预测 2010、2020 年美国人口。

年	1800	1810	1820	1830	1840	1850	1860
人口（百万）	5.3	7.2	9.6	12.9	17.1	23.2	31.4
年	1870	1880	1890	1900	1910	1920	1930
人口（百万）	38.6	50.2	62.9	76.0	92.0	106.5	123.2
年	1940	1950	1960	1970	1980	1990	2000
人口（百万）	131.7	150.7	179.3	204.0	226.5	251.4	275.0

其实现的 MATLAB 程序代码如下：

```
>> clear all; close all;
t=1800:10:2000;
N=[5.3 7.2 9.6 12.9 17.1 23.2 31.4 38.6 50.2 62.9 76.0 92.0 106.5...
    123.2 131.7 150.7 179.3 204.0 226.5 251.4 275.0];
plot(t,N,'o')
```

运行程序效果如图 4-20 所示。

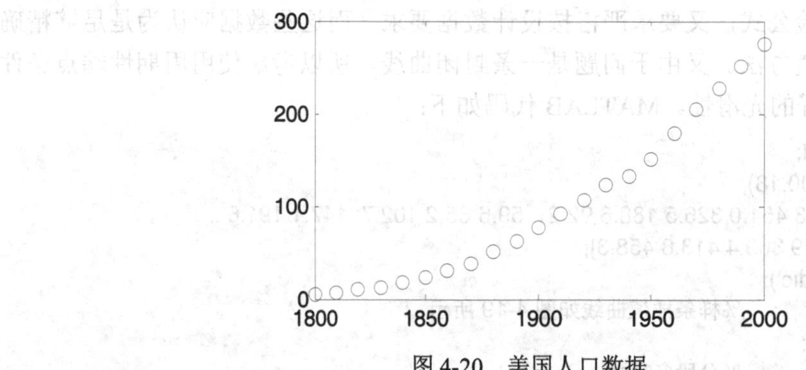

图 4-20 美国人口数据

下面从机理上分析人口问题数学模型。人口的出生率 b 和死亡率 d 可设为常数，第 t 年人口数为 $N(t)$，那么在一个较小的时间段$[t,t+\Delta t]$内新增人口为：

$$N(t+\Delta t)-N(t)=(b-d)N(t)$$

令 $r=b-d$ ，$\Delta t\to 0$ ，得：

$$N'(t)=rN(t)$$

设 $N(t_0)=N_0$ ，那么：

$$N(t)=N_0\exp(r(t-t_0))$$

此为人口学 Malthus 模型。可见对数据图的推测是有道理的。

最后利用历史数据来确定参数 N_0 和 r 。如果只有两个数据，则 N_0 和 r 是唯一的。问题是有很多数据，而这些数据并不在同一条指数曲线上。事实上由于政策、经济、移民和战争等原因，出生率 b 和死亡率 d 并不是常数。所以用其中任何两点都不安全，要兼顾这些数据。于是这里使用最小二乘拟合。由于指数函数 $\exp(t)$当 t 很大时可能会溢出，为了减小数据误差，首先将时间域变换至[0,20]，所用变换为：

$$t=1800+(t-1800)/10$$

这样 0 代表 1800 年，1 代表 1810 年，…20 代表 2000 年，21 代表 2010 年，…，r 表示 10 年增长率。另外，需要确定 N_0 和 r 的初始值。N_0 初始值自然应取 $t=0$ 时的 N 值 5.3。r 的初始值取增长率的平均值：

mean(diff(N)./diff(t)./N(1:20))

为此先编写 M 文件 li4_17fun.m，其中参数 c(1)表示 N_0 ，c(2)表示 r 。

```
function N=li4_17fun(c,t)
N=c(1)*exp(c(2)*t);
```

其实现的 MATLAB 程序代码如下：

```
>> clear all; close all;
t=0:1:20;
N=[5.3 7.2 9.6 12.9 17.1 23.2 31.4 38.6 50.2 62.9 76.0 92.0 106.5...
    123.2 131.7 150.7 179.3 204.0 226.5 251.4 275.0];
plot(t,N,'o');
hold on;
c(1)=5.3;
c(2)=mean(diff(N)./diff(t)./N(1:20))
```

```
e0=sum((N-li4_17fun(c,t)).^2)
tt=[21 22];
NN0=li4_17fun(c,tt)
c=lsqcurvefit(@li4_17fun,c,t,N)
e=sum((N-li4_17fun(c,t)).^2)
NN=li4_17fun(c,tt)
plot(tt,NN,'r*');
tt=0:0.1:22;
NN=li4_17fun(c,tt)
plot(tt,NN,'r');
hold off;
```

优化结果如下表。

	初 始 值	拟 合 结 果
1800 年人口 N_0（百万）	5.3	17.78
10 年增长率 r	0.2221	0.1403
残差平方和	52213	2359
2010 年预测人口（百万）	562	338
2020 年预测人口（百万）	702	389

图 4-21 表明中断拟合效果不错，但两头误差较大。

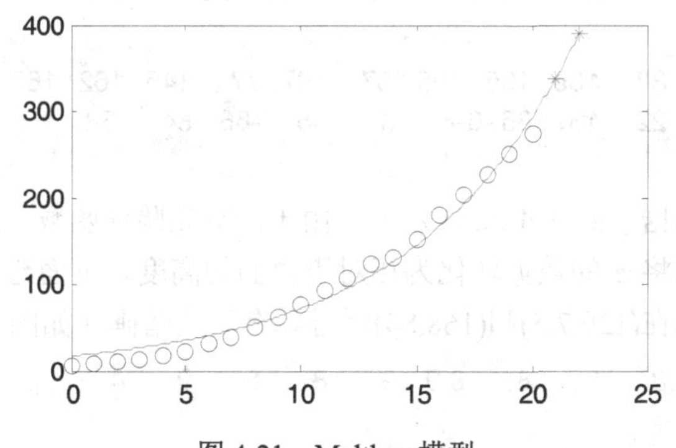

图 4-21　Malthus 模型

按照 Malthus 模型，人口将呈指数增长，其缺点是没有考虑资源对人口增长的限制。Logistic 模型改进了 Malthus 模型。设 N_m 为资源容纳的最大人口数量。Logistic 模型微分方程为：

$$N'(t) = rN(t)(1 - N(t)/N_m)$$

其中，因子 $1 - N(t)/N_m$ 表示资源对人口增长阻滞因素，初值 $N(t_0) = N_0$。求解微分方程得：

$$N(t) = \frac{N_m}{1 + \left(\frac{N_m}{N_0} - 1\right) e^{-r(t-t_0)}}$$

对于上述程序作相应修改，求解得：

	初 始 值	拟 合 结 果
1800 年人口 N_0（百万）	5.3	9.3
10 年增长率 r	0.2221	0.2910
最大人口数量 N_m	500	423
残差平方和	18380	393
2010 年预测人口（百万）	266	292
2020 年预测人口（百万）	293	311

【例 4-18】（海底测量）下表给出水面直角坐标 (x, y) 处水深 z，这是在低潮时测得的。如果船的吃水深度为 5m，试问在矩形域 $75 < x < 200$，$-50 < y < 150$ 中行船应避免进入哪些区域？

x(m)	129	140	108	88	185	195	105
y(m)	7	141	28	147	22	137	85
z(m)	4	8	6	8	6	8	8
x(m)	157	107	77	145	162	162	117
y(m)	−6	−81	3	45	−66	84	−38
z(m)	9	9	8	8	9	4	9

解：先来看测量点的位置，其实现的 MATLAB 代码如下：

```
>> clear all;close all;
x=[129     140  108  88    185  195  105 157    107  77    145  162  162  117];
y=[7 141  28    147  22    137  85 -6-81   3      45     -66   84    -38];
plot(x,y,'o');
```

这是一批不规则数据（如图 4-22 所示）。由于没有先验证函数，这里使用插值法。为了使结果更为直观，考虑将 z 的数据转化为相对于海面的高度。下面绘出所考虑区域的海底地形图，可以清晰地看到在(129,7.5)和(168,84)附近各有一块暗礁（如图 4-23 所示）。

```
>> z=[4    8     6     8     6     8     8 9   9     8     8     9     4     9];
h=-z;
xi=75:5:200;
yi=[-50:10:150]';;
Hi=griddata(x,y,h,xi,yi,'cubic');
mesh(xi,yi,Hi);
view(-60,30);
```

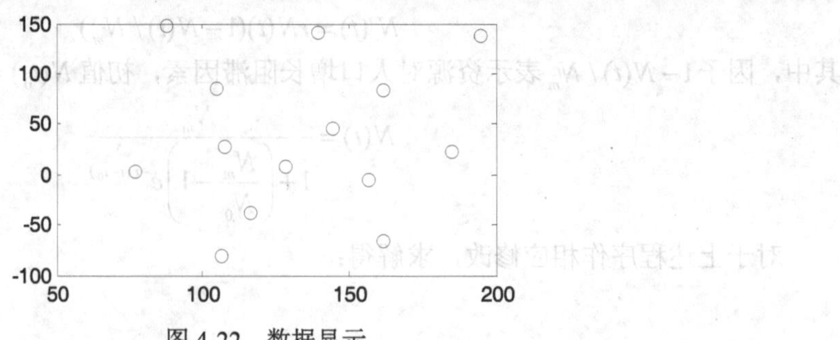

图 4-22　数据显示

进一步求水深不到5m的区域的两个区域（如图4-24所示）。

```
>> contour(xi,yi,Hi,[-5,-5],'r');
```

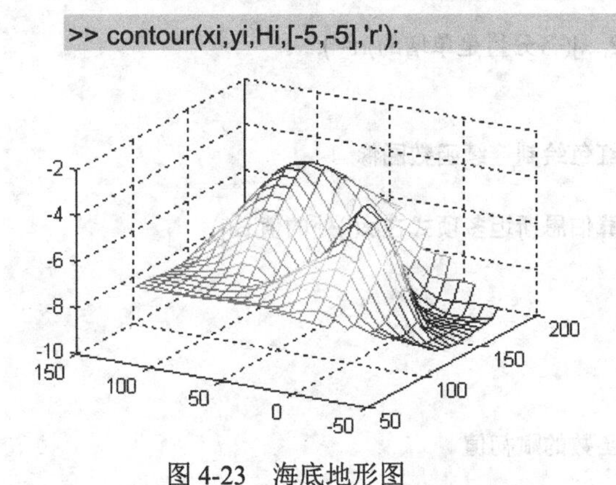

图4-23 海底地形图

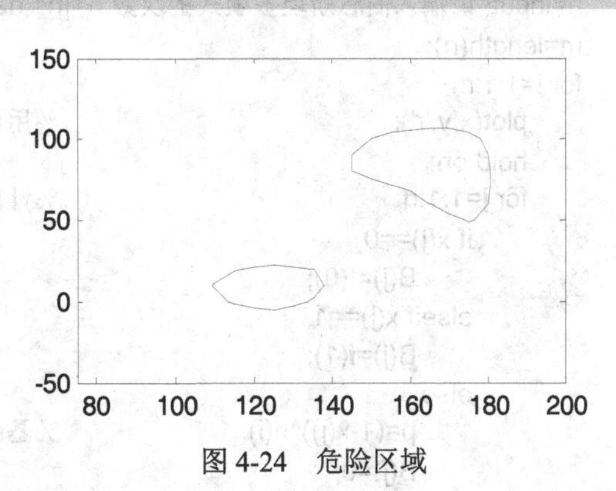

图4-24 危险区域

4.6 函数的逼近应用

4.6.1 伯恩斯坦多项式逼近连续函数的动画演示

【例4-19】伯恩斯坦多项式：

$$B_n(x)=\sum_{k=0}^{n} f\left(\frac{k}{n}\right)P_k(x)$$

其中，$P_k(x)=C_n^k x^k(1-x)^{n-k}$，用动画形象地证明，在[0,1]上，$B_n(x)$一致逼近函数$f(x)$（可取$f(x)=e^x$或其他函数来进行实验）。

其编程思路如下：

（1）为被逼近函数创建函数文件f.m，其代码如下：

```
function y=f(x)
y=exp(x);
```

（2）程序的主要算法如下：

① x=0:0.05:1，$y=f(x)$，$q\leftarrow \text{length}(x)$。

② 输入伯恩斯坦多项式的次数数组n，$m\leftarrow \text{length}(n)$。

③ 对于$i=1,2,\cdots,m$，做以下操作。

- 作被逼近函数的图像，并固化图形。
- $j=1,2,\cdots,q$，计算伯恩斯坦多项式在x_j处的值B_j。
- 作伯恩斯坦多项式的图像。
- 图像显示延时1秒，然后释放图形。

④ 为图形窗口加标题

其实现的MATLAB程序代码如下：

```
>> clear all;close all;
x=0:0.05:1;
```

```
y=f(x);
q=length(x);
n=input('请输入伯恩斯坦多项式的次数 n=[n1,n2,...](各分量是单增的)n=');
m=length(n);
for i=1:1:m
    plot(x,y,'r');                          %用红色绘制连续函数图像
    hold on;
    for j=1:1:q                             %计算伯恩斯坦多项式在 x(j)处的值 B(j)
        if x(j)==0
            B(j)=f(0);
        elseif x(j)==1
            B(j)=f(1);
        else
            p=(1-x(j))^n(i);                %基函数的赋初值
            B(j)=0;
            for k=0:1:n(i)
                B(j)=B(j)+f(k/n(i))*p;      %计算 n(i)次伯恩斯坦多项式的值
                p=(n(i)-k)*x(j)*p/((k+1)*(1-x(j)));
            end
        end
    end
    plot(x,B,'b');                          %用蓝色线绘制 n(i)次伯恩斯坦多项式的图像
    pause(1);                               %停止 1 秒
    hold off;
end
title('伯恩斯坦多项式逼近连续函数');
```

运行程序输入：

```
请输入伯恩斯坦多项式的次数 n=[n1,n2,...](各分量是单增的)n=[1 2 3 4 5 6]
```

输出效果如图 4-25 所示。

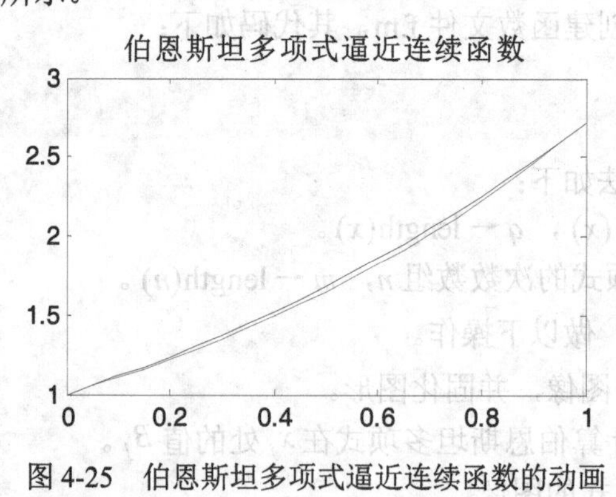

图 4-25　伯恩斯坦多项式逼近连续函数的动画

4.6.2　函数的最佳平方逼近多项式

【例 4-20】设 $f(x)=\sqrt{1+x^2}$ ，$x\in[0,1]$。

（1）利用 MATLAB 的符号运算功能，给出准确的一次最佳平方逼近多项式。

（2）利用 MATLAB 的数值计算功能，给出近似的一次最佳平方逼近多项式。

其实现步骤及说明如下：

（1）在 MATLAB 命令窗口中输入以下命令，可得到法方程的系数矩阵 G 以及右端向量 d。

```
>> syms x                              %设 x 为符号变量
%调用定积分计算函数 int，计算格拉姆矩阵的元素
G(1,1)=int(x^0,0,1);
G(1,2)=int(x^1,0,1);
G(2,1)=G(1,2);
G(2,2)=int(x^2,0,1);
G
d(1)=int(sqrt(1+x^2),0,1);            %计算右端向量的元素
d(2)=int(x*sqrt(1+x^2),0,1);
d
```

运行程序，输出结果为：

```
G =
    [    1, 1/2]
    [ 1/2, 1/3]
d =
    [ 1/2*2^(1/2)-1/2*log(2^(1/2)-1),              -1/3+2/3*2^(1/2)]
```

（2）再输入解符号方程组的命令。

```
>>[a1,a2]=solve('a1+a2/2=1/2*2^(1/2)-1/2*log(2^(1/2)-1)',...
          'a1/2+a2/3=2/3*2^(1/2)-1/3','a1','a2')
```

运行程序，输出结果为：

```
a1 =
    2-2*2^(1/2)-2*log(2^(1/2)-1)
a2 =
    -4+5*2^(1/2)+3*log(2^(1/2)-1)
```

这样就得到了一次最佳平方逼近多项式：

$$\varphi^*(x)=-2\sqrt{2}+2-2\ln(\sqrt{2}-1)+[5\sqrt{2}-4+3\ln(\sqrt{2}-1)]x$$

（3）调用 MATLAB 关于定积分数值计算函数 quad，同样可以得到数值化的法方程系数矩阵 G 以及右端向量 d，其命令如下：

```
>> G(1,1)=quad('x.^0',0,1);
G(1,2)=quad('x.^1',0,1);
G(2,1)=G(1,2);
G(2,2)=quad('x.^2',0,1);
G
d(1)=quad('sqrt(1+x.^2)',0,1);   %计算右端向量的元素
d(2)=quad('x.*sqrt(1+x.^2)',0,1);
d
```

运行程序，输出结果为：

```
G =
    [    1, 1/2]
    [ 1/2, 1/3]
```

```
d =
      [ 5169202541617060*2^(-52), 5489669167661022*2^(-53)]
```

（4）再输入解数值方程组的命令。

```
>> a=G\d'
```

运行程序，输出结果为：

```
a =
 2103901331742587/2251799813685248（≈0.9343）
  480699939065943/1125899906842624（≈0.4269）
```

这样也得到了近似的一次最佳平方逼近多项式：

$$\varphi^*(x) = 0.9343 + 0.4269x$$

4.6.3 希尔伯特矩阵的病态性

【例 4-21】对于 $f(x) \in C[0,1]$，权函数 $\rho(x)=1$，函数系 $\varphi = \text{span}\{1, x, \cdots, x^{n-1}\}$，计算 $f(x)$ 在[0,1]上的最佳平方逼近多项式时，需要求解法方程 $\text{G}(x)=d$。这里，G 为 n 阶的希伯特矩阵：

$$\text{G} = \begin{bmatrix} 1 & 1/2 & 1/3 & \cdots & 1/n \\ 1/2 & 1/3 & 1/4 & \cdots & 1/(n+1) \\ 1/3 & 1/4 & 1/5 & \cdots & 1/(n+2) \\ \vdots & \vdots & \vdots & & \vdots \\ 1/n & 1/(n+1) & 1/(n+2) & \cdots & 1/(2n-1) \end{bmatrix}$$

而 n 维列向量 d 的第 i 个分量 $d_i = \int_0^1 x^{i-1} f(x)\mathrm{d}x \ (i=1,2,\cdots,n)$。通过数值实验，说明法方程的病状性，即当右端列向量的某个分量出现微小扰动时，其法方程的解会出现较大的差异。

其实现步骤及说明如下：

（1）在 MATLAB 命令窗口中输入命令 G=hilb(4)，生成一个 4 阶的希尔伯特矩阵；输入命令 d=[1,1,1,1]'，生成一个 4 维列向量。

（2）输入命令 x=G/d，给出法方程的“精确解”x。

（3）对 d 的第 1 个分量 d(1)施加扰动，解法方程，即输入以下命令：

```
d(1)=d(1)-0.01
x1=G\d
```

（4）对 d 的第 4 个分量 d(4)施加扰动，解法方程，即输入以下命令：

```
d(4)=d(4)+0.01
x2=G\d
```

（5）将 3 个解向量拼成一个矩阵，进行比较，即输入以下命令：

```
[x, x1, x2]
```

运行程序，输出结果为：

```
ans =
   -5.5600    -4.1600    -5.5600
```

```
  78.0000    61.2000    78.0000
-224.4000 -182.4000 -224.4000
  169.4000   141.4000   169.4000
```

从结果中不难发现，当第 1、第 4 个分量分别施加 0.01 的扰动之后，其法方程的解在第 3 个分量上，竟然相差 44.4，这表明希尔伯特矩阵对右端列向量的取值相当“敏感”。

4.6.4　多项式拟合模型的选取

【例 4-22】对于数据

x_i	1	2	3	4	5
y_i	2.3	4.0	5.8	5.4	6.8

分别用一次、二次、三次、四次多项式来拟合这些数据点，并通过作图，找出哪一种拟合多项式对这些数据点的拟合效果最好。

其实现步骤及说明如下：

（1）将数据点分别存入向量 x 和 y，即在 MATLAB 命令窗口中输入以下代码：

```
>> x=[1,2,3,4,5];
y=[2.3,4,5.8,5.4,6.8];
```

（2）利用 MATLAB 多项式拟合函数 polyfit 以及多项式求值函数 polyval，求出一次多项式拟合函数的系数，并计算一次拟合多项式在 x 处的函数值。即输入以下代码：

```
>> p1=polyfit(x,y,1);
y1=polyval(p1,x);
```

（3）将图形窗口分为 4 个，利用 subplot 命令，将数据散点图与一次拟合多项式图像绘制在第一个窗口。

```
>> subplot(2,2,1);
plot(x,y,'*');
hold on;
plot(x,y1,':');
```

（4）与步骤（2）和（3）方法类似，可完成数据散点图与二次、三次、四次拟合多项式图像。

```
>> p2=polyfit(x,y,2);
y2=polyval(p2,x);
subplot(2,2,2);
plot(x,y,'*');
hold on;
plot(x,y2,':');
p3=polyfit(x,y,3);
y3=polyval(p3,x);
subplot(2,2,3);
plot(x,y,'*');
hold on;
plot(x,y3,':');
```

```
p4=polyfit(x,y,4);
y4=polyval(p4,x);
subplot(2,2,4);
plot(x,y,'*');
hold on;
plot(x,y4,':');
```

（5）执行命令后，可得效果如图 4-26 所示。很明显，四次拟合多项式对给定数据点的拟合效果更好一些。

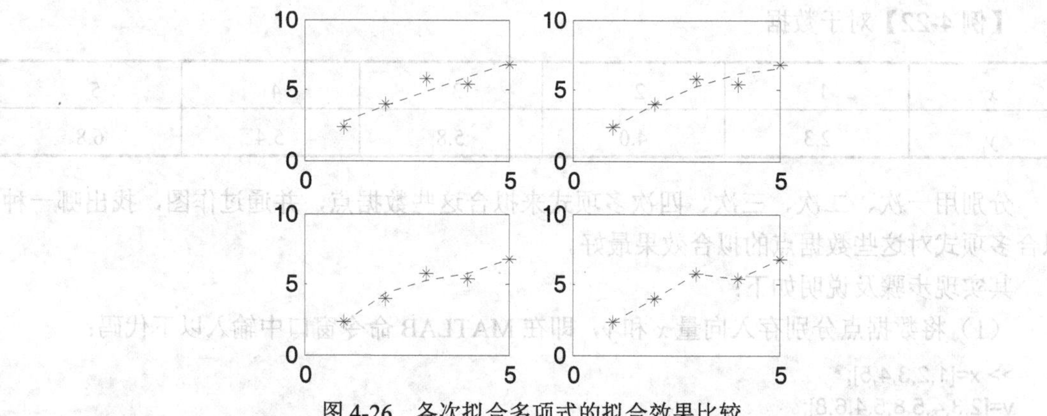

图 4-26　各次拟合多项式的拟合效果比较

第 5 章　方程的求解

5.1　线性方程组求解

5.1.1　高斯消去法

1. 简单顺序消去法

【例 5-1】编写简单顺序消去法求解线性方程组的程序，并利用它求解如下线性方程组：

$$\begin{cases}2x_1+3x_2+4x_3=6\\3x_1+5x_2+2x_3=5\\4x_1+3x_2+30x_3=32\end{cases}$$

其编程思路如下：

（1）输入系统矩阵 a、右端列向量 b，并测量 a 的行数 m 和列数 n。

（2）若 $m \neq n$，则显示简单顺序消去法被中止信息。

（3）显示增广矩阵。

（4）对于 $k=1,2,\cdots,n-1$，做以下操作：

① 若 $a_{kk}=0$，则显示对称线元素为零的信息并中止程序。

② 对于 $i=k+1,\cdots,n$，做以下操作。

❑ $l_{ik} \leftarrow a_{ik}/a_{kk}$。

❑ 对于 $j=k,\cdots,n$，$a_{ij} \leftarrow a_{ij}-l_{ik}a_{kj}$。

❑ $b_i \leftarrow b_i-l_{ik}b_k$。

③ 显示增广矩阵。

（5）若 $a_{nn}=0$，则显示对角线元素为零信息并中止程序。

（6）$x_n \leftarrow b_n/a_{nn}$，输出 x_n。

（7）对于 $a_{nn}=i=n-1,\cdots,1$，做以下操作。

① $x_i \leftarrow b_i$。

② 对于 $j=j+1,\cdots,n$，$x_i \leftarrow x_i a_{ij} x_j$。

③ $x_i \leftarrow x_i/a_{ii}$。

④ 输出 x_i。

其实现的 MATLAB 程序代码如下：

```
clear all;
a=[2 3 4;3 5 2;4 3 30];        %线性方程组的系数矩阵
b=[6;5;32];                    %线性方程组的右端列向量
```

```
[m,n]=size(a);                    %测量系数矩阵的维数
if m~=n
    fprintf('线性方程组的系数矩阵非方阵,程序中止\n');
    break
end
fprintf('线性方程组的增广矩阵为\n');
disp([a,b])
%简单顺序消去法
for k=1:n-1
    if a(k,k)==0                  %主对角线元素是否为零的检查
        error('对角线元素 a(%1d,%1d)为零,程序中止\n',k,k);
    end
    for i=k+1:n
        l(i,k)=a(i,k)/a(k,k);
        for j=k:n
            a(i,j)=a(i,j)-l(i,k)*a(k,j);    %消元
        end
        b(i)=b(i)-l(i,k)*b(k);      %改变对应的常数项
    end
    fprintf('第%1d 次消去后的增广矩阵为\n',k);
    disp([a,b]);
end
%回代法求解线性方程组的解
x(n)=b(n)/a(n,m);
fprintf('线性方程组的解为\n');
fprintf('x(%1d)=%10.5f\n',n,x(n));
for i=n-1:-1:1
    x(i)=b(i);
    for j=i+1:n
        x(i)=x(i)-a(i,j)*x(j);
    end
    x(i)=x(i)/a(i,i);
    fprintf('x(%1d)=%10.5f\n',i,x(i));
end
```

将程序以 li5_1fun.m 文件名存盘，即运行程序：

```
>>li5_1fun
线性方程组的增广矩阵为
     2     3     4     6
     3     5     2     5
     4     3    30    32
第 1 次消去后的增广矩阵为
    2.0000    3.0000    4.0000    6.0000
         0    0.5000   -4.0000   -4.0000
         0   -3.0000   22.0000   20.0000
第 2 次消去后的增广矩阵为
    2.0000    3.0000    4.0000    6.0000
         0    0.5000   -4.0000   -4.0000
         0         0   -2.0000   -4.0000
```

```
线性方程组的解为
x(3)=     2.00000
x(2)=     8.00000
x(1)= -13.00000
```

2．高斯列主元消去法

【例 5-2】编写高斯列主元消去法求解线性方程组的程序，并利用它求解如下线性方程组：

$$\begin{cases} x_1 + 3x_2 + 3x_3 = 1 \\ 5x_1 + 4x_2 + 10x_3 = 0 \\ 3x_1 - 0.1x_2 + x_3 = 2 \end{cases}$$

其编程思路如下：

高斯列主元消去法与简单顺序消去法基本相同，主要有消元过程与回代求解过程，只是在消元过程中增加了列主元选取，而回代求解过程与简单顺序消去法是完全相同的。下面仅给出选取列主元的消元过程的算法。

对于 $k = 1,2,\cdots,n-1$，做以下操作：

（1）$c \leftarrow a_{kk}$， $p \leftarrow k$ 。

（2）对于 $i = k+1,\cdots,n$，若 $|c|<|a_{ik}|$，则 $c \leftarrow a_{ik}$， $p \leftarrow i$ 。

（3）若 $c = 0$，则显示高斯列主元消去法进行的信息并中止程序。

（4）若 $p \neq k$，则交换增广矩阵的 k 行与 p 行。

（5）对于 $i = k+1,\cdots,n$，做以下消元计算操作：

① $l_{ik} \leftarrow a_{ik} / a_{kk}$ 。

② 对于 $j = k,\cdots,n$， $a_{ij} \leftarrow a_{ij} - l_{ik}a_{kj}$ 。

③ $b_i \leftarrow b_i - l_{ik}b_k$ 。

④ 显示增广矩阵。

其实现的 MATLAB 程序代码如下：

```
clear all;
a=[1,2,3;5,4,10;3,-0.1,1];   %线性方程组的系数矩阵
b=[1;0;2];                   %线性方程组的右端列向量
[m,n]=size(a);               %测量系数矩阵的维数
if m~=n
    fprintf('线性方程组的系数矩阵非方阵,程序中止\n');
    break;
end
fprintf('线性方程组的增广矩阵为\n');
disp([a,b])
%选取列主元的消去法
for k=1:n-1
    c=a(k,k);                %c 表示第 k 列的主元初值
    p=k;                     %p 表示主元所在的行
    for i=k+1:n
        if abs(c)<abs(a(i,k))
            c=a(i,k);
```

```
                p=i;
            end
        end
        if c==0
            error('第%1d 列主元为零,高斯列主元消去法无法进行\n',k);
        end
        %将主元所在的第 p 行与第 k 行交换
        if p~=k
            t=b(k);   %t 是用作交换台的临时变量
            b(k)=b(p);
            b(p)=t;
            for j=1:n
                t=a(k,j);
                a(k,j)=a(p,j);
                a(p,j)=t;
            end
        end
        %消元计算
        for i=k+1:n
            l(i,k)=a(i,k)/a(k,k);
            for j=k:n
                a(i,j)=a(i,j)-l(i,k)*a(k,j);
            end
            b(i)=b(i)-l(i,k)*b(k);
        end
        fprintf('第%1d 次消元后的增广矩阵为\n',k);
        disp([a,b]);
end
%判断线性方程组是否有解或者解是唯一
if a(n,n)==0
    if b(n)~=0
        fprintf('系数矩阵与增广矩阵不等秩,方程组无解\n');
    else
        fprintf('方程组的解不唯一\n');
    end
    break;
end
%回代法求线性方程组的解
x(n)=b(n)/a(n,n);
fprintf('线性方程组的解为\n');
fprintf('x(%1d)=%10.5f\n',n,x(n))
for i=n-1:-1:1
    x(i)=b(i);
    for j=i+1:n
        x(i)=x(i)-a(i,j)*x(j);
    end
    x(i)=x(i)/a(i,i);
    fprintf('x(%1d)=%10.5f\n',i,x(i))
end
```

将程序以 li5_2fun.m 文件名存盘，即运行程序：

```
>> li5_2fun
线性方程组的增广矩阵为
    1.0000    2.0000    3.0000    1.0000
    5.0000    4.0000   10.0000         0
    3.0000   -0.1000    1.0000    2.0000
第 1 次消元后的增广矩阵为
    5.0000    4.0000   10.0000         0
         0    1.2000    1.0000    1.0000
         0   -2.5000   -5.0000    2.0000
第 2 次消元后的增广矩阵为
    5.0000    4.0000   10.0000         0
         0   -2.5000   -5.0000    2.0000
         0         0   -1.4000    1.9600
线性方程组的解为
x(3)=   -1.40000
x(2)=    2.00000
x(1)=    1.20000
```

3．高斯全主元消去法

【例 5-3】编写高斯全主元消去法求解线性方程组的程序，并利用它求解如下线性方程组：

$$\begin{cases}3x_1+x_2-x_3+2x_4=6\\-5x_1+x_2+3x_3-4x_4=-12\\2x_1+x_3-x_4=1\\x_1-5x_2+3x_3-3x_4=3\end{cases}$$

其编程思路如下：

高斯全主元消去法与简单顺序消去法基本相同，主要有消元过程、回代求解过程和还原真解过程。在消元过程中增加了全主元选取，回代求解过程与简单顺序消去法是相同的，而还原真解过程是它所特有的。下面仅给出选取全主元的消元过程的算法、还原真解过程的算法。

全主元的消元过程的算法：

（1）index=1:n，index 记录未知量序号的变化。

（2）对于 $k=1,2,\cdots,n-1$，做以下操作。

① $c\leftarrow a_{kk}$， $p\leftarrow k$， $q\leftarrow k$ 。

② 对于 $i=k+1,\cdots,n, j=k,\cdots,n$ ，若 $|c|<|a_{ij}|$，则 $c=a_{ij}$， $p\leftarrow i$， $q\leftarrow j$ 。

③ 若 $c=0$，则显示高斯全主元消去法无法进行的信息并中止程序。

④ 若 $p\neq k$ ，则交换增广矩阵的 k 行与 p 行。

⑤ 若 $q\neq k$ ，则交换 index 的 k 列与 q 列，系数矩阵的 k 列与 q 列。

⑥ 对于 $i=k+1,\cdots,n$，做以下消元计算操作。

- $l_{ik} \leftarrow a_{ik} / a_{kk}$。
- 对于 $j=k,\cdots,n$，$a_{ij} \leftarrow a_{ij} - l_{ik}a_{kj}$。
- $b_i \leftarrow b_i - l_{ik}b_k$。

⑦ 显示增广矩阵。

还原真解过程的算法：

（1）$t \leftarrow x$。

（2）对于 $i=1,2,\cdots,n$，$x_{\text{index}(i)} \leftarrow t_i$。

其实现的 MATLAB 程序代码如下：

```
clear all;
a=[3,1,-1,2;-5,1,3,-4;2,0,1,-1;1,-5,3,-3];        %线性方程组的系数矩阵
b=[6;-12;1;3];                                     %线性方程组的右端列向量
[m,n]=size(a);                                     %测量系数矩阵的维数
if m~=n
    fprintf('线性方程组的系数矩阵非方阵,程序中止\n');
    break;
end
fprintf('线性方程组的增广矩阵为\n');
disp([a,b])
index=1:n;                                         %index 记录未知量序号的变化
%全主元选择
for k=1:n-1
    c=a(k,k);                                      %c 表示全主元
    p=k;                                           %p 表示全主元的行
    q=k;                                           %q 表示全主元的列
    for i=k:n  %在 k 行至 n 行、k 列至 n 列搜查主元
        for j=k:n
            if abs(c)<abs(a(i,j))
                c=a(i,j);
                p=i;
                q=j;
            end
        end
    end
    if c==0
        error('全主元为零,程序中止');
    end
    %将主元交换到 a(k,k)这个位置
    if p~=k                                        %进行行交换的判断
        t=b(k);                                    %右端列向量的交换
        b(k)=b(p);
        b(p)=t;
        for j=1:n
            t=a(k,j);
            a(k,j)=a(p,j);                         %第 k 行与第 p 行的交换
            a(p,j)=t;
        end
```

```
    end
    if q~=k                              %进行列交换的判断
        %第 k 个未知量的序号与第 q 个未知量的序号交换
        t=index(k);
        index(k)=index(q);
        index(q)=t;
        for i=1:n
            t=a(i,k);
            a(i,k)=a(i,q);          %将第 k 列与第 q 列交换
            a(i,q)=t;
        end
    end
    %将 a(k,k)所在列下方的元素全部消去为零
    for i=k+1:n
        l(i,k)=a(i,k)/a(k,k);
        for j=k:n
            a(i,j)=a(i,j)-l(i,k)*a(k,j);
        end
        b(i)=b(i)-l(i,k)*b(k);
    end
    fprintf('第%1d 次消元后的增广矩阵为\n',k)
    disp([a,b])                          %显示经第 k 次消元后的增广矩阵
end
%判断线性方程组是否有解或者解是唯一
if a(n,n)==0
    if b(n)~=0
        error('系数阵与增广阵不等秩,线性方程组无解,程序中止')
    else
        error('线性方程组的解不唯一,程序中止')
    end
end
%回代求打乱未知量次序后的线性方程组的解
x(n)=b(n)/a(n,n);
for i=n-1:-1:1
    x(i)=b(i);
    for j=i+1:n
        x(i)=x(i)-a(i,j)*x(j);
    end
    x(i)=x(i)/a(i,i);
end
%与未知量序号 index 对照，还原线性方程组真实的解
t=x;
for i=1:n
    x(index(i))=t(i);
end
fprintf('线性方程组的解为\n')
for i=1:n
    fprintf('x(%1d)=%10.5f\n',i,x(i))
end
```

将程序以 li5_3fun.m 文件名存盘，即运行程序：

```
>> li5_3fun
线性方程组的增广矩阵为:
     3     1    -1     2     6
    -5     1     3    -4   -12
     2     0     1    -1     1
     1    -5     3    -3     3
第 1 次消元后的增广矩阵为
   -5.0000    1.0000    3.0000   -4.0000  -12.0000
         0    1.6000    0.8000   -0.4000   -1.2000
         0    0.4000    2.2000   -2.6000   -3.8000
         0   -4.8000    3.6000   -3.8000    0.6000
第 2 次消元后的增广矩阵为
   -5.0000    1.0000    3.0000   -4.0000  -12.0000
         0   -4.8000    3.6000   -3.8000    0.6000
         0         0    2.5000   -2.9167   -3.7500
         0         0    2.0000   -1.6667   -1.0000
第 3 次消元后的增广矩阵为
   -5.0000    1.0000   -4.0000    3.0000  -12.0000
         0   -4.8000   -3.8000    3.6000    0.6000
         0         0   -2.9167    2.5000   -3.7500
         0         0         0    0.5714    1.1429
线性方程组的解为
x(1)=    1.00000
x(2)=   -1.00000
x(3)=    2.00000
x(4)=    3.00000
```

5.1.2 LU 分解

1. 方阵的 LU 分解

【例 5-4】对下列方阵作 LU 分解。

$$\begin{bmatrix} 2 & 3 & 4 \\ 3 & 5 & 2 \\ 4 & 3 & 30 \end{bmatrix}$$

其编程思路如下：

方阵的 LU 分解的原理可概括如下：

当方阵 a 的各阶顺序主子式均不等于零时，a 可以分解成单位下三角方阵 L 与上三角方阵 U 的乘积，即 a=LU，且包含以下计算步骤与算式。

（1）计算 U 的第 1 行 $u_{1i} = a_{1i}(i = 1, 2, \cdots, n)$。

（2）计算 L 的第 1 列 $l_{11} = 1$，$l_{i1} = a_{i1} / u_{11}(i = 1, 2, \cdots, n)$。

（3）计算 U 的第 r 行，L 的第 r 列元素 $(r = 2, 3, \cdots, n)$。

① $u_{ri} = a_{ri} - \sum_{k=1}^{r-1} l_{rk} u_{ki} \ (i = r, r+1, \cdots, n)$。

② $l_{rr} = 1$，如果 $r \neq n$，$l_{ir} = \left(a_{ir} - \sum_{k=1}^{r-1} l_{ik} u_{kr} \middle/ u_{rr} \right) \ (i = r+1, \cdots, n)$。

利用这些步骤与算式，可以方便地编写程序。因此，这里不再给出其算法。

其实现的 MATLAB 程序代码如下：

```
clear all;
a=[2,3,4;3,5,2;4,3,30];
[m,n]=size(a);
if m~=n
    error('矩阵非方阵,程序中止')
end
%计算 a 的各阶顺序主子式，判断能否进行 LU 分解
for i=1:n
    w=det(a(1:i,1:i));
    if w==0
        error('矩阵的顺序主子式为零,无法作 LU 分解,程序中止')
    end
end
%作 LU 分解
u(1,1:n)=a(1,1:n);     %给出 U 的第一行
l(1,1)=1;              %给出 L 的第一列
l(2:n,1)=a(2:n,1)/u(1,1);
for r=2:n              %计算 U 的第 r 行、L 的第 r 列
    for i=r:n
        u(r,i)=a(r,i); %计算 U 的第 r 行
        for k=1:r-1
            u(r,i)=u(r,i)-l(r,k)*u(k,i);
        end
    end
    l(r,r)=1;          %计算 L 的第 r 列
    if r~=n
        for i=r+1:n
            l(i,r)=a(i,r);
            for k=1:r-1
                l(i,r)=l(i,r)-l(i,k)*u(k,r);
            end
            l(i,r)=l(i,r)/u(r,r);
        end
    end
end
fprintf('方阵为\n')
disp(a)
fprintf('单位下三角阵 L 为\n')
disp(l)
fprintf('单位上三角阵 U 为\n');
disp(u)
```

将程序以 li5_4fun.m 文件名存盘，即运行程序：

```
>> li5_4fun
方阵为
     2     3     4
     3     5     2
     4     3    30
单位下三角阵 L 为
    1.0000         0         0
    1.5000    1.0000         0
    2.0000   -6.0000    1.0000
单位上三角阵 U 为
    2.0000    3.0000    4.0000
         0    0.5000   -4.0000
         0         0   -2.0000
```

2．选方阵主元的 LU 分解

【例 5-5】给定方阵：

$$a=\begin{bmatrix}2 & -4 & 2 & -4\\ -4 & 10 & 2 & 5\\ 2 & 2 & 12 & -5\\ 4 & 5 & -5 & 12\end{bmatrix}$$

（1）编写选方阵主元的 LU 分解程序，并用该程序对上述矩阵进行 LU 分解。

（2）利用 MATLAB 内建函数[l, u, p]=lu(a)，其中 a 为方阵，检验程序编写是否正确。

其编程思路如下：

（1）选方阵列主元的 LU 分解的原理可概括如下：

当方阵 a 为非奇异阵时，则存在转换阵 P，元素绝对值不大于 1 且主对角线元素全为 1 的下三角阵 L、上三角阵 U，使得 Pa=LU。

（2）对于该程序，这里仅简略说明其主要算法。

① 输入矩阵 a，判断 a 是否为方阵，如果 a 不是方阵，则程序中止；如果 a 是方阵，判断其行列式是否为零，如果为零，则程序中止；如果非零，则对 a 实施选列主元 LU 分解。

② 取 P 为与 a 同型的单位阵，用于记录对 a 所实施的初等行变换。

③ 用选列主元的 LU 分解法，并将 l 保存在 a 的下三角部分，U 保存在 a 的上三角部分。

④ 显示矩阵 L,U,P。

其实现的 MATLAB 程序代码如下：

```
clear all;
a=[2,-4,2,-4;-4,10,2,5;2,2,12,-5;4,5,-5,12];
[m,n]=size(a);
if m~=n
    error('矩阵非方阵,程序中止')
end
%计算 a 的行列式，判断能否进行选方阵主元的 LU 分解
if det(a)==0
    error('矩阵为奇异阵,程序中止')
end
```

```
p=eye(size(a));                    %p 记录初等行变换，取其初值为单位阵
%选方阵主元的 LU 分解法
for k=1:n-1
    c=a(k,k);                      %c 表示第 k 列的主元初值
    q=k;
    for i=k+1:n
        if abs(c)<abs(a(i,k))
            c=a(i,k);
            q=i;
        end
    end
    if q~=k
        for j=1:n
            t=a(k,j);
            a(k,j)=a(q,j);         %交换主元所在的第 q 行与第 k 行
            a(q,j)=t;
            t=p(k,j);
            p(k,j)=p(q,j);         %在 p 中记录下 a 的 q 行与 k 行的交换
            p(q,j)=t;
        end
    end
    for i=k+1:n
        l(i,k)=a(i,k)/a(k,k);      %对 a 作 LU 分解，并冲掉 a
        a(i,k)=l(i,k);
        for j=k+1:n
            a(i,j)=a(i,j)-l(i,k)*a(k,j);
        end
    end
end
%从 a 中取出 L 及 U
for i=1:n
    for j=1:n
        if i==j                    %到 L，U 对角线元素
            l(i,j)=1;
            u(i,j)=a(i,j);
        end
        if i<j
            l(i,j)=0;              %取 L，U 对角线上方的元素
            u(i,j)=a(i,j);
        end
        if i>j
            l(i,j)=a(i,j);         %取 L，U 对角线下方的元素
            u(i,j)=0;
        end
    end
end
%显示 L,U,P
fprintf('单位下三角阵 L 为\n')
disp(l)
fprintf('上三角阵 U 为\n')
```

```
disp(u)
fprintf('置换矩阵 P 为\n')
disp(p)
```

将程序以 li5_5fun.m 文件名存盘，即运行程序：

```
>> li5_5fun
单位下三角阵 L 为
    1.0000         0         0         0
   -1.0000    1.0000         0         0
   -0.5000    0.4667    1.0000         0
   -0.5000    0.0667    0.2222    1.0000
上三角阵 U 为
   -4.0000   10.0000    2.0000    5.0000
         0   15.0000   -3.0000   17.0000
         0         0   14.4000  -10.4333
         0         0         0   -0.3148
置换矩阵 P 为
     0     1     0     0
     0     0     0     1
     0     0     1     0
     1     0     0     0
```

5.1.3 平方根法

1．平方根法求解

【例 5-6】对下列矩阵作平方根法分解。

$$\begin{bmatrix} 5 & -4 & 1 \\ -4 & 6 & -4 \\ 1 & -4 & 6 \end{bmatrix}$$

其编辑思路如下：

数值分析给出了这样一个结论：如果 A 为对称正定矩阵，存在唯一的主对角线上元素为正实数的下三角阵 L，使得 $A = LL^T$。而 L 中元素的算法如下：

（1）$l_{11} = a_{11}^{1/2}$。

（2）对于 $k = 2,3,\cdots,n$，计算 $l_{k1} = a_{k1}/l_{11}$。

（3）对于 $k = 2,3,\cdots,n-1$，做以下操作：

① $l_{kk} = \left(a_{kk} - \sum_{j=1}^{k-1} l_{kj}^2\right)^{\frac{1}{2}}$。

② 对于 $i = k+1,\cdots,n$，计算 $l_{ik} = \left(a_{ik} - \sum_{j=1}^{k-1} l_{ij} l_{kj}\right) \Big/ l_{kk}$。

（4）$l_{nn} = \left(a_{nn} - \sum_{j=1}^{n-1} l_{nj}^2\right)^{\frac{1}{2}}$。

按照上述算法，其实现的 MATLAB 程序代码如下：

```
clear all;
a=[5,-4,1;-4,6,-4;1,-4,6];
[m,n]=size(a);
%判断 a 是否为对称阵
if m~=n | any(any(a~=a'))
    error('矩阵非对称阵,程序中止');
end
%判断 a 是否正定
for i=1:n
    w=det(a(1:i,1:i));
    if w<=0
        error('矩阵非正定,程序中止')
    end
end
%计算 L 中的元素
l(1,1)=sqrt(a(1,1));
l(2:n,1)=a(2:n,1)/l(1,1);
for k=2:n-1
    l(k,k)=a(k,k);
    for j=1:k-1
        l(k,k)=l(k,k)-l(k,j)^2;
    end
    l(k,k)=sqrt(l(k,k));
    for i=k+1:n
        l(i,k)=a(i,k);
        for j=1:k-1
            l(i,k)=l(i,k)-l(i,j)*l(k,j);
        end
        l(i,k)=l(i,k)/l(k,k);
    end
end
l(n,n)=a(n,n);
for j=1:n-1
    l(n,n)=l(n,n)-l(n,j)^2;
end
l(n,n)=sqrt(l(n,n));
fprintf('矩阵的平方根法分解式中的 L 为\n')
disp(l)
```

将程序以 li5_6fun.m 文件名存盘，即运行程序：

```
>> li5_6fun
矩阵的平方根法分解式中的 L 为

    2.2361         0         0
   -1.7889    1.6733         0
    0.4472   -1.9124    1.4639
```

2．改进的平方根法

【例 5-7】对下列给出的矩阵用改进的平方根法进行分解。

$$\begin{bmatrix} 5 & -4 & 1 \\ -4 & 6 & -4 \\ 1 & -4 & 6 \end{bmatrix}$$

其编程思路如下：

数值分析给出了这样一个结论：如果 A 为对称矩阵，且所有顺序主子式均不为零，A 可唯一地分解为 $A = LDL^{-T}$ 的形式。其中 L 为下三角阵，而且主对角线元素为 1。D 为对角阵，对角线元素均不为零，且 L 与 D 中的元素可按以下算法进行计算：

（1）$d_{11} = a_{11}$，$l_{11} = 1$。

（2）对于 $k = 2,3,\cdots,n$，计算 $l_{k1} = a_{k1} / d_{11}$。

（3）对于 $k = 2,3,\cdots,n-1$，做以下操作。

① $d_{kk} = a_{kk} - \sum_{j=1}^{k-1} l_{kj}^2 d_{jj}$。

② $l_{kk} = 1$。

③ 对于 $i = k+1,\cdots,n$，计算 $l_{ik} = \left(a_{ik} - \sum_{j=1}^{k-1} l_{ij} l_{kj} d_{jj} \right) \Big/ d_{kk}$。

（4）$l_{nn} = 1$，$d_{nn} = a_{nn} - n\sum_{j=1}^{k-1} l_{nj}^2 d_{jj}$。

按照上述算法，其实现的 MATLAB 程序代码如下：

```
clear all;
a=[5,-4,1;-4,6,-4;1,-4,6];
[m,n]=size(a);
%判断 a 是否为对称矩阵
if m~=n | any(any(a~=a'))
    error('矩阵非对称阵,程序中止')
end
%判断 a 的各阶顺序主子式是否非零
for i=1:n
    w=det(a(1:i,1:i));
    if w==0
        error('矩阵的顺序主子式为零,程序中止');
    end
end
    %计算 L，D 的元素
    d(1,1)=a(1,1);
    l(1,1)=1;
    l(2:n,1)=a(2:n,1)/d(1,1);
    for k=2:n-1
        d(k,k)=a(k,k);
        for j=1:k-1
            d(k,k)=d(k,k)-l(k,j)^2*d(j,j);
        end
```

```
        l(k,k)=1;
        for i=k+1:n
            l(i,k)=a(i,k);
            for j=1:k-1
                l(i,k)=l(i,k)-l(i,j)*l(k,j)*d(j,j);
            end
            l(i,k)=l(i,k)/d(k,k);
        end
    end
    l(n,n)=1;
    d(n,n)=a(n,n);
    for j=1:n-1
        d(n,n)=d(n,n)-l(n,j)^2*d(j,j);
    end
    fprintf('用改进的平方根法分解矩阵得到的 L 为\n')
    disp(l)
    fprintf('用改进的平方根法分解矩阵得到的 D 为\n')
    disp(d)
```

将程序以 li5_7fun.m 文件名存盘，即运行程序：

```
>> li5_7fun
用改进的平方根法分解矩阵得到的 L 为
    1.0000         0         0
   -0.8000    1.0000         0
    0.2000   -1.1429    1.0000
用改进的平方根法分解矩阵得到的 D 为
    5.0000         0         0
         0    2.8000         0
         0         0    2.1429
```

5.1.4　追赶法

【例 5-8】编写追赶法解三对角方程

$$\begin{bmatrix} -4 & 1 & & \\ 1 & -4 & 1 & \\ & 1 & -4 & 1 \\ & & 1 & -4 \end{bmatrix}\begin{bmatrix} x_1 \\ x_2 \\ x_3 \\ x_4 \end{bmatrix}=\begin{bmatrix} 1 \\ 1 \\ 1 \\ 1 \end{bmatrix}$$

的程序，并求其解。

其编程思路如下：

在数值分析中，形如

$$\begin{bmatrix} a_1 & c_1 & & & \\ b_2 & a_2 & c_2 & & \\ & \ddots & \ddots & \ddots & \\ & & b_{n-1} & a_{n-1} & c_{n-1} \\ & & & b_n & a_n \end{bmatrix}\begin{bmatrix} x_1 \\ x_2 \\ \vdots \\ x_{n-1} \\ x_n \end{bmatrix}=\begin{bmatrix} r_1 \\ r_2 \\ \vdots \\ r_{n-1} \\ r_n \end{bmatrix}$$

的方程称之为三对角方程。可以用追赶法来求其解，其具体的算法如下：

（1）$u_1 = r_1 / a_1$，$v_1 = c_1 / a_1$。

（2）对于 $k = 2,3,\cdots,n-1$，做以下操作。

① $u_k = (r_k - u_{k-1}b_k)/(a_k - v_{k-1}b_k)$。

② $v_k = c_k/(a_k - v_{k-1}b_k)$。

（3）$u_n = (r_n - u_{n-1}b_n)/(a_n - v_{n-1}b_n)$。

（4）$x_n = u_n$。

（5）对于 $k = n-1,\cdots,2,1$，计算 $x_k = u_k - v_k x_{k+1}$。

按照上述算法，其实现的 MATLAB 程序代码如下：

```
clear all;
a=[-4,-4,-4,-4];          %将三对角元素存入向量 a,b,c
b=[1,1,1];
c=[1,1,1];
r=[1,1,1,1];              %右端向量存入 r
n=length(a);
b=[0,b];                  %由于 b 的序号从 2 开始，故前面多增加一项
%用追法计算 u(1),v(1),…,u(n-1),v(n-1),u(n)
u(1)=r(1)/a(1);
v(1)=c(1)/a(1);
for k=2:n-1
    u(k)=(r(k)-u(k-1)*b(k))/(a(k)-v(k-1)*b(k));
    v(k)=c(k)/(a(k)-v(k-1)*b(k));
end
u(n)=(r(n)-u(n-1)*b(n))/(a(n)-v(n-1)*b(n));
%用赶法计算 x(n),x(n-1),…,x(1)
x(n)=u(n);
for k=n-1:-1:1
    x(k)=u(k)-v(k)*x(k+1);
end
fprintf('三对角方程组的解为\n')
for k=1:n
    fprintf('x(%1d)=%10.8f\n',k,x(k))
end
```

将程序以 li5_8fun.m 文件名存盘，即运行程序：

```
>> li5_8fun
三对角方程组的解为
x(1)=-0.36363636
x(2)=-0.45454545
x(3)=-0.45454545
x(4)=-0.36363636
```

5.1.5 迭代法

1. 雅可比迭代法

【例 5-9】利用雅可比迭代法求以下线性方程组的近似解：

$$\begin{cases} 7x_1 + x_2 + 2x_3 = 10 \\ x_1 + 8x_2 + 2x_3 = 8 \\ 2x_1 + 2x_2 + 9x_3 = 6 \end{cases}$$

其编程思路如下：

（1）雅可比迭代法。对于非齐次线性方程组 $Ax = b$，$A = (a_{ij})_{n\times n}$ 为非奇异矩阵且 $a_{ii} \neq 0$ $(i = 1,2,\cdots,n)$，$b = [b_1, b_2, \cdots, b_n]^T$。将 A 作以下分解：

$$A = \begin{bmatrix} a_{11} & & & & \\ & a_{22} & & & \\ & & \ddots & & \\ & & & a_{n-1n-1} & \\ & & & & a_{nn} \end{bmatrix} - \begin{bmatrix} 0 & & & & \\ -a_{21} & 0 & & & \\ \vdots & \vdots & \ddots & & \\ -a_{n-11} & -a_{n-12} & \cdots & 0 & \\ -a_{n1} & -a_{n2} & \cdots & -a_{nn-1} & 0 \end{bmatrix}$$

$$- \begin{bmatrix} 0 & -a_{12} & \cdots & -a_{1n-1} & -a_{1n} \\ & 0 & \cdots & -a_{2n-1} & -a_{2n} \\ & & \ddots & \vdots & \vdots \\ & & & 0 & -a_{n-1n} \\ & & & & 0 \end{bmatrix}$$

并将这一分解式记为 $A = D - L - U$，生成迭代公式：

$$x^{(k+1)} = Bx^{(k)} + f\text{，}\quad (k = 0,1,2,\cdots)$$

其中，$B = D^{-1}(L + U)$，$f = D^{-1}b$，$x^{(0)}$ 为初始向量。

（2）迭代过程的控制。

① 用户给定一个允许的误差限 ε，当 $\left\| x^{(k+1)} - x^{(k)} \right\|_\infty < \varepsilon$ 时，可认为迭代收敛，并以 $x^{(k+1)}$ 作为方程组的近似解。

② 为了控制迭代不收敛，可事先设定一个最大允许迭代次数 N，如果迭代次数超过 N，则迭代终止。

（3）雅可比迭代算法。

① 输入系数矩阵 A、右端常向量 b 以及误差限 eps、最大允许迭代次数 N。

② 如果 A 的对角元素有一个为零，显示雅可比迭代法进行的信息，程序中止。

③ 取 D,B,f 以及迭代初始向量 x_0，迭代次数记数变量 $k = 0$。

④ 反复做以下操作：

- ❑ $x_1 \leftarrow B * x_0 + f$。
- ❑ $k \leftarrow k + 1$。
- ❑ 输出 x_1。
- ❑ 若 $\text{norm}(x_1 - x_0, \text{inf}) < \text{eps}$，则输出近似解 x_1，break。
- ❑ 若 $k > N$，则显示迭代次数超限信息，break。
- ❑ $x_0 \leftarrow x_1$。

其实现的 MATLAB 程序代码如下：

```
clear all;
A=[7,1,2;2,8,2;2,2,9];
b=[10;8;6];
if (any(diag(A))==0)
    error('主对角存在零元素,雅可比迭代无法进行,程序中止')
end
eps=input('请输入误差限 eps=');
N=input('请输入最大允许的迭代次数 N=');
D=diag(diag(A));                %主对角线元素
B=inv(D)*(D-A);                 %雅可比迭代矩阵
f=inv(D)*b;                     %迭代列向量
k=0;                            %给迭代次数计算变量赋初值
x0=zeros(size(b));              %迭代初始向量取与 b 同型的零向量
while 1
    x1=B*x0+f;                  %雅可比迭代
    k=k+1;                      %迭代次数增 1
    fprintf('第%2d 次迭代的近似解为',k);
    disp(x1');
    if norm(x1-x0,inf)<eps      %误差的事后估计
        fprintf('满足精度要求的方程组的近似解为\n');
        disp(x1');
        break
    end
    if k>N
        fprintf('迭代次数超限\n')
        break
    end
    x0=x1;                      %为下一代迭代准备初值
end
```

将程序以 li5_9fun.m 文件名存盘，即运行程序：

```
>> li5_9fun
请输入误差限 eps=10^(-2)
请输入最大允许的迭代次数 N=10
第 1 次迭代的近似解为      1.4286      1.0000      0.6667
第 2 次迭代的近似解为      1.0952      0.4762      0.1270
第 3 次迭代的近似解为      1.3243      0.6944      0.3175
第 4 次迭代的近似解为      1.2387      0.5896      0.2181
第 5 次迭代的近似解为      1.2820      0.6358      0.2604
第 6 次迭代的近似解为      1.2633      0.6144      0.2405
第 7 次迭代的近似解为      1.2721      0.6240      0.2494
满足精度要求的方程组的近似解为
    1.2721      0.6240      0.2494
```

2．高斯-赛德尔迭代

【例 5-10】对于线性方程组：

$$\begin{cases}7x_1+x_2+2x_3=10\\x_1+8x_2+2x_3=8\\2x_1+2x_2+9x_3=6\end{cases}$$

（1）用高斯-赛德尔迭代求此方程组的近似解（终止迭代过程的最大允许迭代次数 N、近似解的误差限 eps，均由用户设定）。

（2）通过数值实验说明，求此线性方程组的近似解时，高斯-赛德尔迭代法的收敛速度较雅可比迭代法的收敛速度要快一些。

其编程思路如下：

对于非齐次线性方程组 $Ax=b$，$A=(a_{ij})_{n\times n}$ 为非奇异矩阵且 $a_{ii}\neq 0\,(i=1,2,\cdots,n)$，$b=[b_1,b_2,\cdots,b_n]^T$。将 A 作以下分解：

$$A=\begin{bmatrix}a_{11}&&&&\\&a_{22}&&&\\&&\ddots&&\\&&&a_{n-1n-1}&\\&&&&a_{nn}\end{bmatrix}-\begin{bmatrix}0&&&&\\-a_{21}&0&&&\\\vdots&\vdots&\ddots&&\\-a_{n-11}&-a_{n-12}&\cdots&0&\\-a_{n1}&-a_{n2}&\cdots&-a_{nn-1}&0\end{bmatrix}$$

$$-\begin{bmatrix}0&-a_{12}&\cdots&-a_{1n-1}&-a_{1n}\\&0&\cdots&-a_{2n-1}&-a_{2n}\\&&\ddots&\vdots&\vdots\\&&&0&-a_{n-1n}\\&&&&0\end{bmatrix}$$

并将这一分解记为 $A=D-L-U$，生成迭代公式：

$$x^{(k+1)}=Bx^{(k)}+f,\quad (k=0,1,2,\cdots)$$

其中，$B=(D-L)^{-1}U$，$f=(D-L)^{-1}b$，$x^{(0)}$ 为初始向量。

由于高斯-赛德尔迭代的算法与雅可比迭代的算法相同，这里不再讲述。

其实现的 MATLAB 程序代码如下：

```
clear all;
A=[7,1,2;2,8,2;2,2,9];
b=[10;8;6];
if (any(diag(A))==0)
    error('主对角存在零元素,高斯-赛德尔迭代无法进行,程序中止')
end
eps=input('请输入误差限 eps=');
N=input('请输入最大允许的迭代次数 N=');
D_L=tril(A);              %取 A 的下三角部分
U=-(A-D_L);               %取 A 的上三角部分之负值
B=inv(D_L)*U;             %高斯-赛德尔迭代矩阵
f=inv(D_L)*b;             %迭代列向量
k=0;                      %给迭代次数计数变量赋初值
x0=zeros(size(b));        %迭代初始向量取与 b 同型的零向量
while 1
```

```
    x1=B*x0+f;                    %高斯-赛德尔迭代
    k=k+1;                        %迭代次数增 1
    fprintf('第%2d 次迭代的近似解为',k);
    disp(x1');
    if norm(x1-x0,inf)<eps        %误差的事后估计
        fprintf('满足精度要求的方程组的近似解为\n');
        disp(x1');
        break
    end
    if k>N
        fprintf('迭代次数超限\n');
        break
    end
    x0=x1;                        %为下一轮迭代准备初值
end
```

将程序以 li5_10fun.m 文件名存盘，即运行程序：

```
>> li5_10fun
请输入误差限 eps=10^(-2)
请输入最大允许的迭代次数 N=10
第 1 次迭代的近似解为      1.4286      0.6429      0.2063
第 2 次迭代的近似解为      1.2778      0.6290      0.2429
第 3 次迭代的近似解为      1.2693      0.6219      0.2464
满足精度要求的方程组的近似解为
    1.2693     0.6219     0.2464
```

在例 5-9 中，求满足同样精度要求的近似解，采用雅可比迭代需要做 7 次迭代，而采用高斯-赛德尔迭代仅需做 3 次迭代。这表明：高斯-赛德尔迭代的收敛速度较雅可比迭代的收敛速度要快。

5.2 线性映射的迭代

5.2.1 数学知识

线性映射可以用矩阵表示，矩阵可以相乘，且线性映射的迭代或者说复合运算恰好就是重复的矩阵乘法。

平面线性映射迭代方程的矩阵描述：

$$\begin{bmatrix} x_{n+1} \\ y_{n+1} \end{bmatrix} = \begin{bmatrix} a_{11} & a_{12} \\ a_{21} & a_{22} \end{bmatrix} \begin{bmatrix} x_n \\ y_n \end{bmatrix}$$

简记为 $X_{n+1} = \mathrm{A}X_n$。矩阵 A 称为迭代矩阵。

当 A 为 1 阶方阵（即一个数）时，得到线性函数的迭代；当 A 为 $m(m>2)$ 阶方阵时，得到一般线性映射的迭代。

$X_{n+1} = \mathrm{A}X_n + f$ 称为仿射映射。

5.2.2 相关命令及示例

在 MATLAB 中提供求线性映射的迭代相关函数分别为 eig、max、line 等，其调用格式如下：

[P,D]=eig(A)：求矩阵 A 的特征值和特征向量。

max(X)：求最大值。

line：连线。

【例 5-11】某地区的天气可分为两种状态：晴、阴雨。若今天的天气为晴，则明天晴天的概率为 3/4，阴雨的概率为 1/4；若今天为阴雨，则明天晴的概率为 7/18，阴雨的概率为 11/18。可以用矩阵 A 来表示这种变化，矩阵 A 称为转移矩阵（这些概率可以通过观测该地区以往几年每天天气的数据确定）。

$$\begin{array}{c} \qquad\qquad \text{明天}\quad \text{今天} \\ \qquad\qquad \text{晴}\quad\ \text{阴雨} \end{array}$$

$$A = \begin{array}{c} \text{晴} \\ \text{阴雨} \end{array}\begin{bmatrix} \dfrac{3}{4} & \dfrac{7}{18} \\ \dfrac{1}{4} & \dfrac{11}{18} \end{bmatrix}$$

试根据这些数据判断该地区的天气变化情况。

（1）模型的建立与求解。

设某天是晴的概率为 $p_1^{(0)}$，阴雨的概率为 $p_2^{(0)}$，将这一天的天气状态用向量 $p^{(0)}=(p_1^{(0)}, p_2^{(0)})^T$ 来表示，k 天之后的天气状态用向量 $p^{(k)}=(p_1^{(k)}, p_2^{(k)})^T$ 来表示，则：

$$p^{(k)} = A^k p^{(0)}$$

假设 $p^{(0)}=(0.5,0.5)^T$，可计算出若干天后的天气状态，如表 5-1 所示。

表 5-1 取 $p^{(0)}=(0.5,0.5)^T$ 时，若干天后的天气状态

k	$p^{(k)}$	k	$p^{(k)}$
0	0.500000, 0.500000	7	0.608609, 0.381391
1	0.569444, 0.430556	8	0.608664, 0.391336
2	0.594522, 0.405478	9	0.608684, 0.391316
3	0.603577, 0.396423	10	0.608692, 0.391308
4	0.606847, 0.393153	11	0.608694, 0.391306
5	0.608028, 0.391972	12	0.608695, 0.391305
6	0.608455, 0.391545	13	0.608695, 0.391305

可见，到第 12 天之后，晴、阴雨的概率便稳定下来，且

$$p^{(k)} \approx p^* = (0.608695, 0.391305)^T, \quad k=12,13,\cdots$$

由于 $p^{(12)} \approx p^{(13)} \approx \cdots \approx p^*$，所以 $p^* = Ap^*$。若存在向量 $\bar{p} = A\bar{p}$，则矩阵 A 有一特征值为 1，向量 $\bar{p}$ 为 A 的对应于特征值 1 的特征向量。那么 p^* 是否是 A 的特征向量呢？

在 MATLAB 命令窗口中运行以下命令：

```
>> clear all;
A=[3/4,7/18;1/4,11/18];
[P,D]=eig(A)
```

运行程序，输出结果为：

```
P =
    0.8412   -0.7071
    0.5408    0.7071
D =
    1.0000         0
         0    0.3611
```

可见 A 的特征值为 1，0.3611；对应于特征值 1 的特征向量为 $q = k(0.841178, 0.540758)^T$，$k \neq 0$。取 $k = 0.723623$，则 $q = p^*$。

（2）初始点的一种选择方式是在正方形 $\{(x, y): |x| \leqslant 1, |y| \leqslant 1\}$ 内随机地选取很多初始点 X_0，并作出相应的迭代，观察初始点的选择如何影响迭代过程。

程序 li5_11fun.m 在正方形 $\{(x, y): |x| \leqslant 1, |y| \leqslant 1\}$ 内随机地选取 17 初始点 X_0，然后对每个向量进行 25 次迭代并画出这 422 个点。

li5_11fun1.m 的源代码如下：

```
function li5_11fun1(A)
X0=2*rand(2,17)-ones(2,17);
X=X0;
for i=1:25
    X=[A*X,X0];
end
plot(X(1,:),X(2,:),'xr')
```

在命令窗口中运行以下程序：

```
>> A=[0.2,0.99;1,0];
>> li5_11fun1(A)
```

由图 5-1 可以看出，平面线性映射的迭代结果最终好像是在直线上迭代，随机选择的 17 个点都在用矩阵 A 作乘法的迭代过程中向平面上的一条直线运动，并在此直线上离原点而远去，好像每次迭代都是乘以一个稍大于 1 的常数，这个常数为 A 的最大特征值。

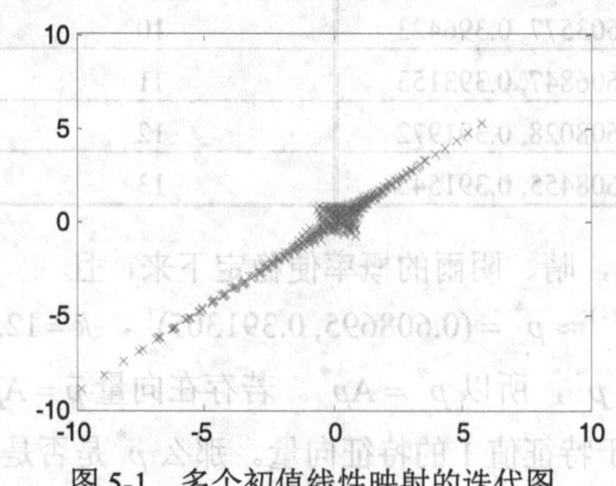

图 5-1　多个初值线性映射的迭代图

（3）选择 $A=\begin{bmatrix}0.2 & 0.99\\ 1 & 0\end{bmatrix}$，观察斜率序列 $\frac{y_n}{x_n}$，看有什么现象出现？观察比值 $\frac{x_{n+1}}{x_n}$ 和 $\frac{y_{n+1}}{y_n}$ 的变化规律，你有何想法？

li5_11fun2.m 的源代码如下：

```
function [r,r1]=li5_11fun2(A,X0,n)
A=A;                                        %迭代矩阵
X=X0;                                       %初始向量
n=n;                                        %迭代次数
for i=1:n;
    X=[A*X,X0];
end
plot(X(1,:),X(2,:),'xr');
[x,d]=eig(A);
hold on
x1=max(X(1,:));
y1=max(X(2,:));
line([0,x1*x(1,1),0,x1*x(1,2)],[0,x1*x(2,1),0,x1*x(2,2)])
m=(X(2,1)-X(2,2))/(X(1,1)-X(1,2))          %收敛直线的斜率
m1=([x(2,1)/x(1,1),x(2,2)/x(1,2)])          %A 的特征向量的斜率
r=X(1,1)/X(1,2);                            %迭代值的增长率
r1=([d(1,1),d(2,2)]);                       %A 的特征值
```

运行 li5_11fun2.m 的结果为：

```
>> A=[0.2,0.99;1,0];
X0=[1;1];
n=100;
[r,r1]=li5_11fun2(A,X0,n)
m =
      0.909090912984741
m1 =
      0.909090909090909   -1.111111111111111
r =
      1.099999999797111
r1 =
   1.100000000000000   -0.900000000000000
```

在图 5-2 中画出迭代的点列，两条直线分别表示特征向量的方向，其中迭代点列所收敛的直线与最大特征值 1.1 所对应的特征向量[0.7399; 0.6727]方向一致，迭代值（不论是 x 或 y）的增长率都等于最大特征值 1.1，即：

$$\lim_{n\to\infty}\frac{x_{n+1}}{x_n}=\lim_{n\to\infty}\frac{y_{n+1}}{y_n}=1.1$$

且

$$\lim_{n\to\infty}\frac{y_n}{x_n}=\frac{0.6727}{0.7399}$$

（4）选择矩阵 $A=\begin{bmatrix}1 & -1\\ 1 & 1\end{bmatrix}$，运行 li5_11fun2.m，看会出现什么现象？读者可自行尝试

其效果。

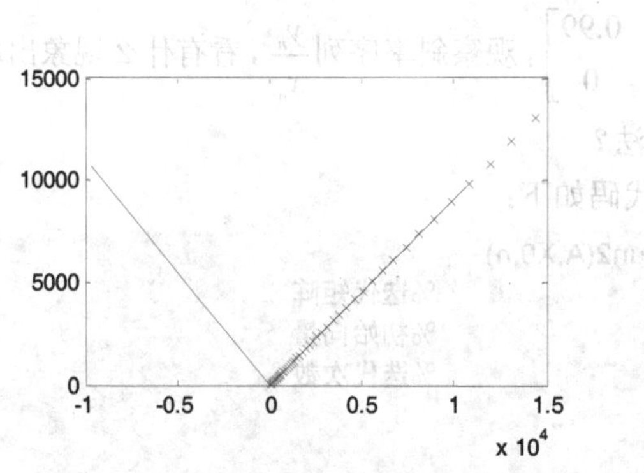

图 5-2　一个初值线性映射的迭代图

根据上述结果进行如下分析：

在迭代中 X_n 的各个分量的绝对值趋向于无穷大（有时会趋向于零），在计算时可以将 X_n 的各分量同时除以一个数，保证 X_n 的各个分量的绝对值不趋向于无穷大（零）。一种常用的方法是每次除以绝对值最大的那个分量，这个过程称为归一化。这样可使得计算时，绝对值最大的分量一直为 1。

以 $x(m)$为向量 x 的绝对值最大的分量（如果有超过一个分量的绝对值都是最大，则取最前面的分量）。归一化迭代过程为：

对给定的迭代矩阵 A 及初始向量 x_0，令

$$x_1 = \mathrm{A}x_0\,,\quad y_1 = x_1/m(x_1)$$

若已经得到 x_k, y_k，则令

$$x_{k+1} = \mathrm{A}y_k\,,\quad y_{k+1} = x_{k+1}/m(x_{k+1})$$

定理 1：设 m 阶实方阵 A 有 m 个线性无关的特征向量 $\xi_1,\xi_2,\cdots,\xi_n$，相应的 A 的 m 个特征值满足下列关系：

$$|\lambda_1|>|\lambda_2|\geqslant|\lambda_3|\geqslant\cdots\geqslant|\lambda_m|$$

则对于任意的非零初始向量：

$$x_0 = a_1\xi_1 + a_2\xi_2 + \cdots + a_m\xi_m\ (a_1 \neq 0)$$

按上述迭代过程得到 $x_1, x_2, \cdots$ 及 $y_1, y_2, \cdots$ 有：

$$\lim_{n\to\infty} y_n = a\xi_1\ \text{（其中 } a \text{ 是一个非零常数）},\ \lim_{n\to\infty} m(x_n) = \lambda_1$$

归一化迭代方法实际上求出了矩阵 A 的绝对值最大的特征值及对应的特征向量。这种求特征值及对应的特征向量的方法称为乘幂法。

5.3　矩阵方程的计算求解

5.3.1　Lyapunov 方程的计算求解

1．连续 Lyapunov 方程

连续 Lyapunov 方程可以表示为：

$$AX = XA^T = -C \tag{5-1}$$

Lyapunov 方程源于微分方程稳定性理论，其中要求 $-C$ 为对称正定的 $n \times n$ 矩阵，从而可以证明解 X 亦为 $n \times n$ 对称矩阵。这类方程直接求解是很困难的，利用 MATLAB 计算机数学语言，求解就轻而易举了。可以由控制系统工具箱中提供的 lyap()函数立即得出方程的解，该函数的调用格式为：

X=lyap(A, C)

所以若给出 Lyapunov 方程中的 A 和 C，则可以立即获得相应的 Lyapunov 方程的数值解。

下面通过示例演示一般 Lyapunov 方程的求解。

【例 5-12】假设式（5-1）中的 A 和 C 矩阵分别为：

$$A = \begin{bmatrix} 1 & 2 & 3 \\ 4 & 5 & 6 \\ 7 & 8 & 0 \end{bmatrix}, \quad C = -\begin{bmatrix} 10 & 5 & 4 \\ 5 & 6 & 7 \\ 4 & 7 & 9 \end{bmatrix}$$

试求解相应的 Lyapunov 方程，并验证解的情况。

其实现的 MATLAB 程序代码如下：

```
>> clear all;
A=[1 2 3;4 5 6;1 8 0];
C=-[10,5,4;5,6,7;4,7,9];
X=lyap(A,C)
X =
  -3.319512195121948    0.687804878048780    2.314634146341461
   0.687804878048780   -0.278048780487805    0.273170731707318
   2.314634146341461    0.273170731707318   -0.347967479674794
>> norm(A*X+X*A'+C)
ans =
     2.144408773402099e-014
```

从最后一个语句可见，得出的方程解 X 基本满足原方程，且有较高精度。

2．Lyapunov 方程的解析解

为方便叙述，可以将 Lyapunov 方程的各个矩阵参数表示为：

$$X = \begin{bmatrix} x_1 & x_2 & \cdots & x_m \\ x_{m+1} & x_{m+2} & \cdots & x_{2m} \\ \vdots & \vdots & \ddots & \vdots \\ x_{(n-1)m+1} & x_{(n-1)m+2} & \cdots & x_{nm} \end{bmatrix}, \quad C = \begin{bmatrix} c_1 & c_2 & \cdots & c_m \\ c_{m+1} & c_{m+2} & \cdots & c_{2m} \\ \vdots & \vdots & \ddots & \vdots \\ c_{(n-1)m+1} & c_{(n-1)m+2} & \cdots & c_{nm} \end{bmatrix}$$

利用 Kronecker 乘积的表示方法，可以将 Lyapunov 方程写成：

$$(A \otimes I + I \otimes A)x = -C \tag{5-2}$$

可见，这样的方程有唯一解的条件并不局限于 $-C$ 为对称正定矩阵，形如式（5-1）的方程只要满足 $(A \otimes I + I \otimes A)$ 为非奇异的方阵即可保证唯一解。

【例 5-13】仍考虑例 5-12 中给出的 Lyapunov 方程，试求出其解析解。

其实现的 MATLAB 程序代码如下：

```
>> A0=sym(kron(A,eye(3))+kron(eye(3),A));
```

```
c=reshape(C',9,1);
x0=-inv(A0)*c;
x=reshape(x0,3,3)'
x =
[ -1361/410,     141/205,     949/410]
[      141/205,     -57/205,       56/205]
[      949/410,       56/205,   -214/615]
>> norm(double(A*x+x*A'+C))
ans =
     0
```

【例 5-14】传统 Lyapunov 方程的条件（C 为实对称正定矩阵）能否突破？

解：受微分方程稳定性影响，以前的传统观念认为似乎 Lyapunov 类方程有唯一解的充分必要条件是-C 矩阵为实对称正定矩阵。事实上，式（5-2）中给出的线性矩阵方程在不满足该条件的情况下仍有唯一解。例如，例 5-12 中给出的 A 矩阵不变，将 C 矩阵改为复数非对称矩阵。

$$C=-\begin{bmatrix}1+1i & 3+3i & 12+10i\\ 2+5i & 6 & 11+6i\\ 5+2i & 11+i & 2+12i\end{bmatrix}$$

用上述方法可以输入 A 和 C 矩阵，可以立即解出满足该方程的复数解为：

```
>> clear all;
A=[1 2 3;4 5 6;1 8 0];
C=-[1+1i,3+3i,12+10i;2+5i,6,11+6i;5+2i,11+1i,2+12i];
A0=sym(kron(A,eye(3))+kron(eye(3),A));
c=reshape(C',9,1);
x0=-inv(A0)*c;
x=reshape(x0,3,3)'
x =
[         77/3690+23/18*i,    1543/1845+107/369*i, -1213/3690-142/369*i]
[      58/1845-148/369*i,              154/1845-8/9*i,      703/1845+545/369*i]
[      257/3690-22/369*i,     -182/1845+29/369*i,        2986/1845+23/18*i]
>> norm(double(A*x+x*A'+C))
ans =
      0
```

得出的解经验证确实满足原始 Lyapunov 方程。故可以得出结论，如果不考虑 Lyapunov 方程稳定性的物理意义和 Lyapunov 函数为能量的物理原型，完全可以将 Lyapunov 方程进一步扩展成能处理任意 C 矩阵的情形。

3．离散 Lyapunov 方程

离散 Lyapunov 方程一般形式表示为：

$$AXA^T-X+Q=0 \tag{5-3}$$

该方程可以由 MATLAB 控制系统工具箱的 dlyap()函数直接求解。该函数的调用格式为：

X=dlyap(A, Q)

其实，如果 A 矩阵是非奇异矩阵，则等式两端同时右乘 $(A^T)^{-1}$，即可将其变换成连续的 Sylvester 方程，可以用 5.3.2 小节给出的算法求解其解析解。

【例 5-15】求解下面的离散 Lyapunov 方程：

$$\begin{bmatrix}8&1&6\\3&5&7\\4&9&2\end{bmatrix}X\begin{bmatrix}8&1&6\\3&5&7\\4&9&2\end{bmatrix}^T-X+\begin{bmatrix}16&4&1\\9&3&1\\4&2&1\end{bmatrix}=0$$

其实现的 MATLAB 代码如下：

```
>> clear all;
A=[8 1 6;3 5 7;4 9 2];
Q=[16 4 1;9 3 1;4 2 1];
X=dlyap(A,Q)
X =
  -0.164744254744667   0.069149622543397  -0.016784809758881
   0.052842899076088  -0.029784962766282  -0.006154177677256
  -0.101978364120800   0.044958991428134  -0.030540658265448
>> norm(A*X*A'-X+Q)   %精度验证
ans =
     1.346200983358232e-014
```

5.3.2　Sylvester 方程的计算求解

Sylvester 方程的一般形式为：

$$AX + XB = -C \tag{5-4}$$

其中，A 为 $n\times n$ 矩阵，B 为 $m\times m$ 矩阵，C 和 X 均为 $n\times m$ 矩阵。该方程又称为广义的 Lyapunov 方程，式中 A 为 $n\times n$ 矩阵，B 为 $m\times m$ 矩阵。仍可以利用 MATLAB 控制系统工具箱中的 lyap() 函数直接求解该方程。该函数的调用格式为：

X=lyap(A,B,C)

该函数采用的是 Schur 分解的数值解法求解方程。如果想得到解析解，类似于前述一般 Lyapunov 方程，可以采用 Kronecker 乘积的形式将原始方程进行如下变换：

$$(A\otimes I_m + I_n\otimes B^T)x = -C \tag{5-5}$$

如果 $(A\otimes I_m + I_n\otimes B^T)$ 矩阵为非奇异矩阵，则 Sylvester 方程有唯一解。

综合上述的算法，可以编写出 Sylvester 型方程的解析解求解程序 lyap.m，将其置于 @sym 目录下，以后再求解时只需将 A,B,C 矩阵之一设置成符号变量，即可直接调用该函数。改写的函数源程序代码如下：

```
function X=lyap(A,B,C)    %注意应该置于@sym 目录下
if nargin==2,
    C=B;B=A';
end
[nr,nc]=size(C);
A0=kron(A,eye(nc))+kron(eye(nr),B');
try
    C1=C';
    X0=-inv(A0)*C1(:);
```

```
    X=reshape(X0,nc,nr);
catch
    error('singular matrix found.');
end
```

考虑式（5-3）中给出的离散 Lyapunov 方程，两端同时右乘 $(A^T)^{-1}$，则原来的离散 Lyapunov 方程可以变换成：

$$AX + X[-(A^T)^{-1}] = -Q(A^T)^{-1}$$

故令 $B = -(A^T)^{-1}$，$C = Q(A^T)^{-1}$，则可以将其变换成式（5-4）所示的 Sylvester 方程，故也可以通过新的 lyap()函数求解该方程。该函数的调用格式为：

X=lyap(sym(A), C)：连续 Lyapunov 方程。

X=lyap(sym(A),-inv(A'), Q*inv(A'))：离散 Lyapunov 方程。

X=lyap(sym(A), B, C)：Sylvester 方程。

【例 5-16】求解下面的 Sylvester 方程。

$$\begin{bmatrix} 8 & 1 & 6 \\ 3 & 5 & 7 \\ 4 & 9 & 2 \end{bmatrix} X + X \begin{bmatrix} 16 & 4 & 1 \\ 9 & 3 & 1 \\ 4 & 2 & 1 \end{bmatrix} = \begin{bmatrix} 1 & 2 & 3 \\ 4 & 5 & 6 \\ 7 & 8 & 0 \end{bmatrix}$$

其实现的 MATLAB 程序代码如下：

```
>> clear all;
A=[8,1,6;3,5,7;4,9,2];
B=[16,4,1;9,3,1;4,2,1];
C=-[1,2,3;4,5,6;7,8,0];
X=lyap(A,B,C)
X =
    0.074871873700251    0.089913433762636   -0.432920003296282
    0.008071644736313    0.481441768049986   -0.216033912855526
    0.019577082629845    0.182643828725430    1.157921439176529
>> norm(A*X+X*B+C)
ans =
    9.533702134846070e-015
```

经检验可得该解精度较高。如果想获得原方程的解析解，则可以使用下面的语句，并可验证得出的解确实满足原始方程。

```
>> x=lyap(sym(A),B,C)
x =
[    1349214/18020305,      290907/36040610,          70557/3604061]
[       648107/7208122,      3470291/7208122,       1316519/7208122]
[ -15602701/36040610,   -3892997/18020305,       8346439/7208122]
>> norm(double(A*x+x*B+C))
ans =
   13.379800641348149
```

【例 5-17】重新考虑例 5-15 中给出的离散 Lyapunov 方程，试求取其解析解。

其实现的 MATLAB 程序代码如下：

```
>> clear all;
```

```
A=[8,1,6;3,5,7;4,9,2];
Q=[16,4,1;9,3,1;4,2,1];
x=lyap(sym(A),-inv(A'),Q*inv(A'))
x =
[ -22912341/139078240,   36746487/695391200, -70914857/695391200]
[   48086039/695391200, -20712201/695391200,   31264087/695391200]
[ -11672009/695391200,   -4279561/695391200,   -4247541/139078240]
>> norm(double(A*x*A'-x+Q))   %可以证明这样的解没有误差
ans =
   5.916079783099616
```

【例 5-18】求解下面的 Sylvester 方程。

$$A=\begin{bmatrix}8&1&6\\3&5&7\\4&9&2\end{bmatrix},\quad B=\begin{bmatrix}2&3\\4&5\end{bmatrix},\quad C=\begin{bmatrix}1&2\\3&4\\5&6\end{bmatrix}$$

解：Sylvester 方程能解决的问题中并未要求 C 矩阵为方阵，利用上面的语句仍然能求出此方程的解析解，这里还可以尝试上面编写的 Lyapunov 方程解析解求解的新函数 lyap()，可以直接求解上述的方程。

```
>> clear all;
A=[8,1,6;3,5,7;4,9,2];;
B=[2,3;4,5];
C=-[1,2;3,4;5,6];
>> x=(lyap(sym(A),B,C))'
x =
[   -2853/14186, -11441/56744]
[    -557/14186,   -8817/56744]
[    9119/14186,   50879/56744]
>> norm(double(A*x+x*B+C))   %经检验没有误差
ans =
     0
```

5.3.3 Riccati 方程的计算求解

Riccati 方程是一类很著名的二次型矩阵方程式，其一般形式为：

$$A^TX+XA-XBX+C=0 \tag{5-6}$$

由于含有未知矩阵 X 的二次项，所以 Riccati 方程的求解数学上要比 Lyapunov 方程更难。MATLAB 的控制系统工具箱中提供了现成函数 are()，可以直接求解式（5-6）中给出的方程，该函数的调用格式为：

X=are(A, B, C)

【例 5-19】考虑式（5-6）中给出的 Riccati 方程，其中

$$A=\begin{bmatrix}-2&1&-3\\-1&0&-2\\0&-1&-2\end{bmatrix},\quad B=\begin{bmatrix}2&2&-2\\-1&5&-2\\-1&1&2\end{bmatrix},\quad C=\begin{bmatrix}5&-4&4\\1&0&4\\1&-1&5\end{bmatrix}$$

试求出该方程的数值解，并验证解的正确性。

其实现的 MATLAB 程序代码如下：

```
>> clear all;
A=[-2,1,-3;-1,0,-2;0,-1,-2];
B=[2,2,-2;-1,5,-2;-1,1,2];
C=[5,-4,4;1,0,4;1,-1,5];
X=are(A,B,C)
X =
    0.987394908497907   -0.798327696888299    0.418868996625638
    0.577405649554729   -0.130792336490927    0.577547768361485
   -0.284045000180513   -0.073036978332803    0.692411488305714
>> norm(double(A'*X+X*A-X*B*X+C))    %验证结果可见，结果很精确
ans =
      7.930144949015625e-015
```

5.4 矩阵的特征值与特征向量

在研究振动与波及自动控制中的稳定性问题时，数学化后的求解常常归结为求一些矩阵的特征值和特征向量。矩阵特征值的计算方法分两类：一类是解多项式方程，就是由矩阵得出其特征多项式和特征方程，特征方程的根即为矩阵的特征值。但是，当矩阵的阶数很高时，由于高次多项式方程的求根较为繁杂，而且重根将使计算精度降低，因此这一方法并不理想。另一类方法是迭代法，即构造一个极限为矩阵特征值和特征向量的收敛序列，序列中的每个元素都是特征值和不同误差特征向量的近似值。这种方法的迭代循环给计算机求解带来了方便，所以广为流行。下面对这两类方法的基本原理做一简单介绍。

5.4.1 方阵特征方程的求解

在线性代数中我们知道，如果 n 阶方阵 $A=(a_{ij})_{n\times n}$，n 维向量 x 和数 λ 满足关系 $Ax=\lambda x$，就把数 λ 叫做方阵 A 的特征值，非零向量 x 是与 λ 对应的方阵 A 的特征向量。移项可得：

$$(\lambda E-A)x=0 \tag{5-7}$$

其中 E 为 n 阶单位矩阵。该方程有非零解的充分必要条件是系数行列式等于零，即：

$$\det(\lambda E-A)=0 \tag{5-8}$$

该方程称为方阵 A 的特征方程。方程左端是关于特征值 λ 的 n 次多项式，称为方阵 A 的特征多项式。

特征方程是一个以 λ 为未知量的 n 次代数方程，它的根就是方阵 A 的特征值。当求出了式（5-8）所有根后，通过求线性方程组（5-7）的非零解即可得到 λ 所对应的特征向量 x。当 n 不太大时，经常用这一方法求方阵 A 的特征值和特征向量。在多数情况下，直接用式（5-8）求矩阵的特征值比较困难。下面介绍几种计算特征值和特征向量的数值方法。

5.4.2　计算特征值和特征向量的迭代法

迭代法计算方阵的特征值和特征向量的方法有许多种，基本原理类似。在此仅介绍 QR 算法及幂法和反幂法。

1．QR 算法

由线性代数中施密特正交化方法可以推得，任意 n 阶方程 A 总可以分解成一个正交矩阵 $Q(Q^TQ=E)$ 和一个上三角阵 R 的乘积：$A=QR$。

这种将矩阵分解成正交阵与上三角阵之积的过程，叫做正交三角分解或 QR 分解。如果 A 是非奇异方阵，则这种分解是唯一的。QR 算法的理论基础就是矩阵的正交三角分解。

如果 A 为一方阵，设 $A_1=A$，A_1 可以分解为正交阵 Q_1 和上三角阵 R_1 之积：$A_1=Q_1R_1$，将 Q_1,R_1 顺序颠倒，令 $A_2=R_1Q_1=Q_1^{-1}A_1Q_1$，再对 A_2 重复上述步骤，得到 A_3，…不断重复这种变换，则有 QR 算法的计算公式：

$$\begin{cases}A_k=Q_kR_k,Q_k^TQ_k=E\\A_{k+1}=R_kQ_k=Q_k^{-1}A_kQ_k\end{cases},k=1,2,\cdots$$

E 为 n 阶单位方阵。由此可以得出方阵序列 $A_1,A_2,\cdots,A_k,\cdots$。该序列的每个方阵都与方阵 $A_1=A$ 相似，且由于

$$A_{k+1}=R_kQ_k=Q_k^{-1}A_kQ_k=Q_k^{-1}A_{k-1}Q_{k-1}Q_k=\cdots=Q_k^{-1}Q_{k-1}^{-1}\cdots Q_1^{-1}A_1Q_1\cdots Q_{k-1}Q_k$$

若令 $G_k=Q_1Q_2\cdots Q_k$，$k=1,2,\cdots$，因 $A_k=Q_kR_k$，

$$G_kF_k=Q_1Q_2\cdots Q_kR_kR_{k-1}\cdots R_1=G_{k-1}A_kF_{k-1}=A_1G_{k-1}F_{k-1}=A_1^2G_{k-2}F_{k-2}=\cdots=A_1^k$$

因为 $Q_1Q_2\cdots Q_k$ 是正交阵，所以 G_k 也是正交阵，同理 F_k 应是三角阵。由 $A_1^k=G_kF_k$ 可知，$A_1^k=A^k$ 也可进行正交三角分解。

理论证明，当 $k\to\infty$ 时，在一定的条件下方阵序列 $A_1,A_2,\cdots,A_k,\cdots$ 的主对角线元素趋于方阵 A 的特征值。

QR 算法的收敛速度是线性的，而且运算量很大。但是它不限定方阵 A 必须对称，有一定实用价值。当然，实际使用中还需进行许多改进，这里不再介绍。

2．幂法和反幂法

在处理实际问题时，要求也有所不同，有时只需要计算矩阵的最大特征值及相应的特征向量（如 Lesile 模型），幂法与反幂法是解决这类问题的一种迭代法。幂法用来计算实矩阵 A 的按模最大的特征值及相应的特征向量；当零不是特征值时，反幂法用来求按模最小的特征值及其对应的特征向量。

设 n 阶矩阵 A 有 n 个线性无关的特征向量 $x_1,x_2,\cdots,x_n$，它们所对应的特征值分别为 $\lambda_1,\lambda_2,\cdots,\lambda_n$，且按模的大小排列，即：

$$|\lambda_1|\geqslant|\lambda_2|\geqslant\cdots\geqslant|\lambda_n|$$

下面分两种情况分析：

（1）$|\lambda_1|\geqslant|\lambda_2|\geqslant\cdots\geqslant|\lambda_n|$（$\lambda_1$ 为单根）

任取初始向量$x_0 \neq 0$，由$x_1, x_2, \cdots, x_n$的线性无关性知，x_0可表示为：

$$x_0 = l_1 x_1 + l_2 x_2 + \cdots + l_n x_n$$

分别用A^k左乘上式得到：

$$\mathrm{A}^k x_0 = l_1 \lambda_1^k x_1 + l_2 \lambda_2^k x_2 + \cdots + l_n \lambda_n^k x_n \tag{5-9}$$

记

$$y_k = \mathrm{A}^k x_0, k = 0,1,2\cdots$$

则

$$y_{k+1} = \mathrm{A} y_k, k = 0,1,2\cdots, n$$

考虑式（5-9）及x_0的一般表达式得到：

$$y_k = \lambda_1^k \left[l_1 x_1 + l_2 \left(\frac{\lambda_2}{\lambda_1} \right)^k x_2 + \cdots + l_n \left(\frac{\lambda_n}{\lambda_1} \right)^k x_n \right], k = 0,1,2\cdots$$

同理得到：

$$y_{k+1} = \lambda_1^{k+1} \left[l_1 x_1 + l_2 \left(\frac{\lambda_2}{\lambda_1} \right)^{k+1} x_2 + \cdots + l_n \left(\frac{\lambda_n}{\lambda_1} \right)^{k+1} x_n \right], k = 0,1,2\cdots$$

因为

$$|\lambda_1| \geqslant |\lambda_2| \geqslant \cdots \geqslant |\lambda_n|$$

所以

$$\lim_{k \to \infty} \left(\frac{\lambda_j}{\lambda_1} \right)^k = 0, j = 2,3\cdots, n$$

从而当k充分大时有：

$$y_{k+1} \approx \lambda_1 y_k \text{，} (l_1 \neq 0) \tag{5-10}$$

上式表明，如果迭代法收敛，则向量y_{k+1}, y_k近似呈线性关系，且有：

$$\frac{y_{k+1}}{y_k} \approx \lambda_1 \tag{5-11}$$

式（5-11）给出了具体计算模最大特征值为单根的近似方法。实际应用中，可以利用两个向量y_{k+1}, y_k的任意一个对应分量的比作为模最大特征值的近似值，如此求矩阵模最大特征值的方法称为幂法。幂法的收敛速度主要取决于$|\lambda_2 / \lambda_1|$的比值，比值越小，收敛速度越快。用幂法计算时，往往会出现向量分量过大与过小的情况，给计算带来不便，所以实际应用时通常将迭代向量作归一化处理，即将向量的最大分量化为 1，规范化幂法的具体步骤如下：

① 取一个初始向量$x_0 \neq 0$，误差 eps。

② 构造迭代序列：

$$\begin{cases} u_0 = x_0 \\ v_k = \mathrm{A} u_{k-1}, \quad k = 1,2,\cdots \\ m_k = \max\{v_k\}^* \\ u_k = v_k / m_k, \quad k = 1,2,\cdots \end{cases} \tag{5-12}$$

式中，$\max\{v_k\}^*$表示取v_k中首次出现的模最大的分量。

③ 如果$|m_k - m_{k-1}| < \text{eps}$，则取$\lambda_1 = m_k$，$u_k$为对应的特征向量。

（2）$|\lambda_1| = |\lambda_2| \geqslant |\lambda_3| \geqslant \cdots \geqslant |\lambda_n|$

在此条件下，有：

$$y_k = \lambda_1^k \left[l_1 x_1 + l_2 \left(\frac{\lambda_2}{\lambda_1}\right)^k x_2 + \cdots + l_n \left(\frac{\lambda_n}{\lambda_1}\right)^k x_n \right], k = 0,1,2\cdots$$

$$\lim_{k\to\infty}\left(\frac{\lambda_j}{\lambda_1}\right)^k = 0, j = 3,4\cdots,n$$

因此

$$y_k \approx l_1\lambda_1^k x_1 + l_2\lambda_2^k x_2$$

同理

$$y_{k+1} \approx l_1\lambda_1^{k+1} x_1 + l_2\lambda_2^{k+1} x_2,\quad y_{k+2} \approx l_1\lambda_1^{k+2} x_1 + l_2\lambda_2^{k+2} x_2$$

于是

$$y_{k+2} - (\lambda_1 + \lambda_2) y_{k+1} + \lambda_1\lambda_2 y_k \approx 0$$

也就是说，当 k 充分大时，3 个向量y_{k+2}, y_{k+1}, y_k是近似相关的。记$p = -(\lambda_1 + \lambda_2)$，$q = \lambda_1\lambda_2$，则有：

$$y_{k+2} + p y_{k+1} + q y_k \approx 0$$

上式是关于p,q的含n个式子的近似等式，据此可以得到：

$$\lambda_1 = -\frac{p}{2} + \frac{\sqrt{p^2 - 4q}}{2},\quad \lambda_2 = -\frac{p}{2} - \frac{\sqrt{p^2 - 4q}}{2}$$

当$\lambda_1 \neq \lambda_2$时，

$$y_{k+1} - \lambda_2 y_k = l_1\lambda_1^k(\lambda_1 - \lambda_2)x_1,\quad y_{k+1} - \lambda_1 y_k \approx -l_2\lambda_2^k(\lambda_1 - \lambda_2)x_2$$

上式说明，$y_{k+1} - \lambda_2 y_k$和$y_{k+1} - \lambda_1 y_k$分别与x_1, x_2近似成比例，可以作为λ_1, λ_2的特征值。

当$\lambda_1 = \lambda_2$时，只能近似给出一个特征向量，如果求另一个特征向量，可以用不同的初始值再作迭代。

以上给出的是求模最大特征值的求法。类似地，可以求模最小（但不等于零，此时矩阵是非奇异的）的特征值。因为矩阵是非奇异的，所以是可逆的，由线性代数知识可知，如果λ是矩阵 A 的特征值，则$1/\lambda$是A^{-1}的特征值。如果λ是矩阵 A 的模最小特征值，则$1/\lambda$是A^{-1}的模最大特征值，因此求矩阵 A 的模最小特征值，可以通过求A^{-1}的模最大特征值来实现，这种通过A^{-1}求A的模最小特征值的方法称为反幂法，具体步骤这里不再介绍。

5.4.3　求方阵的特征值的相关命令及示例

MATLAB 提供了求取方阵特征值的函数，其调用格式如下：

（1）det(A)：返回 A 的行列式，输入参数 A 必须是数值方阵。

（2）P=poly(A)：求方阵 A 的特征多项式，输入参数 A 必须是方阵，输出参数 P 是 A 的特征多项式系数向量。用 roots(P)可求得方阵 A 的特征值。

[V,D]=eig(A)：返回方阵 A 的特征值和特征向量，其中 D 为 A 的特征值构成的对角阵，每个特征值对应的 V 的列为属于该特征值的一个特征向量，如果不写输出格式，则得到 A 的特征值构成的列向量。

[Q,R]=qr(A)：对矩阵 A 进行正交三角分解 A=QR，Q 为正交矩阵，R 为上三角矩阵。这里 A 不必是方阵，Q 为阶数等于 A 的行数，R 为与 A 同型的上三角型。

【例 5-20】求矩阵 $A=\begin{bmatrix}133 & 6 & 135\\ 44 & 5 & 46\\ -88 & -6 & -90\end{bmatrix}$ 的所有特征值及特征向量。

（1）用解特征方程的方法求取例 5-20。

其实现的 MATLAB 程序代码如下：

```
>> clear all;
A=[136 6 135;44 5 46;-88 -6 -90];
p=poly(A);
r=roots(p)
```

运行程序，得到的特征值为：

```
r =
  53.070089254323349
  -4.070089254323307
   2.000000000000000
```

再通过求解齐次线性方程组 $(\lambda_i E-A)x=0$ 的办法依次求出这 3 个特征值对应的特征向量。为此输入：

```
>> B1=r(1)*eye(3)-A;
X1=null(B1,'r')
B2=r(2)*eye(3)-A;
X2=null(B2,'r')
B3=r(3)*eye(3)-A;
X3=null(B3,'r')
```

运行程序，输出结果为：

```
X1 =
  -1.591705559708220
  -0.500000000000000
   1.000000000000000
X2 =
  -0.942385349382690
  -0.500000000000000
   1.000000000000000
X3 =
  -0.934782608695652
  -1.623188405797102
   1.000000000000000
```

（2）编写规范化幂法程序，并用该方法求矩阵 A 的按模最大的特征值及其相应特征向量，要求误差小于10^{-4}。

编写的 xfun.m 源程序代码如下：

```
clear all;
format long
A=input('系数矩阵 A=');
u=input('初始迭代向量 u0=');
eps=input('误差精度 eps=');
nmax=input('迭代允许最大次数 nmax=');
m0=max(u);
v=A*u;
m1=max(v);
t=abs(m1-m0);
k=0;
while t>eps & k<nmax
    u=v/m1;
    v=A*u;
    k=k+1;
    m0=m1;
    m1=max(v);
    t=abs(m1-m0);
    disp(['k=',num2str(k)])
    disp(['特征值=',num2str(m1)])
    disp(['误差=',num2str(t)])
    disp('特征向量'),u
end
if k>=nmax
    disp('迭代超限')
end
```

在命令窗口中执行 xfun.m，并输入：

```
>> xfun
系数矩阵 A=[133 6 135;44 5 46;-88 -6 -90]
初始迭代向量 u0=[1;1;1]
误差精度 eps=0.0001
迭代允许最大次数 nmax=20
```

得到如下输出结果：

```
k=1
特征值=44.4234
误差=229.5766
特征向量
u =
   1.000000000000000
   0.346715328467153
  -0.671532846715328
k=2
特征值=44.9234
误差=0.50007
特征向量
u =
   1.000000000000000
```

```
   0.334127505750904
  -0.667269142293789
k=3
特征值=44.9955
误差=0.072034
特征向量
u =
   1.000000000000000
   0.333372957235446
  -0.666702023379321
k=4
特征值=44.9998
误差=0.0043088
特征向量
u =
   1.000000000000000
   0.333335189409150
  -0.666668427906493
k=5
特征值=45
误差=0.000216
特征向量
u =
   1.000000000000000
   0.333333417933484
  -0.666666749159341
k=6
特征值=45
误差=1.0144e-005
特征向量
u =
   1.000000000000000
   0.333333337140174
  -0.666666670426674
```

此结果表明迭代 6 次，求得误差为 1.0144e−005 的按模最大的特征值为 45，对应的一个特征向量为[1.000000000000000; 0.333333337140174; −0.666666670426674]。

若在命令窗口中输入以下代码：

```
>> u=[1.000000000000000; 0.333333337140174; -0.666666670426674];
>> u./u(3)
```

运行程序，输出结果为：

```
ans =
  -1.499999991539984
  -0.500000002890255
   1.000000000000000
```

这表明此特征向量与方法（1）中 X1 近似成比例。

（3）用 MATLAB 内部函数求矩阵 A 的特征值与特征向量。

在命令窗口中输入：

```
>> [V,D]=eig(A)
```

输出结果为：

```
V =
   0.801783725737273   -0.666666666666667    0.639602149066831
   0.267261241912424   -0.333333333333333    0.426401432711221
  -0.534522483824849    0.666666666666667   -0.639602149066831
D =
    45     0     0
     0     1     0
     0     0     2
```

可见，A 的最大特征值为 45，V 的第一列为对应的特征向量。再输入：

```
>> V(:,1)./V(3)
ans =
  -1.500000000000000
  -0.500000000000000
   1.000000000000000
```

通过 eig 命令得到矩阵 A 的特征值及特征向量说明方法（2）求解效果比较满意。

5.5　非线性方程的求解

5.5.1　两分法求方程的解

【例 5-21】对于给定的方程 $f(x)=x^3-x-1=0$：

（1）用二分法计算它在(0, 2)之间的近似根，要求精确到小数点后的 4 位。

（2）给出每次两分后的有根区间。

（3）画出每次两分的中点，直观描述两分法原理。

其编程思路如下：

（1）为方程创建函数文件 f.m，其代码如下：

```
function y=f(x)
y=x.^3-x-1;
```

（2）输入有根区间左右端点 $a\leftarrow 0$，$b\leftarrow 2$，取初始误差 $\mathrm{err}\leftarrow b-a$，误差限 $\mathrm{eps}\leftarrow 10^{-4}/2$，两分次数计数变量 $k\leftarrow 0$。

（3）当 $\mathrm{err}\geqslant\mathrm{eps}$ 时，做以下操作。

① $k\leftarrow k+1$，$c_k\leftarrow(a+b)/2$。

② 若 $f(a)f(c_k)\leqslant 0$，则 $b\leftarrow c_k$，否则 $a\leftarrow c_k$。

③ 输出两分后的有根区间。

④ $\mathrm{err}\leftarrow b-a$。

（4）输出近似根 c_k。

（5）画两分过程的图像。

```
clear all;
a=0;
b=2;
err=b-a;
eps=10^(-4)/2;
k=0;                              %两分次数置初值
while err>eps
    k=k+1;                        %两分次数增 1
    c(k)=(a+b)/2;                 %中点
    if f(a)*f(c(k))<=0            %判断两端点处函数值的符号，作两分
        b=c(k);
    else
        a=c(k);
    end
    %输出两分之后的[a, b]区间
    fprintf('第%2d 次两分后的区间[a,b]=[%6.5f,%6.5f]\n',k,a,b);
    err=b-a;                      %误差限计数
end
    %作函数图像及坐标轴
    x=0:0.001:2;
    y=f(x);
    plot(x,y,'r');
    hold on
    plot([0,2],[0,0],'b');        %画 x 轴
    plot([0,0],[f(0),f(2)],'b');  %画 y 轴
    %画两分过程
    for i=1:k-1
        plot([c(i),c(i)],[0,f(c(i))],'k');
        str=num2str(i);           %数值转化为字符
        text(c(i),0,str);         %指出哪次两分之后的中点
        pause(1);
    end
    hold off
```

将程序以 li5_21fun.m 文件名存盘，即运行程序：

```
>> li5_21fun
第 1 次两分后的区间[a,b]=[1.00000,2.00000]
第 2 次两分后的区间[a,b]=[1.00000,1.50000]
第 3 次两分后的区间[a,b]=[1.25000,1.50000]
第 4 次两分后的区间[a,b]=[1.25000,1.37500]
第 5 次两分后的区间[a,b]=[1.31250,1.37500]
第 6 次两分后的区间[a,b]=[1.31250,1.34375]
第 7 次两分后的区间[a,b]=[1.31250,1.32813]
第 8 次两分后的区间[a,b]=[1.32031,1.32813]
第 9 次两分后的区间[a,b]=[1.32422,1.32813]
第 10 次两分后的区间[a,b]=[1.32422,1.32617]
第 11 次两分后的区间[a,b]=[1.32422,1.32520]
第 12 次两分后的区间[a,b]=[1.32471,1.32520]
```

```
第 13 次两分后的区间[a,b]=[1.32471,1.32495]
第 14 次两分后的区间[a,b]=[1.32471,1.32483]
第 15 次两分后的区间[a,b]=[1.32471,1.32477]
第 16 次两分后的区间[a,b]=[1.32471,1.32474]
```

输出效果如图 5-3 所示。

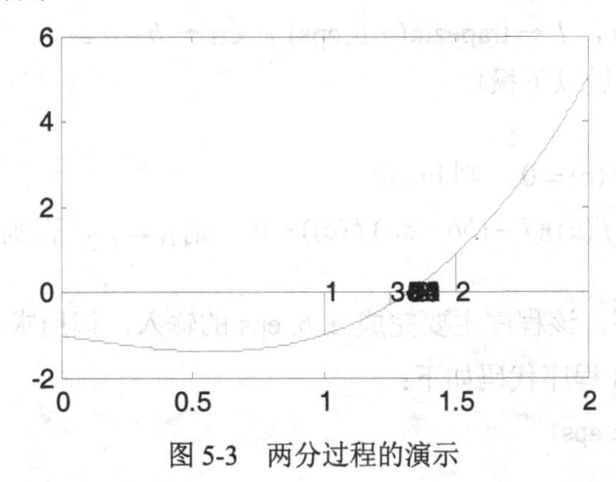

图 5-3　两分过程的演示

5.5.2　定积分中值定理的几何证明

【例 5-22】 如果 $f(x)$ 在 $[a,b]$ 区间上连续，则 $\int_a^b f(x)\mathrm{d}x=(b-a)f(\xi)\ (a\leqslant\xi\leqslant b)$ 成立。这就是著名的定积分中值定理，式中，ξ 一般与被积函数 $f(x)$ 和积分区间 $[a,b]$ 有关，但 ξ 的确定一般需作数值计算。

（1）对于定积分 $I=\int_0^2 e^{-x^2}\mathrm{d}x$，确定中值定理中的 ξ，等价于求解方程 $I-(b-a)f(x)=0$ 在 $[a,b]$ 上的根。试利用两分法，给出其根的近似值。

（2）绘制表达式 $\int_0^2 e^{-x^2}\mathrm{d}x=(2-0)\bullet e^{-\xi^2}$ 的几何图形。

其编程思路如下：

（1）为被积函数创建函数文件 f.m，其代码如下：

```
function y=f(x)
y=exp(-x.^2);
```

（2）利用复化梯形求积分法，创建复化求积分函数 I=trapezia(a, b, eps)，参数 a, b, eps 分别表示积分的下限、上限及用户给定的误差限，该函数的编程思路可参照如下：

① 输入 a,b,eps。

② $h\leftarrow b-a$，$T_1\leftarrow h(f(a)+f(b))/2$。

③ 反复做以下操作。

- $u\leftarrow h/2$，$H\leftarrow 0$，$x\leftarrow a+u$。
- 当 $x<b$ 时，反复做以下操作。

$H\leftarrow H+f(x)$，$x\leftarrow x+h$。

- $T_2\leftarrow(T_1+hH)/2$。
- 若 $|T_2-T_1|<\mathrm{eps}$，则 $I\leftarrow T_2+(T_2-T_1)/3$，break。

- $h \leftarrow u$，$T_1 \leftarrow T_2$。

④ 输出 I。

（3）用两分法编写计算方程 $I-(b-a)f(x)=0$ 近似根 c 的函数 c=dichotomy(a, b, eps)，参数 a, b, eps 的意义同上。该函数的算法如下：

① $aa \leftarrow a$，$bb \leftarrow b$，$I \leftarrow \text{trapezia}(a,b,\text{eps})$，$\text{err} \leftarrow b-a$。

② 当 $\text{err} \leftarrow \text{eps}$ 时，做以下操作。

- $c \leftarrow (a+b)/2$。
- 若 $I-(bb-aa)f(c)=0$，则 break。
- 若 $(I-(bb-aa)f(a))(I-(bb-aa)f(c))<0$，则 $b \leftarrow c$，否则 $a \leftarrow c$。
- $\text{err} \leftarrow b-a$。

（4）编写主控程序，该程序主要完成 a, b, eps 的输入，调用求 ξ 的函数以及作图。

其实现的 MATLAB 程序代码如下：

```
function I=trapezia(a,b,eps)
h=b-a;
T1=h*(f(a)+f(b))/2;
while 1
    u=h/2;
    x=a+u;
    H=0;
    while x<b
        H=H+f(x);
        x=x+h;
    end
    T2=(T1+h*H)/2;
    if abs(T2-T1)<eps
        I=T2+(T2-T1)/3;
        break
    end
    h=u;
    T1=T2;
end
%两分法求定积分中值定理所要求的点ξ
function c=dichotomy(a,b,eps)
aa=a;
bb=b;
I=trapezia(a,b,eps);          %计算定积分值
err=b-a;                      %设置初始误差
while err>=eps
    c=(a+b)/2;
    if I-f(c)*(bb-aa)==0
        break;
    end
    if (I-f(a)*(bb-aa))*(I-f(c)*(bb-aa))<0
        b=c;
    else
        a=c;
```

```
        end
        err=b-a;
end
%利用图形证明定积分中值定理的主控程序
a=input('输入定积分下限 a=');
b=input('输入定积分上限 b=');
eps=input('输入误差限 eps=');
c=dichotomy(a,b,eps);                    %计算定积分中值定理的点ξ
fill([a,a,b,b],[0,f(c),f(c),0],'y');     %作矩形面积
hold on;
x=a:0.001:b;
y=f(x);
plot(x,y,'b')                            %作曲边
plot([c,c],[0,f(c),'r:']);               %作曲边梯形的平均高度
string=['c=',num2str(c)];
text(c,0.03,string)                      %在图形上标出点ξ
title('定积分中值定理的几何意义')
hold off
```

将程序以 li5_22fun.m 文件名存盘，即运行程序：

```
>> li5_22fun
输入定积分下限 a=0
输入定积分上限 b=2
输入误差限 eps=10^(-8)
```

程序运行可得到图 5-4，从图上可看出 $\xi \approx 0.90478$。

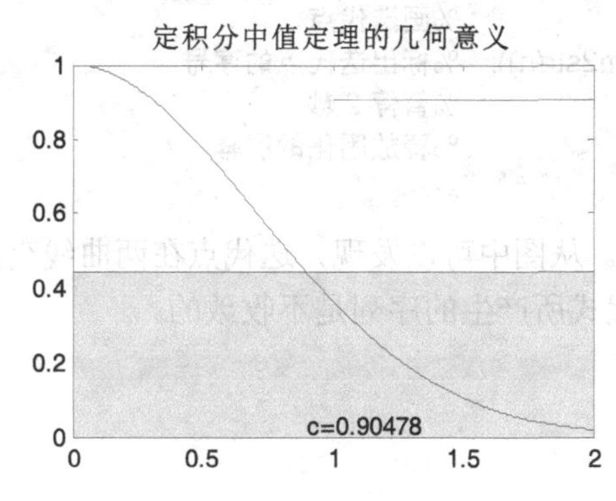

图 5-4　定积分中值定理的几何意义

利用 MATLAB 内建的数值积分函数 quad，可以验证这一结果是正确的。在命令窗口中输入 quad('exp(−x.^2)',0,2)，可得到定积分值约为 0.8821，再输入命令(2−0)*exp(−0.90478^2)，可得到相同结果。

5.5.3　迭代法性质研究

【例 5-23】利用迭代式：

$$x_{n+1} = \frac{1}{x_n} + \frac{1}{x_n^2}$$

计算方程 $f(x)=x^3-x-1=0$ 在 $x_1=1.5$ 附近的根是不可行的。

其编程思路如下：

（1）$x_1 \leftarrow 1.5$。

（2）对于 $n=1,2,3,4,5$，做以下操作。

$x_{n+1} \leftarrow 1/x_n + 1/x_n^2$

（3）计算迭代函数在[0.5, 2.5]上的值。

（4）对于 $n=1,2,3,4,5$，做以下操作。

① 画迭代函数图像。

② 画迭代点并标出序号。

其实现的 MATLAB 程序代码如下：

```
close all; clear all;                    %关闭一切打开的图形窗口
x(1)=1.5;
for n=1:5
    x(n+1)=1/x(n)+1/x(n)^2;             %生成迭代序列的前 6 项
end
u=0.5:0.1:2.5;
v=1./u+1./u.^2;                          %计算迭代函数在[0.5,2.5]上的函数值
for n=1:6
    hold on                              %固化图形屏幕
    plot(u,v,'b')                        %画迭代函数图像
    plot(u,u,'b')                        %画对角线
    y(n)=1/x(n)+1/x(n)^2;
    plot(x(n),y(n),'ro')                 %画迭代点
    text(x(n),y(n)+0.2,num2str(n));     %标出迭代点的序号
    pause(2)                             %暂停 2 秒
    hold off                             %释放固化的屏幕
end
```

程序运行可得到图 5-5。从图中可以发现，迭代点在两曲线交点的两侧跳动，而且越来越远离交点。这表明，迭代式所产生的序列是不收敛的。

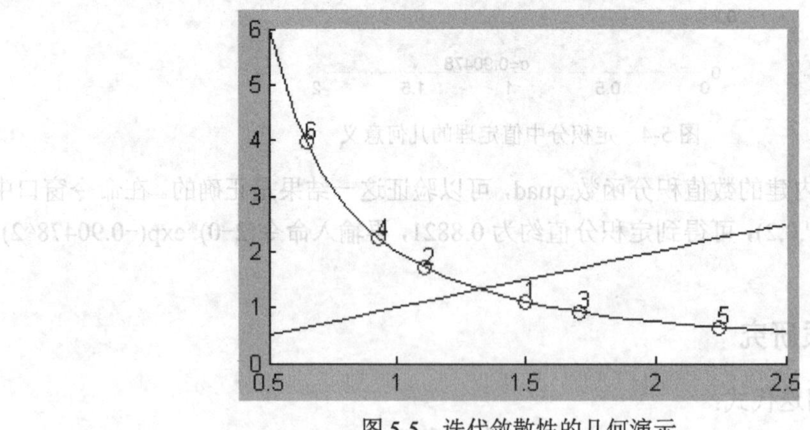

图 5-5　迭代敛散性的几何演示

5.5.4　面向矩阵元素的非线性运算与矩阵函数求值

1．面向矩阵元素的非线性运算

MATLAB 提供了大量函数，允许用户对矩阵进行处理，前面介绍了矩阵的线性变换，本节将介绍如何对矩阵进行非线性运算。

事实上，MATLAB 提供了两类函数，其中一类是对矩阵的各个元素进行单独运算，而另一类是对整个矩阵进行运算。sin()函数属于第一类，是对矩阵的各个元素进行单独运算，而不是对整个矩阵进行运算。这类常用的 MATLAB 函数如表 5-2 所示，它们的调用方法是很显然的，其标准调用格式为：

B=函数名(A)，如 B=sin(A)。

表 5-2　面向矩阵元素的非线性函数表

函　数　名	意　　义	函　数　名	意　　义
abs ()	求模（绝对值）函数	asin (), acos(), atan()	反正弦、反余弦、反正切
sqrt ()	求平方根函数	log(), log10	自然和常用对数
exp()	指数函数	real(), imag(), conj	求实虚部及共轭复数
sin(), cos(), tan()	正弦、斜弦、正切函数	round(), floor(), ceil()	取整数函数

【例 5-24】已知矩阵 $A=\begin{bmatrix}16 & 2 & 3 & 13\\ 5 & 11 & 10 & 8\\ 9 & 7 & 6 & 12\\ 4 & 14 & 15 & 1\end{bmatrix}$，试调用其中的一些函数，结果如下所示。

```
>> clear all;
A=[16 2 3 13;5 11 10 8;9 7 6 12;4 14 14 1];
exp(A)
ans =
  1.0e+006 *
   8.886110520507872   0.000007389056099   0.000020085536923   0.442413392008920
   0.000148413159103   0.059874141715198   0.022026465794807   0.002980957987042
   0.008103083927575   0.001096633158428   0.000403428793493   0.162754791419004
   0.000054598150033   1.202604284164777   1.202604284164777   0.000002718281828
>> sin(A)
ans =
  -0.287903316665065   0.909297426825682   0.141120008059867   0.420167036826641
  -0.958924274663138  -0.999990206550703  -0.544021110889370   0.989358246623382
   0.412118485241757   0.656986598718789  -0.279415498198926  -0.536572918000435
  -0.756802495307928   0.990607355694870   0.990607355694870   0.841470984807897
>> floor(A)
ans =
    16     2     3    13
     5    11    10     8
     9     7     6    12
     4    14    14     1
```

```
>> log(A)
ans =
    2.772588722239781   0.693147180559945   1.098612288668110   2.564949357461537
    1.609437912434100   2.397895272798371   2.302585092994046   2.079441541679836
    2.197224577336220   1.945910149055313   1.791759469228055   2.484906649788000
    1.386294361119891   2.639057329615258   2.639057329615258                   0
```

2．矩阵函数求值

（1）矩阵指数的运算

除了对矩阵的单个元素进行单独计算以外，一般还常常要求对整个矩阵做这样的非线性运算。例如，想求出一个矩阵的 e 指数，就需要特殊的算法来完成。在 MATLAB 中提供了 4 个求取矩阵指数的函数，分别为 expm()、expm1()、expm2()和 expm3()。其中，expm()为内在函数，其调用格式为：

E=expm(A)

该函数采用 Pade 近似技术来求取矩阵的指数。而 expm1()函数是 expm()函数的 M-函数实现。函数 expm2()采用 Taylor 级数展开方法来求取矩阵的指数，该方法比较直观，直接对矩阵指数作幂级数展开。

$$e^{\mathrm{A}}=\sum_{i=0}^{\infty}\frac{1}{i!}\mathrm{A}^i=I+\mathrm{A}+\frac{1}{2}\mathrm{A}^2+\frac{1}{3!}\mathrm{A}^3+\cdots+\frac{1}{m!}\mathrm{A}^m+\cdots \tag{5-13}$$

可以看出，这样的运算可以由 while 循环结构来编程，当幂级数累加项的范数满足误差要求时退出循环即可。

expm3()采用特征值特征向量的方法求出矩阵的指数矩阵。其数学原理为：首先求出矩阵 A 的特征值 $D=\mathrm{diag}(\gamma_1,\gamma_2,\cdots,\gamma_n)$ 及相应的特征向量矩阵 V，然后对该对角矩阵求取矩阵指数，即对每个对角矩阵元素求指数，这时原矩阵 A 的指数矩阵为：

$$e^{\mathrm{A}}=\mathrm{V}\begin{bmatrix} e^{\gamma_1} & & \\ & \ddots & \\ & & e^{\gamma_n}\end{bmatrix}\mathrm{V}^{-1} \tag{5-14}$$

这种方法看似简单，但有很大的局限性，它一般要求原矩阵没有重根，否则往往得出的特征向量矩阵趋于奇异，因而可能得出错误的结果。对这样的问题将引入广义特征向量的概念。在 MATLAB 7.x 以后版本中都取消了 expm2()和 expm3()函数，避免了这两个不能保证可靠性的函数使用。下面将给出演示矩阵指数求取的例子。

【例 5-25】考虑下面给出的矩阵：

$$\mathrm{A}=\begin{bmatrix} -2 & 1 & 0 & & \\ 0 & -2 & 1 & & \\ 0 & 0 & -2 & & \\ & & & -5 & 1 \\ & & & 0 & -5 \end{bmatrix}$$

试求出该矩阵的指数和对数，即 e^{A} 和 $\ln\mathrm{A}$。

其实现的 MATLAB 程序代码如下：

```
>> clear all;
A=[[-2 1 0;0 -2 1;0 0 -2],zeros(3,2);zeros(2,3),[-5 1;0 -5]];
expm(A)          %数值解求解
ans =
    0.1353    0.1353    0.0677         0         0
         0    0.1353    0.1353         0         0
         0         0    0.1353         0         0
         0         0         0    0.0067    0.0067
         0         0         0         0    0.0067
>> logm(ans)   %数值解求对数
ans =
   -2.0000    1.0000   -0.0000         0         0
         0   -2.0000    1.0000         0         0
         0         0   -2.0000         0         0
         0         0         0   -5.0000    1.0000
         0         0         0         0   -5.0000
>> norm(ans-A)
ans =
     1.6760e-015
```

对得出的指数结果进行对数运算可以按相当高的精度还原原始矩阵，从而表明，矩阵对数运算还是很精确的。

还可以调用解析解函数 expm()，直接求解 e^{At}。注意，这里包含了变量 t，所以这是数值算法无法解出的。

```
>> syms t;
>> expm(A*t)
ans =
[  exp(-2*t),   t*exp(-2*t),   1/2*t^2*exp(-2*t),          0,            0]
[   0,           exp(-2*t),      t*exp(-2*t),             0,            0]
[   0,               0,           exp(-2*t),              0,            0]
[   0,               0,               0,            exp(-5*t),   t*exp(-5*t)]
[  0,              0,               0,              0,           exp(-5*t)]
```

同样的问题利用 MATLAB 下的 expm1()函数求数值解，其精度相对降低。

```
>> format short;expm1(A)
ans =
   -0.8647    1.7183         0         0         0
         0   -0.8647    1.7183         0         0
         0         0   -0.8647         0         0
         0         0         0   -0.9933    1.7183
         0         0         0         0   -0.9933
```

由于该矩阵已经由 Jordan 矩阵形式给出，所以可以直接写出：

$$e^{At}=\begin{bmatrix} e^{-2t} & te^{-2t} & t^2e^{-2t}/2 & 0 & 0 \\ 0 & e^{-2t} & te^{-2t} & 0 & 0 \\ 0 & 0 & e^{-2t} & 0 & 0 \\ 0 & 0 & 0 & e^{-5t} & te^{-5t} \\ 0 & 0 & 0 & 0 & e^{-5t} \end{bmatrix}$$

【例 5-26】已知矩阵 A，试求出 e^{At} 。

$$A=\begin{bmatrix}-3 & -1 & -1\\0 & -3 & -1\\1 & 2 & 0\end{bmatrix}$$

解：如果 Jordan 标准型不那么明显，则不能采用直接写出的方法求解 e^{At} ，而应该采用广义特征向量矩阵的方式进行变换。现在考虑：

```
>> syms t;
A=[-3 -1 -1;0 -3 -1;1 2 0];
simple(expm(A*t))
ans =
[     -exp(-2*t)*(-1+t),                    -t*exp(-2*t),                    -t*exp(-2*t)]
[     -1/2*t^2*exp(-2*t),      -1/2*exp(-2*t)*(-2+2*t+t^2),        -1/2*t*exp(-2*t)*(2+t)]
[     1/2*t*exp(-2*t)*(2+t),        1/2*t*exp(-2*t)*(t+4),       1/2*exp(-2*t)*(2+t^2+4*t)]
```

下面演示基于 Jordan 矩阵变换的 e^{At} 矩阵处理方法。

```
>> [V,J]=jordan(A)   %Jordan 矩阵变换
V =
     0    -1     1
    -1     0     0
     1     1     0
J =
    -2     1     0
     0    -2     1
     0     0    -2
```

可以得出 Jordan 矩阵 J 和广义特征向量矩阵 V。由 Jordan 矩阵可以写出 e^{Jt} 的表达式为：

```
>> J1=[exp(-2*t),t*exp(-2*t),1/2*t^2*exp(-2*t);...
        0,          exp(-2*t),        t*exp(-2*t);...
        0,               0,           exp(-2*t)];
```

这样，原矩阵的指数矩阵可以由下面的命令求出，其结果与直接求解的结果是完全一致的。

```
>> A1=simple(V*J1*inv(V))
 A1 =
[       -exp(-2*t)*(-1+t),                   -t*exp(-2*t),                    -t*exp(-2*t)]
[        -1/2*t^2*exp(-2*t),     -1/2*exp(-2*t)*(-2+2*t+t^2),           -1/2*t*exp(-2*t)*(2+t)]
[        1/2*t*exp(-2*t)*(2+t),           1/2*t*exp(-2*t)*(t+4),     1/2*exp(-2*t)*(2+t^2+4*t)]
```

其实，用这样的方法求解矩阵指数不是本例的目的，因为用符号运算工具箱中的 expm() 函数可以立即得出所需的结果。后面将通过例子演示其他函数，如正弦等函数如何用 Jordan 矩阵的方法求解。

（2）矩阵的三角函数运算

MATLAB 下没有对矩阵进行三角函数运算的现成函数，求解其数值解可以通过 funm() 函数来实现。该函数的目的是求出矩阵的任意函数，其调用格式为：

A1=funm (A,'函数名')

其中，函数名应该由单引号括起来。例如，若想求出矩阵 A 的正弦矩阵，则可以使用命令 B=funm(A, 'sin')。值得指出的是，这里给出的矩阵函数运算是基于矩阵特征值特征向量而完成的，类似于 expm3()的效果，故在一些特殊但很常见的场合（如有重根矩阵）下仍将出现错误。

【例 5-27】重新考虑例 5-25 中给出的矩阵，如果想对其中的 A 矩阵进行正弦运算，则将得出如下的结论。

```
>> clear all;
A=[[-2 1 0;0 -2 1;0 0 -2],zeros(3,2);zeros(2,3),[-5 1;0 -5]];
funm(A,'sin')
ans =
   -0.9093   -0.4161    0.4546         0         0
         0   -0.9093   -0.4161         0         0
         0         0   -0.9093         0         0
         0         0         0    0.9589    0.2837
         0         0         0         0    0.9589
```

事实上，矩阵的非线性函数运算可以通过幂级数的方法简单地求出。例如，正弦函数可以由下面的幂级数展开式求出。

$$\sin A=\sum_{i=0}^{\infty}(-1)^i\frac{A^{2i+1}}{(2i+1)!}=A-\frac{1}{3!}A^3+\frac{1}{5!}A^5+\cdots \tag{5-15}$$

可以用 MATLAB 实现正弦函数幂级数的展开。

```
function E=sinm1(A)
E=zeros(size(A));
F=A;k=1;
while norm(E+F-E,1)>0
    E=E+F;
    F=-A^2*F/((k+2)*(k+1));
    k=k+2;
end
```

【例 5-28】由上面的程序可以看出，看起来比较复杂的矩阵正弦函数的幂级数展开运算可以由几条 MATLAB 语句容易地编写出来。利用该函数可以较容易地求出原矩阵 A 的正弦矩阵为：

```
>> E=sinm1(A)
E =
   -0.9093   -0.4161    0.4546         0         0
         0   -0.9093   -0.4161         0         0
         0         0   -0.9093         0         0
         0         0         0    0.9589    0.2837
         0         0         0         0    0.9589
```

可以测出，该函数一共进行了 39 次叠加运算。对上面的结果矩阵再进行反正弦运算，不难得出这样的结论，这种运算可以还原出原来的矩阵 A，而这样的结果光靠 MATLAB 提供的 funm()函数是不可能得出的。所以在使用 funm()函数时应该格外注意，如果确实不能得出正确的结果，则建议采用幂级数的方法编写程序来直接求出。

再考虑矩阵三角函数的解析解求解方法。先考虑标量三角函数的运算公式，根据著名的 Euler 公式$e^{ja}=\cos a+\mathrm{j}\sin a$ 与 $e^{-ja}=\cos a-\mathrm{j}\sin a$ 可以立即推导出：

$$\sin a=\frac{1}{\mathrm{j}2}(e^{ja}-e^{-ja}),\quad \cos a=\frac{1}{2}(e^{ja}+e^{-ja}) \tag{5-16}$$

此公式可以直接用于 a 为矩阵的形式。下面通过例子演示一般矩阵的正弦和余弦函数的解析解运算。

【例 5-29】仍考虑例 5-25 中给出的矩阵，试求解 sinA。

解：可以利用现成的 expm()函数求出矩阵的正弦函数。

```
>> clear all;
A=[[-2 1 0;0 -2 1;0 0 -2],zeros(3,2);zeros(2,3),[-5 1;0 -5]];
j=sqrt(-1);
A1=(expm(A*j)-expm(-A*j))/(2*j)
A1 =
   -0.9093   -0.4161    0.4546         0         0
         0   -0.9093   -0.4161         0         0
         0         0   -0.9093         0         0
         0         0         0    0.9589    0.2837
         0         0         0         0    0.9589
```

可见，精确的解与例 5-28 完全一致，证明该解是正确的。

【例 5-30】假设给出如下的矩阵：

$$A=\begin{bmatrix}-7 & 2 & 0 & -1\\ 1 & -4 & 2 & 1\\ 2 & -1 & -6 & -1\\ -1 & -1 & 0 & -4\end{bmatrix}$$

已知该矩阵有重特征根，试求出该矩阵的正弦函数 $\sin At$ 和余弦函数 $\cos At$ 。

解：根据式（5-16）可以由下面的语句求解矩阵的正弦和余弦函数。

```
>>
A=[-7,2,0,-1;1,-4,2,1;2,-1,-6,-1;-1,-1,0,-4];
syms t;
j=sym(sqrt(-1));
A1=simple((expm(A*j*t)-expm(-A*j*t))/(2*j))
A2=simple((expm(A*j*t)+expm(-A*j*t))/2)
A1 =
[-7/9*sin(6*t)-5/3*t*cos(6*t)+t^2*sin(6*t)-2/9*sin(3*t),
-1/3*sin(3*t)+1/3*sin(6*t)+t*cos(6*t),                -2/9*sin(3*t)+2/9*sin(6*t)-2/3*t*cos(6*t)+t^2*sin(6*t),
1/9*sin(3*t)-1/9*sin(6*t)-2/3*t*cos(6*t)+t^2*sin(6*t)]
[1/3*t*cos(6*t)+t^2*sin(6*t)-2/9*sin(3*t)+2/9*sin(6*t),
-2/3*sin(6*t)-1/3*sin(3*t)+t*cos(6*t),                -2/9*sin(3*t)+2/9*sin(6*t)+4/3*t*cos(6*t)+t^2*sin(6*t),
1/9*sin(3*t)-1/9*sin(6*t)+4/3*t*cos(6*t)+t^2*sin(6*t)]
[4/3*t*cos(6*t)-2*t^2*sin(6*t)-2/9*sin(3*t)+2/9*sin(6*t),
-1/3*sin(3*t)+1/3*sin(6*t)-2*t*cos(6*t),              -7/9*sin(6*t)-2/9*sin(3*t)-2/3*t*cos(6*t)-2*t^2*sin(6*t),
1/9*sin(3*t)-1/9*sin(6*t)-2/3*t*cos(6*t)-2*t^2*sin(6*t)]
[1/3*t*cos(6*t)+t^2*sin(6*t)+4/9*sin(3*t)-4/9*sin(6*t),
2/3*sin(3*t)-2/3*sin(6*t)+t*cos(6*t),                 4/9*sin(3*t)-4/9*sin(6*t)+4/3*t*cos(6*t)+t^2*sin(6*t),
```

```
-7/9*sin(6*t)-2/9*sin(3*t)+4/3*t*cos(6*t)+t^2*sin(6*t)]
 A2 =
[7/9*cos(6*t)-5/3*t*sin(6*t)-t^2*cos(6*t)+2/9*cos(3*t),
1/3*cos(3*t)-1/3*cos(6*t)+t*sin(6*t),                2/9*cos(3*t)-2/9*cos(6*t)-2/3*t*sin(6*t)-t^2*cos(6*t),
-2/3*t*sin(6*t)-t^2*cos(6*t)-1/9*cos(3*t)+1/9*cos(6*t)]
[1/3*t*sin(6*t)-t^2*cos(6*t)+2/9*cos(3*t)-2/9*cos(6*t),
2/3*cos(6*t)+1/3*cos(3*t)+t*sin(6*t),                2/9*cos(3*t)-2/9*cos(6*t)+4/3*t*sin(6*t)-t^2*cos(6*t),
-1/9*cos(3*t)+1/9*cos(6*t)+4/3*t*sin(6*t)-t^2*cos(6*t)]
[4/3*t*sin(6*t)+2*t^2*cos(6*t)+2/9*cos(3*t)-2/9*cos(6*t),
1/3*cos(3*t)-1/3*cos(6*t)-2*t*sin(6*t),          7/9*cos(6*t)+2/9*cos(3*t)-2/3*t*sin(6*t)+2*t^2*cos(6*t),
-1/9*cos(3*t)+1/9*cos(6*t)-2/3*t*sin(6*t)+2*t^2*cos(6*t)]
[1/3*t*sin(6*t)-t^2*cos(6*t)-4/9*cos(3*t)+4/9*cos(6*t),
-2/3*cos(3*t)+2/3*cos(6*t)+t*s
```

（3）一般矩阵函数的运算

除了对整个矩阵求取矩阵指数之外，MATLAB 还允许求取矩阵的其他非线性函数，其中常用的函数还有 logm()（矩阵求对数）、sqrtm()（矩阵求平方根）和 funm()（矩阵求任意函数）等。可以看出，这里的函数名很有特点，每个函数名在标准函数名的后面加了一个后缀 m，表示对矩阵而不是对矩阵元素进行运算。

遗憾的是，现有的 funm()函数是基于特征值和特征向量矩阵的，所以矩阵有重根时，由于特征向量矩阵奇异，故得出的结果是不可靠的，甚至是错误的。这里将介绍基于 Jordan 矩阵的矩阵函数求解方法。

首先可以将 m_i 阶 Jordan 块 J_i 写成 $J_i=\lambda_i I+H_{m_i}$，其中，λ_i 为 Jordan 矩阵的重特征值，H_{m_i} 为幂零矩阵，即 $l\geqslant m_i$ 时 $H_{m_i}^k\equiv 0$。这样可以证明，矩阵函数 $\psi(J_i)$ 可以由下式求出：

$$\psi(J_i)=\psi(\lambda_i)I_{m_i}+\psi'(\lambda_i)H_{m_i}+\cdots+\frac{\psi^{(m_i-1)}(\lambda_i)}{(m_i-1)!}H_{m_i}^{m_i-1} \tag{5-17}$$

若通过 Jordan 矩阵分解的方法可以将任意矩阵 A 分解成：

$$\mathrm{A}=\mathrm{V}\begin{bmatrix} J_1 & & & \\ & J_2 & & \\ & & \ddots & \\ & & & J_m \end{bmatrix}\mathrm{V}^{-1} \tag{5-18}$$

这样，该矩阵的任意函数 $\psi(\mathrm{A})$ 可以最终如下求出。

$$\psi(\mathrm{A})=\mathrm{V}\begin{bmatrix} \psi(J_1) & & & \\ & \psi(J_2) & & \\ & & \ddots & \\ & & & \psi(J_m) \end{bmatrix}\mathrm{V}^{-1} \tag{5-19}$$

根据上述算法可以立即编写出新的 funm()函数，反应置于@sym 目录下，可以推导任意矩阵函数的解析解。该函数的代码如下：

```
function F=funm(A,fun,x)
[V,J]=jordan(A);
v1=[0,diag(J,1)'];
```

```
v2=[find(v1==0),length(v1)+1];
for i=1:length(v2)-1
    v_lambda(i)=J(v2(i),v2(i));
    v_n(i)=v2(i+1)-v2(i);
end
m=length(v_lambda)
F=sym([]);
for i=1:m
    J1=J(v2(i):v2(i)+v_n(i)-1,v2(i):v2(i)+v_n(i)-1);
    fJ=funJ(J1,fun,x);
    F=diagm(F,fJ);
end

function fJ=funJ(J,fun,x)
lam=J(1,1);
f1=fun;
fJ=subs(fun,x,lam)*eye(size(J));
H=diag(diag(J,1),1);
H1=H;
for i=2:length(J)
    f1=diff(f1,x);
    a1=subs(f1,x,lam);
    fJ=fJ+a1*H1;
    H1=H1*H/i;
end
```

该函数的调用格式为：

A1=funm(A, funx, x)

其中，x 为符号型自变量，funx 为 x 的函数表示。例如，若想求出 e^{A}，则可以将 funx 填写成 exp(x)。其实，funx 参数可以描述任意复杂的函数，如 exp(x*t)表示求取 e^{At}，其中 t 也应该事先设置成符号变量。另外，该函数还可以表示成 exp(x*cos(x*t))型的复合函数，表示需要求取 $\psi(A)=e^{A\cos(At)}$。

5.5.5 牛顿法

【例 5-31】设方程为：

$$f(x)=x^3+2x^2+10x-20=0$$

（1）给出用牛顿法求方程根的程序。

（2）该迭代的收敛性与初值 x_1 的选取是否有关，通过数值试验来回答这个问题。

（3）迭代收敛的快慢与初值 x_1 的选取是否有关，通过数值试验来回答这个问题。

其编程思路如下：

（1）数值分析中，牛顿迭代公式为：

$$x_{n+1}=x_n-\frac{f(x_n)}{f'(x_n)}\text{（}x_1\text{ 为初值）}$$

（2）牛顿迭代算法如下：

① 输入初值 x_1，允许的最大迭代次数 N，误差限 eps $\leftarrow 10^{-8}$，迭代次数计数变量 $k \leftarrow 0$。

② 反复做以下操作。

- 计算 x_1 处的函数值 $f1$ 、导数值 $f\text{bar}1$。
- 若 $f$bar1=0，则显示导数为零信息，break。
- $x_2 \leftarrow x_1 - f1/f\text{bar}1$， $k \leftarrow k+1$， $\text{err} \leftarrow |x_2 - x_1|$。
- 若 $\text{err} < \text{eps}$，则输出近似根 x_2 与迭代次数 k，break。
- 若 $k = N$，则显示迭代次数超限信息，break。
- $x_1 \leftarrow x_2$。

其实现的 MATLAB 程序代码如下：

```
x1=input('绘制牛顿迭代初值 x1=');
N=input('给出允许的最大迭代次数 N=');
eps=10^(-8);                          %迭代次数计数变量置 0
k=0;
while 1
    f1=x1^3+2*x1^2+10*x1-20;          %计算函数值
    fbar1=3*x1^2+4*x1+10;             %计算导数值
    if fbar1==0
        fprintf('导数值为零,迭代失败')
        break
    end
    x2=x1-f1/fbar1;                   %牛顿迭代
    k=k+1;                            %迭代次数增 1
    err=abs(x2-x1);                   %误差估计
    if err<eps
        fprintf('近似根 x*=%10.9f,迭代次数 k=%2d\n',x2,k)
        break
    end
    if k==N
        fprintf('迭代次数超限,迭代失败!')
        break
    end
    x1=x2;                            %准备下一轮的迭代初值
end
```

将程序以 li5_31fun.m 文件名存盘，即运行程序：

```
>> li5_31fun
绘制牛顿迭代初值 x1=2008
给出允许的最大迭代次数 N=100
近似根 x*=1.368808108,迭代次数 k=21
```

通过数值试验可知，用牛顿迭代求该方程的根与初值 x_1 的选取无关，而迭代收敛的速度与初值 x_1 的选取是有关的。

5.5.6　艾特肯法

【例 5-32】求 $x^2 - 2 = 0$ 的根 $x^* = \sqrt{2}$ 的近似值用艾特肯加速法对不收敛的迭代式进行

改造，并给出前 5 次计算的结果。

其编程思路如下：

（1）数值分析中，艾特肯迭代公式为：

$$\text{预报}\quad \tilde{x}_{n+1}=\varphi(x_n)\ （x_1\ \text{为初值}）$$

$$\text{预报}\quad \bar{x}_{n+1}=\varphi(\tilde{x}_{n+1})$$

$$\text{校正}\ x_{n+1}=x_n-\frac{(\tilde{x}_{n+1}-x_n)^2}{\bar{x}_{n+1}-2\tilde{x}_{n+1}+x_n}$$

（2）创建迭代函数文件 f.m，其代码如下：

```
function y=f(x)
y=x*x+x-2;
```

（3）艾特肯迭代算法如下：

① $x_1 \leftarrow 2$。

② 对于 n=1,2,3,4,5，做以下操作。

- ❑ $x\text{cbar} \leftarrow f(x_n)$。
- ❑ $x\text{bar} \leftarrow f(x\text{cbar})$。
- ❑ $x_{n+1} \leftarrow x_n-(x\text{cbar}-x_n)^2/(x\text{bar}-2x\text{cbar}+x_n)$。

③ 输出 x。

其实现的 MATLAB 程序代码如下：

```
x(1)=2;
for n=1:1:5
    xcbar=f(x(n));
    xbar=f(xcbar);
    x(n+1)=x(n)-(xcbar-x(n))^2/(xbar-2*xcbar+x(n));
end
disp(x)
```

将程序以 li5_32fun.m 文件名存盘，即运行程序：

```
>> li5_32fun
    2.0000      1.6667      1.4775      1.4192      1.4142      1.4142
```

从计算结果可以看出，经过艾特肯加速法之后，原来发散的迭代被改造成为收敛的迭代，且收敛速度较快。

5.5.7 弦截法

1. 一般弦截法

【例 5-33】取初值 $x_1=4$，$x_2=3.8$，用弦截法求方程：

$$f(x)=x^3-2x-5=0$$

在[1, 4]之间的根，并给出弦截过程的演示。

其编程思路如下：

（1）数值分析中，弦截法的迭代公式为：

$$x_{n+1}=x_n-\frac{f(x_n)}{f(x_n)-f(x_1)}(x_n-x_1)\text{，（}x_1,x_2\text{为初值）}$$

（2）为方程创建函数文件 f.m，其代码如下：

```
function y=f(x)
y=x.^3-2*x-5;
```

（3）编程算法如下：

① $x_1\leftarrow 4, x_2\leftarrow 3.8$，$N\leftarrow 100, \text{eps}\leftarrow 10^{-4}$，$k\leftarrow 2$。

② 反复做以下操作。

- ❑ $x_{k+1}\leftarrow x_k-f(x_k)(x_k-x_1)/(f(x_k)-f(x_1))$。
- ❑ 若$|x_{k+1}-x_k|<\text{eps}$，则输出近似根x_{k+1}，break。
- ❑ 若$k=N$，则显示迭代次数超限信息，break。
- ❑ $k\leftarrow k+1$。

③ 作函数图像和截弦图像。

其实现的 MATLAB 程序代码如下：

```
close all; clear all;
x(1)=4;                                    %初值 x(1)
x(2)=3.8;                                  %初值 x(2)
eps=10^(-4);                               %误差限
N=100;                                     %最大允许迭代次数
k=2;                                       %弦截次数计数变量置初值 2
while 1
    x(k+1)=x(k)-f(x(k))*(x(k)-x(1))/(f(x(k))-f(x(1)));
    if abs(x(k+1)-x(k))<eps
        fprintf('方程的近似根为 x(%2d)=%10.9f\n',k+1,x(k+1));
        break
    end
    if k==N
        fprintf('迭代次数超限,迭代失败');
        break;
    end
    k=k+1;
end
%作函数图像与坐标轴
hold on
u=1:0.001:4;
v=f(u);
plot(u,v,'r');                             %用红色线画函数图像
plot([1,4],[0,0],'b');                     %用蓝色线画坐标轴
plot([1,1],[min(v),max(v)],'b')
%作曲线上的截弦
for i=2:1:k-1
    plot([x(1),x(i)],[f(x(1)),0],'m');     %用粉红线画曲线上的截弦
    pause(2)
    plot([x(1),x(i)],[f(x(1)),0],'k');     %用黑色线重画上一次的截弦
end
```

```
hold off
```

将程序以 li5_33fun.m 文件名存盘，即运行程序：

```
>> li5_33fun
```

程序运行的结果如下，其图像如图 5-6 所示。

方程的近似根为 x(19)=2.094649710。

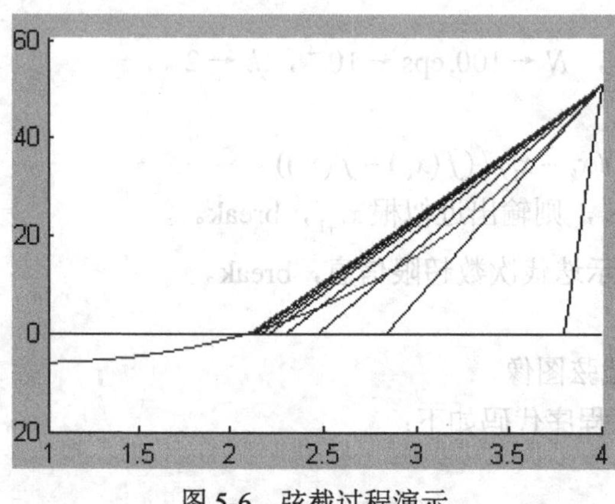

图 5-6　弦截过程演示

2．快速弦截法

【例 5-34】用快速弦截法来解决例 5-33 所提出的问题，比较快速弦截法与一般弦截法的收敛速度。

其编程思路如下：

（1）数值分析中，快速弦截法的迭代公式为：

$$x_{n+1}=x_n-\frac{f(x_n)}{f(x_n)-f(x_{n-11})}(x_n-x_{n-1})\text{，}\quad (x_1,x_2\text{ 为初值})$$

（2）为方程创建函数文件 f.m，其代码为：

```
function y=f(x)
y=x.^3-2*x-5;
```

（3）编程算法如下：

① $x1\leftarrow 4,x2\leftarrow 3.8$， $N\leftarrow 100,\text{eps}\leftarrow 10^{-4}$， $k\leftarrow 2$ 。

② $f1\leftarrow f(x1),f2\leftarrow (x2)$ 。

③ 反复做以下操作：

- ❑ $x3\leftarrow x3-f2(x2-x1)/(f2-f1)$ 。
- ❑ $k\leftarrow k+1$ 。
- ❑ 若 $|x3-x2|<\text{eps}$ ，则输出近似根 $x3$ ，break。
- ❑ 若 $k=N$ ，则显示迭代次数超限信息，break。
- ❑ $f3=f(x3)$ 。
- ❑ $x1\leftarrow x2,f1\leftarrow f2,x2\leftarrow x3,f2\leftarrow f3$ 。

其实现的 MATLAB 程序代码如下：

```
close all; clear all;
x1=4;                    %初值 x1
x2=3.8;                  %初值 x2
eps=10^(-4);             %误差限
N=100;                   %最大允许迭代次数
k=0;                     %弦截次数计数变量置初值 0
f1=f(x1);
f2=f(x2);
while 1
    x3=x2-f2*(x2-x1)/(f2-f1);
    k=k+1;
    if abs(x3-x2)<eps
        fprintf('方程的近似根为 x(%1d)=%10.9f\n',k,x3);
        break
    end
    if k==N
        fprintf('迭代次数超限,迭代失败!');
        break;
    end
    f3=f(x3);   x1=x2;
    f1=f2;      x2=x3;
    f2=f3;               %准备下一轮的迭代初始值
end
```

将程序以 li5_34fun.m 文件名存盘，即运行程序：

```
>> li5_34fun
```

方程的近似根为 x(7)=2.094551486。

用快速弦截法求解仅需 7 次迭代，而一般弦截法求解需要 17 次迭代。这表明，快速弦截法比一般弦截法的收敛速度要快。

第6章 优化问题

6.1 线性规划问题

线性规划（linear programming）是运筹学中产生较早、应用广泛的一个分支。早在20世纪30年代，KAHTOPOBHQ研究并发表了《生产组织与计划的数学方法》，其中论述的就是线性规划问题。1947年G.B.Dantzing提出了单纯形法，其后在计算机上的成功实现使得应用线性规划解决的问题迅速增加。线性规划已广泛应用于国防科技、经济、工业、农业、环境工程、教育及社会科学等众多学科和领域。

6.1.1 无约束最优化

无约束最优化问题是最简单的一类最优化问题，其一般数学描述为：

$$\min_{x} f(x) \tag{6-1}$$

其中，$x=[x_1,x_2,\cdots,x_n]^T$ 称为优化变量，$f(\cdot)$ 函数称为目标函数，该数学表示的含义亦即求取一组 x 向量，使得最优化目标函数 $f(x)$ 为最小，故这样的问题又称为最小化问题。其实，最小化是最优化问题的通用描述，它不失普遍性。如果要想求解最大化问题，那么只需给目标函数 $f(x)$ 乘一个负号就能立即将最大化问题转换成最小化问题。所以在此描述中全部问题都是最小化问题。

1．解析解法和图解法

无约束最优化问题的最优点 x^* 处，目标函数 $f(x)$ 对 x 各个分量的一阶导数为0，从而可以列出下面的方程：

$$\left.\frac{\partial f}{\partial x_1}\right|_{x=x^*}=0,\left.\frac{\partial f}{\partial x_2}\right|_{x=x^*}=0,\cdots,\left.\frac{\partial f}{\partial x_n}\right|_{x=x^*}=0 \tag{6-2}$$

求解这些方程构成的联立方程可以得出极值点。其实，解出的一阶导数均为0的极值点不一定都是极小值的点，其中有的还可能是极大值点。极小值问题还应该有正的二阶导数。对于单变量的最优化问题，可以考虑采用解析解的方法进行求解。然而多变量最优化问题因为需要将其转换成求解多元非线性方程，其难度也不低于直接求取最大优化问题，所以没有必要采用解析解方法求解。

一元函数最优化问题的图解法也是很直观的，应绘制出该函数的曲线，在曲线上就能看出其最优值点。二元函数的最优化也可以通过图解法求出。但三元或多元函数，由于用图形没有办法表示，所以不适合用图解法求解。

【例6-1】给出方程 $f(t)=e^{-3t}\sin(4t+2)+4e^{-0.5t}\cos(2t)-0.5$，试用解析解法和图形法研

究该函数的最优性。

解：可以先表示该函数，并解析地求解该函数的一阶导数，用 ezplot()函数可以绘制出 $t\in[0,4]$ 区间内一阶导函数的曲线，如图 6-1（a）所示。

其实现的 MATLAB 程序代码如下：

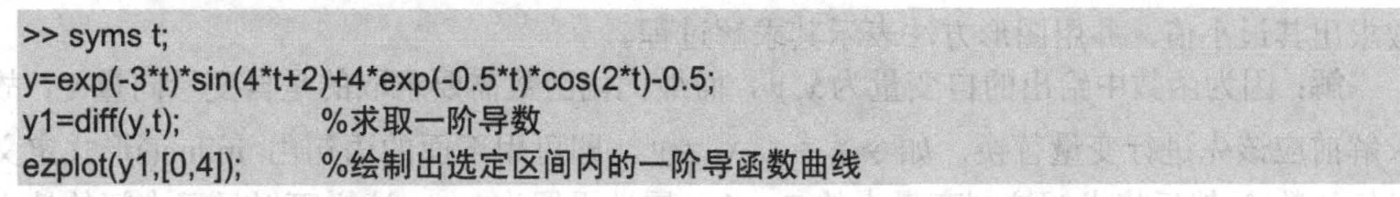

```
>> syms t;
y=exp(-3*t)*sin(4*t+2)+4*exp(-0.5*t)*cos(2*t)-0.5;
y1=diff(y,t);                %求取一阶导数
ezplot(y1,[0,4]);            %绘制出选定区间内的一阶导函数曲线
```

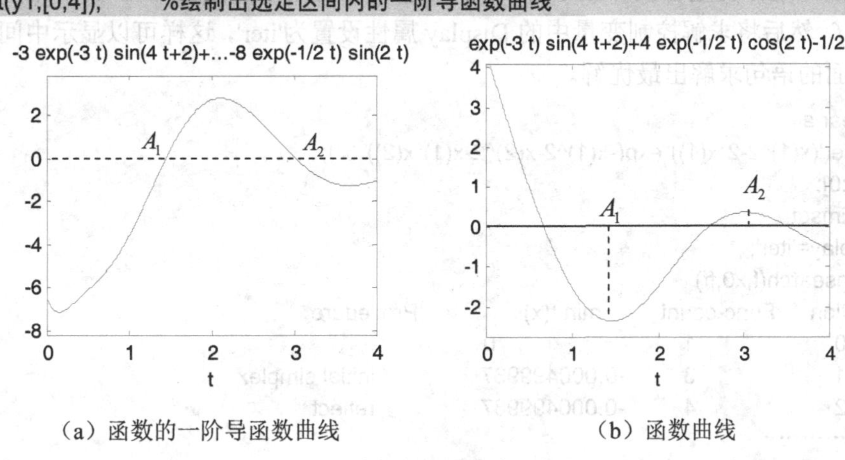

（a）函数的一阶导函数曲线　　　　（b）函数曲线

图 6-1　联立方程图解法示意图

其实，求解导函数等于 0 的方程不比直接求解其最优值简单。用图解法可以看出，在这个区间内有两个点：A_1 和 A_2，使得它们的一阶导函数为 0，但从其一阶导数走向看，A_2 点对应负的二阶导数值，所以该点对应于极大值点，而 A_1 点对应于正二阶导数值，故为极小值点。A_1 点的值可以由下面的语句直接解出。

```
>> t0=solve(y1)
ezplot(y,[0,4])                          %求出一阶导数等于零的点
Warning: Warning, solutions may have been lost
t0 =
1.4528424981725411893375778048840
>> y2=solve(y1);b=subs(y2,t,t0)          %并验证二阶导数为正
Warning: Warning, solutions may have been lost
b =
    1.4528
```

这样，即可求出函数的最小值。还可以用图形绘制的方法进一步验证得出的结果，如图 6-1（b）所示，可见，A_1 为最小值，A_2 为最大值。

此函数用解析解法或类似的方法求解最小值问题不比直接求解最优化问题简单。其花费时间比较长，因此，除演示之外，不建议用这样的方法求解该问题，而直接采用最小优化问题求解程序得出问题的解。

2．基于 MATLAB 的数值解法

MATLAB 语言中提供了求解无约束最优化的函数 fminsearch()，其最优化工具箱中还提

供了函数 fminunc()，两者的调用格式完全一致，具体如下：

x=fminunc(Fun, x0)：最简求解语句。

[x, f, flag, out]=fminunc(Fun, x0, opt, p1, p2,⋯)：一般求解格式。

【例 6-2】已知二元函数 $z=f(x,y)=(x^2-2x)e^{-x^2-y^2-xy}$，试用 MATLAB 提供的求解函数求出其最小值，并用图形方法表示其求解过程。

解：因为函数中给出的自变量为 x,y，而最优化函数需要求取的是自变量向量 x，故在求解前应该先进行变量替换，如令 $x_1=x$，$x_2=y$，即可用下面的语句由 inline()形式定义出目标函数 f，然后将求解控制变量中的 Display 属性设置为'iter'，这样可以显示中间的搜索结果。用下面的语句求解出最优解。

```
>> clear all;
f=inline('(x(1)^2-2*x(1))*exp(-x(1)^2-x(2)^2-x(1)*x(2))','x');
x0=[0;0];
ff=optimset;
ff.Display='iter';
x=fminsearch(f,x0,ff)
 Iteration   Func-count     min f(x)          Procedure
     0            1               0
     1            3      -0.000499937          initial simplex
     2            4      -0.000499937          reflect
     ............
    71          135          -0.641424         contract inside
    72          137          -0.641424         contract outside
 Optimization terminated:
 the current x satisfies the termination criteria using OPTIONS.TolX of 1.000000e-004
 and F(X) satisfies the convergence criteria using OPTIONS.TolFun of 1.000000e-004
x =
    0.611053697008411
   -0.305578060475839
```

同样的问题用 fminunc()函数求解，则可以得出如下的结果。

```
>> x=fminunc(f,[0;0],ff)
Warning: Gradient must be provided for trust-region method;
   using line-search method instead.
> In fminunc at 281
                                                          First-order
 Iteration  Func-count        f(x)          Step-size      optimality
     0           3               0                                  2
     1           6       -0.367879            0.5               0.736
     2           9       -0.571873              1               0.483
     3          15       -0.632398       0.284069               0.144
     4          18       -0.638773              1               0.063
     5          21        -0.64141              1             0.00952
     6          24       -0.641424              1            0.000619
     7          27       -0.641424              1            1.8e-006
Optimization terminated: relative infinity-norm of gradient less than options.TolFun.
x =
```

```
0.611046203563890
-0.305524147756512
```

比较两种方法，显然可以看出，用 fminunc()函数的效率明显高于 fminsearch()。所以在无约束最优化问题求解时，如果安装了最优化工具箱建议使用 fminunc()函数。

在求解过程中，如果手工修改 fminunc()下级的 fminusub()函数文件，即可追踪出各个搜索中间点的坐标。下面在图形上显示出搜索中间过程。假设选择 $x=[2,1]^T$，则由下面的语句可以得出所需的解。

用下面的语句可以绘制出搜索过程中间点的轨线，如图 6-2 所示。

```
>> xx=[2 0.2401 -0.1398 0.2168 0.3355 0.5514 0.6129 0.6111
      1 1.0502 0.5752 1.0210 -0.5508 -0.1775 -0.3053 -0.3058];
[x,y]=meshgrid(-3:0.1:3,-2:0.1:2);
z=(x.^2-2*x).*exp(-x.^2-y.^2-x.*y);
contour(x,y,z,30);
line(xx(1,:),xx(2,:));
h=line(xx(1,:),xx(2,:));
set(h,'Marker','o')
```

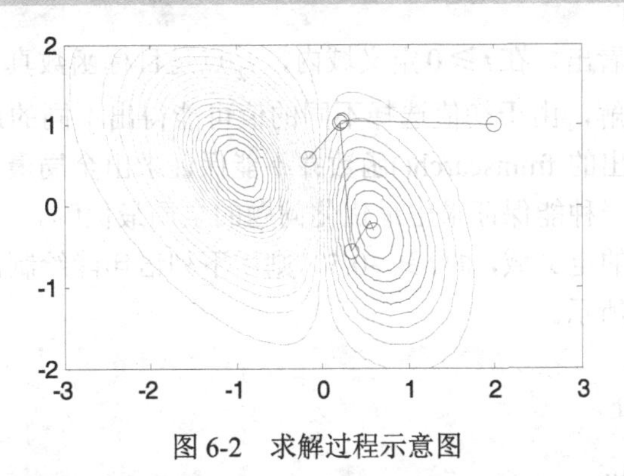

图 6-2　求解过程示意图

3．全局最优解与局部最优解

以单变量 x 为例，无约束最优化问题函数有解的必要条件是 $\mathrm{d}f(x)/\mathrm{d}x=0$，但满足该条件的 x 值可能不唯一，可能存在多个解。从最优化搜索的角度来说，可能找到其中一个这样的点。下面将通过例子引入全局最优解和局部最优解的概念。

【例 6-3】假设目标函数为 $y(t)=e^{-2t}\cos 10t+e^{-3t-6}\sin 2t$，$t\geqslant 0$，试观察不同的初值能得出的最小值，并讨论局部最小值与全局最小值的概念。

解：由给定的目标函数，可以立即写出可用于无约束最优化搜索的 MATLAB 表示，并可以采用下面的 inline()函数编写相应的 MATLAB 文件。

```
>> clear all;
f=inline('exp(-2*t).*cos(10*t)+exp(-3*(t+2)).*sin(2*t)','t');   %目标函数
```

若选定初始搜索点为 $t_0=1$，则可以给出如下的语句获得目标函数的最优值：

```
>> t0=1;
[t1,f1]=fminsearch(f,t0);
[t1,f1]
```

```
ans =
    0.922753906250000   -0.154732998218604
```

若选择另一个初始点，则可以得出如下的最优解：

```
>> t0=0.1;
[t2,f2]=fminsearch(f,t0);[t2,f2]
ans =
    0.294453125000001   -0.543624637387060
```

可见，给出不同的初值，此函数能得出不同的“最优解”，但从最优解处的函数值看，t_1处的函数显然大于t_2处的函数值。故可以得出结论，t_1得出的并非真正的最优解，而是某种局部最优解。试测其他的初值，如$t_0=1.5,2.5,\cdots$还可以得出其他的局部最优值，这里不一一列出。用 MATLAB 的 ezplot()函数可以绘制给定目标函数$y(t)$在$t\in(0,2.5)$定义域内的曲线，如图 6-3（a）所示，区间内的全局和局部最优值均由虚线表示出来。

```
>> syms t;
y=exp(-2*t)*cos(10*t)+exp(-3*(t+2))*sin(2*t);
ezplot(y,[0,2.5]);
set(gca,'Ylim',[-0.6 1]);
```

从图 6-3（a）可以看出，在$t\geqslant 0$定义域内，t_2点是目标函数真正的最优值，在最优化理论中又称为全局最优解，由于初值选择不同的值可能得出不同的最优值，其中有些是局部最优值，所以这里给出的 fminsearch()函数并不能保证求出全局最优值。事实上，目前所有的最优化算法没有哪一种能保证求出最优化问题的全局最优解。

现在再考虑更大些的定义域，即$t\geqslant -0.5$，则用下列语句能绘制出该函数在新定义域内的曲线，如图 6-3（b）所示。

```
>> ezplot(y,[-0.5,2.5]);
set(gca,'Ylim',[-2,1.2]);
t0=-0.2;
[t3,f3]=fminsearch(f,t0);
[t3,t3]
ans =
   -0.333984375000001   -0.333984375000001
```

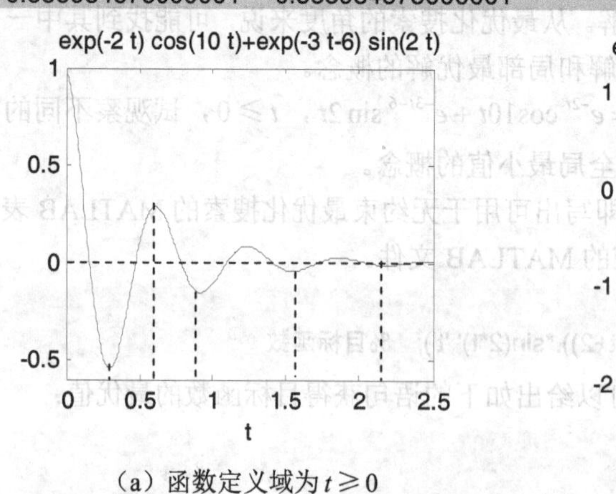

（a）函数定义域为$t\geqslant 0$

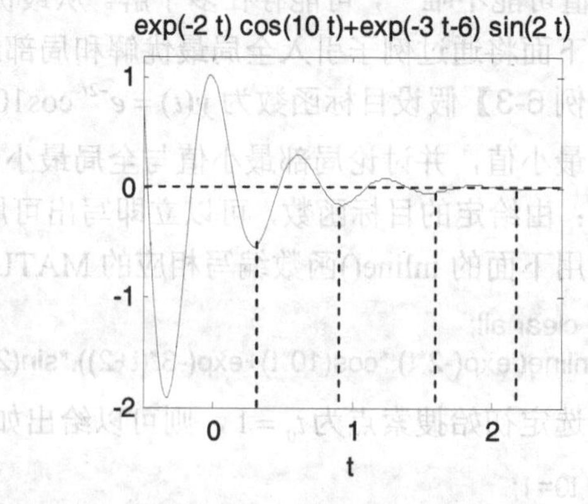

（b）定义域为$t\geqslant -0.5$

图 6-3　全局最优解与局部最优解

从图 6-3（b）可见，前面得出的全局最优解在新的定义域内已不再是全局最优解，比起新的最优解来说，它只是局部最优解，若进一步扩大定义域，则得出的t_3将不再是全局最优解，而称为局部最优解。若将定义域扩展到$t \in (-\infty,\infty)$区间，则原函数将没有真正意义的全局最优解。

通过上面的例子可以看出，利用 MATLAB 的求解函数或其他现成的最优化问题求解函数可能得出局部最优解，而不是全局最优解，这就需要读者自己去试不同的初值，看看得出的最优解是否相同，如果不同，则比较哪个是局部最优解。遗传算法提供了一种同时试测不同初值的算法，在求解全局最优解上有一定的改进，但也不能保证得出全局最优解。

4．利用梯度求解最优化问题

有时最优化问题求解速度较慢，有时甚至无法搜索到较精确的最优点，尤其是变量较多的最优化问题，所以需要引入目标函数梯度，以加快计算速度，改进搜索精度。然而，有时计算梯度也是需要时间的，也会影响整个运算速度，所以实际求解时应该考虑是不是值得引入梯度的概念。

在利用 MATLAB 最优化工具箱求解最优化问题时，也应该和目标函数在同一函数中描述梯度函数，亦即这时 MATLAB 的目标函数应该返回两个变量，第一个变量仍然表示目标函数，第二个变量可以返回/梯度函数。同时，还应该将求解控制变量的 Grad0bj 属性设置成‘on’，这样即可利用梯度来求解最优化问题。

【例 6-4】试求解 Rosenbrock 函数$f(x_1,x_2)=100(x_2-x_1^2)^2+(1-x_1)^2$的无约束最优化问题。

解：从目标函数可以看出，由于它为两个平方数的和，所以当$x_1=x_2=1$时，整个目标函数有最小值 0。用下面的语句可以绘制出目标函数的三维等高线图，如图 6-4 所示。

```
>> clear all;
[x,y]=meshgrid(0.5:0.01:1.5);
z=100*(y.^2-x).^2+(1-x).^2;
contour3(x,y,z,100);
set(gca,'Zlim',[0,310]);
```

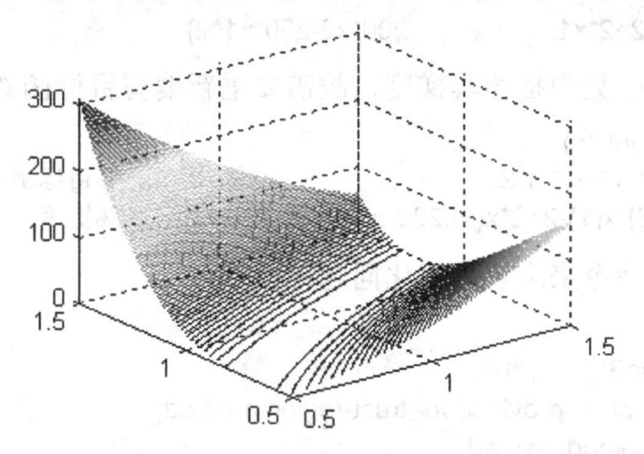

图 6-4　Rosenbrock 目标函数的三维等高线图

由得出的曲线看，其最小值点在图中的一个很窄的白色带状区域内，故 Rosenbrock 目标函数又称为香蕉形函数，而在这个区域内的函数值变化较平缓，这就给最优化求值带来很多麻烦。该函数经常用来测试最优化算法的优劣。现在用下面语句求解最优化问题：

```
>> f=inline('100*(x(2)-x(1)^2)^2+(1-x(1))^2','x');
ff=optimset;
ff.TolX=1e-10;
ff.TolFun=1e-20;
ff.Display='iter';
x=fminunc(f,[0;0],ff)
Warning: Gradient must be provided for trust-region method;
  using line-search method instead.
> In fminunc at 281
                                                        First-order
 Iteration  Func-count       f(x)        Step-size      optimality
     0          3              1                              2
     1         12        0.771192      0.0817341            5.34
......   ......
    18         75    3.36107e-009          1              0.00222
    19         78    6.74012e-011          1             7.24e-005
                                                        First-order
 Iteration  Func-count       f(x)        Step-size      optimality
    20         81     1.9471e-011          1             1.06e-006
Line search cannot find an acceptable point along the current
 search direction.
x =
    0.999995588493431
    0.999991167226019
```

可见，该算法无法在给定的步数内精确搜索到真值(1,1)，用传统的最速下降法更无法搜索到真值。这时需要引入梯度的概念。

对给定的 Rosenbrock 函数，利用符号运算工具箱可求出其梯度向量为：

```
>> syms x1 x2;
f=100*(x2-x1^2)^2+(1-x1)^2;
J=jacobian(f,[x1,x2])
J =
 [ -400*(x2-x1^2)*x1-2+2*x1,                200*x2-200*x1^2]
```

这时，可以在目标函数中描述其梯度，故需要重新编写目标函数为：

```
function [y,Gy]=li6_4funB(x)
y=100*(x(2)-x(1)^2)^2+(1-x(1))^2;                              %目标函数
Gy=[-400*(x(2)-x(1)^2)*x(1)-2+2*x(1);200*x(2)-200*x(1)^2];     %梯度
```

这样，即给出如下命令来求解最优化问题：

```
>> ff.Grad0bj='on';
>> x=fminunc('li6_4funB',[0;0],ff)
Warning: Gradient must be provided for trust-region method;
  using line-search method instead.
> In fminunc at 281
                                                        First-order
 Iteration  Func-count       f(x)        Step-size      optimality
     0          3              1                              2
     1         12        0.771192      0.0817341            5.34
```

```
......    ......
   18          75      3.36107e-009                  1             0.00222
   19          78      6.74012e-011                  1           7.24e-005
                                                            First-order
 Iteration   Func-count       f(x)         Step-size       optimality
   20          81      1.9471e-011                   1           1.06e-006
Line search cannot find an acceptable point along the current
 search direction.
x =
   0.999995588493431
   0.999991167226019
```

可见，引入了梯度则可以明显加快搜索的进度，且最优解也基本上逼近于真值，这是不使用梯度不可能得到的，所以从本例可以看出梯度在搜索中的作用。然而，在有些例子中引入梯度也不是很必要，因为梯度本身的计算和编程需要更多的时间。

6.1.2　有约束最优化

有约束最优化问题的一般描述为：

$$\min_{x s.t. G(x)\leqslant 0} f(x) \tag{6-3}$$

其中，$x=[x_1,x_2,\cdots,x_n]^T$，记号 $s.t.$ 是英文 subject to 的缩写，表示满足后面的关系。该数学表示的含义为求取一组 x 向量，使得在满足约束条件 $G(x)\leqslant 0$ 的前提下能够使目标函数 $f(x)$ 最小化。在实际遇到的最优化问题中，有时约束条件可能是很复杂的，它既可以是等式约束，也可以是不等式约束；即可以是线性的，也可能是非线性的；有时甚至不能用纯数学函数来描述。

1．约束条件与可行解区域

满足约束条件 $G(x)\leqslant 0$ 的 x 范围称为可行解区域（feasible region）。下面通过例子演示二元问题的可行解范围与图解结果。

【例 6-5】考虑下面二元最优化问题的求解，试用图解方法对该问题进行研究。

$$\max(-x_1^2-x_2)$$

$$x s.t.\begin{cases} 9\geqslant x_1^2+x_2^2 \\ x_1+x_2\leqslant 1 \end{cases}$$

解：由约束条件可知，若在[−3, 3]区间选择网格，则可以得到无约束时目标函数的三维图形数据。可用下列语句获得这些数据：

```
>> clear all;
[x1,x2]=meshgrid(-3:0.1:3);         %生成网格型矩阵
z=-x1.^2-x2;                        %计算出矩阵上各点的高度
```

引入了约束条件，则在图形上需要将约束条件以外的点剔除掉。具体方法是找出这些点的横纵坐标值，将其函数值设置成不定式 NaN 即可剔除这些坐标点。这样可以使用如下语句进行求解：

```
>> i=find(x1.^2+x2.^2>9);z(i)=NaN;   %找出 x1^2+x2^2>9 的坐标，并置函数值为 NaN
i=find(x1+x2>1);z(i)=NaN;             %找出 x1+x2>1 的坐标，并置函数值为 NaN
surf(x1,x2,z);shading interp
```

该语句可以直接绘制出如图 6-5（a）所示的三维图形，若想从上向下观察该图形，则可以使用 view(0,90)命令，这样可以得出如图 6-5（b）所示的二维投影图。图形上的区域为相应最优化问题的可行区域，即满足约束条件的区域。该区域内对应目标函数的最大值即为原问题的解，故从图形中可以直接得出结论，问题的解为 $x_1=0$，$x_2=3$，用 max(z(:))可以得出最大值为 3。

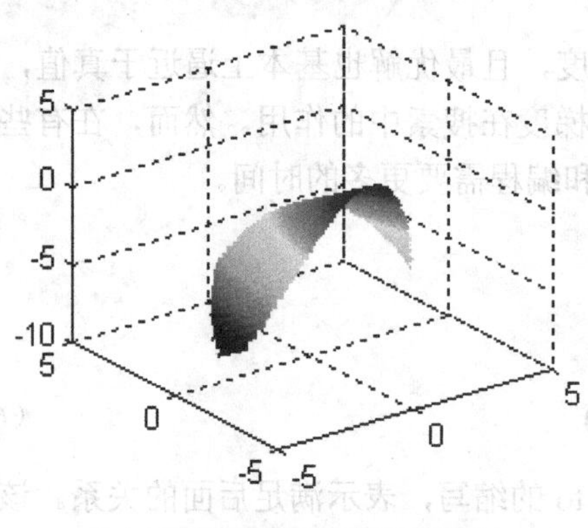

（a）可行区域的三维图形绘制

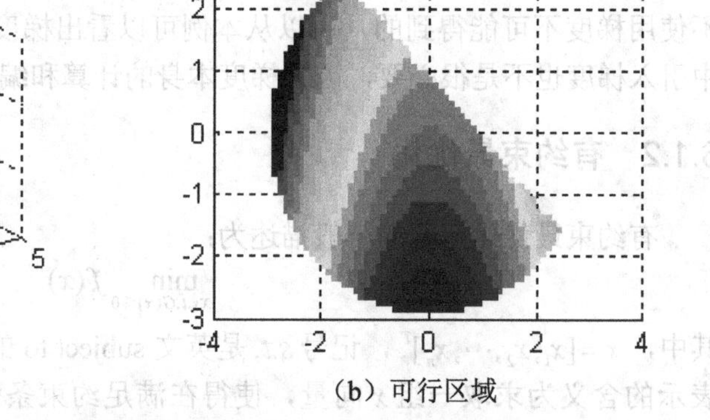

（b）可行区域

图 6-5　二维最优化问题的图解法

对于一般的一元问题和二元问题，可以用图解法直接得出问题的最优解。但对于一般的多元问题和较复杂的问题，则不适合用图解法求解，而只能用数值解的方法进行求解，也没有检验全局最优性的方法。

2. 线性规划问题

线性规划问题是一类特殊问题，也是最简单的有约束最优化问题。在线性规划中，目标函数和约束函数都是线性的，其整个问题的数学描述为：

$$\min \quad f^T x$$
$$x\,s.t.\begin{cases} Ax \leqslant B \\ A_{eq}x = B_{eq} \\ x_m \leqslant x \leqslant x_M \end{cases} \tag{6-4}$$

为描述原问题的方便及求解的高效性起见，这里的约束条件已经进一步细化为线性等式约束 $A_{eq}x=B_{eq}$，线性不等式约束 $Ax \leqslant B$，x 变量的上界向量 x_M 和下界向量 x_m，使得 $x_m \leqslant x \leqslant x_M$。

对于不等式约束来说，MATLAB 定义的标准型是“≤”关系式。如果约束条件中某个式子是“≥”关系式，则在不等号两边同时乘以-1 即可转换成“≤”关系式。

线性规划是一类最简单的有约束最优化问题，求解线性规划问题有多种算法。其中，单纯形法是最有效的一种方法，MATLAB 的最优化工具箱中实现了该算法，提供了求解线性规划问题的 linprog()函数。该函数的调用格式为：

$$[x, f_{opt}, flag, c] = \text{linprog}(f, A, B, A_{eq}, B_{eq}, x_m, x_M, x_0, OPT, p_1, p_2, \cdots)$$

其中，$f, A, B, A_{eq}, B_{eq}, x_m, x_M$ 与前面约束和目标函数公式中的记号是完全一致的，x_0 为初始搜索点。各个矩阵约束如果不存在，则应该用空矩阵来占位。OPT 为控制选项，该函数还允许使用附加参数 $p_1, p_2, \cdots$。最优化运算完成后，结果将在变量 x 中返回，最优化的目标函数将在 f_{opt} 变量中返回。下面通过例子来演示线性规划的求解问题。

【例 6-6】试求解下面的线性规划问题。

$$\min(-2x_1 - x_2 - 4x_3 - 3x_4 - x_5)$$

$$x s.t. \begin{cases} 2x_2 + x_3 + 4x_4 + 2x_5 \leqslant 54 \\ 3x_1 + 4x_2 + 5x_3 - x_4 - x_5 \leqslant 62 \\ x_1, x_2 \geqslant 0, x_3 \geqslant 3.32, x_4 \geqslant 0.678, x_5 \geqslant 2.57 \end{cases}$$

解：从给出的数学式子可以看出，其目标函数可以用其系数向量 $f = [-2, -1, -4, -3, -1]^T$ 表示，不等式约束有两个，即：

$$\text{A} = \begin{bmatrix} 0 & 2 & 1 & 4 & 2 \\ 3 & 4 & 5 & -1 & -1 \end{bmatrix}, \quad \text{B} = \begin{bmatrix} 54 \\ 62 \end{bmatrix}$$

另外，由于没有等式约束，故可以定义 A_{eq} 和 B_{eq} 为空矩阵。由给出的数学问题还可以看出，x 下界可以定义为 $x_m = [0, 0, 3.32, 0.678, 2.57]^T$，且对上界没有限制，故可以将其写成空矩阵。根据前面的分析，可以给出如下的 MATLAB 命令来求解线性规划问题，并立即得出结果。

```
>> f=-[2 1 4 3 1]';
A=[0 2 1 4 2;3 4 5 -1 -1];
B=[54;62];Ae=[];Be=[];
xm=[0,0,3.32,0.678,2.57];
ff=optimset;
ff.LargeScale='off';    %不使用大规模问题求解
ff.TolX=1e-15;
ff.TolFun=1e-20;
ff.TolCon=1e-20;
ff.Display='iter';
[x,f_opt,key,C]=linprog(f,A,B,Ae,Be,xm,[],[],ff)
Optimization terminated.
x =
    19.785000000000018
   -0.000000000000001
    3.320000000000000
    11.385000000000003
    2.570000000000000
f_opt =
    -89.575000000000045
key =       1
C =
      iterations: 5
```

```
        algorithm: 'medium-scale: active-set'
    cgiterations: []
          message: 'Optimization terminated.'
```

从列出的结果看，由于 key 值为 1，故求解是成功的。以上只用了 5 步就得出了线性规划问题的解，可见求解程序功能是很强大的，可以很容易得出线性规划问题的解。

【例 6-7】考虑下面的四元线性规划问题，试用 MATLAB 的最优化工具箱求解此问题。

$$\max\left[\frac{3}{4}x_1-150x_2+\frac{1}{50}x_3-6x_4\right]$$

$$x s.t.\begin{cases}x_1/4-60x_2-x_3/50+9x_4\leqslant 0\\ -x_1/2+90x_2+x_3/50-3x_4\geqslant 0\\ x_3\leqslant 1,x_1\geqslant -5,x_2\geqslant -5,x_3\geqslant -5,x_4\geqslant -5\end{cases}$$

解：原问题中应该求解的是最大值问题，所以需要首先将之转换成最小化问题，即将原目标函数乘以-1，则目标函数将改写成 $-3x_1/4+150x_2-x_3/50+6x_4$。套用线性规划的格式可以得出 f^T 向量为 $[-3/4,150,-1/50,6]$。

再分析约束条件，可见，由最后一条可以写成 $x_i\geqslant -5$，所以可确定自变量的最小值向量为 $x_m=[-5;-5;-5;-5]$。类似地，还能写出自变量的最大值向量为 $x_M=[\mathrm{Inf};\ \mathrm{Inf};1;\mathrm{Inf}]$，其中可以使用 Inf 表示+∞。约束条件的前两条均为不等式约束，其中第 2 条为≥表示，需要将两端均乘以-1，转换成≤不等式，这样可以写出不等式约束。

$$\mathrm{A}=\begin{bmatrix}1/4 & -60 & -1/50 & 9\\ 1/2 & -90 & -1/50 & 3\end{bmatrix},\quad \mathrm{B}=\begin{bmatrix}0\\0\end{bmatrix}$$

由于原问题中没有等式约束，故应该令 $A_{eq}=[\,]$，$B_{eq}=[\,]$。最终可以输入如下的命令来求解此最优化问题，得出原问题的最优解。

```
>> f=[-3/4,150,-1/50,6];
Aeq=[];Beq=[];
A=[1/4,-60,-1/50,9;1/2,-90,-1/50,3];
B=[0;0];
xm=[-5;-5;-5;-5];
xM=[Inf;Inf;1;Inf];ff=optimset;
ff.TolX=1e-15;
ff.TolFun=1e-20;
TolGon=1e-20;
ff.Display='iter';
[x,f_opt,key,c]=linprog(f,A,B,Aeq,Beq,xm,xM,[0;0;0;0],ff)
Residuals:   Primal      Dual       Upper      Duality     Total
             Infeas      Infeas     Bounds     Gap         Rel
             A*x-b       A'*y+z-w-f {x}+s-ub   x'*z+s'*w   Error
  ---------------------------------------------------------
  Iter   0:   9.39e+003 1.43e+002 1.94e+002 6.03e+004 2.77e+001
  Iter   1:   5.90e-012 1.21e+001 0.00e+000 3.50e+003 1.78e+000
  Iter   2:   3.22e-011 5.01e-001 0.00e+000 3.61e+002 3.79e-001
  Iter   3:   1.16e-010 2.24e-001 0.00e+000 3.77e+002 3.62e-001
  Iter   4:   1.35e-011 7.22e-016 0.00e+000 3.37e+001 4.59e-002
```

```
  Iter     5:   1.80e-013 1.53e-015 0.00e+000 6.86e-001 9.51e-004
  Iter     6:   7.19e-013 1.78e-015 0.00e+000 2.38e-002 3.30e-005
  Iter     7:   5.86e-013 2.84e-014 8.88e-016 1.19e-006 1.66e-009
  Iter     8:   2.43e-013 2.87e-014 0.00e+000 1.19e-014 7.89e-016
  Iter     9:   0.00e+000 1.52e-017 0.00e+000 2.98e-017 1.01e-019
  Iter    10:   0.00e+000 6.15e-026 0.00e+000 6.61e-025 4.10e-028
Optimization terminated.
x =
  -5.000000000000000
  -0.194666666666667
   1.000000000000000
  -5.000000000000000
f_opt =
      -55.469999999999985
key =        1
c =
      iterations: 10
        algorithm: 'large-scale: interior point'
    cgiterations: 0
          message: 'Optimization terminated.'
```

可见，经过 10 步迭代，就能以很高精度得出原问题的最优解。

6.1.3　线性规划问题的实际应用

有旅行者要从 n 种物品中选取不超过 $b$kg 的物品放入背包随身携带，要求总价值最大。设第 j 种物品的重量为 a_j kg，价值为 c_j 元（$j=1,2,\cdots,n$）。

1．问题分析与数学模型

定义变量 $x_1,x_2,\cdots,x_n$，当选取第 j 种物品放入背包中时取 $x_j=1$，否则取 $x_j=0$。于是所有选取放入背包的物品的总价值为 $c_1x_1+c_1x_2+\cdots+c_nx_n$，总重量为 $a_1x_1+a_1x_2+\cdots+a_nx_n$，问题为：

$$\max z = c_1x_1+c_1x_2+\cdots+c_nx_n$$

$$约束条件：a_1x_1+a_1x_2+\cdots+a_nx_n \leqslant b$$

$$x_j\ 取\ 0\ 或\ 1\ （j=1,2,\cdots,n）$$

2．贪心法

这一问题的求解，与线性规划问题的求解并不完全相同，因为这里的控制变量 x_j 仅取 0 或 1，一般用贪心法来解这一问题。贪心法是一种求解组合优化问题的近似方法，具体做法如下：

首先计算出所有物品的价值密度 $p_j=\dfrac{c_j}{a_j}(j=1,2,\cdots,n)$，然后将价值密度按由大到小的次序排列为 $p_{k_1}\geqslant p_{k_2}\geqslant\cdots\geqslant p_{k_n}$。选取第 k_1 件物品，判断背包是否会超载，如果不超载，则将其放入背包，并选取第 k_2 件物品再判断；如果第 k_1 件物品超载，则放弃第 k_1 件选取第 k_2 件物品。重复刚才的操作，一直下去，直到背包不能放入余下的任何一件物品为止。最后输出放入背包的所有物品的总重量、总价值以及物品的编号。

根据上述描述，可总结出以下算法：

（1）将物品的重量 a_j，价值 c_j $(j=1,2,\cdots,n)$ 存入向量 a,c，输入背包允许的最大载重量 b。

（2）计算物品的价值密度向量 $p=c./a$。

（3）给出物品的编号向量 $k=1:n$。

（4）对 p 按降序排序，并将 a, c, k 中的对应元素作相应的调整。

（5）置背包中允许选入物品的总重量 $S_0 \leftarrow 0$，置背包中允许选入物品的总价值 $P_0 \leftarrow 0$。

（6）对于 $i=1,2,\cdots,n$，做以下操作。

① $S \leftarrow S_0 + a_i$，$P \leftarrow P_0 + c_i$。

② 若 $S \leqslant b$，则 $x_{ki} \leftarrow 1$，$S_0 \leftarrow S$，$P_0 \leftarrow P$，否则 $x_{ki} \leftarrow 0$。

（7）输出入选物品总重量 S_0、总价值 P_0 以及入选物品的编号 x。

【例 6-8】设有重量分别为 55, 1, 45, 10, 40, 40, 20, 30, 22（kg）的物品，其价值分别为 60, 10, 55, 20, 50, 30, 40, 32（元），背包的最大载重量为 110kg，选择物品装入，使其价值最大。

解：其实现的 MATLAB 程序代码如下：

```
clear all;
a=[55 1 45 10 40 20 30 22];        %输入物品的重量
c=[60 10 55 20 50 30 40 32];       %输入物品的价值
b=110;                             %输入背包的最大载重量
p=c./a;                            %计算各物品的价值密度
n=length(a);                       %测出物品的件数
k=1:n;                             %对物品编号
%用选择排序法对 p 按降序进行排序，并将 a, c, k 元素作相应的调整
for i=1:n-1
    max=p(i);
    pos=i;
    flag=0;
    for j=i+1:n
        if p(j)>max
            max=p(j);
            pos=j;
            flag=1;
        end
    end
    if flag==1
        t=p(i);p(i)=p(pos);p(pos)=t;
        t=a(i);a(i)=a(pos);a(pos)=t;
        t=c(i);c(i)=c(pos);c(pos)=t;
        t=k(i);k(i)=k(pos);k(pos)=t;
    end
end
%依据使背包中所背物品的总价值最大原则，选取物品并计算总重量和总价值
```

```
s0=0;                 %给背包中允许选入物品的总重量赋初值 0
p0=0;                 %给背包中允许选入物品的总价值赋初值 0
for i=1:n
    s=s0+a(i);        %累加背包中选入物品的重量
    p=p0+c(i);        %累加背包中选入物品的价值
    if s<=b           %若背包中选入物品的重量未超载
        x(k(i))=1;    %将编号为 k(i)的物品放入背包
        s0=s;         %置背包中允许选入物品的总重量为 s
        p0=p;         %置背包中允许选入物品的总价值为 p
    else
        x(k(i))=0;    %若超重，则编号为 k(i)的物品不放入背包
    end
end
%输入选入物品总重量 s0、总价值 p0 以及入选物品的编号 x
fprintf('所选物品的总重量为%6.0d\n',s0);
fprintf('所选物品的总价值为%6.0d\n',p0);
fprintf('物品被选择的状态为\n');
dsip(x)
```

将程序以 li6_8fun.m 文件名存盘，即运行程序：

```
>> li6_8fun
所选物品的总重量为     83
所选物品的总价值为    132
物品被选择的状态为
    0    1    0    1    0    1    1    1
```

这表明，应将编号为 2, 4, 6, 7, 8 的物品选入背包，这一方案的总重量为 83kg，总价值为 132 元。由于背包可以载重 110kg，还剩余 27kg，可以装物品但却没有合适的物品放入，显然这不是总体最优，这一方案只是局部最优。

在解决背包问题时，运用了这样一种策略，就是在求最优解过程的每一步都采用一种局部最优的策略，即优先考虑将价值密度大的物品放入背包，将问题的范围和规模缩小，最后将每一步的结果合并起来得到一个全局最优解。

归纳起来，运用贪心法解题的一般步骤是：（1）从问题的某个初始解出发。（2）采用循环语句，当可以向求解目标前进一步时，就根据局部最优策略，得到一个部分解，缩小问题的范围或规模。（3）将所有部分解综合起来，得到问题的最优解。

有的问题满足最优化原理，也不一定就能用贪心法解决。

【例 6-9】某国家的货币体系包含 n 种面值（其中一定有面值为 1 的），现有一种商品价格为 p，请问最少用多少枚货币可以正好买下？

解：该问题满足最优化原理。如果试图用贪心法来解，一个很容易想到的贪心策略是：尽量用面值大的货币。这个策略在很多情况下是有效的，如我国的货币体系为{1, 2, 5, 10, 20, 50, 100}，又如美国的货币体系为{1, 5, 10, 25, 100}，这一策略总能得到最优解。但如果一个国家的货币体系为{1, 5, 8, 10}，p=13，则这一贪心策略得到的结果是 4 枚货币，而值分别为 10、1、1、1，然而最优策略是 2 枚货币，面值为 8 和 5。贪心法失效了。

很可惜，目前并没有一个一般性的结论可以保证贪心法一定得到问题的最优解。因此

在应用贪心法之前，应该先论证当前的策略能否得到问题的最优解。对于上面的货币问题，贪心法并不能保证得到最优解。一般需用动态规划方法来解决。

有些问题能应用贪心法来解，但需要选择适当的局部最优策略才能得到正确的结果。

【例 6-10】有一容量为 200 的背包，还有 8 种物品，每种物品的体积和价值如表 6-1 所示。现要将物品装进背包，要求不能超过背包的容量且使物品总价值最大，该如何装包？

表 6-1　8 种物品的体积和价值

物品编号	1	2	3	4	5	6	7	8
体积	40	55	20	65	30	40	45	35
价值	35	20	20	40	35	15	40	20

解：很容易想到 3 种贪心策略：（1）每次取价值最大的物品。（2）每次取单位体积价值最大的物品。（3）每次取体积最大的物品。

对于此题来说，策略（1）和策略（2）可以得到全局最优解，而策略（3）只能得到局部最优解。

3．穷举法

对于背包问题，如果要获得全局最优解，可使用穷举法。穷举法是一种很自然也比较简单的算法，不足之处是所需计算量随问题的规模增大而迅速增长（呈指数增长），计算机在时间方面所花的代价太大。重新考虑背包问题，对每一物品有选取和不选取两种可能，对 n 件物品的选择共有 2^n 种可能的方案，穷举法可列出所有选取方案，从中筛选出可行方案，最后再从可行方案中比较产生最佳方案。

具体算法如下：

（1）列出 2^n 种选取方案。

（2）从 2^n 种选取方案中选出所有未超重的方案。

（3）对每一种方案计算出装入背包中物品的总价值。

（4）从所有总价值数据中选出最大数，并找出对应的方案。

（5）输出最佳方案的总重量、总价值以及入选物品的编号。

下面是用穷举算法实现的 MATLAB 程序代码：

```
clear all;
a=[55 1 45 10 40 20 30 22];        %输入物品的重量
c=[60 10 55 20 50 30 40 32];       %输入物品的价值
b=110;                             %输入背包的最大载重量
k=0;
for j1=0:1
    for j2=0:1
        for j3=0:1
            for j4=0:1
                for j5=0:1
                    for j6=0:1
                        for j7=0:1
                            for j8=0:1
```

```
                        %产生所有选取方案
                        t=[j1,j2,j3,j4,j5,j6,j7,j8];
                        if a*t'<=b
                            k=k+1;
                            x(k,:)=t;     %产生所有未超重的选取方案
                        end
                    end
                end
            end
        end
      end
    end
  end
end
p=x*c';              %计算每种未超重方案的物品总价值
[p0,i]=max(p);   %找取总价值的最大者以及它所在的行
t=x(i,:);            %选出最优方案
s0=a*t';             %计算最优方案的物品总重量
disp('输入物品总质量和总价值分别如下:');
disp([s0,p0]);    %输出最优方案的物品总重量、总价值
disp('输入物品编号如下:')
disp(t)              %输出最优方案中入选物品的编号
```

将程序以 li6_10fun.m 文件名存盘，即运行程序：

```
>> li6_10fun
输入物品总质量和总价值分别如下:
   108    157
输入物品编号如下:
     0     1     1     1     0     0     1     1
```

这表明，应选取编号为 2, 3, 4, 7, 8 的物品装入背包，其总重量为 108kg，总价值为 157 元。穷举法所得的结果为全局最优，所选取物品的总重量达到了 108kg，尽管背包可以装载 110kg，但是在所有的方案中已经没有更好的方案了，这是最佳方案。

6.2　非线性规划问题

6.2.1　非线性规划问题的数学模型

在数学规划问题中，若目标函数或约束条件中至少有一个是非线性函数，这类问题称之为非线性规划问题，简记为 NP。非线性规划问题的数学模型可以具有不同的形式，但不同形式之间往往可以转换，因此非线性规划问题的一般形式可以表示为：

$$\min f(x), x \in E^n$$
$$s.t.\begin{cases} h_i(x)=0, & (i=1,2,\cdots,m) \\ g_j(x)\leqslant 0, & (j=1,2,\cdots,l) \end{cases} \tag{6-5}$$

其中，$x=[x_1,x_2,\cdots,x_n]^T$ 称为模型（NP）的决策变量，f 称为目标函数；$h_i(i=1,2,\cdots,m)$ 和 $g_j(j=1,2,\cdots,l)$ 称为约束函数；$h_i(x)=0(i=1,2,\cdots,m)$ 称为等式约束；$g_j(x)\leqslant 0$ $(j=1,2,\cdots,l)$ 称为不等式约束。

将一个实际问题归结成非线性规划问题时，一般要注意以下 4 点。

（1）确定供选择方案。首先要收集同问题有关的资料和数据，在全面熟悉问题的基础上，确认什么是问题的可供选择方案，并用一组变量来表示它们。

（2）提出追求的目标。经过资料分析，根据实际需要和可能，提出要追求极小化或极大化的目标，并运用各种科学和技术原理，将它表示成数学关系式。

（3）给出价值标准。在提出要追求的目标之后，再确立所考虑目标的“好”或“坏”的价值标准，并用某种数量形式来描述它。

（4）寻求限制条件。由于所追求的目标一般都要在一定的条件下取得极小化或极大化效果，因此还需要寻找出问题的所有限制条件，这些条件通常用变量之间的一些不等式或等式来表示。

6.2.2 非线性规划的 MATLAB 算法

在 MATLAB 的优化工具箱中，非线性规划问题可以表示为：

$$\min f(x)$$
$$s.t.\begin{cases} Ax\leqslant b, & \text{（线性不等式约束）} \\ Aeqx=beq, & \text{（非线性等式约束）} \\ C(x)\leqslant 0, & \text{（非线性不等式约束）} \\ Ceq(x)=0, & \text{（非线性等式约束）} \\ lb\leqslant x\leqslant ub, & \text{（有界约束）} \end{cases} \tag{6-6}$$

求解式（6-6）的 MATLAB 命令函数为 fmincon()，根据规划问题的条件不同，其主要运用格式有以下几种形式。

```
x = fmincon(fun,x0,A,b)
x = fmincon(fun,x0,A,b,Aeq,beq)
x = fmincon(fun,x0,A,b,Aeq,beq,lb,ub)
x = fmincon(fun,x0,A,b,Aeq,beq,lb,ub,nonlcon)
x = fmincon(fun,x0,A,b,Aeq,beq,lb,ub,nonlcon,options)
x = fmincon(problem)
[x,fval] = fmincon(...)
[x,fval,exitflag] = fmincon(...)
[x,fval,exitflag,output] = fmincon(...)
[x,fval,exitflag,output,lambda] = fmincon(...)
[x,fval,exitflag,output,lambda,grad] = fmincon(...)
[x,fval,exitflag,output,lambda,grad,hessian] = fmincon(...)
```

其中，fun 为目标函数，x0 为初始值，A、b 满足线性不等式约束 $Ax\leqslant b$，若没有不等式约束，则取 *A*=[]，*b*=[]；Aeq、beq 满足等式约束 *Aeqx*=*beq*，若没有，则取 *Aeq*=[]，*beq*=[]；lb、ub 满足 *lb*≤*x*≤*ub*，若没有界，可设 *lb*=[]，*ub*=[]；lambda 为 Lagrange 乘子，它体现哪

一个约束有效；output 输出优化信息；grad 表示目标函数在 x 处的梯度。

其中参数 nonlcon 的作用是通过接受的向量 x 来计算非线性不等约束 $C(x)\leqslant 0$ 和等式约束 $Ceq(x)=0$ 分别在 x 处的估计 C 和 Ceq，通过指定函数柄来使用，如：

```
>> x=fmincon(@myfun,x0,A,b,Aeq,beq,lu,ub,@mycon);
```

先建立非线性约束函数，并保存为 mycon.m：

```
funcion [C, Ceq]=mycon(x)
C=…        %计算 x 处的非线性不等约束 C(x) ≤0 的函数值
Ceq=…      %计算 x 处的非线性等式约束 Ceq(x)=0 的函数值
```

例如，已知 $\begin{cases} -x1-2x2-2x3 \leqslant 0 \\ x1+2x2+2x3 \leqslant 72 \end{cases}$

即有：

$$A=\begin{bmatrix} -1 & -2 & -2 \\ 1 & 2 & 2 \end{bmatrix},\ b=\begin{bmatrix} 0 \\ 72 \end{bmatrix}$$

建立如下函数：

```
function f = myfun(x)
f = -x(1) * x(2) * x(3);
```

在 MATLAB 命令窗口中输入以下程序：

```
A=[-1 -2,-2;1 2 2], b=[0;72];
x0 = [10; 10; 10];
[x,fval] = fmincon(@myfun,x0,A,b)
```

运行程序，输出结果为：

```
x =
    24.0000
    12.0000
    12.0000
fval =
    -3.4560e+03
```

6.2.3 非线性的二次型规划的求解

二次型规划问题是另一种简单的有约束最优化问题，其目标函数为 x 的二次型形式，约束条件仍然为线性不定式约束。一般二次型规划问题的数学表示为：

$$\min\left(\frac{1}{2}x^T Hx + f^T x\right)$$

$$xs.t.\begin{cases} Ax \leqslant B \\ Aeqx = Beq \\ x_m \leqslant x \leqslant x_M \end{cases} \tag{6-7}$$

和线性规划问题相比，二次型规划目标函数中多了一个二次项 $x^T Hx$ 来描述 x_i^2 和 $x_i x_j$ 项。MATLAB 的最优化工具箱提供了求解二次型规划问题的 quadprog()函数，该函数的调用格式为：

[x, fopt, flag, c]=quadprog(H, f,A,B,Aeq, Beq, x_m, x_M, x0, OPT,p1,p2,…)

其中，函数调用时，H 为二次型规划目标函数中的 H 矩阵，其余各个变量与线性规划函数调用完全一致。

【例 6-11】试求解下面的四元二次型规划问题。

$$\min\left[(x_1-1)^2+(x_2-2)^2+(x_3-3)^2+(x_4-4)^2\right]$$

$$xs.t.\begin{cases}x_1+x_2+x_3+x_4\leqslant 5\\3x_1+3x_2+2x_3+x_4\leqslant 10\\x_1,x_2,x_3,x_4\geqslant 0\end{cases}$$

解：首先应该将原始问题写成二次型规划的模式。展开目标函数得：

$$\begin{aligned}f(x)&=x_1^2-2x_1+1+x_2^2-4x_2+4+x_3^2-6x_3+9+x_4^2-8x_4+16\\&=x_1^2+x_2^2+x_3^2+x_4^2-2x_1-4x_2-6x_3-8x_4+30\end{aligned}$$

因为目标函数中的常数对最优化结果没有影响，所以可以放心地略去。这样即可将二次型规划标准中的 H 矩阵和 f^T 向量写为：

$$\mathrm{H}=\mathrm{diag}([2,2,2,2]),\quad f^T=[-2,-4,-6,-8]$$

从而可以给出下列 MATLAB 命令来求解二次型最优化问题。

```
>> clear all;
f=[-2,-4,-6,-8];
H=diag([2,2,2,2]);
OPT=optimset;
OPT.LargeScale='off';        %不使用大规模问题算法
A=[1,1,1,1;3,3,2,1];
B=[5;10];Aeq=[];Beq=[];
LB=zeros(4,1);
[x,f_opt]=quadprog(H,f,A,B,Aeq,Beq,LB,[],[],OPT)
Optimization terminated.
x =
    0.000000000000000
    0.666666666666667
    1.666666666666667
    2.666666666666667
```

套用二次型规划标准型时，一定要注意 H 矩阵的生成，因为在式（6-7）中有一个 1/2 项，所以在本例中，H 矩阵对角元素是 2，而不是 1。另外，这里得出的目标函数实际上不是原始问题中的最优函数，因为人为地除去了常数项。将得出的结果再补上已经除去了的常数项，则可以求出原问题目标函数的值为 6.3333。

6.2.4 非线性规划问题的实际应用

【例 6-12】（资金最优使用方案）设有 400 万元资金，要求在 4 年内使用完，若在一年内使用资金 x 万元，则可获得效益 $\sqrt{x}$ 万元（设效益不再投资），当年不用的资金可存入银行，年利率为 10%，试制定出这笔资金的使用方案，以使 4 年的经济效益总和为最大。

解：针对现有资金400万元，对于不同的使用方案，4年内所获得的效益的总和是不相同的。例如，第一年就将400万元全部用完，这获得的效益总和为$\sqrt{400}=20.0$万元；若前三年均不用这笔资金，而将它存入银行，则第四年时的本息和为$400\times1.1^3=532.4$万元，再将它全部用完，则效益总和为23.07万元，比第一种方案效益多3万元。所以用最优化方法可以制定出一种最优的使用方案，以使4年的经济效益总和为最大。

建立模型：设x_i表示第i年所使用的资金数，T表示4年的效益总和，则目标函数为：

$$\max T=\sqrt{x_1}+\sqrt{x_2}+\sqrt{x_3}+\sqrt{x_4}$$

决策变量的约束条件：每一年所使用资金数既不能为负数，也不能超过当年所拥有的资金数，即第一年使用的资金数x_1，满足：

$$0\leqslant x_1\leqslant 400$$

第二年资金数x_2，满足：

$$0\leqslant x_2\leqslant(400-x_1)\times1.1$$

（第一年未使用资金存入银行一年后的本利之和）；

第三年资金数x_3，满足：

$$0\leqslant x_3\leqslant[(400-x_1)\times1.1-x_2]\times1.1$$

第四年资金数x_4，满足：

$$0\leqslant x_4\leqslant\{[(400-x_1)\times1.1-x_2]\times1.1-x_3\}\times1.1$$

这样，资金使用问题的数学模型为：

$$\max T=\sqrt{x_1}+\sqrt{x_2}+\sqrt{x_3}+\sqrt{x_4}$$

$$s.t.\begin{cases}x_1\leqslant 400\\1.1x_1+x_2\leqslant 440\\1.21x_1+1.1x_2+x_3\leqslant 484\\1.331x_1+1.21x_2+1.1x_3+x_4\leqslant 532.4\\x_1,x_2,x_3,x_4\geqslant 0\end{cases}$$

模型的求解：这是非线性规划模型的求解问题，可选用函数

[x, fval]=fmincon(fun, x0, a, b, Aeq, beq, lb, ub)

对问题进行求解。首先，用极小化的形式将目标函数改写为：

$$\min T=-\sqrt{x_1}-\sqrt{x_2}-\sqrt{x_3}-\sqrt{x_4}$$

其次，将约束条件表示为：$\begin{cases}Ax\leqslant b\\lb\leqslant x\leqslant ub\end{cases}$

其中各输入参数为：

$$X=[x_1,x_2,x_3,x_4]^T,\quad lb=[0,0,0,0]^T,\quad ub=[400,1000,1000,1000]^T$$

$$\mathrm{A}=\begin{bmatrix}1.1&1&0&0\\1.21&1.1&1&0\\1.331&1.21&1.1&1\end{bmatrix},\quad \mathrm{b}=\begin{bmatrix}440\\484\\532.4\end{bmatrix}$$

首先编写目标函数的M文件，并将其保存为totle.m。

```
function y=totle(x)
y=-sqrt(x(1))-sqrt(x(2))-sqrt(x(3))-sqrt(x(4));
```

其次编写主程序如下：

```
clear all;
A=[1.1 1 0 0;1.21 1.1 1 0;1.331 1.21 1.1 1];
b=[440 484 532.4]';
lb=[0 0 0 0]';
ub=[400 1000 1000 1000]';
x0=[100 100 100 100]';
[x,fval]=fmincon('totle',x0,A,b,[],[],lb,ub)
```

将程序以 li6_12fun.m 文件名存盘，即运行程序：

```
>> li6_12fun
Active inequalities (to within options.TolCon = 1e-006):
  lower        upper       ineqlin    ineqnonlin
                              3
x =
   84.2442
  107.6353
  128.9030
  148.2390
fval =
  -43.0821
```

也即如表 6-2 所示。

表 6-2　资金最优使用方案

年数	第一年	第二年	第三年	第四年
现有资金/万元	400	347.4	263.8	148.2
使用金额/万元	84.2	107.6	128.9	148.2

4 年效益总和最大值为 T=43.08 万元，这是第一年用完全部资金效益 20.0 万元的两倍多，这也反映出进行定量的优化计算的作用。所以，一些业内人士称最优化方法为“不需要增加投入就能增加产出的手段”。

【例 6-13】某公司欲以每件 2 元的价格购进一批商品。一般来说随着商品售价的提高，预期销售量将减少，并对此进行了估算，结果如表 6-3 一、二栏。为了尽快回收资金并获得较多的赢利，公司打算做广告，投入一定的广告费后，销售量将有一个增长，可由销售增长因子来表示。据统计，广告费与销售增长因子关系如表 6-3 三、四栏所示。问公司采取怎样的营销决策能使预期的利润最大？

表 6-3　售价与预期销售量、广告费与销售增长因子

售价/元	2.00	2.50	3.00	3.50	4.00	4.50	5.00	5.50	6.00
预期销售量/万元	4.1	3.8	3.4	3.2	2.9	2.8	2.5	2.2	2.0
广告费/万元	0	1	2	3	4	5	6	7	
销售增长因子	1.00	1.40	1.70	1.85	1.95	2.00	1.95	1.80	

解：设 x 表示售价（单位：元），y 表示预期销售量（单位：万元），z 表示广告费（单位：万元），k 表示销售增长因子。投入广告费后，实际销售量记为 s（万元），获得的利润记为 p（单位：万元）。由表 6-3 易知预期销售量 y 随着售价 x 的增加而单调下降，而销售增长因子 k 在开始时随着广告费 z 的增加而增加，在广告费 z 等于 5 万元时达到最大值，然后在广告费增加时反而有所回落，为此先画出散点图。

其程序如下：

```
>> clear all;
x=[2.0 2.5 3.0 3.5 4.0 4.5 5.0 5.5 6.0];
s=[4.1 3.8 3.4 3.2 2.9 2.8 2.5 2.2 2.0];
figure(1);
plot(x',s','-*')              %画售价与预期销售量散点图（如图 6-6（a））
z=[0,1,2,3,4,5,6,7];
k=[1.00    1.40 1.70 1.85 1.95  2.00 1.95 1.80];
figure(2);plot(z,k,'-*'); %画出广告费与销售增长因子散点图（如图 6-6（b））
```

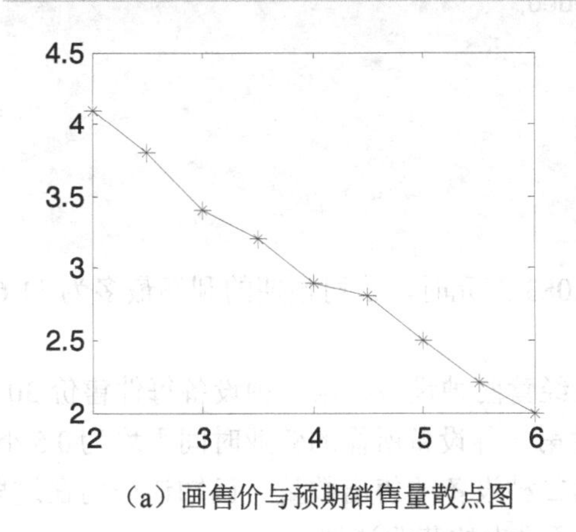

（a）画售价与预期销售量散点图

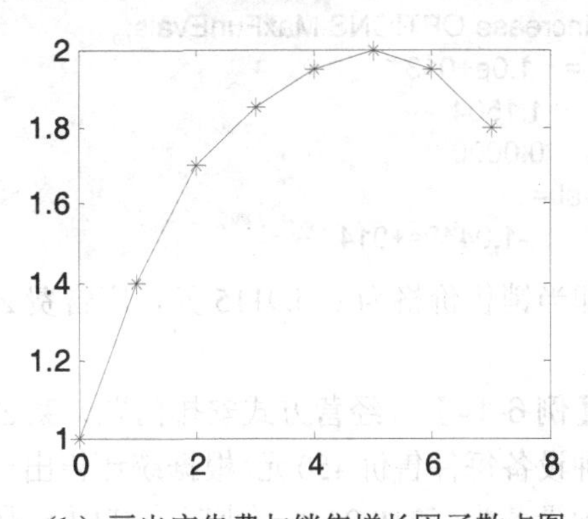

（b）画出广告费与销售增长因子散点图

图 6-6　散点图

从图 6-6 易知，售价 x 与预期销售量 y 近似于一条直线，广告费 z 与销售增长因子 k 近似于一条二次曲线，为此建立拟合函数模型，令：

$$\begin{cases} y = ax + b \\ k = c + dz + ez^2 \end{cases}$$

其中系数 a,b,c,d,e 为待定参数。

再建立优化模型：

$$\max_{x,z} p = (c + dz + ez^2)(a + bx)(x - 2) - z$$

$$s.t. \begin{cases} x > 0 \\ z > 0 \end{cases}$$

模型求解：

先求拟合函数的系数 a,b,c,d,e，并画出散点图和拟合曲线，程序命令（接上面的程序）为：

```
>> a1=polyfit(x,s,1)
a2=polyfit(z,k,2)
```

运行结果为：

```
a1 =
    -0.5133    5.0422
a2 =
    -0.0426    0.4092
```

即拟合函数的系数 a=−0.5133，b=5.0422，c=1.0188，d=0.4092，e=−0.0426。

其次求解优化模型，因 MATLAB 中仅能求极小值，程序命令为：

```
function y=nline(x)
y(2)-(-0.5133*(1)+5.0422)*(-0.0423*x(2)^2+0.4092*x(2)+1.0188)*(x(1)-2);
```

在命令窗口中输入：

```
>> [x,fval]=fmincon('nline',[5;3.3],[],[],[],[],[0;0],[])   %求解规划问题
```

输出如下：

```
Maximum number of function evaluations exceeded;
 increase OPTIONS.MaxFunEvals.
x =    1.0e+013 *
     1.1504
     0.0000
fval =
        -1.0449e+014
```

即当销售价格为 x=5.9115 元，广告费 z=3.083 万元时，公司预期的利润最多为 11.6631 万元。

【例 6-14】（经营方式安排问题）某公司经营两种设备，第一种设备每件售价 30 元，第二种设备每件售价 450 元。根据统计售出一件第一种设备所需的营业时间平均为 0.5 小时，第二种设备为（2+0.25 x_2）小时，其中 x_2 是第二种设备的售出数量。已知该公司在这段时间内的总营业时间为 800 小时，试确定使营业额最大的营业计划。

解：设该公司计划经营的第一种设备 x_1 件，第二种设备 x_2 件。根据题意，建立如下的数学模型：

$$\max f(x) = 30x_1 + 450x_2$$

$$s.t.\begin{cases} 0.5x_1 + (2+0.25x_2)x_2 = 800 \\ x_1, x_2 \geqslant 0 \end{cases}$$

首先，编写 M 文件来定义目标函数，并将其保存为 li6_14funA.m。

```
function f=li6_14funA(x)
f=-30*(1)-450*x(2);
```

其次，由于约束条件是非线性不等式约束，因此，需要编写一个约束条件的 M 文件，将其保存为 li6_14funB.m。

```
function [c,ceq]=li6_14funB(x)
c=0.5*x(1)+2*x(2)+0.25*x(2)*x(2)-800;
ceq=[];
```

最后，编写主程序并存为 li6_14fun.m。

```
clear all;
lb=[0 0]';
x0=[0 0];
[x,w]=fmincon('li6_14funA',x0,[],[],[],[],lb,[],'li6_14funB')
```

运行 li6_14fun，得到输出结果为：

```
Active inequalities (to within options.TolCon = 1e-006):
  lower        upper       ineqlin     ineqnonlin
     1                                      1
x =
          0    52.7098
w =
      -2.3749e+004
```

即该公司经营第一种设备 0 件，经营第二种设备 53 件时，即可使总营业额最大，为 23749 元。

6.3　整数线性规划

6.3.1　整数线性规划基本理论

整数规划是一类要求变量取整数值的数学规划。若在整数规划中目标函数和约束条件都是线性的，则称为整数线性规划（Interger Linear Programming，ILP）；若要求变量只取 0 或 1 时，则称为 0-1 规划；若只要求部分变量取整数值，则称为混合整数规划。本实验的主要内容是 ILP 和 0-1 线性规划（0-1 LP）。

1．问题表述

在一般的线性规划中，增加限定：决策变量是整数，即为所谓 ILP 问题，其表述如下：

$$\min f = c^T x$$

$$s.t.\begin{cases} Ax \leqslant (\text{或}=,\text{或}\geqslant) b, \\ x_j \geqslant 0, \quad (j=1,2,\cdots,n) \\ x_j, \quad (j=1,2,\cdots,n)\text{取整数} \end{cases}$$

整数线性规划问题的标准形式为：

$$\min f = c^T x$$

$$s.t.\begin{cases} Ax = b, \\ x_j \geqslant 0, \quad (j=1,2,\cdots,n) \\ x_j, \quad (j=1,2,\cdots,n)\text{取整数} \end{cases}$$

其中 $c=(c_1,c_2,\cdots,c_n)^T$， $x=(x_1,x_2,\cdots,x_n)^T$， $A=(a_{ij})_{m\times n}$， $b=(b_1 b_2,\cdots,b_m)^T$ 。

2．算法——分支定界法原理

求解 ILP 问题时，如果可行域是有界的，理论上可以用穷举法求解，对于变量不太多时此法可行，当变量很多时这种穷举法往往是行不通的。分支定界法是 20 世纪 60 年代初由 Land、Doig 和 Dakin 等人提出的可用于求解纯整数或混合整数线性规划问题的算法。分支定界法比穷举法优越，它仅在一部分可行解的整数解中寻求最优解，计算量比穷举法小。当然若变量数目很大，其计算工作量也是相当可观的。

分支定界法求解整数规划（最小化）问题的步骤如下：

初始，将要求解的整数规划问题称为 IL，将与它相应的线性规划问题称为问题 L。

（1）解问题 L，可能得到以下情况之一。

①L 没有可行解，这时 IL 也没有可行解，则停止。

②L 有最优解，且解变量都是整数，因而它也是 IL 的最优解，则停止。

③L 有最优解，但不符合 IL 中的整数条件，此时记它的目标函数值为 f_0。这时若记 f 为 IL 的最优目标函数值，则必有 $f \geqslant f_0$。

（2）迭代。

第一步：

分支：在 L 的最优解中任选一个不符合整数条件的变量 x_j，设其值为 l_j，构造两个约束条件：$x_j \leqslant [l_j]$ 和 $x_j \geqslant [l_j]+1$，将这两个条件分别加入问题 L，将 L 分成两个后继问题 L_1 和 L_2。不考虑整数条件要求，求解 L_1 和 L_2。

即以每个后继子问题为一分支并标明求解的结果，与其他问题的解的结果一样，找出最优目标函数值最小者作为新的下界，替换 f_0，从已符合整数条件的各分支中，找出目标函数值最小者作为新的上界 f^*，即有 $f^* \geqslant f \geqslant f_0$。

第二步：

比较与剪支：各分支的最优目标函数中若有大于 f^* 者，则剪掉这一支（即这一支所代表的子问题已无继续分解解的必要）；若小于 f^*，且不符合整数条件，则重复第一步骤，一直到最后得到最优目标函数值 $f = f^*$ 为止，从而得到最优整数解 $x_j^*, j = 1,2,\cdots,n$。

下面用一个例子来说明上述过程。

【例 6-15】求解下列整数规划。

$$\min f = 7x_1 + 3x_2 + 4x_3$$
$$s.t.\begin{cases} x_1 + 2x_2 + 3x_3 \geqslant 8 \\ 3x_1 + x_2 + x_3 \geqslant 5 \\ x_j \geqslant 0, \quad (j = 1,2,\cdots,n) \\ x_1, x_2, x_3\text{为整数} \end{cases}$$

解：放弃 x_1, x_2, x_3 为整数的条件求解线性规划问题 L 得：

$$x^0 = (0.4, 3.8, 0)，\ f_0 = 14.2$$

按条件 $x_2 \leqslant 3$ 和 $x_2 \geqslant 4$ 将问题 L 分解成子问题 L_1 和 L_2 并赋予它们下界为 14.2。

- 求解线性规划子问题 L_1 得：$x^1 = (0.5, 3, 0.5)$，$f_1 = 14.5$。
- 求解线性规划子问题 L_2 得：$x^2 = (1/3, 4, 0)$，$f_2 = 14.33$；$f_1 \wedge f_2$=14.33（f_1 与 f_2 中最小者），由于 $f_1 \wedge f_2 = f_2$，而 x^2 中 $x_1 = 1/3$，因此以条件 x_1=0 和 $x_1 \geqslant 1$ 将 L_2 分

成两个子问题L_3和L_4并赋予它们下界为 14.33。

- 求解线性规划子问题L_3得：$x^3=(0, 5, 0)$，f_3=15。
- 求解线性规划子问题L_4得：$x^4=(1, 4, 0)$，$f_4=19$。

由于x^3和x^4是原整数规划问题的可行解且$f_3 \wedge f_4$=15，所以置$f^*=15$作为上界。

以下再将L_1分支，因$x^1=0.5$所以可按条件$x_1=0$和$x_1 \geqslant 1$将L_1分成两个问题L_5和L_6，并赋予它们下界 14.33。

- 求解线性规划子问题L_5得：$x^5=(0, 3, 2)$，$f_5=17$。
- 求解线性规划子问题L_6得：$x^6=(1, 0, 7/3)$，$f_6=16.33$。

由于$f_5, f_6 > f_3 \wedge f_4 = 15$，所以$L_5$和$L_6$都没有继续分支求解的必要，至此求得最优解为$x^*=x^3=(0, 5, 0)$，最优目标函数值为$f=f_3=15$。

6.3.2 整数线性规划的 MATLAB 示例

下面是整数线性规划分支定界法 MATLAB 参考程序 IntLp.m。

```
function [x,y]=IntLp(f,G,h,Geq,heq,lb,ub,x,id,options)
%整数线性规划分支定界法，可求解全整数线性或混合整数线性规划
%y=min f'*x   subject to:G*x<=h Geq*x=heq   x 为全整数或混合整数列向量
%用法
% [x,y]=IntLp(f,G,h)
% [x,y]=IntLp(f,G,h,Geq,heq)
% [x,y]=IntLp(f,G,h,Geq,heq,lb,ub)
% [x,y]=IntLp(f,G,h,Geq,heq,lb,ub,x)
% [x,y]=IntLp(f,G,h,Geq,heq,lb,ub,x,id)
% [x,y]=IntLp(f,G,h,Geq,heq,lb,ub,x,id,options)
%参数说明
% x 为最优解列向量，y 为目标函数最小值，f 为目标函数系数列向量，G 为约束不等式条件系数矩阵
% h 为约束不等式条件右端列向量，Geq 为约束等式条件系数矩阵，heq 为约束等式条件右端列向量
% lb 为解的下界列向量(Default: -inf)
% ub 为解的上界列向量(Default:inf)
% x：迭代初始值列向量
% id：整数变量指标列向量，1-整数，0-实数(Default:1)
% options 的设置可参见 optimset 或 linprog
%  例如：min z=x1+4x2
% s.t. 2x1+x2≤8
%    x1+2x2≥6
% x1, x2≥0 且为整数
%  先将 x1+2x2≥6 化为-x1-2x2≤-6
% [x,y]=IntLp([1;4],[2 1;-1 -2],[8;-6],[],[],[0;0])

global upper opt c x0 A b Aeq beq ID options;
if nargin<10,
    options=optimset({});
    options.Display='off';
    options.LargeScale='off';
end
```

```
if nargin<9,
    id=ones(size(f));
end
if nargin<8,
    x=[];
end
if nargin<7| isempty(ub),
    ub=inf*ones(size(f));
end
if nargin<6 | isempty(lb),
    lb=zeros(size(f));
end
if nargin<5,
    heq=[];
end
if nargin<4,
    Geq=[];
end
upper=inf;c=f;x0=x;
A=G;b=h;Aeq=Geq;
beq=heq;ID=id; ftemp=IntL_P(lb(:),ub(:));
%以下为子函数
function ftemp=IntL_P (vlb,vub)
global upper opt c x0 A b Aeq beq ID options;
[x,ftemp,how]=linprog(c,A,b,Aeq,beq,vlb,vub,x0,options);
if how<=0
    return;
end;
if ftemp-upper>0.00005
    return;
end;
if max(abs(x.*ID-round(x.*ID)))<0.00005
    if upper-ftemp>0.00005
        opt=x';
        upper=ftemp;
        return;
    else
        opt=[opt;x'];
        return;
    end
end
notintx=find(abs(x-round(x))>=0.00005);
intx=fix(x);
tempvlb=vlb;tempvub=vub;
if vub(notintx(1,1),1)>=intx(notintx(1,1),1)+1
    tempvlb(notintx(1,1),1)=intx(notintx(1,1),1)+1;
    ftemp=IntLP(tempvlb,vub);
end
if vlb(notintx(1,1),1)<=intx(notintx(1,1),1)
    tempvub(notintx(1,1),1)=intx(notintx(1,1),1);
```

```
    ftemp=IntL_P(vlb,tempvub);
end
```

【例 6-16】求解下列整数规划：

$$\max f = x_1 + x_2 - 4x_3$$

$$s.t.\begin{cases} x_1 + x_2 + 2x_3 \leqslant 9 \\ x_1 + x_2 - x_3 \leqslant 2 \\ -x_1 + x_2 + x_3 \leqslant 4 \\ x_j \geqslant 0, (j = 1,2) \\ x_1, x_2, x_3 \text{为整数} \end{cases}$$

解：调用 IntLp.m 求解。

```
c=[1 1 -4];
a=[1 1 2;1 1 -1;-1 1 1];
b=[9;2;4];
[x,f]=IntLp(c,a,b,[],[],[0;0;0],[inf;inf;inf])
x =
   0     0     4
f =
    -16
```

6.3.3　0-1 型整数线性规划

1．0-1 型整数线性规划的提法

0-1 型整数线性规划是一类特殊的整数规划，它的变量仅取值 0 或 1。其提法如下：

$$\min f = c^T x$$

$$s.t.\begin{cases} Ax = b \\ x_j (j = 1,2,\cdots,n) \text{取0或1} \end{cases}$$

其中 $c = (c_1, c_2, \cdots, c_n)^T$，$x = (x_1, x_2, \cdots, x_n)^T$，$A = (a_{ij})_{m\times n}$，$b = (b_1, b_2, \cdots, b_m)^T$。

我们称此时的决策变量为 0-1 变量，或称二进制变量。在实际问题中，如果引进 0-1 变量，即可将各种需要分别讨论的线性（或非线性）规划问题统一在一个问题中讨论。

2．求解 0-1 型整数线性规划的隐枚举法（Implicit Enumeration）

求解整数线性规划的分支定界法也是一种隐枚举法，0-1 规划可以通过增加限定 $0 \leqslant x_i \leqslant 1$ 的整数规划求解。

在此主要介绍一种针对 0-1 型整数规划特点的隐枚举法算法。所谓隐枚举是一种“聪明”的枚举，通过设计一些方法，检查变量是组合的一部分，而不必全部检查 n 个变量的 2^n 个取值组合。要说明的是，对有些问题（特别是对于一部分决策变量是 0-1 变量的混合线性规划中）隐枚举法有时难以适用，所以穷举法还是必要的。

3．隐枚举原理与算法步骤

（1）记 $f_0 = \infty$，将 n 个决策变量构成的 x 可能的 2^n 种取值组合按二进制（或某种顺序）

排序。

（2）按上述顺序对 x 的取值首先检测 $f=c^T\leqslant f_0$ 是否成立，若不成立则放弃该取值的 x，按次序换（1）中下一组 x 的取值重复上述过程；若成立，则转下步。

（3）对 x 逐一检测 $Ax\leqslant b$ 中的 m 个条件是否满足，一旦检测某条件不满足便停止检测后面的条件，而放弃这一组 x，按次序换（1）中下一组 x 的取值执行（2）；若 m 个条件全满足，则转下步。

（4）记 $f_0=\min(f_0,f)$，按次序转（1）中下一组 x 的取值，执行（2）。

（5）最后一组满足 $f=c^T\leqslant f_0$ 和 $Ax\leqslant b$ 的 x 即为最优解。

注意： 在执行上述算法步骤时，可以及时地记录所有满足 $f=c^Tx\leqslant f^*$（f^* 为最优值）的 x，以便求所有最优解。

6.3.4 0-1 型线性规划 MATLAB 算法

在 MATLAB 中提供了 bintprog 函数实现 0-1 型线性规划函数。其调用格式为：

x=bintprog(f,A,b)：求解 0-1 型整数线性规划，用法类似于 linprog。

x=bintprog(f,A,b,Aeq,beq)：求解下面线性规划：$\min z=f^Tx$，$Ax\leqslant b$，$Aeq\,x=beq$，x 分量取值 0 或 1。

x=bintprog(f,A,b,Aeq,beq,x0)：指定迭代初值 x0，如果没有不等式约束，可以用[ ]替代 A 和 b 表示默认；如果没有等式约束，可用[ ]替代 Aeq 和 beq 表示默认；用[x, Fval]代替上述各命令行中左边的 x，则可得到最优解处的函数值 Fval。

上面是 MATLAB 优化工具箱的命令，采用的是分支定界法计算 0-1 型整数线性规划。

下面是枚举法和隐举法参考程序，其中用到命令 B =de2bi(D)，其作用是将十进制数向量 D 转换为相应二进制数按位构成的以 0,1 为元素的矩阵 B。

此命令在 toolbox communication 中。为避免因为这个小程序而在安装 MATLAB 时安装 communication 工具箱（toolbox communication），下面将命令 B=de2bi(D)的程序列出，运用时只需将此程序输入并保存在 MATLAB 的任何一个运行目标即可。

```
function b=de2bi(d,n,p)
% DE2BI 转换十进制数为二进制数
% B=DE2BI(D)转换正整数向量 D 成二进制矩阵 B
% 二进制矩阵 B 的每一行表示十进制向量 D 中相应的数
% B=DE2BI(D,N)转换正整数向量 D 成二进制矩阵 B
% 但指定 B 的列数为 N
% B=DE2BI(D,N,P)转换正整数向量 D 成 P 进制矩阵 B
% P 进制矩阵 B 的每一行表示十进制向量 D 中相应的数
% Wes Wang 6/13  /94,10/3/95
%    例子:
%    >> D = [12; 5];
%
%    >> B = de2bi(D)                    >> B = de2bi(D,5)
%    B =                                 B =
%        0    0    1    1                    0    0    1    1    0
```

```
%        1     0     1     0              1     0     1     0     0
%
%    >> T = de2bi(D,[],3)              >> B = de2bi(D,5,'left-msb')
%    T =                                  B =
%        0     1     1                  0     1     1     0     0
%        2     1     0                  0     0     1     0     1
d=d(:);
len_d=length(d);
if min(d)<0,
    error('Cannot convert a negative number');
elseif ~isempty(find(d==inf)),
    error('Input must not be Inf.');
elseif find(d~=floor(d)),
    error('Input must be an integer.');
end
if nargin<2,
    tmp=max(d);
    b1=[];
    while tmp>0
        b1=[b1 rem(tmp,2)];
        tmp=floor(tmp/2);
    end;
    n=length(b1);
end
if nargin<3,
    p=2;
end
b=zeros(len_d,n);
for i=1:len_d
    j=1;
    tmp=d(i);
    while (j<=n)& (tmp>0)
        b(i,j)=rem(tmp,p);
        tmp=floor(tmp/p);
        j=j+1;
    end
end
```

如安装了 communication 工具箱，可用 help de2bi 查阅 de2bi 的详细用法。

（1）枚举法程序 BintLp_E.m：

```
function [x,f]=BintLp_E(c,A,b,N)
% [x,f]=BintLp_E(c,A,b,N):用枚举法求解下列 0-1 线性规划问题
% min f=c'*x, s.t.A*x<=b, x 的分量全为整数 0 或 1
% 其中 N 表示约束条件 Ax≤b 中的前 N 个等式，N=0 时可以省略
% 程序中用命令 B=de2bi(D)，其作用是将十进制数向量 D 转换
% 为相应的二进制数按位构成的以 0,1 为元素的矩阵 B
% 此命令在 toolbox communication 中，返回结果 x 是最优解，f 是最优解处的函数值
if nargin<4,
    N=0;
```

```
end
c=c(:);b=b(:);
[m,n]=size(A);
x=[];
f=abs(c')*ones(n,1);
i=1;
while i<=2^n
    B=de2bi(i-1,n)';
    t=A*B-b;
    t11=find(t(1:N,:)~=0);
    t12=find(t(N+1:m,:)>0);
    t1=[t11;t12];
    if isempty(t1)
        f=min([f,c'*B]);
        if c'*B==f,
            x=B;
        end
    end
    i=i+1;
end
```

（2）隐枚举法程序 BintLp_le：

```
function [x,f]=BintLp_le(c,A,b,N)
% [x,f]=BintLp_le(c,A,b,N)用隐枚法求解下列 0-1 线性规划问题
% min f=c'*x, s.t. A*x<=b,x 的分量全为整数 0 或 1
% 其中 N 表示约束条件 Ax≤b 中的前 N 是个等式，N=0 时可以省略
% 程序中用到命令 B=de2bi(D)，其作用是将十进制向量 D 转换
% 此命令在 toolbox communication 中，返回结果 x 是最优解，f 是最优解处的函数值
if nargin<4,
    N=0;
end
c=c(:);
b=b(:);
A=[-A(1:N,:);A];
b=[-b(1:N);b];
[m,n]=size(A);
x=[];
f=abs(c')*ones(n,1);
A=[c';A];
b=[f;b];
i=1;
while i<=2^n
    B=de2bi(i-1,n)';
    j=1;
    t1=A(j,:)*B-b(j);
    if t1>0
        j=1;
    end
end
if j==m+1
```

```
    x=B;
    f=c'*B;
    b(1)=min([b(1),f]);
end
i=i+1;
end
```

【例 6-17】求解下列 0-1 型整数线性规划。

$$\max f=-3x_1+2x_2-5x_3$$

$$s.t.\begin{cases}x_1+2x_2-x_3\leqslant 2\\x_1+4x_2-x_3\leqslant 4\\x_1+x_2\leqslant 3\\4x_2+x_3\leqslant 6\\x_1,x_2,x_3\text{为0或1}\end{cases}$$

解：用 bintprog 计算并分别采用枚举法和隐枚举法如下：

```
c=[3,-2,5];   %转换求 max 为求 min
a=[1,2,-1;1,4,1;1,1,0;0,4,1];
b=[2;4;3;6];
x0=bintprog(c,a,b,[],[])
x1=BintLp_E(c,a,b)
x2=BintLp_Ie(c,a,b)
ans =
    0   0   0
    1   1   1
    0   0   0
```

即得问题的解。

6.4　动态规划问题

6.4.1　动态规划的基本理论

动态规划（Dynamic Programming）是运筹学的一个分支，是求解多阶段决策问题的最优化方法。20 世纪 50 年代初 R.E.Bellman 等人在研究多阶段决策过程（Multistep Decision Process）的优化问题时，提出了著名的最优性原理（Principle of Optimality），将多阶段过程转化为一系列单阶段过程，逐个求解，创立了解决这类过程优化问题的新方法——动态规划。

1．示例

【例 6-18】最短路线问题。

图 6-7 为一个线路网，连线上的数字表示两点之间的距离（或费用）。试寻求一条由 A 到 E 距离最短（或费用最省）的路线。

解：将该问题划分为 4 个阶段的决策问题，即第 1 阶段为 A 到 $B_j(j=1,2,3)$，有 3 种决策方案可供选择；第 2 阶段为从 B_j 到 $C_j(j=1,2,3)$，也有 3 种方案可供选择；第 3 阶段为从 C_j 到 $D_j(j=1,2)$，有两种方案可供选择；第 4 阶段为从 D_j 到 E，只有一种方案选择。如果用完全枚举法，则可供选择的路线有 3×3×2×1=18（条），将其一一比较才可找出最短路线：

$$A \to B_1 \to C_2 \to D_2 \to E$$

其长度为 12。

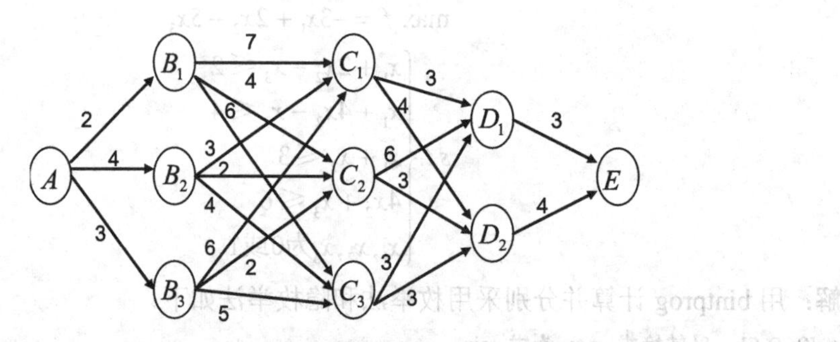

图 6-7　线路图

显然，这种方法是不经济的，特别是当阶段很多，各阶段可供的选择也很多时，这种解法甚至在计算机上完成也是不现实的。

由于我们考虑的是从全局上解决求 A 到 E 的最短路问题，而不是就某一阶段解决最短路线，因此可以考虑从最后一阶段开始计算，由后向前逐步推至 A 点：

第 4 阶段，由 D_1 到 E 只有一条路线，其长度 $f_4(D_1)=3$，同理 $f_4(D_2)=4$。

第 3 阶段，由 C_j 到 D_i 分别均有两种选择，即 $f_3(C_1)=\min\{C_1D_1+f_4(D_1)+C_1D_2+f_4(D_2)\}$ $=\min\{C_3D_1+f_4(D_1),C_3D_2+f_4(D_2)\}=\min\{3+3,3+4\}=6$，决策点为 D_1。

$f_3(C_2)=\min\{C_2D_1+f_4(D_1),C_2D_2+f_4(D_2)\}=\min\{6+3,3+4\}=7$

$f_3(C_3)=\min\{C_3D_1+f_4(D_1),C_3D_2+f_4(D_2)\}=\min\{3+3,3+4\}=6$

第 2 阶段，由 B_j 到 C_j 分别均有 3 种选择，即：

$f_2(B_1)=\min\{B_1C_1+f_3(C_1),B_1C_2+f_3(C_2),B_1C_3+f_3(C_3)\}=\min\{7+6,4+7,6+6\}=11$，决策点为 C_2。

$f_2(B_2)=\min\{B_2C_1+f_3(C_1),B_2C_2+f_3(C_2),B_2C_3+f_3(C_3)\}=\min\{3+6,2+7,4+6\}=9$，决策点为 C_1 或 C_2。

$f_2(B_3)=\min\{B_3C_1+f_3(C_1),B_3C_2+f_3(C_2),B_3C_3+f_3(C_3)\}=\min\{6+6,2+7,5+6\}=9$，决策点为 C_2。

第 1 阶段，由 A 到 B，有 3 种选择，即：

$f_1(A)=\min\{AB_1+f_2(B_1),AB_2+f_2(B_2),AB_3+f_2(B_3)\}=\min\{2+11,4+9,3+9\}=12$，决策点为 B_3。

$f_1(A)=12$ 说明从 A 到 E 的最短距离为 12，最短路线的确定可按计算顺序反推而得。即：

$$A \to B_1 \to C_2 \to D_2 \to E$$

从例 6-18 的求解过程可以得到以下启示。

（1）对一个问题是否用上述方法求解，其关键在于能否将问题转化为相互联系的决策过程相同的多个阶段决策问题。所谓多阶段决策问题是：将一个问题看作是一个前后关联具有链状结构的多阶段过程，也称为序贯决策过程，如图 6-8 所示。

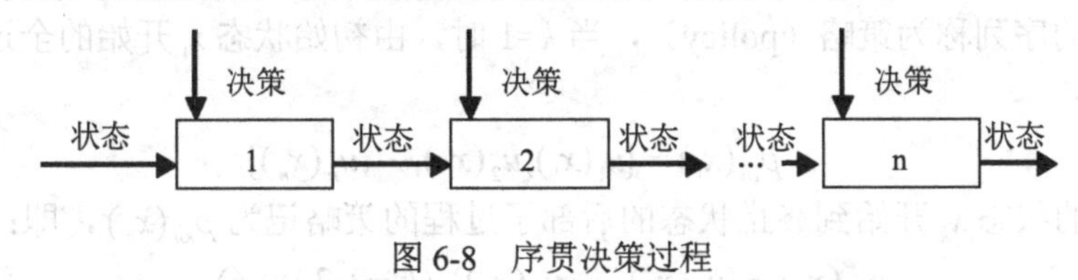

图 6-8　序贯决策过程

（2）在处理各阶段决策的选取上，不仅只依赖于当前面临的状态，而且还要注意以后的发展。即是从全局考虑解决局部（阶段）的问题。

（3）阶段选取的决策一般与“时序”有关，决策依赖于当前的状态，又随即引起状态的转移，整个决策序列就是在变化的状态中产生出来，故有“动态”含义。因此，将这种方法称为动态规划方法。

（4）决策过程与阶段发展过程逆向而行。

2．动态规划的基本概念和基本方程

一个多阶决策过程最优化问题的动态规划模型通常包含以下步骤。

（1）阶段

阶段（Step）是对整个过程的自然划分。一般根据时序和空间的自然特征来划分阶段，但要便于将问题的过程转化为阶段决策的过程。描述阶段的变量称为阶段变量，常用自然数 k 表示。如例 6-18 可划分为 4 个阶段求解，k=1,2,3,4。其中由 A 出发为 $k=1$，由 $B_i(i=1,2,3)$ 出发为 $k=2$ 等。

（2）状态

状态（State）表示每个阶段开始过程所处的自然状况。它应能描述过程的特征并且无后效性，即当某阶段的状态变量给定时，这个阶段以后过程的演变与该阶段以前各阶段的状态无关。通常还要求状态是直接或间接可以观测的。

描述过程状态的变量称为状态变量（State Variable），变量允许取值的范围称为允许状态集合（Set of Admissible States）。它可用一个数、一组数或一向量（多维情形）来描述，常用 x_k 表示第 k 阶段的状态变量，用 X_k 表示第 k 阶段的允许状态集合。n 个阶段的决策过程有 $n+1$ 个状态变量，x_{n+1} 表示 x_n 演变的结果。通常一个阶段有若干个状态。第 k 阶段的状态就是该阶段所有始点的集合。如例 6-18 中 $X_1=\{x_1=A\}$，$X_2=\{x_2=B_i,i=1,2,3\}$，$X_3=\{x_3=C_i,i=1,2,3\}$，$X_4=\{x_4=D_i,i=1,2\}$。

（3）决策

当一个阶段的状态确定后，可以作出各种选择从而演变到下一阶段的某状态，这种选择手段称为决策（Decision），在最优控制问题中也称为控制（Control）。

描述决策的变量称为决策变量（Decision variable），变量允许取值的范围称为允许决策集合（Set of Admissible Decisions）。用 $u_k(x_k)$ 表示第 k 阶段处于状态 x_k 时的决策变量，它是 x_k 的函数。用 $U_k(x_k)$ 表示 x_k 的允许决策集合。显然 $u_k(x_k)\in U_k(x_k)$。

如在例6-18的第2阶段中，若从B_1出发，$U_2(B_1)=\{B_1C_1,B_1C_2,B_1C_3\}$，如果决定选取$B_1C_2$，则$u_2(B_1)=B_1C_2$。

（4）策略

决策组成的序列称为策略（policy），当k=1时，由初始状态x_1开始的全过程的策略记为$p_{1n}(x_1)$，即：

$$p_{1n}(x_1)=\{u_1(x_1),u_2(x_2),\cdots,u_n(x_n)\}$$

由第k段的状态x_k开始到终止状态的后部子过程的策略记为$p_{kn}(x_k)$，即：

$$p_{kn}(x_k)=\{u_k(x_k),\cdots,u_n(x_n)\}\ (k=1,2,\cdots,n)$$

类似地，由第k到第j阶段的子过程的策略记为：

$$p_{kj}(x_k)=\{u_k(x_k),\cdots,u_j(x_j)\}$$

可供选择的策略有一定的范围，称为允许策略集合（Set of Admissible Policies），用$p_{1n}(x_1),p_{kn}(x_k),p_{kj}(x_k)$表示。动态规划方法就是要从允许策略集$P$中找出最优策略$P_{1n}^*$。

（5）状态转移方法

在研究性过程中，一旦某阶段的状态和决策为已知，下阶段的状态便完全确定。用状态转移方程（Equation of State Transition）表示这种演变规律，记作：

$$x_{k+1}=T_k(x_k,u_k)\ (k=1,2,\cdots,n) \tag{6-8}$$

该方程描述了由第k阶段到第$k+1$阶段的状态转移规律。因此又称其为状态转移函数。

（6）阶段指标、指标函数和最优值函数

衡量某阶段决策效益优劣的数量指标称为阶段指标，用$v_k(x_k,u_k)$表示第k阶段的阶段指标。在不同的问题中，其含义不同。它可以是距离、利润、成本等。指标函数（Objecttive Function）是衡量过程优劣的数量指标，它是定义在全过程和所有后部子过程上的数量函数，用$V_{kn}(x_k,u_k,x_{k+1},\cdots,x_{n+1})$表示，$k=1,2,\cdots,n$。指标函数应具有可分离性，并满足递推关系，即$V_{kn}$可表示为$x_k,u_k,V_{(k+1)n}$的函数，记为：

$$V_{kn}(x_k,u_k,x_{k+1},\cdots,x_{n+1})=\varphi_k(x_k,u_k,V_{(k+1)n}(x_{k+1},u_{k+1},x_{k+2},\cdots,x_{n+1}))$$

并且函数φ_k对于变量$V_{(k+1)n}$是严格单调的。

常见的指标函数形式有阶段指标之和、阶段指标之积与阶段指标之极大（或极小）。

阶段指标之和为：

$$V_{kn}(x_k,u_k,x_{k+1},\cdots,x_{n+1})=\sum_{j=k}^{n}v_j(x_j,u_j)$$

阶段指标之积为：

$$V_{kn}(x_k,u_k,x_{k+1},\cdots,x_{n+1})=\prod_{j=k}^{n}v_j(x_j,u_j)$$

阶段指标之极大（或极小）为：

$$V_{kn}(x_k,u_k,x_{k+1},\cdots,x_{n+1})=\max_{k\leqslant j\leqslant n}(\min)v_j(x_j,u_j)$$

从第k阶段的状态x_k开始采用最优子策略$P_{k,n}^*$到第n阶段终止所得到的指标函数值称为最优值函数，记为$f_k(x_k)$，即：

$$f_k(x_k) = \underset{p_{kn} \in P_{kn}(x_k)}{opt} V_{kn}(x_k, p_{kn})$$

其中 opt 可根据具体情况取 max 或 min。

在例 6-18 中，指标函数 V_{kn} 表示在第 k 阶段由点 x_k 至终点 E 的距离。$f_k(x_k)$ 表示第 k 阶段点 x_k 到终点 E 的最短距离。$f_2(B_1) = 11$ 表示从第 2 阶段中的点 B_1 到点 E 的最短距离。

（7）最优策略和最优轨线

使指标函数 V_{kn} 达到最优值的策略是从 k 开始的后部子过程的最优策略，记作 $p_{kn}^* = \{u_k^*, \cdots, u_n^*\} \cdot p_{1n}^*$，是全过程的最优策略，简称最优策略（Optimal Policy）。从初始状态 $x_1 (= x_1^*)$ 出发，过程按照 p_{1n}^* 和状态转移方程演变所经历的状态序列 $\{x_1^*, x_2^*, \cdots, x_{n+1}^*\}$ 称最优轨线（Optimal Trajectory）。

（8）递归方程

如下方程称为递归方程：

$$\begin{cases} f_{n+1}(x_{n+1}) = 0 \\ f_k(x_k) = \underset{u_k \in U_k(x_k)}{opt} \{v_k(x_k, u_k) + f_{k+1}(x_{k+1})\} (k = n, \cdots, 1) \end{cases} \tag{6-9}$$

动态规划递归方程是动态规划的最优性原理的基础，即最优策略的子策略构成最优子策略。用状态转移方程式（6-8）和递归方程式（6-9）求解动态规划的过程，是由 $k = n+1$ 逆推至 $k = 1$，故这种解法称为逆序解法。

3．动态规划的基本思想与最优化原理基本思想

动态规划方法的关键在于正确地写出基本方程，因此首先必须将问题的过程划分为多个相互联系的多阶段决策过程，恰当地选取状态变量和决策变量及定义最优指标函数，从而将问题化成一组同类型的子问题。然后从边界条件开始，逆过程行进方向，逐段递推寻优。在每个子问题求解时，均利用它前面已求出的子问题的最优化结果依次进行，最后一个子问题所得的最优解即为整个问题的最优解。

在多阶段决策过程中，动态规划方法是既把当前的一段和未来的各段分开，又把当前效益和未来效果结合起来考虑的一种最优化方法。因此，每阶段决策的选取是从全局来考虑，与该段的最优选择一般是不同的。

动态规划方法的基本思想体现了多阶段性、无后效性、递归性、总体优化性。

动态规划方法基于 R.E.Bellman 等人提出的最优化原理，即“作为整个过程的最优策略具有这样的性质，即无论过去的状态和决策如何，对于先前的决策所形成的状态而言，余下的诸决策必须构成最优策略”。简言之，“一个最优策略的子策略总是最优的”。

6.4.2　动态规划逆算法的 MATLAB 程序

1．逆序算法的基本方程

由式（6-8）与式（6-9）可得动态规划逆序求解的基本方程为：

$$\begin{cases} f_{n+1}(x_{n+1})=0 \\ x_{k+1}=T_k(x_k,u_k) \\ f_k(x_k)=\underset{u_k\in U_k(x_k)}{opt}\{v_k(x_k,u_k)+f_{k+1}(x_{k+1})\} \end{cases} \quad (k=n,\cdots,1) \tag{6-10}$$

基本方程在动态规划逆序求解中起本质作用，称为动态规划的数学模型。

如果一个问题能用动态规划方法求解，那么可按下列步骤建立动态规划的数学模型：

（1）将过程划分成恰当的阶段。

（2）正确选择状态变量x_k，使它既能描述过程的状态，又满足无后效性，同时确定允许状态集合X_k。

（3）选择决策变量u_k，确定允许决策集合$U_k(x_k)$。

（4）写出状态转移方程。

（5）确定阶段指标$v_k(x_k,u_k)$及指标函数V_{kn}的形式（阶段指标之和、阶段指标之积、阶段指标之极大或极小等）。

（6）写出基本方程即最优值函数满足的递归方程，以及端点条件。

2．逆序算法的 MATLAB 程序

具体程序如下：

```
function [p_opt,fval]=dynprog(x,DecisFun,ObjFun,TransFun)
% input x 状态变量组成的矩阵，其第 k 列是阶段 k 的状态 xk 的取值
% DecisFun(k,xk)由阶段 k 的状态变量 xk 求出相应的允许决策变量的函数
% ObjFun(k,sk,uk)阶段指标函数 vk=(sk,uk)
% TransFun(k,sk,uk)状态转移方程 Tk(sk,uk)
% Output p_opt[阶段数 k,状态 xk,决策 uk,指标函数值 fk(sk)]4 个列向量
% fval 最优函数值
k=length(x(1,:));   %k 为阶段总数
x_isnan=~isnan(x);
f_vub=inf;
f_opt=nan*ones(size(x));
d_opt=f_opt;
t_vubm=inf*ones(size(x));
%以下计算最后阶段的相关值
tmp1=find(x_isnan(:,k));
tmp2=length(tmp1);
for i=1:tmp2
    u=feval(DecisFun,k,x(i,k));
    tmp3=length(u);
    for j=1:tmp3
        tmp=feval(ObjFun,k,x(tmp1(i),k),u(j));
        if tmp<=f_vub
            f_opt(i,k)=tmp;
            d_opt(i,k)=u(j);
            t_vub=tmp;
        end
    end
```

```
end
%以下逆序计算各阶段的递归调用程序
for ii=k-1:-1:1
    tmp10=find(x_isnan(:,ii));
    tmp20=length(tmp10);
    for i=1:tmp20
        u=feval(DecisFun,ii,x(i,ii));
        tmp30=length(u);
        for j=1:tmp30
            tmp00=feval(ObjFun,ii,x(tmp10(i),ii),u(j));
            tmp40=feval(TransFun,ii,x(tmp10(i),ii),u(j));
            tmp50=x(:,ii+1)-tmp40;
            tmp60=find(tmp50==0);
            if ~isempty(tmp60)
                tmp00=tmp00+f_opt(tmp60(1),ii+1);
                if tmp00<=t_vubm(i,ii)
                    f_opt(i,ii)=tmp00;
                    d_opt(i,ii)=u(j);
                    t_vubm(i,ii)=tmp00;
                end
            end
        end
    end
end
%以下记录最优决策、最优轨线和相应指标函数值
p_opt=[];
tmpx=[];
tmpd=[];
tmpf=[];
tmp0=find(x_isnan(:,1));
fval=f_opt(tmp0,1);
tmp01=length(tmp0);
for i=1:tmp01
    tmpd(i)=d_opt(tmp0(i),1);
    tmpx(i)=x(tmp0(i),1);
    tmpf(i)=feval(ObjFun,1,tmpx(i),tmpd(i));
    p_opt(k*(i-1)+1,[1,2,3,4])=[1,tmpx(i),tmpd(i),tmpf(i)];
    for ii=2:k
        tmpx(i)=feval(TransFun,ii-1,tmpx(i),tmpd(i));
        tmp1=x(:,ii)-tmpx(i);
        tmp2=find(tmp1==0);
        if ~isempty(tmp2)
            tmpd(i)=d_opt(tmp2(1),ii);
        end
        tmpf(i)=feval(ObjFun,ii,tmpx(i),tmpd(i));
        p_opt(k*(i-1)+ii,[1,2,3,4])=[ii,tmpx(i),tmpd(i),tmpf(i)];
    end
end
```

6.4.3 动态规划问题在实际中的应用

1．生产计划问题

【例 6-19】工厂生产某种产品，每单位（千件）的成本为 1（千元），每次开工的固定成本为 3（千元），工厂每季度的最大生产能力为 6（千件）。经调查，市场对该产品的需求量第一、二、三、四季度分别为 2、3、2、4（千件）。如果工厂在第一、二季度将全年的需求都生产出来，自然可以降低成本（少付固定成本费），但是对于第三、四季度才能上市的产品需付存储费，每季每千件的存储费为 0.5（千元）。还规定年初和年末这种产品均无库存。试制定一个生产计划，即安排每个季度的产量，使一年的总费用（生产成本和存储费）最少。

解：先考虑构成动态规划模型的条件：

（1）阶段：将生产的 4 个时期作为 4 个阶段，k=1,2,3,4。

（2）状态变量 x_k 表示第 k 时期初的库存量。由题意知 $x_1 = 0$。

（3）决策变量 u_k 表示第 k 时期的生产量。则 $0 \leqslant u_k \leqslant \min\{u_{k+1} + d_k, 6\}$，其中 d_k 为第 k 时期的需求量。

（4）状态转移方程为 $x_{k+1} = x_k + u_k - d_k$。

（5）阶段指标 $V_k(u_k)$ 表示第 k 时期的生产成本 $C_k(u_k)$ 与库存量的存储费 $h_k(x_k)$ 之和，即 $v_k(u_k) = C_k(u_k) + h_k(S_k)$。其中 ${}_k(x_k) = 0.5x_k$。

$$C_k(u_k) = \begin{cases} 0,(u_k = 0) \\ 3 + 1 \bullet x_k,(u_k = 1,2,\cdots,6) \end{cases}$$

于是指标函数 $v_{1k} = \sum_{j=1}^{k} v_j(x_j)$，表示从第 1 时期到第 k 时期的总成本。因此，基本方程为：

$$\begin{cases} f_k(x_k) = \min\{v_k(x_k) + f_{k+1}(x_{k+1}) \mid u_k\} \\ f_4(x_4) = 0(k = 3,2,1) \end{cases}$$

根据以上分析与建立的模型，编写出下面 3 个 M 函数，并在主程序中调用参考程序 dynprog.m 进行计算。

```
% M 函数 DecisF2_1
%在阶段 k 由状态变量 x 的值求出相应的决策变量的所有取值的函数
function u=DecisF2_1(k,x)
q=[2,3,2,4];
if q(k)-x<0                %决策变量不能取为负值
    u=0:6;
else
    u=q(k)-x:6;          %产量满足需求且超过 6
end
u=u(:);

%M 函数 ObjF2_1
%阶段 k 的指标函数
function v=ObjF2_1(k,x,u)
```

```
if u==0
    v=0.5*x;
else
    v=3+u+0.5*x;
end

%M 函数 TransF2_1
%状态转移函数
function y=TransF2_1(k,x,u)
q=[2,3,2,4];
y=x+u-q(k);

%调用 dynprog.m 的主程序
>> clear all;
x=nan*ones(5,4);              %取 x 为 10 的倍数，x=0:10:70 所以取 8 行
x(1,1)=0;                     %1 月初存储量为 0
x(1:5,2)=(0:4)';              %2 月初存储量为 0～4
x(1:5,3)=(0:4)';              %3 月初存储量为 0～4
x(1:5,4)=(0:4)';              %4 月初存储量为 0～4
[p,f]=dynprog(x,'DecisF2_1','ObjF2_1','TransF2_1')
```

运行程序，输出结果为：

```
p =
     1     0     2     5
     2     0     5     8
     3     2     0     1
     4     0     6     9
f =
    23
```

2．资源优化配置问题

【例 6-20】某公司新购置了某种设备 6 台，欲分配给下属的 4 个企业，已知各个企业获得这种设备后年创利润如表 6-4 所示。问应如何分配这些设备能使年创利润最大，最大利润是多少？

表 6-4　各企业获得设备的年创利润数

设备 / 企业	0	1	2	3	4	5	6
甲	0	4	6	7	7	7	7
乙	0	2	4	6	8	9	10
丙	0	3	5	7	8	8	8
丁	0	4	5	6	6	6	6

解：先考虑构成动态规划模型的条件。

（1）阶段 k：将问题按企业分为 4 个阶段，甲、乙、丙、丁 4 个企业分别编号为 1、2、3、4。

（2）变量x_k：表示第k可用于剩余的$n-k+1$个企业的设备台数，显然$x_1=6$，$x_{n+1}=0$。

（3）决策变量u_k：表示分配给第k个企业的设备台数。

（4）决策允许集合：$0\leqslant u_k\leqslant x_k$。

（5）状态转移方程：$x_{k+1}=x_k-u_k$。

（6）阶段指标：$v_k(x_k,u_k)$表示u_k台设备分配给第k个企业所获得的利润，$f_k(x_k)$表示当可分配的设备为x_k时，分配给剩余的$n-k+1$个企业所获得的最大利润，则基本方程为：

$$\begin{cases}f_k(x_k)=\max\{v_k(x_k,u_k)+f_{k+1}(x_{k+1})\mid u_k\}\\ f_5(x_5)=0(k=4,3,2,1)\end{cases}$$

根据以上分析与建立的模型，编写出下面 3 个 M 函数，并在主程序中调用参考程序 dynprog.m 进行计算。

```
%M 函数 DecisF20_1
%在阶段 k 由状态变量 x 的值求出相应的决策变量的所有取值的函数
function u=DecisF20_1(k,x)
if k==4
    u=x;
else
    u=0:x;
end

%M 函数 ObjF20_1
%阶段 k 的指标函数
function v=ObjF20_1(k,x,u)
w=[0 0 0 0;4 2 3 4;6 4 5 5;7 6 7 6;7 8 8 6;7 9 8 6;7 10 8 6];
w=-w;
v=([0 1 2 3 4 5 6]==u)*w(:,k);

%M 函数 TransF20_1
%状态转移函数
function y=TransF20_1(k,x,u)
y=x-u;

%调用 dynprog.m 的主程序
>> clear all;
x=[0;1;2;3;4;5;6];
x=[x,x,x,x];
[p,f]=dynprog(x,'DecisF20_1','ObjF20_1','TransF20_1')
```

运行程序，输出结果为：

```
p =
     1     0     0     0
     2     0     0     0
     3     0     0     0
     4     0     0     0
     1     1     1    -4
     2     0     0     0
     3     0     0     0
```

```
     4     0     0     0
     1     2     1    -4
     2     1     0     0
     3     1     0     0
     4     1     1    -4
     1     3     1    -4
     2     2     0     0
     3     2     1    -3
     4     1     1    -4
     1     4     2    -6
     2     2     0     0
     3     2     1    -3
     4     1     1    -4
     1     5     2    -6
     2     3     1    -2
     3     2     1    -3
     4     1     1    -4
     1     6     2    -6
     2     4     2    -4
     3     2     1    -3
     4     1     1    -4
f =
     0
    -4
    -8
   -11
   -13
   -15
   -17
```

说明：由 p 和 f 可知，在有 6 台设备时，可分配给甲、乙、丙、丁分别为 1、1、3、1 台，获得最大利润为 17000 万元；若有 5 台设备时，可分配给甲、乙、丙、丁分别为 1、0、3、1 台，获得最大利润为 15000 万元；如此可知有 4、3、2、1、0 台设备时的最优分配方案。

3．最短路线问题

【例 6-21】调用 dynprog.m 计算例 6-18 中的最短路线。

解：为了方便，将路径的顶点编号，A 编 1 号，B_1、B_2、B_3 分别编为 2、3、4 号，C_1、C_2、C_3 分别编为 5、6、7 号，D_1、D_2 分别编为 8、9 号，E 编 10 号。根据例 6-18 建立的模型，编写出下面 3 个 M 函数，并在主程序中调用参考程序 dynprog.m 进行计算。

```
% M 函数 DecisF18_1
%在阶段 k 由状态变量 x 的值求出相应的决策变量的所有取值的函数
function u=DecisF18_1(k,x)
if x==1
    u=[2,3,4];
```

```
elseif (x==2)|(x==3)|(x==4),
    u=[5,6,7];
elseif (x==5)|(x==6)|(x==7),
    u=[8,9];
elseif (x==8)|(x==9),
    u=10;
elseif x==10,
    u=10;
end

%M 函数 ObjF18_1
%阶段 k 的指标函数
function v=ObjF18_1(k,x,u)
tt=[2;4;3;7;4;6;3;2;4;6;2;5;3;4;6;3;3;3;3;4];
tmp=[x==1 & u==2,x==1&u==3,x==1&u==4,x==2&u==5,x==2&u==6,x==2&u==7,...
    x==3&u==5,x==3&u==6,x==3&u==7,x==4&u==5,x==4&u==6,x==4&u==7,...
    x==5&u==8,x==5&u==9,x==6&u==8,x==6&u==9,x==7&u==8,x==7&u==9,...
    x==8&u==10,x==9&u==10];
 v=tmp*tt;

%M 函数 TransF18_1
%状态转移函数
function y=TransF18_1(k,x,u)
y=u;

%调用 dynprog.m 的主程序
>> clear all;
x=nan*ones(3,5);
x(1,1)=1;
x(1:3,2)=[2;3;4];
x(1:3,3)=[5;6;7];
x(1:2,4)=[8;9];
x(1,5)=10;
[p,f]=dynprog(x,'DecisF18_1','ObjF18_1','TransF18_1')
```

运行程序，输出结果为：

```
p =
     1     1     4     3
     2     4     6     2
     3     6     9     3
     4     9    10     4
     5    10    10     0
f =
    12
```

可见从 A 到 E 的最短距离为 12，最短线路按顶点序号为$1 \to 4 \to 6 \to 9 \to 10$，即 $A \to B_1 \to C_2 \to D_2 \to E$。

6.5　图与网络优化

6.5.1　图与网络的基本知识

1．基本概念和名词

（1）由若干个不同的点（称为顶点或节点）与其中某些顶点的连线所组成的图形称为图。如图 6-9 中 v_i（i=1,2,…,5）为顶点。

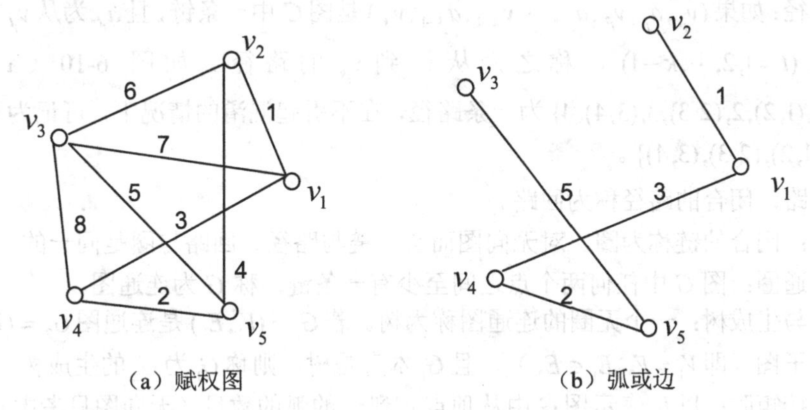

图 6-9　各顶点组成图形

（2）如果图中的每条边都有一个具体的数与之对应，称这些数为权，称这样的图为赋权图或网络，如图 6-9（a）所示。

（3）图与网络的基本概念如下。

- 边与弧：将两点之间不带箭头的边线称为边，带箭头的连线（如图 6-10 所示）称为弧。
- 无向图与有向图：如果一个图 G 是由顶点和边构成的，称之为无向图（如图 6-10（b）所示），记为 G=(V,E)，V 和 E 分别是 G 的顶点的集合和边的集合，$V=\{v_1,v_2,\cdots,v_n\}$，$E=\{e_1,e_2,\cdots,e_m\}$。如果一个图 G 是由顶点和弧构成的，称之为有向图（如图 6-10（a）所示），记为 G=(V,E)，其中 V 和 A 分别是 G 的顶点的集合和弧的集合，$A=\{a_1,a_2,\cdots,a_m\}$。在不引起混淆的情况下，用顶点的有序对（对无向图是无序对）(v_i,v_j) 来表示弧或边，如图 6-9（b）所示，G=(V,E)，$V=\{v_1,v_2,v_3,v_4,v_5\}$，$E=\{(v_1,v_2),(v_1,v_4),(v_3,v_5),(v_4,v_5)\}$。
- 链：在图 $G=(V,E)$ 中，点与边的交错序列 $(v_{i^1},e_{i^1},v_{i^2},e_{i^2},\cdots,v_{i^{k-1}},e_{i^{k-1}},v_{i^k})$，其中 e_{i^t} 为连接 v_{i^t} 和 $v_{i^{t+1}}$ 的边 $(t=1,2,\cdots,k-1)$，则称为一条连接 v_{i^t} 和 v_{i^k} 的链。如图 6-10（b）所示，$\{2,e_7,1,e_3,4,e_6,3\}$ 为一条链。

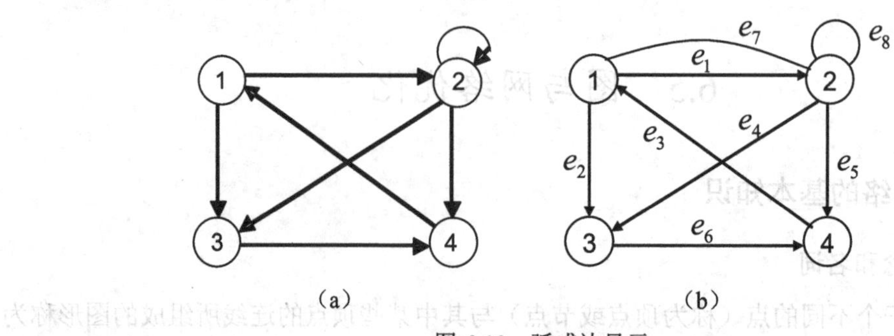

图 6-10　弧或边显示

- 路径：如果$(v_{i^1},a_{i^1},v_{i^2},a_{i^2},\cdots,v_{i^{k-1}},a_{i^{k-1}},v_{i^k})$是图$G$中一条链，且$a_{i^t}$为从$v_{i^t}$指向$v_{i^{t+1}}$的弧$(t=1,2,\cdots,k-1)$，称之为从$v_{i^1}$到$v_{i^k}$的路径。如图 6-10（a）所示，$\{1,(1,2),2,(2,3),3,(3,4),4\}$为一条路径，在不引起混淆的情况下，可记为$\{1,2,3,4\}$或$\{(1,2),(2,3),(3,4)\}$。
- 回路：闭合的路径称为回路。
- 圈：闭合的链称为圈。对无向图而言，链与路径、回路与圈是同一的。
- 连通圈：图G中任何两个点之间至少有一条链，称G为连通图。
- 树与生成树：一个无圈的连通图称为树。若$G_1=(V_1,E_1)$是连通图$G_2=(V_2,E_2)$的生成子图（即$V_1=V_2,E_1\in E_2$），且G_1本身是树，则称G_1为G_2的生成树。
- 邻接矩阵：以b_{ij}表示图G中从顶点v_i到v_j的弧的数目（无向图只考虑v_i与v_j间的边数目），则矩阵$\mathrm{B}=(b_{ij})$称为图G的邻接矩阵。
- 带权邻接矩阵：以w_{ij}表示图G中从顶点v_i到v_j的弧的权（无向图只考虑v_i与v_j间的边的权），当v_i到v_j无弧或边时，$w_{ij}=\infty$，则矩阵 $\mathrm{W}=(w_{ij})$称为图G的带权邻接矩阵。例 6-22 中图 6-11 的带权邻接矩阵为（这里是用 MATLAB 输出结果的，Inf 表示∞）：

```
w =
    Inf     8   Inf     2   Inf   Inf   Inf
    Inf   Inf   Inf   Inf     2   Inf   Inf
    Inf     4   Inf     2   Inf   Inf   Inf
    Inf   Inf     3   Inf     7     2   Inf
    Inf   Inf   Inf   Inf   Inf   Inf     5
    Inf     7   Inf   Inf    10   Inf     9
    Inf   Inf   Inf   Inf   Inf   Inf   Inf
```

2．最小生成树与 Kruskal 算法

树是一类特殊的图。1847 年 Kirchhoff 在研究电网络时，便发展了有关树的理论。树在分子结构、电网络分析、计算机科学等领域有着广泛的应用。

（1）最小生成树：在赋权图G中，求一棵生成树，使其总权最小，称这棵生成树为图G的最小生成树。

（2）Kruskal 算法思想及步骤：Kruskal（1959）提出了求图的最小生成树的算法，其中心思想是每次添加权尽量小的边，使新的图无圈，直到生成一棵树为止，便得最小生成树。其算法步骤如下：

① 将赋权图 G 中的所有边按照权的非减次序排列。

② 按①排列的次序检查图 G 中的每一条边，如果这条边与已得到的边不产生圈，则取这一条边为解的一部分。

③ 若已取到 n-1 条边，算法终止。此时以 V 为顶点集，以取到的 n-1 条边为边集的图即为最小生成树。

3．最短路径与 Dijkstra 算法

最短路径问题是图论中的一个基本问题。它在通信、石油管线铺设、公路网等实际问题中有着广泛的应用。

（1）最短路径问题：在赋权有向图 G 中，求一条总权最小的 v_i 至 v_j 的路径问题，即为最短路径问题。

（2）Dijkstra 算法的基本思想：如果 $v_1,v_2,\cdots,v_i,\cdots,v_j,\cdots,v_n$ 是某图 G 从 v_1 到 v_n 的最短路径，则它的子路 $v_i,\cdots,v_j$ 一定是从 v_i 到 v_j 的最短路径。

（3）Dijkstra 算法的步骤：该算法可求得网络中从某顶点到其他所有顶点的最短路径，算法步骤如下：

① 假设图 G 有 n 个顶点，用带权的邻接矩阵 W 来表示，$W(i,j)$ 表示从顶点 v_i 到 v_j 的弧或边上的权值，不存在弧或边的权值用 ∞（在 MATLAB 中为 Inf）表示。S 为已求出的从已知点 v_i 出发的最短路径的终点的集合，它的初始状态为空集。则从 v_i 出发到图上其余各顶点 v_k 可能达到的最短路径长度的初值为：$D(k)=\min\{W(i,k)\,|\,v_k\in V-\{i\}\}$。

② 选择 v_j，使得 $D(j)=\min\{D(k)\,|\,v_k\in V-S\}$，$v_j$ 就是当前求得的一条从始点 v_i 出发的最短路径的终点。令 $S=S\cup\{j\}$。

③ 修改从 v_i 出发到集合 $V-S$ 上任一顶点 v_k 可达的最短路径长度。如果 $D(j)+W(j,k)<D(k)$，则修改 $D(k)$ 为：$D(k)=D(j)+W(j,k)$。

④ 重复操作②、③共 $n-1$ 次，并记录各最短路径经过的所有顶点。由此得到从始点 v_i 到图上的其余各顶点的最短路径是依路径长度递增的序列。

6.5.2　Kruskal 算法与 Dijkstra 算法的 MATLAB 程序

1．Kruskal 算法的 MATLAB 程序

具体程序如下：

```
function [wt,pp]=mintreek(n,W)
% 图论中最小生成树 Kruskal 算法及画图程序 M 函数
% 格式[wt,pp]=mintreek(n,W):n 为图顶点数，W 为图的带权邻接矩阵
% 不构成边的两顶点之间的权用 Inf 表示，显示最小生成树的边及顶点
% wt 为最小生成树的权，pp(:,1,2)为最小生成树边的两顶点
% pp(:,3)为最小生成树的边权，pp(:,4)为最小生成树边的序号

tmpa=find(W~=inf);
```

```
[tmpb,tmpc]=find(W~=inf);
w=W(tmpa);                  % w 是 W 中非 inf 元素按列构成的向量
e=[tmpb,tmpc];              % e 的每一行元素表示一条边的两个顶点的序号
[wa,wb]=sort(w);
E=[e(wb,:),wa,wb];
[nE,mE]=size(E);
temp=find(E(:,1)-E(:,2));
E=E(temp,:);
P=E(1,:);
k=length(E(:,1));
while (rank(E)>0)
    temp1=max(E(1,2),E(1,1));
    temp2=min(E(1,2),E(1,1));
    for i=1:k;
        if (E(i,1)==temp1)
            E(i,1)=temp2;
        end
        if (E(i,2)==temp1)
            E(i,2)=temp2;
        end
    end
    a=find(E(:,1)-E(:,2));
    E=E(a,:);
    if (rank(E)>0)
        p=[p;E(1,:)];
        k=length(E(:,1));
    end
end
wt=sum(p(:,3));
pp=[e(p(:,4),:),p(:,3:4)];
for i=1:length(p(:,3));     %显示顶点 vi 与边 ej
    disp([' ','e',num2str(P(i,4)),'','(v',num2str(p(i,1)),'','v',num2str(p(i,2)),')']);
end
%以下是画图程序
axis equal;
hold on
[x,y]=cylinder(1,n);
xm=min(x(1,:));
ym=min(y(1,:));
xx=max(x(1,:));
yy=max(y(1,:));
axis([xm -abs(xm)*0.15,xx+abs(xx)*0.15,ym-abs(ym)*0.15,yy+abs(yy)*0.15]);
plot(x(1,:),y(1,:),'ko');
for i=1:n
    temp=[' v',int2str(i)];
    text(x(1,i),y(1,i),temp);
end
for i=1:nE
    plot(x(1,e(i,:)),y(1,e(i,:)),'b');
end;
```

```
for i=1:length(p(:,4))
    plot(x(1,pp(i,1:2)),y(1,pp(i,1:2)),'r');
end
text(-0.35,-1.2,['最小生成树的权为','',num2str(wt)]);
title('红色连线为最小生成树');
axis('off');
hold off;
```

2. Dijkstra 算法的 MATLAB 程序

具体程序如下：

```
function [S,D]=minRoute(i,m,W,opt)
%图论与网络论中求最短路径的 Dijkstra 算法 M 函数
%格式[S,D]=minRoute(i,m,W,opt)
%i 为最短路径的起始点，m 为图顶点数，W 为图的带权邻接矩阵，不构成
%边的两顶点之间的权用 inf 表示。S 的每一列从上到下记录了从始点到终点
%的最短路径所经顶点的序号。opt=0（默认值）时，S 按终点序号从小到大显
%示结果；opt=1 时，S 按最短路径从小到大显示结果。D 是一行向量，对应
%记录了 S 各列所示路径的大小

if nargin<4
    opt=0;
end
dd=[];tt=[];
ss=[];ss(1,1)=i;
V=1:m;V(i)=[];
dd=[0;i];
kk=2;
[mdd,ndd]=size(dd);
while ~isempty(V)
    [tmpd,j]=min(W(i,V));
    tmpj=V(j);
    for k=2:ndd
        [tmp1,jj]=min(dd(1,k)+W(dd(2,k),V));
        tmp2=V(jj);
        tt(k-1,:)=[tmp1,tmp2,jj];
    end
    tmp=[tmpd,tmpj,j;tt];
    [tmp3,tmp4]=min(tmp(:,1));
    if tmp3==tmpd
        ss(1:2,kk)=[i;tmp(tmp4,2)];
    else
        tmp5=find(ss(:,tmp4)~=0);
        tmp6=length(tmp5);
        if dd(2,tmp4)==ss(tmp6,tmp4)
            ss(1:tmp6+1,kk)=[ss(tmp5,tmp4);tmp(tmp4,2)];
        else
            ss(1:3,kk)=[i;dd(2,tmp4);tmp(tmp4,2)];
        end
    end
```

```
        dd=[dd,[tmp3;tmp(tmp4,2)]];
        V(tmp(tmp4,3))=[];
        [mdd,ndd]=size(dd);
        kk=kk+1;
end
if opt==1
        [tmp,t]=sort(dd(2,:));
        S=ss(:,t);
        D=dd(1,t);
else
        S=ss;
        D=dd(1,:);
end
```

6.5.3 建模与计算实验

【例 6-22】设有 5 个居民点（如图 6-9（a）所示），每条边代表两居民点的道路，数字代表路长。现要在这 5 个居民点之间设置通信线路网，以保证 5 个居民点的联络。如果已知设置通信线路代价与道路长成正比，问如何建立该通信联络网，而使联网代价最小。

解：对本例而言是寻找最小生成树。

运用 Kruskal 算法求出图 6-9（a）的最小生成树，即可得到最佳建立网络的方案。实现的 MATLAB 代码如下：

```
>> clear all;
n=5;
w=inf*ones(5);
w(1,[2,3,4])=[1,7,3];
w(2,[3,5])=[6,4];
w(3,[4,5])=[8,5];
w(4,5)=2;
[a,b]=mintreek(n,w)
```

运行程序，输出结果为：

```
%输出顶点与边的标记，最小树的构成一目了然
 e1(v1v2)
 e8(v4v5)
 e4(v1v4)
 e7(v3v1)
a =                          %最小生成树的权值
    11
b =                          %其含义见程序 mintreek.m 的说明
     1     2     1     1
     4     5     2     8
     1     4     3     4
     3     5     5     7
```

最小生成树效果如图 6-11 所示。

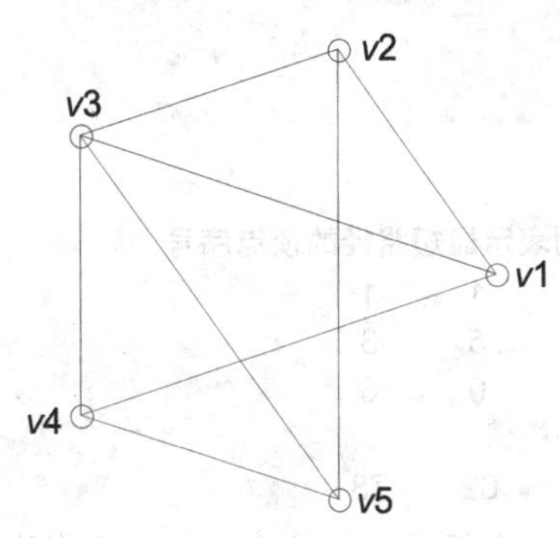

图 6-11 最小生成树

【例 6-23】某公司使用一种设备，这种设备在一定年限内随着时间的推移逐渐损坏。所以，保留这种设备的时间越长，每年的维修费用就越高。现假设该公司在第一年开始时必须购置一台这种设备，并假设计划使用这种设备的时间为 5 年，估计这台设备的购买费和维修费（单位：万元）如表 6-5 和表 6-6 所示。

表 6-5 第一年到第五年的购买价格

年号	1	2	3	4	5
价格	20	20	22	22	23

表 6-6 不同使用年限的设备的维修费

使用年限	0～1	1～2	2～3	3～4	4～5
维修费	5	7	12	18	25

这家公司希望确定应在哪一年购买一台新设备，使得维修费和新设备的购置费的总和最小。

解：考虑 6 个点 v_1,v_2,v_3,v_4,v_5,v_6，其中 $v_i(i=1,2,\cdots,5)$ 表示在第 i 年年初要购买设备。v_6 是虚设点，表示在第 5 年年底才购买新设备。再从点 $v_i(i=1,2,\cdots,5)$ 引出指向点 $v_{i+1},v_{i+2},\cdots,v_6$ 的弧 (v_i,v_j) 表示第 i 年年初购进的新设备要使用到第 j 年 $(j=2,3,\cdots6)$ 的年初。弧 (v_i,v_j) 上所赋的权为第 i 年的购置费加上从第 i 年年初到第 j 年年初这段时间的维修总费用。例如，$W(1,4)=20+(5+7+12)=44$（万元），如此计算可得到所有权值，见下面的赋权有向图。

本问题变为在上面的赋权图中求一条从 v_1 到 v_6 总权最小的路径。

其实现的 MATLAB 程序代码如下：

```
>> clear all;
n=6;
w=inf*ones(6);
w(1,[2,3,4,5,6])=[25,32,44,62,87];
w(2,[3,4,5,6])=[25,32,44,62];
```

```
w(3,[4,5,6])=[27,34,46];
w(4,[5,6])=[27,34];
w(5,6)=28;
[s,d]=minroute(1,n,w)
```

运行程序，输出结果为：

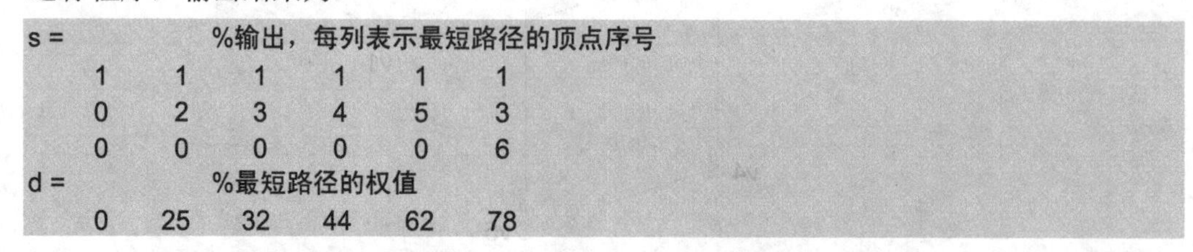

```
s =                %输出，每列表示最短路径的顶点序号
      1     1     1     1     1     1
      0     2     3     4     5     3
      0     0     0     0     0     6
d =                %最短路径的权值
      0    25    32    44    62    78
```

可见从 v_1 到 v_6 总权最小的路径为 $v_1 \to v_3 \to v_6$，权值为 78。由图 6-12 可以看出，$v_1 \to v_4 \to v_6$ 也是一条总权最小的路径，权值为 78，可知最小路径不是唯一的。

【例 6-24】求图 6-13 中，分别自点 v_1 和 v_3 到其他各点的最短有向路。

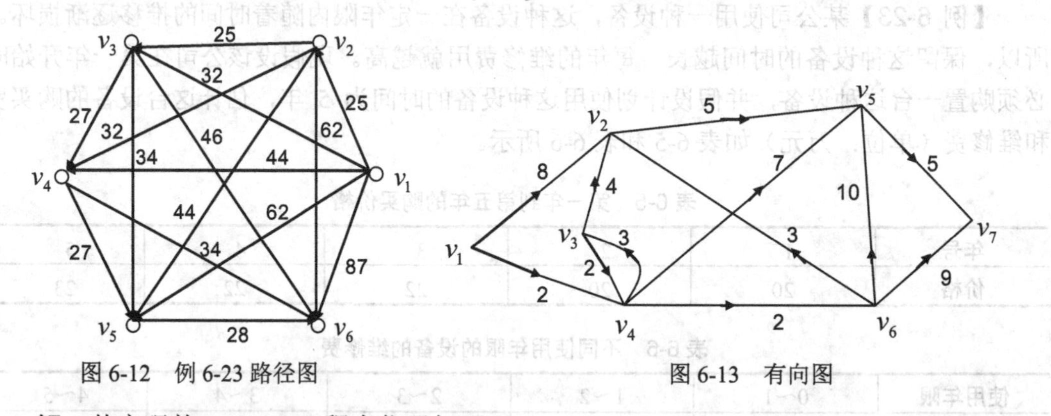

图 6-12　例 6-23 路径图　　　　图 6-13　有向图

解：其实现的 MATLAB 程序代码如下：

```
>> clear all;
w=inf*ones(7);
w(1,[2,4])=[8,2];
w(2,5)=5;
w(3,[2,4])=[4,2];
w(4,[3,5,6])=[3,7,2];
w(5,7)=5;
w(6,[2,5,7])=[7,10,9];
[s1,d1]=minroute(1,7,w,1)
[s3,d3]=minroute(3,7,w,1)
```

运行程序，输出结果为：

```
s1 =                %输出，每列表示最短路径的顶点序号
      1     1     1     1     1     1     1
      0     2     4     4     4     4     4
      0     0     3     0     5     6     6
      0     0     0     0     0     0     7
d1 =                %最短路径的权值
      0     8     5     2     9     4    13
```

```
s3 =            %输出，每列表示最短路径的顶点序号
     3     3     3     3     3     3     3
     1     2     0     4     4     4     4
     0     0     0     0     5     6     6
     0     0     0     0     0     0     7
d3 =            %最短路径的权值
   Inf     4     0     2     9     4    13
```

【例 6-25】 8 个城市之间有公路网，每条公路为图 6-14 中的边，边上的权数表示通过该公路所需的时间。设你处在城市 v_1，那么从该城市到其他各城市，应选择什么路径使所需的时间最少？

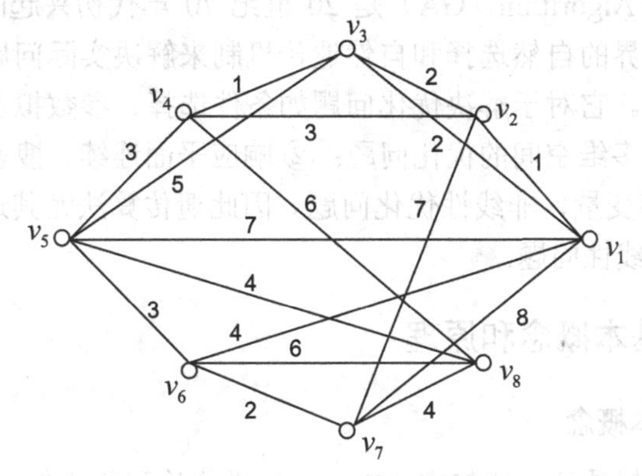

图 6-14　各城市的公路图

解：这是一个无向网，根据题意是要求一条从 v_1 到其他各城市的最短路径，其实现的 MATLAB 程序代码如下：

```
>> clear all;
w=inf*ones(7);
w(1,[2,3,5,6,7])=[1,2,7,4,8];
w(2,[1,3,4,7])=[1,2,3,7];
w(3,[1,2,4,5])=[2,2,1,5];
w(4,[2,3,5,8])=[3,1,3,6];
w(5,[1,3,4,6,8])=[7,5,3,3,4];
w(6,[1,5,7,8])=[4,3,2,6];
w(7,[1,2,6,8])=[8,7,2,4];
w(8,[4,5,6,7])=[6,4,6,4];
[s,d]=minroute(1,8,w,1)
```

运行程序，输出结果为：

```
s =
     1     1     1     1     1     1     1     1
     0     8     8     8     8     6     8     8
     0     2     3     3     5     0     7     0
     0     0     0     4     0     0     0     0
d =
     0     0     0     1     4     4     4     0
```

由 s 可知从 v_1 到其他各城市的最短路径，d 为相应的权值。

第 7 章　部分智能优化算法

7.1　遗 传 算 法

遗传算法（Genetic Algorithm，GA）是 20 世纪 70 年代初兴起的一门新兴学科。因为该方法是通过模拟生物界的自然选择和自然遗传机制来解决实际问题的，所以又被称为模拟进化或进化计算方法。它对于解决优化问题如条件选择、参数拟合等，具有许多优势：① 搜索效率高，可用于多维空间的优化问题；② 响应平面连续、搜索具有鲁棒性；③ 可避免局部优化；④ 适于多变量、非线性优化问题。因此遗传算法尤其适合于处理传统搜索方法不宜解决的复杂和非线性问题。

7.1.1　遗传算法的基本概念和原理

1．遗传算法的基本概念

遗传算法的基本思想是基于达尔文（Darwin）进化论和孟德尔（Mendel）的遗传学说。20 世纪 60 年代，Michigen 大学的 John Holland 教授受到达尔文进化论的启发，并将其用于机器的研究中，后来发展成为一个新的研究领域，即遗传算法，它通过模拟生物进化过程来搜索问题的解；进化即是对生物群体采用特殊的编码技术编码为“串”即染色体的问题的解；进化即是对算法所产生的每个染色体进行评价，并基于一个适合的值来选择染色体，使适应性好的染色体比适应性差的染色体有更多的机会。自然进化过程中的“适者生存”选择规律在遗传算法中就是有效地利用已有的信息去搜索那些有希望改善质量的串。

遗传算法是对自然界的有效类比，并从自然界现象中抽象出来，所以它的生物学概念与相应生物学中的概念不一定等同，它只是生物学概念的简单“代用”。表 7-1 所示为它们之间的差别。

表 7-1　遗传算法与遗传学的对应关系

问　　题	遗 传 算 法	遗 传 学
参数向量集	串数集（Array of String）	种群（Population）
参数向量	串（String）	染色体（Chromosome）
参数（Parameter）	子串（Substring）	等位基因（Allele）
	位（Bit）	基因（Gene）
目标函数（Objective Function）	评价（Evalution）	适应度（Fitness）
参数优化	进化：遗传、变异	进化：遗传、变异

遗传算法中有以下的基本概念。

（1）串（String）

它是个体（Individual）的形式，对应于遗传学中的染色体，在算法中其形式可以是二进制的，也可以是实值型。

（2）种群（Population）

个体的集合称为种群体，该集合内个体的数量称为种群的大小。例如，如果个体的长度是 100，适应度函数变量的个数为 3，即可将这个种群表示为一个 100×3 的矩阵。相同的个体在种群中可以出现不止一次。每一次迭代，遗传算法都对当前种群执行一系列的计算，产生一个新的种群。每一个后继的种群称为新的一代。

（3）基因（Gene）

基因是串中的元素，用于表示串中个体的特殊。例如，有一个二进制串 S=1011，其中的 1,0,1,1 这 4 个元素分别称为基因，它们的值称为等位基因（Alletes）。一个个体的适应度函数就是它的得分或评价。

（4）基因位置（Gene Position）

一个基因在串中的位置称为基本位置，有时也简称基因位。基因位置由串的左向右计算，如在二进制串 S=1101 中，0 的基因位置是 3。基因位置对应于遗传学中的地点（Locus）。

（5）基因特征值（Gene Feature）

在用串表示整数时，基因的特征值与二进制数的权一致。例如，在串 S=1011 中，基因位置 3 中的 1，它的基因特征值为 2；基因位置 1 中的 1，它的基因特征值为 8。

（6）串结构空间

在串中基因任意组合所构成的串集合。基因操作是在结构空间中进行的。串结构空间对应于遗传学中的基因型（Genotype）的集合。

（7）参数空间

这是串空间在物理系统中的映射，它对应遗传学中的表现型（Phenotype）的集合。

（8）适应度及适应度函数（Fitness）

适应度表示某一个体对于生存环境的适应程度。对于生存环境的适应程度较高的物种将获得更多的繁殖机会；反之，其繁殖机会相对较少，甚至逐渐灭绝。适应度函数则是优化目标函数。

（9）适应度值和最佳适应度值

个体的适应度值就是该个体的适应函数值，由于该工具箱总是查找适应度函数的最小值，因此一个种群的最佳适应度值就是该种群中任何个体的最小适应度值。

（10）多样性或差异（Diversity）

涉及一个种群的各个个体的平均距离。若平均距离大，则种群具有高的多样性，否则，其多样性低。多样性是遗传算法中必不可少的本质属性，这是因为它能使遗传算法搜索一个比较大的解的空间区域。

（11）父辈与子辈

为了生成下一代，遗传算法在当前种群中选择某些个体（称为父辈），并使用它们来生成下一代中的个体（称为子辈）。典型情况下，该算法更可能选择那些具有较佳适应度值的父辈。

2．遗传算法的基本原理

遗传算法将问题的解表示成“染色体”，在算法中也即是以二进制或浮点数编码的串。在执行算法之前，给出一群“染色体”即初始种群，也即假设解集。然后，将这些假设解置于问题的“环境”中，并按适者生存和优胜劣汰的原则，从中选择出较适应环境的“染色体”进行复制、交叉、变异等过程，产生更适应环境的新一代“染色体”群。这样，一代一代地进行，最后收敛到最适应环境的一个“染色体”上，经过解码，它就是问题的近似最优解。整个操作过程可用图 7-1 表示。

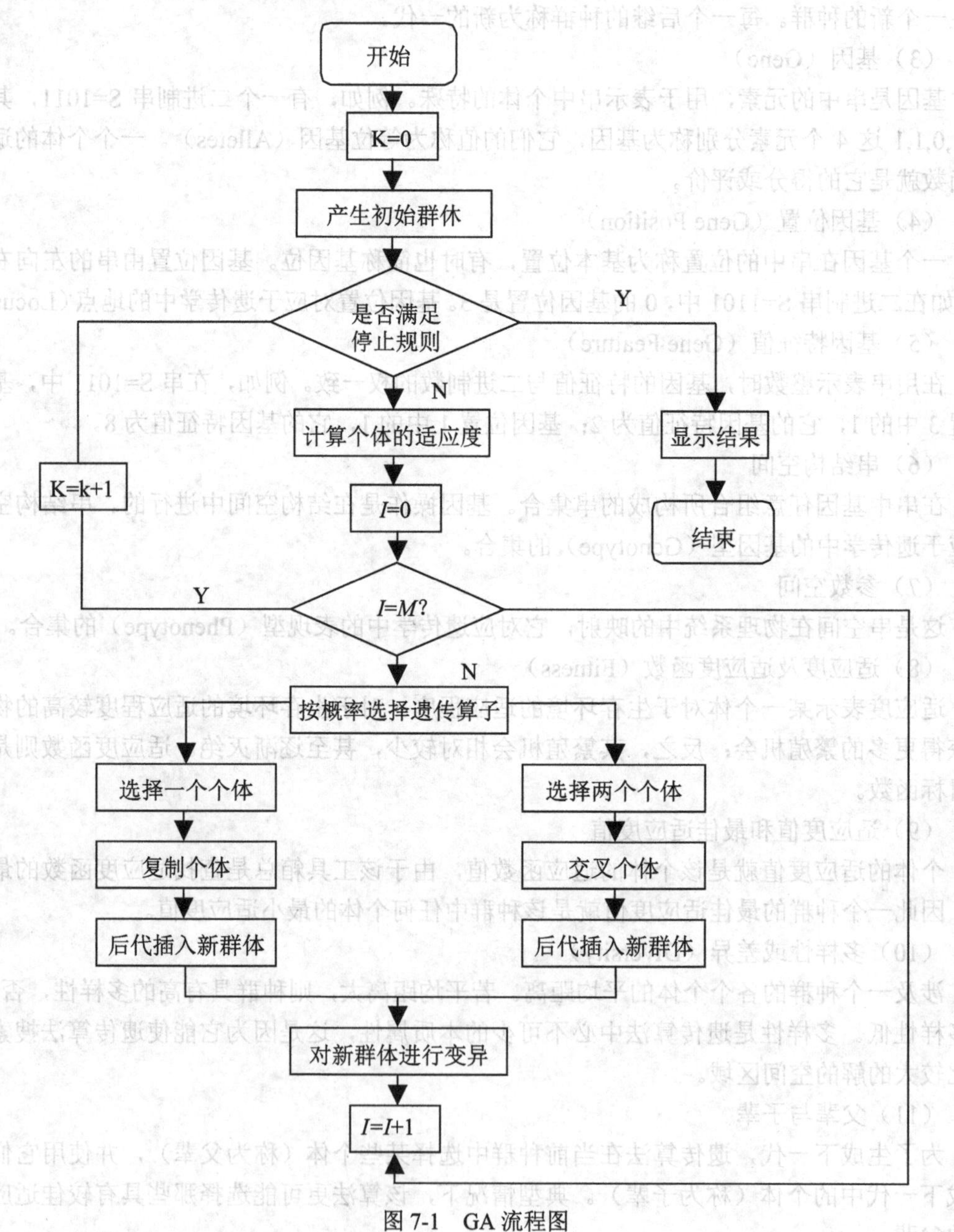

图 7-1　GA 流程图

7.1.2 MATLAB 遗传算法工具箱介绍

前面介绍了遗传算法及其功能，除了自己编程外，最方便的还是采用 MATLAB 来实现。MATLAB R2008 包含了一个专门设计的遗传算法与直接搜寻工具箱（Genetic Algorithm and Direct Search Toolbox）。使用此工具箱可以扩展 MATLAB 及其优化工具箱在处理优化问题方面的能力，处理传统优化技术难以解决的问题，包括那些难以定义或不便于进行数学建模，或目标函数较复杂的问题，如目标函数不连续或具有高度非线性、随机性以及不可微的情况。

1. MATLAB 遗传算法工具箱概念

遗传算法工具箱函数和直接搜索函数可以通过命令行和图形用户界面两种方式来实现。在使用图形用户界面时，通过相应窗格中各参数的设置，快速定义问题，设置算法选项进行运算。在通过命令进行遗传算法运算时，通过 MATLAB 程序调用遗传算法函数，并设置算法选项，运行遗传算法。此时，可以允许用户调用或编写 MATLAB 程序来优化问题的求解方法、最终结果和图像显示。

遗传算法与搜索工具箱具有以下功能：

- ❑ 图形用户界面和命令行函数可以快速描述问题、设置算法选项以及监控运算进程。
- ❑ 具有多个选项的遗传算法工具可用于问题创建、适应度计算、选择、交叉和变异等运算，给实际问题解决提供了各种参数的可能选择。
- ❑ 直接搜索工具实现了一种模式搜索方法，其选项可用于定义网格尺寸、表决方法和搜索方法。
- ❑ 遗传算法与直接搜索工具箱函数可与 MATLAB 的优化工具箱或其他的 MATLAB 程序结合使用。用户可以用遗传算法或直接搜索算法来寻找最佳起始点，然后利用优化工具箱或用 MATLAB 程序来进一步寻找最佳解。通过不同的算法，可以充分发挥 MATLAB 和工具箱的功能以提高解的质量。
- ❑ 支持自动的 M 代码生成，图形界面可以自动生成求解优化问题所需要的 M 文件，这些可作为对来自命令行调用代码的一种解释，也可用于程序保护工作的自动化。
- ❑ 遗传算法和搜索工具箱还包括一系列绘图函数，用来可视化优化结果。

遗传算法参数主要有以下几种。

（1）图形参数

图形参数工作时可从遗传算法中得到图形数据。当选择图形函数并执行遗传算法时，一个图形窗口的分离轴上显示这些图形，可在任意时刻单击图形窗口中的停止键来停止这个算法。

① 绘图参数：在图形方式下可以选择以下任意图形函数。

- ❑ Best fitness：最佳函数值与代数对。
- ❑ Best individual：每一代中最佳适应度个体的向量值。
- ❑ Distance：每一代中个体间的平均距离。
- ❑ Expectation：与每一代原始得分对应的期望值。

- Genealogy：个体的谱系，从一代到下一代线条颜色代码如下：红色表示变异的子辈，蓝色表示交叉的子辈，黑色表示原始的个体。
- Range：每一代最大、最小、平均适应度函数值。
- Score diversity：多样性，每一代的得分直方图。
- Score：每一代中个体的得分。
- Selection：双亲的直方图。
- Stopping：停止条件水平。
- Custom function：自己定义的绘图函数。

当从命令行调用遗传算法函数 GA 来显示图形时，要设置 PlotFcns 字段的参数作为图形的句柄。例如，为了显示最佳适应度图形，设置 options（参数）如下：

options=gaoptimset ('plotFcns', @gaplotbestf);

为了显示多个图形，语法如下：

options=gaoptimset ('plotFcns', {@plotfun1, @plotfun2,…});

其中@plotfun1, @plotfun2 等是命令行图形函数名。

② 绘图函数的结构：绘图函数的第一行具有如下形式：

function state=plotfun(options, state, flag)

其中，options 为包含当前所有设置的结构；state 为包含当前种群信息的结构；flag 为一个字符串，标识算法的当前运行阶段。

而 state 结构是图形函数、变异函数和输出函数的输入参数，包含以下字符。

- population：当代种群。
- score：当代种群的得分。
- generation：当前代数。
- start time：GA 的开始时间。
- stopflag：包含停止原因的字符串。
- Expectation：指明被选择出来的优良个体、交叉个体和变异个体。
- best：每一代具有最好得分个体的向量。
- lastimeprovement：适应度值发生改变的最后一代有代数。
- lastimeprovement time：适应度值发生改变的最后时间。

（2）种群参数

种群参数用于确定遗传算法所用种群的参数。

① Population type：指定适应度函数的输入数据类型，可用来设置 Population type 为以下类型之一。

- 'Double vector'：双精度类型，它是默认值。
- 'bit string'：位串类型。
- 'Custom'：自定义类型。此时必须自己编写 creationFun（创建函数）、mutionFun（变异函数）和 CrossoverFun（交叉函数）来接收种群输入。

② Population size（populationSize）：指定在每一代中有多个个体。使用大的种群尺度，遗传算法探索解空间能更加彻底，同时减少返回局部最小值而不是全局最小值的机会。然

而使用大的种群尺度，会使遗传算法运行较慢。

如果设置 Population size 为向量，遗传算法将创建多个种群。子种群的数量等于向量的长度，每个子种群的大小量是向量的对应项的值。

③ CreationFun：为 GA 创建初始种群的函数，可选择以下函数。

- Uniform（@gacreationuniform）：创建均匀分布的随机初始种群（默认值）。
- Custom：允许使用自己编写的创建函数，生成在 Population type 中指定的数据类型。创建函数必须有以下调用语法：

```
function population=myfun(genomelength, fitnessFun, options)
```

其中，genomelength 为适应度函数中独立变量的个数，fitnessFun 为适应度函数，options 为参数结构。

这个函数返回的种群作为遗传算法的初始种群。

④ Initial population（initialPopulation）：指定遗传算法的初始种群，默认值为[]，这种情况下 GA 使用 Greation function 创建初始种群。如果输入一个非空数给 Initial population 域，则这个数组必须是 Population size 行和 Number of variables 列。

⑤ Initial score：指定初始种群的初始值。

⑥ Initial range：指定创建函数生成的初始种群的向量范围，可以使用具有两行、Number of variables 列的矩阵设置 Initial range：第一列具有[lb;ub]形式，这里 lb 是相对项目的下界，而 ub 是上界，如果指定 Initial range 是 2×1 向量，则每一个条目均被扩展，行长度不变，即行长度为 Number of variables。

（3）适应度比例参数

适应度比例参数是把适应度函数返回的适应度值转换为适合选择函数的范围值。在 GUI 的 Fitness scaling 窗格中可以指定适应度比例函数的参数。

在 Fitness scaling（适度尺度）窗格中，尺度函数选项 scaling function 是一个下列拉表，可以从中选择要执行适应度比例的函数参数。

① Ranking（排列）：这是默认的适应度比例函数。Rank 函数是根据个体适应度值的排列顺序来衡量个体的优劣。最适应个体的排序为 1，次最适应个体的排序为 2，依此类推。

② Proportional（比率）：比率的计算使个体的适应度大小比例与它的适应度值成比例。

③ Top（最佳比例）：计算最佳比例等同于计算最佳个数。选择这一项后，最佳个体比例显示在另一个字段 quanity 中，它规定了指派正的比例值的个体数目。quanity 可以是 1 到种群大小之间的整数，也可以是 0 到 1 之间的小数，这个小数是种群大小的百分数，其默认值为 0.4。

在命令行改变 quanity 的默认值，可使用以下语句：

```
options=gaoptimset ('fitnesscalingFcn', {@fitscalingtop, quanity})
```

其中 quanity 是"quanity"的值。

④ Shift linear（线性转换）：利用线性转换来衡量适应度值。将使最适应个体期望值等于个体的平均值乘以一个常数。这个常数可以在 Max survival rate（最大生存率）字段中设置，默认值为 2。

在命令行改变 Max survival rate 的默认值，可使用以下语句：

```
options=gaoptimset('FitnessScalingFcn',{@fitscalingshiftlinear, rate})
```

其中 rate 是"Max survival rate"的值。

⑤ Custom（自定义尺度函数）：可以使用遗传算法工具来指定尺度函数。

如果在命令行使用 GA，可以使用下列语句自定义尺度函数：

```
options=gaoptimset('FitnessScalingFcn',@myfun)
```

尺度函数必须遵循下列的语法格式：

```
function expectimset(scores, nParents)
```

这个尺度函数的输入参数是，scores 为标量向量，作为种群的成员；nParents 为这个种群所必需的父辈个体数目。

这个函数返回的期望值 expection，是一个与 scores 长度相同的标量行向量，给出种群中每个成员的尺度值，expection 的总项数必须等于 nParents。

（4）选择参数

选择参数规定遗传算法怎样为下一代挑选双亲。可以通过 GUI 中的 Selection function 窗格指定算法函数。

① Stochastic uniform（随机均匀分布）：默认的选择函数。该函数布局在一条线上，每一父辈根据其刻度按比率对应线上的一部分，算法以相同的步长沿线移动，在每一步，算法根据降落的位置确定一父辈，第一步是一小于步长的均匀随机值。

② Remainder（剩余）：选择分配其双亲由每个个体适度值的整数部分决定，并随后在剩余的小数部分采用轮盘赌选择方法。

③ Uniform（均匀）：用父辈的代数和期望值来选择父辈。用于调试和测试，但不是一个非常有效的搜索策略。

④ Roulette（轮盘赌）：挑选父辈时使用一个模拟的轮盘赌，个体在轮子上所占的区域与个体的期望值成正比，算法使用一个随机数选择一个概率与其相等的区域。

⑤ Tournament（锦标赛）：通过挑选 Tournament size 随机数生成器挑选每一父个体，随后选择它们中缺少的最好的个体加入父辈中。Tournament size 至少为 2，默认值为 4。

在命令行中用以下语句来改变默认值：

```
options=gaoptimset ('selectionFcn', {@ selecttournament, size})
```

其中 size 是"Tournament size"的值。

⑥ Custom：自定义选择函数，在遗传算法工具中为了指定这个函数，必须具有以下调用语法：

```
function parents=myfun (expectation nParents, options)
```

这个函数的输入参数是，expectation 为期望的子辈个体数量为种群的成员，nParents 为选择父辈个体的数量；options 为遗传算法参数结构。

这个函数返回父辈，它是具有长且包含选择的父辈个体指示的行向量。

（5）再生参数

再生参数说明了遗传算法怎样为下一代创建子个体。

① Elite count：指定将生存到下一代的个体数，它是一个小于或等于种群尺度的正整数，

默认值为 2。

② Crossover fraction：指定下一代中不同于原种群的部分。它们由交叉产生，其值是一个 0～1 之间的小数，其默认值为 0.8。

（6）变异参数

变异参数说明遗传算法怎样通过小的随机数改变种群的个体而创建变异的子辈。

变异提供遗传变异功能而使遗传算法搜索变异范围更广泛的空间。用 GUI 中的 Mutation function 字段来指定变异函数。可选择以下函数。

① Gaussian（高斯）：默认的变异函数。这个分布的变化由 Scaling 参数和 Shrink 决定，如果选择 Gaussian，它们将显示出来。

Scaling 参数确定第一代的方差。如果设置 Initial range 为 1 行 2 列的向量 v，其初始方差同所有父向量坐标相同，且由 Scaling*(v(2)−V(1))给出。如果设置 Initial range 为 2 行 Number of variales 列的向量，父向量坐标为 i 的初始方差，由 Scaling*(v(i,2)−V(i, 1))给出。

在命令行改变默认值，可使用以下语法：

```
options=gaoptimset('MutationFcn',…,{@mutationgaussian, scale, shrink})
```

其中 scale 和 shrink 分别是"scale"和"shrink"的值。

② Uniform（均匀）：均匀变异是两个过程。第一步算法选择个体变量的一部分进行变异，这里每一项有一个 mutation rate，其默认值为 0.01；第二步算法均匀选择在项目范围中一随机数替换每个选中的项目。

在命令行要改变 rate 的默认值，可使用以下语法：

```
options=gaoptimset('MutationFcn', {@mutationuniform, rate})
```

其中 rate 是"Rate"的值。

③ Custom：自定义变异函数。自定义的变异函数必须有如下调用格式：

```
function mutationChildren=myfun(parents,options,nvars,FitnessFcn,state,thisScore,
thisPopulation)
```

函数的自变量如下。

- ❑ parents：被选择函数选择的父辈的行向量。
- ❑ options：参数结构。
- ❑ nvars：变量数。
- ❑ FitnessFcn：适应度函数。
- ❑ state：包含当前种群信息的结构。
- ❑ thisScore：许多当前种群的向量。
- ❑ thisPopulation：当前种群的个体矩阵。

该函数返回 mutationChildren，它是一个矩阵，其行对应子孙，矩阵的列数就是 Number of variables。

（7）交叉参数（Crossover function）

交叉参数说明遗传算法如何组合两个个体或双亲，为下一代形成交叉的子个体。它可以选择以下函数。

① Scattered：默认的交叉函数。它创建一个二进制向量，如果这个向量某位是 1，则表

明这个基因从第一个父辈中来；如果为 0，则是从第二个父辈中来，组合这些基因而形成一子个体。

② single point：单点交叉，它在 1 到 Number of variables 之间选择一随机数 n，随后在第一个父辈中选择序号小于或等于 n 的向量项，在第二个父辈中选择序号大于 n 的向量项，连接这些项目形成一子辈。

③ Two point：两点交叉，它在 1 到 Number of variables 之间选择两个随机数 m 和 n，随后在第一个父辈中选择序号小于或等于 m 的向量项，在第二个父辈中选择序号为 M+1～n 的向量项，序号大于 n 的向量项也来自于第一个父辈。

④ Intermediate：通过父辈的加权平均值创建子辈，可通过一个简单参数 Ration 指定权值。ration 可以是一个标量或具有 Number of variables 长的行向量，默认值是向量的每个值均为 1。

如果 ration 的每个项的值均在[0,1]范围内，则产生的子辈限于由父母的相对顶点定义的立体空间中；如果 ration 不在这个范围，则子辈可能仅次于这个空间之外；如果 ration 是一个标量，则所有子辈都将位于父母间的一直线上。

在命令行方式下改变默认值，可使用下列语法：

```
options=gaoptimset('CrossoverFcn',…{@crossoverintermediate, ration})
```

其中 ration 是"Ration"的值。

⑤ Heuristic：返回的子辈位于包含父辈的直线上，此时离父辈不远的距离上有较好的适应度，在同一方面上远离父辈，则有较差的适应度，可以使用参数 ration 指定子辈离较好适应度的父辈有多远，默认值这 1.2。

在命令行改变 ration 的默认值，使用以下语法：

```
options= gaoptimset('CrossoverFcn',…{@crossoverintermediate, ration})
```

⑥ Custom：自定义的交叉函数。如果使用命令行 GA，则用下列语法设置：

```
options=gaoptimset('CrossoverFcn', @myfun)
```

自定义函数必须有如下的调用格式：

```
xoverKids=myfun(parents,options, nvars, FitnessFcn, unused, thisPopulation)
```

其中，

- ❑ parents：通过选择函数来选择双亲的行向量。
- ❑ options：参数结构。
- ❑ nvars：Number of variables（基因数）。
- ❑ FitnessFcn：适应度函数。
- ❑ unused：保留，未使用。
- ❑ thisPopulation：表示当前种群的矩阵，这个矩阵的行数是 Population size，列数是 Number of variables。

该函数返回 xoverKids(即交叉的子辈)，它是一个矩阵，每行对应子辈，其列数是 Number of variables。

（8）迁移参数（Migration）

指明个体在子种群间怎样移动。如果设置 population 为一长度大于 1 的向量，则迁移发生。当迁移发生时，一个子种群中最好的个体代替另一子种群中最差的个体。可以通过migration窗格下面的3个字段来控制迁移的发生。

① Direction：迁移发生在一个或两个方向。如果设置Direction为Forward，则迁移发生在下一个种群中，也就是第N个子种群迁移到N+1个子种群；如果设置为Both，则第N个子种群迁移到N−1个子种群和第N+1个子种群。

迁移在最后一个子种群处将卷绕回来，即最后一个子种群迁移到第一个子种群，第一个子种群可以迁移到最后一个子种群。为了防止卷绕，在确定的种群尺度下，在种群尺度向量的最后添加一0项，指示一大小为0的子种群。

② Interval：指明在再次迁移间要经过多少代。

③ Fraction：指明在两个子种群间有多少个个体迁移，“百分比”指明两个子种群中较小子种群的个体迁移百分比。

（9）混合函数参数

混合函数是运行在遗传算法终止后的另一个最小化函数，可在Hybrid function参数中指定混合函数，它有以下选择。

- []：没有混合函数。
- fminsearch：使用MATLAB函数fminsearch。
- patternsearch：使用模式搜索。
- fminunc：使用优化工具箱函数fminunc。

（10）停止条件参数

停止条件决定什么引起算法的终止，可以指明以下参数。

- Generation：指明算法最大重复执行次数，默认值为100。
- Time limit：指明算法停止执行前的最大时间，以秒为单位。
- Fitness limit：最好适应度小于或等于Fitnesslimit，则算法停止。
- Stall generations：如果适应度在Stall generation指明的代数没有改进，则算法停止。
- Stall time：如果最好适应度在Stall time时间间隔内没有改变，则算法停止。

（11）输出函数参数

输出函数在每一代返回来自遗传算法的输出到命令行，它返回如下变量。

- state：包含当前代数信息的结构。
- options：被输出函数修正的参数结构，这个参数是可选的。
- optchanged：指示options是否改变标志。

输出函数可以采用以下参数。

① History to new window：指明每到Interval的倍数，在新窗口重复显示出算法计算的历史点。

② Custom：自定义输出函数。

在命令行中自定义输出函数，可以通过调用下列语句：

```
options=gaoptimset('OutputFcn', @myfun)
```

在MATLAB命令行输入：

```
edit gaoutputfcntemplate
```

则可以使用模板编写自定义的输出函数。

输出函数应有如下调用语法：

[state, options, optchanged]=myfun(options, state, flag, interval)

该函数有如下输入参数。

- ❑ options：参数结构。
- ❑ state：包含当前代信息的结构。
- ❑ flag：算法运行情况，init 表示初始状态，iter 表示运行状态，done 表示终止状态。
- ❑ interval：可选的 interval 自变量。

（12）显示到命令窗口参数

display 指明遗传算法运行时，在命令行显示的信息数，有效的参数如下。

- ❑ off：默认值，表明只有最终结果显示。
- ❑ Interative：显示每一次迭代的有关信息。
- ❑ Diagnose：显示每一次迭代的信息，而且还列出函数默认值已经被改变的有关信息。
- ❑ Find：遗传算法的结果（成功与不成功）、停止的原因、最终点。

Interative 和 Diagnose 两者显示的信息如下。

- ➢ Generation：代数。
- ➢ f-count：适应度函数估计的累计数。
- ➢ Bestf(x)：最佳适应度值。
- ➢ Meanf(x)：平均适应度值。
- ➢ Stall Generation：停滞代数，即最后一次改进适应度函数以来的代数。

（13）向量参数

向量参数指明适应度函数的计算是否被向量化。如果设置 Fitness function is vectorized 为 off，则遗传算法在每次循环中计算新一代个体的适应度；如果设置 Fitness function is vectorized 为 on，则遗传算法计算新一代个体的适应度值时只调用适应度函数一次。

2．MATLAB 遗传算法和搜索工具箱的使用

1）编写待优化函数的 M 文件

为了使用遗传算法和直接搜索工具箱，首先必须编写一个 M 文件，来确定待优化问题的目标函数。它应该接受一个行向量，且返回一个标量。行向量的长度就是目标函数中独立变量的个数。

【例 7-1】编写下列待优化函数的 M 文件。

$$f(x)=x\sin(10\pi x)+2.0,\quad x\in[-1,2]$$

其 M 文件代码如下：

```
function y=xxfun(x)                %自定义目标函数的函数名
if x(:,1)<=2&x(:,1)>=-1
    y=-(x*sin(10*pi*x)+2.0);       %将问题的最大化转化为最小化
else
    y=0;
end
```

由于该例中只有一个变量，所以编写的 M 文件确定这个函数必须接受一个长度为 1 的行向量 X，分别与变量 x 对应，并返回一个标量 y，其值等于该函数的值。编写结束后在 MATLAB 路径指定的目录中以一定的文件名保存该文件。

遗传算法和直接搜索工具箱中的优化函数总是使目标函数或适应度函数最小化，如果要求函数的最大值，可以转化成求取函数的负函数的最小值。

【例 7-2】编写下列待优化函数的 M 文件。

$$f(x,y)=0.5+\left[\frac{\sin^2\sqrt{x^2+y^2}-0.5}{1+0.001(x^2-y^2)^2}\right],\quad (-60\leqslant x\leqslant 60)$$

其 M 文件代码如下：

```
function y=li7_2fun(x)
if x(:,1)<=60 & x(:,1)>=-60
    if x(:,2)<=60 & x(:,2)>=-60
        y=-(0.5+((sin(sqrt(x(:,1).^2+x(:,2).^2))).^2-0.5)/(1+0.001*(x(:,1).^2-x(:,2).^2).^2));
    else
        y=0;
    end
end
```

该例中有两个变量，所以行向量 X 有两列，分别对应变量 x、y。

2）通过图形用户界面（GUI）使用遗传算法

在 MATLAB 窗口中输入下列命令：

```
>> gatool
```

可打开遗传算法的 GUI 界面（如图 7-2 所示），此时只要在相应窗格中选择相应参数的选项或默认值即可进行遗传算法的计算。

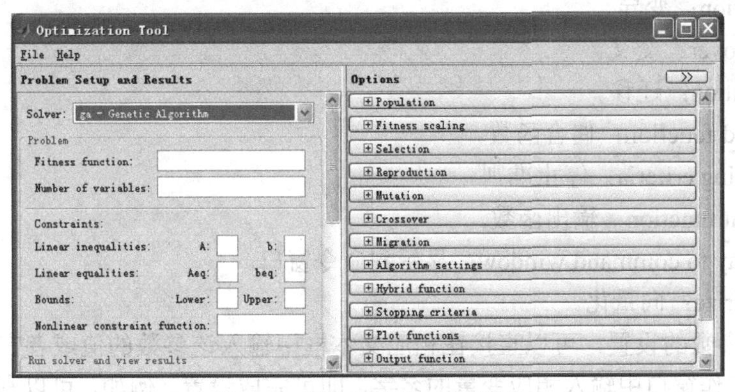

图 7-2　遗传算法的 GUI 界面

部分选项介绍如下。

- Fitness function（适应度函数）：其形式为@fitnessfun，其中 fitnessfun 是自定义编写的计算适应度函数（优化目标函数）的 M 文件的名字。
- Number of variables（变量个数）：适应度函数输入向量列的长度。

如果其他参数选项选默认值，单击 Start 按钮，便可运行遗传算法，并将在 Run solver and view results（运行程序与显示结果）下面文本框的窗口中显示出相应的运行结果。在运行过程中，通过单击 Pause 按钮，可以使算法暂停，此时按钮的名字变为 Resume，为了从暂停处恢复算法的运行，可单击此按钮。

由于遗传算法是一种随机性算法，所以为了复现遗传算法前一次的运行结果，取消选中 Use random states from previous run（使用前一次运行的随机状态）复选框，这样可充分利用遗传算法随机搜索的优点。

Plot function 窗口可以显示遗传算法运行时所提供的有关信息的各种图形。这些信息可以帮助我们改变算法的选项、改进算法的性能。可以显示的图形见图形参数。

如果工具箱没有符合想要输出图形的绘图函数，可通过在 Plot function 窗口中改变遗传算法的选项。为了查看窗口中的各类选项，可单击与之相连的符号“+”，便出现各类参数的窗口。在窗口中可以逐一设置其中的参数项，各参数项的意义及默认值见下面的遗传算法参数。

- ❑ Population type：种群类型。
- ❑ Population size：种群尺度。
- ❑ Creation function：创建函数。
- ❑ Initial population：初始种群。
- ❑ Initial scores：初始得分。
- ❑ Initial range：初始范围。
- ❑ Fitness scaling：适应度测量。
- ❑ Selection：选择。
- ❑ Reproduction：复制。
- ❑ Mutation：变异。
- ❑ Crossover：交叉。
- ❑ Migration：迁移。
- ❑ Hybrid function：偶合函数。
- ❑ Stopping criteria：停止准则。
- ❑ Output function：输出函数。
- ❑ Display to command window：显示到命令窗口。
- ❑ Vectorize：向量化。

对于数值参数的设置，可以直接在相应文本框中输入该参数的值或者在包含该参数值的 MATLAB 工作窗口中输入相应变量的名字，即可完成设置。例如，可以利用下列两种方法之一设置 initial range 为[1;100]。

（1）在 initial range 的 specify 文本框中输入数值。

（2）在 MATLAB 工作区中输入变量 x0=[1;100]，然后在 initial point 文本框中输入变量的名字 x0。

输入/输出参数及问题如下。

（1）输出参数和问题：参数和问题可以被输出到 MATLAB 工作空间，以便以后在遗传算法工具中应用，也可以以命令行的方式在函数 ga 中应用。

为了输出参数和问题，单击 GUI 中的 Export to worksapce 或从 File 菜单中选择此菜单项，打开对话框。如果选择 Export problem and options to amatLab structure named，并为这个结构体命名，则单击 OK 按钮，即将这个信息保存到工作空间的一个结构体。如果以后要将这个结构体输入到遗传算法工具，那么当输出这个结构时，所设置的 Fitness function 和 Number of variable 以及所有的参数设置都被恢复到原来值。

如果想要遗传算法在输出问题之前从一次运行的最后种群恢复运行，可选择 Export to workspace 下的 include information needed to resume this run，然后，当输入问题结构体并单击 Start 按钮时，算法即从前次运行的最后种群继续运行，为了恢复遗传算法产生随机初始种群的默认行为，可删除在 initial population 字段所设置的种群，并用空括号代替。

如果只是为了保存参数的设置，可选择 Export options to a matLab structure named，并为这个参数结构体命名。

（2）输入参数：为了从 MATLAB 工作窗口中输入一个参数结构体，可从 File 菜单中选择 Import Options 菜单项，在 MATLAB 工作窗口中打开一个对话框，列出遗传算法参数结构体的一系列选项。当选择参数项结构体并单击 Import 按钮时遗传算法工具中的参数域即被更新，且显示所输入参数的值。

创建参数项结构体有两种方法：一是调用函数 gaoptimset，以参数结构 options 作为输出；二是在遗传工具中的 Export to workspace 对话框中保存当前参数。

（2）输入问题：为了从遗传算法工具输入一个以前输出的问题，可从 File 菜单中选择 Import Problem 菜单项，在 MATLAB 工作窗口中打开一个对话框。显示遗传算法问题结构体的一个列表。当选择了问题结构体并单击 OK 按钮时，遗传算法工具中的适应度函数、变量个数和参数域文本框即被更新。

3）从命令行运行遗传算法

（1）遗传算法函数

① 函数 ga 功能：用遗传算法搜索函数最小值。

其调用格式及说明如下。

x=ga(fitnessfun, nvars)：将遗传算法应用到优化问题，这里 fitnessfun 是最小化目标函数，nvars 是找到的最优个体答案向量 x 的长度。

x=ga(fitnessfun, nvars, options)：将遗传算法应用到优化问题，使用参数结构中的那些选项参数。

x=ga(problem)：为 problem 找最小值，结构有下列 3 个字段：fitnessfun 为适应度函数，nvars 为适应度函数的独立变量个数，options 为用 gaoptimset 创建的参数结构。

[x,fval] = ga(...)：返回 fval，即适应度函数在 x 处的值。

[x,fval,exitflag] = ga(...)：返回 exitflag，它是一个包含算法终止原因的字符串。

[x,fval,exitflag, output] = ga(...)：返回 output，它是包含每一代输出和算法执行的其他信息的结构，这个输出结构包含以下字段：randstate 为遗传算法启动之前的状态，rand 是 MATLAB 随机数生成器。

randnstate 为遗传算法启动之前 randn 的状态，randn 是 MATLAB 普通随机数生成器，可使用 rand 和 randn 值再现 ga 的输出；generation 为计算的代数；funccount 为适应度函数的估算次数；message 为算法终止的原因，它与输出变量相同。

例如，在命令窗口中输入以下代码：

```
>> A = [1 1; -1 2; 2 1];
b = [2; 2; 3];
lb = zeros(2,1);
[x,fval,exitflag] = ga(@lincontest6,2,A,b,[],[],lb)
```

运行程序，输出结果为：

```
Optimization terminated: average change in the fitness value less than options.TolFun.
x =
    0.6681    1.3327
fval =
   -8.2238
exitflag =
     1
```

② 函数 gaoptimget 功能：得到遗传算法参数结构值。

其调用格式及说明如下：

val=gaoptimget(options, 'name')

val=gaoptimget(options, 'name', default)

返回 name 参数的值，name 来自遗传算法参数的结构参数。如果 name 的值没有在参数中指明，即为'default'，则 gaoptimget(options, 'name')返回空的矩阵，它只需要能唯一定义 name 足够的前导字符。gaoptimget 忽略参数 name 中的大小写。

③ 函数 gaoptimset 功能：创建遗传算法参数结构。

其调用格式及说明如下。

options=gaoptimset：创建名称为 options 的选项参数结构（它包含遗传算法的参数），并设置这些参数为默认值。

gaoptimset：无输入或输出变量参数，显示具有有效值的参数的完整列表。

options=gaoptimset(@ga)：在 gaoptimset 参数中调用 ga 函数。

options=gaoptimset(@gamultiobj)：在 gaoptimset 参数中调用 gamultiobj 函数。

options=gaoptimset('param1',value1,'param2',value2,...)：创建结构 options，并设置其他值，即'param1'为 value1，'param2'为 value2，等。这里只需给出能唯一定义参数名的足够的前导字符，任何未指定的参数设置均使用它们的默认值。参数名中的大小写被忽略。

options=gaoptimset(oldopts,'param1',value1,…)：创建 oldopts 拷贝，修改指定的参数具有指定的值。

options=gaoptimset(oldopts,newopts)：用一新的参数结构 newopts 组合一存在的参数结构 oldopts，在 newopts 中任意参数的非空值覆盖 oldopts 中对应的参数。

表 7-2 列出了能用 gaoptimset 设置的参数。{}的值是默认值，在命令行中使用无输入参数的命令函数 gaoptimset，可查看这些优化参数。

表 7-2　使用函数 gaoptimset 设置的参数

参　数	说　明	值
CreationFcn	创建初始种群的函数句柄	{@gacreationuniform}
CrossoverFcn	遗传算法用来创建交叉的子辈函数的句柄	@crossoverheuristic {@crossoverscattered} @crossoverintermediate @crossoversinglepoint @crossovertwopoint @crossoverarithmetic
CrossoverFraction	不包括优良子辈，由交叉函数创建的下一代种群的交叉概率	正整数标量|{0.8}
Display	显示结果	'off' | 'iter' | 'diagnose' | {'final'}
EliteCount	正整数，指明当前代中有多少个个体一定生存到下一代	正整数|{2}
FitnessLimit	标量，如果适应度值达到 FitnessLimit 的值，则遗传算法停止	标量|{Inf}
FitnessScalingFcn	变换适应度函数的函数句柄	@fitscalingshiftlinear @fitscalingprop @fitscalingtop {@fitscalingrank}
Generations	正整数，指明算法停止前可迭代的最大次数	正整数|{100}
HybridFcn	在 ga 终止后使用它继续优化的函数句柄	函数句柄 |{[ ]}
InitialPopulation	初始种群	正标量 |{[ ]}
InitialScores	初始得分	列向量|{[ ]}
MigrationDirection	迁移方向	'both' | {'forward'}
MigrationFraction	0～1 之间的标量，指明每个子种群迁移到不同种群的个体比例	标量|{0.2}
MigrationInterval	正整数，指明间隔多少代子种群间个体发生迁移	正整数|{20}
MutationFcn	产生变异子辈的函数句柄	@mutationuniform @mutationadaptfeasible {@mutationgaussian}
OutputFcns	ga 在每次迭代调用的函数和句柄数组	数组 |{}
PlotFcns	将算法计算出来的数据绘制成图形的函数句柄数组	@gaplotbestf @gaplotbestindiv @gaplotdistance @gaplotexpectation @gaplotgeneology @gaplotselection @gaplotrange @gaplotscorediversity @gaplotscores @gaplotstopping | {[]}

续表

参　数	说　明	值
PlotInterval	正整数，指明调用图形函数间隔的代数	正整数|{1}
PopInitRange	种群范围	矩阵或向量| [0;1]
PopulationSize	种群尺度	正整数|{20}
PopulationType	种群类型	'bitstring' | 'custom' | {'doubleVector'}
SelectionFcn	选择进行交叉或变异的父辈的函数句柄	@selectionremainder @selectionuniform {@selectionstochunif} @selectionroulette @selectiontournament
StallGenLimit	正整数，停滞代数限，如果相隔 StallGenLimit 代，目标函数没有改进，则算法停止	正整数|{50}
StallTimeLimit	正标量，停滞时间限，如果在 StallTimeLimit 秒后，目标函数没有改进，则算法停止	正标量|{20}
TimeLimit	正标量，时间限，算法运行 TimeLimit 秒后停止	正标量|{30}
Vectorized	字符串，指明运算的适应度函数是否是向量	'on' | {'off'}

④ 命令 gatool 功能：打开遗传算法工具。

格式：gatool。

说明：打开遗传算法工具，给遗传算法提供图形用户界面。

可使用遗传算法工具来运行遗传算法，求解优化问题，并显示结果。

标准算法选项：遗传算法工具提供了许多标准算法选项，如表 7-3 所示。

表 7-3　遗传算法工具标准算法选项

步　骤	算 法 选 项
初始化种群	uniform
适应度计算	rank based, proportional, top (truncation) , linear scaling and shift
选择	roulette, stochastic uniform　selection (SUS), tournament, uniform
交叉	heuristic, intermediate, scattered, single-point,tow-point
变异	gaussian, uniform multipoint
绘图	best fitness, best individual, distance among individuals, expectation of individuals, range, diversity, of population, selection index, stopping conditions

（2）命令行运行遗传算法

① 利用默认参数运行 ga：利用默认参数运行遗传算法时，可用下面的语句调用 ga：

```
[x, fval]=ga (@fitnessfun, nvars)
```

其中，@fitnessfun 是计算适应度函数值的 M 文件的函数句柄；nvars 是适应度函数中独立变量的个数，x 是返回的最终点，fval 是返回的适应度函数在点的值。

为了得到遗传算法更多的输出结果，可以用下列语句调用 ga：

[x, fval, reason, output, population, score]=ga(@fitnessfun, nvars)

其中，reason 为算法停止的原因，output 包含关于算法在每一代性能的结构体，population 为最后种群，score 为最终得分值。

② 利用其他参数选项运行 ga：遗传算法工具中的参数可以指定为任何有效的参数值，ga 函数的格式为：

[xfval]=ga(@fitnessfun, nvars, options)：其中参数结构 options 用下列语句设置。

options=gaoptimset：返回带有默认的参数结构体。

如果没有给一个参数输入新的值，则函数 ga 使用其默认值，每一个参数的值都存放在参数结构体中，可以通过输入参数的名字显示参数的值。

如果改变默认值，则使用语句 options=gaoptimset('populationsize', 100)，这时再输入[x, fval]=ga(@fitnessfun, nvars, options)，函数 ga 将以种群个体为 100 运行遗传算法。

如果想要设置参数结构体其他成员的值，如设置 plotFcns 为@gaplotbestf，目的是画出每一代最佳适应度函数的图形，则可用下面的语句调用函数 gaoptimset：

options=gaoptimset (options, 'plotFcns', @plotbestf)，这里除 plotFcns 改变为@plotbestf，其他参数的当前值不变。

也可以利用一个语句来同时设置两个参数 populationsize 和 plotFcns，即：

options=gaoptimset('populationsize', 100, 'plotFcns', @plotbestf)

如果要在命令行中复现算法的结果，可以在调用函数 ga 时包含 rand 和 rands 的当前状态（它们被包含在 output 中）：

[x, fval, reason, output]=ga(...)

运行 ga 结束后，重新设置状态：rand('state', output.randstate)；rands('state', output.randstate)。

此时再次运行 ga，将得到与前一次相同的结果。

③ 以前一次运行的最后种群重新调用函数 ga：在默认情况下，每次运行 ga 时都生成一个初始种群。然而，可以将前一次运行得到的最后种群作为下一次运行的初始种群，这样做能够得到更好的结果。这可以利用下面的语句实现：

[x, fval, reason, output, final_pop]=ga (@fitnessfun, nvars)

最后一个输出变量 final_pop 返回的是本次运行得到的最后种群。将 final_pop 再作为初始种群运行 ga：

options=gaoptimset('initialpop', final_pop)

[x, fval, reason, output, final_pop2]=ga(@fitnessfun, nvars)

类似地，还可以将第二次运行 ga 得到的最后种群 final_pop2 作为第三次运行 ga 的初始种群。

④ 从 M 文件运行 ga：当用不同的参数选项运行遗传算法时，可将遗传算法的各种命令编写成 M 文件，然后通过运行 M 文件即可。

7.1.3　MATLAB 直接搜索工具箱

与遗传算法一样，直接搜索工具也可以作为其他优化方法的一个补充，用来寻找最佳起点，继而可以通过使用传统的优化技术来进一步找出最优解；还可以求解那些目标函数不可微，甚至不连续的问题。

1．直接搜索工具的使用

（1）使用模式搜索工具 GUI

输入 psearchtool，打开模式搜索工具 GUI，并输入下列信息。

① Objective function（目标函数）：其输入形式为@objfun，objfun.m 是计算目标函数的一个 M 文件。

② Startpoint（起始点）：算法从该点开始进行优化。

③ Constraints（约束条件）：如果问题是无约束，则该字段为空。对于有约束条件的问题，则必须输入相应的约束条件。

❑ Linear inequalities：在下列文本框中输入不等式约束条件（Ax≤b）：
  ➢ 在文本框“A=”中输入矩阵 A。
  ➢ 在文本框“b=”中输入矩阵向量 b。

❑ Linear equalities：在下列文本框中输入等式约束条件（Aeqx=beq）：
  ➢ 在文本框“Aeq=”中输入矩阵 Aeq。
  ➢ 在文本框“beq=”中输入矩阵 beq。

❑ Bounds：在下列文本框中输入边界约束条件（lb≤b，x≤ub）：
  ➢ 在文本框“Lower=”中输入向量的下界 lb。
  ➢ 在文本框“Upper=”中输入向量的上界 ub。

然后单击 Run solver 窗格中的 Start 按钮，运行模式搜索，并在 Status and results 窗格中显示出优化的结果：
  ➢ 信息“Pattern search runing”。
  ➢ 最终点的目标函数值。
  ➢ 模式搜索停止的原因。
  ➢ 最终点的坐标。

当模式搜索运行时，可以按下面的方法暂停或停止算法运行。

单击 Pause 按钮停止算法进行，并在 Status and results 窗口显示出当前点的函数值。

在 Plot function 窗格中，能够通过选择来控制显示模式搜索运行结果的图形：
  ➢ Best function value 为最佳函数值。
  ➢ Mesh size 为网格尺寸。
  ➢ Function count 为函数的计数。
  ➢ Best point 为最佳点。
  ➢ Custom function 为自定义函数。

在 options 窗格中可以设置各种运行参数。每一类参数对应一个窗格，单击该类参数，对应窗格展开，输入相应选项便可进行参数设置。

（2）从命令行运行模式搜索

① 使用默认参数值调用 patternsearch 函数

❑ 无约束条件问题的模式搜索：对于无约束条件问题，用下面语句调用 patternsearch

函数：

[x, fval]=patternsearch(@objectfun, x0)

其中，x 为最终点，fval 为目标函数在 x 点的值。@objectfun 为目标函数 objectfun 的句柄，可以写成一个 M 文件，x0 为模式搜索算法的起始点。

- 有约束条件问题的模式搜索：对于有约束条件问题，用下列语句调用 patternsearch：

[x, fval]=patternsearch(@objectfun, x0, A, b, Aeq, beq, lb, ub)

其中，A 和 b 分别代表不等式约束条件的矩阵和向量（Ax≤b），Aeq 和 beq 分别为等式约束条件的矩阵和向量（Aeqx=beq），lb 和 ub 为向量的上、下界。约束条件可选，只需要输入问题的约束条件部分，对于没有约束条件的输入参数值，用[ ]表示。如：

[x, fval]=patternsearch(@objectfun, x0,[ ], [ ], Aeq, beq)

- 增加输出参数：要得到更多关于模式搜索运行的性能信息，可以使用下列语句：

[x, fval, exitflag, output]=patternsearch(@objectfun, x0)

其中，exitflag 为整数，表示算法是否成功，output 包含关于求解器性能的信息。

② 在命令行设置运行模式运行参数：通过将 options 结构作为模式搜索函数 patternsearch 的输入参数结构，可以设置模式搜索工具中任何有效的参数值：

[x, fval]=patternsearch (@objectfun, nvars, [ ], [ ], Aeq, beq, lb, ub, options)

还可以使用 psoptimset 函数生成 options 结构：options=psoptimset，返回一个带默认值的 options 参数结构。

如果没有输入 options，则函数 patternsearch 使用默认值。

如果要生成与默认值不同的 options 结构，可以使用函数 psoptimset 来完成，例如：options=psoptimset('MeshExpansion', 3)，这时生成的 options 结构除了 MeshExpansion 值为 3 外，其他参数值都为默认值。

2．模式搜索参数

（1）绘图参数。

在绘图窗格中可以选择以下任意图形参数：Plot interval 为绘图间隔，指明相邻两次调用图形函数之间的迭代次数；Best function value 为最佳函数值；Mesh size 为网格尺寸；Function count 为函数计数；Best point 为最佳点；Custom function 为自定义绘图函数。

（2）表决参数。

表决参数用来控制模式搜索在每次迭代时检测网格点的过程。

- Poll method：指定算法用于创建网格的模式，有 Positive basis2N（默认值）和 Positive basis Np1 两种模式。
- Complete poll：指明每次迭代时，当前网格中所有点均要进行 poll。
  - 如选择 On，则所有点都要进行检测，并挑选具有最小目标函数的点作为下一次迭代的当前点。
  - 如选择 Off（默认值），当算法一旦找到一个目标函数值比当前小的点就停止检测。算法随后设置这个点为下一次迭代的当前点。
- Poll order：指明算法在当前网格中搜索点的顺序。
  - Random：随机检测顺序。

- ➢ Success：在每次迭代中，第一个搜索方向是上一次迭代中找到最佳点的方向。
- ➢ Consecutive：连续顺序。

（3）搜索参数。

- ❑ Complete search（完全搜索）：取值为 On 或 Off，只应用于设置 Search method 选项为 Positive basis Np1、Positive basis2N 或 Latin hypercube 的情形。
- ❑ Search method：指定搜索的方法。
  - ➢ None。
  - ➢ Positive basis Np1。
  - ➢ Positive basis 2N。
  - ➢ Genetic Algorithm：有 Iteration limit（迭代限）和 Options（参数）两个参数。
  - ➢ Latin hypercube：有 Iteration limit（迭代限）和 Design level（设计级别）两个参数。
  - ➢ Nelder-Mead：有 Iteration limit（迭代限）和 Options（参数）两个参数。
  - ➢ Custom：自定义搜索函数。

（4）网络参数：网络参数控制模式搜索使用的网格。

- ❑ Initial size：初始的网格尺寸，默认值为 1.0。
- ❑ Max size：网格的最大值，默认值为 inf。
- ❑ Accelerator：指明 Contraction factor 在每次成功的迭代后是否乘以 0.5。
- ❑ Rotate：指明当网格向量小于某一小值时是否乘以-1。
- ❑ Scale：指明算法是否使用模式向量乘以常数来对网格点进行比较变换。
- ❑ Expansion factor：指明网格尺寸在一次成功的检测后增大的因子，默认值为 2.0。
- ❑ Contraction factor：指明网格尺寸在一次不成功的检验后减小的因子，默认值为 0.5。

（5）缓存参数：为记录检测点所分配的内存区域，称为缓存，它可以提高算法运行速度。

- ❑ Cache：默认值为 Off，当为 On 时，则算法对网格中那些在缓存中容差范围内的点不再评估目标函数。
- ❑ Tolerance：指明网格点相对于那些已在缓存中而算法省略对其进行检测的点的距离。
- ❑ Size：指明缓存的大小。

（6）停止条件：指明模式搜索算法的停止条件。

- ❑ Mesh tolerance：网格容差，即网格尺寸的最小容限。
- ❑ Max iteration：最大迭代次数，它有两个选择，即 100*Number of variables（默认值）和 Specify（指定数）。
- ❑ Max function evaluations：最大函数估计值，它有两个选择：Bind tolerance（当前点到可行区域距离的最小容差）；X tolerance（相邻两次迭代的当前点的最小距离）。
- ❑ Function tolerance：目标函数的最小容差，其默认值为 1e-6。

（7）输出函数参数：输出函数是模式搜索算法在每次迭代时调用的函数，可以使用下列参数。

- ❑ History to new window：每间隔 Interval 的整数倍迭代次数时，在 MATLAB 命令窗

口中显示算法所计算的历史点。

- Custom：自定义的输出函数。

（8）显示到命令窗口参数：指明模式搜索运算时有多少信息显示到命令行，可用参数如下。

- Off：只显示最后的答案。
- Iterative：显示每次迭代的信息。
- Diagnose：显示每次迭代的信息，并列出参数结构中其默认值被改变了的参数项。
- Final：模式搜索的结果、停止的原因，最终点。
- Iter：迭代次数。
- FunEval：累计的函数估算次数。
- MeshSize：当前网格尺寸。
- FunVal：当前点的目标函数值。
- Method：当前检测的结果。

（9）向量参数

向量参数指明计算的目标函数是否是向量化的。当其值为 Off 时，则算法是在循环中计算网格点的目标函数值，每次通过迭代使用确定的一点调用目标函数；当为 On 时，则算法一次调用目标函数计算所有网格点的目标函数值。

7.1.4 遗传算法的应用

遗传算法的应用已非常广泛，如图像处理、参数计算、模式识别、网络设计、气象分析等。目前，通过一些化学计量学家的开拓性工作，遗传算法已开始被构造用于解决各种化学上的优化问题。例如：（1）参数优化。遗传算法特别对其他优化方法难以处理的响应平面未知且具有局部极大的参数优化体系有奇特的优化功能。（2）光谱模拟和光谱解析。对于给定的分子结构信息，用遗传算法可进行光谱的模拟计算，虽然光谱的解析对遗传算法来说是非常困难的。（3）变量分析。遗传算法的最小二乘法及其他线性多变量分析方法不能奏效的非线性多变量分析具有独到的优点。（4）分子构象分析，特别是聚合物、生物大分子等的构象分析。生物大分子的构象可以用一系列的二面角来描述，这些二面角用二进制串或实数表示为遗传算法的染色体，评价函数采用计算的某种光谱与实验值的差别。利用相同的方法可寻找有机物同分异构体，将各个原子的标号编码为染色体，优化的目标函数为最小化距离，使化学距离最小的结构即为最可能的同分异构体。

【例 7-3】利用遗传算法计算下列函数的最大值：

$$f(x) = x\sin(10\pi x) + 2.0\text{，} \quad x \in [-1,2]$$

解：首先编写目标函数的 M 文件并以 li7_3fun.m 文件名存盘。

```
function y=li7_3fun(x)             %计算目标函数值的函数名
if x(:,1)<=2 & x(:,1)>=-1
    y=-(x*sin(10*pi*x)+2.0);       %将问题的最大化转化为最小化
else
    y=0;
end
```

在 MATLAB 工作窗口中输入：

```
>> gatool
```

打开遗传算法的 GUI，在 Fitness function 窗口中输入@li7_3fun，在 Number of variables 窗口中输入变量数目 1，其他参数按默认值，然后单击 Start 按钮运行遗传算法，得到如图 7-3 所示的结果。

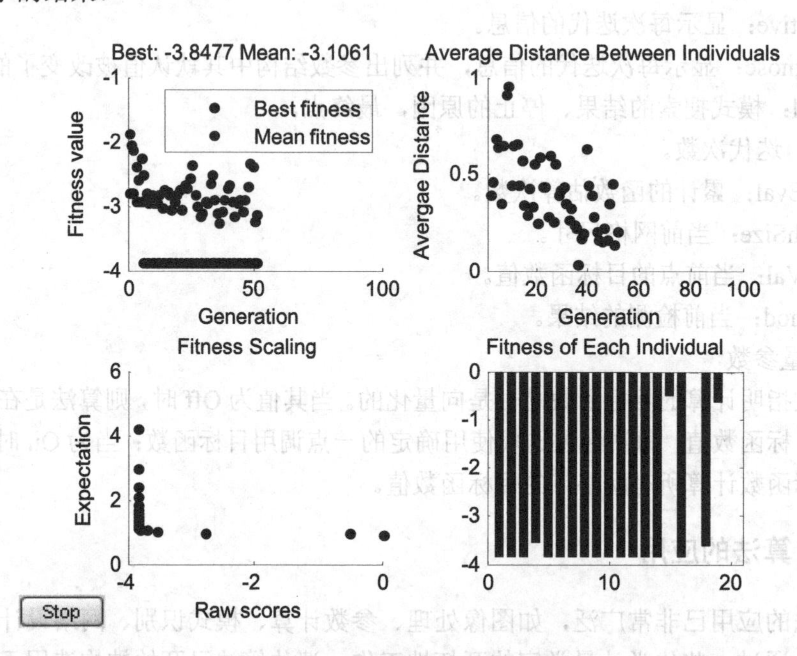

图 7-3　遗传算法运行结果

```
Optimization running.
Optimization terminated.
Objective function value: -3.8501851421250572
Optimization terminated: average change in the fitness value less than options.TolFun.
final point
1
1.851
```

即 x=1.851 时，$f(x)=3.849$。

【例 7-4】利用遗传算法求解下列函数在区间[−60,+60]的极大值：

$$f(x,y)=0.5+\left[\frac{\sin^2\sqrt{x^2+y^2}-0.5}{1+0.001(x^2-y^2)^2}\right]$$

首先编写目标函数并以 li7_4fun.m 文件名存盘：

```
function y=li7_4fun(x)
if x(:,1)<=60 & x(:,1)>=-60
    if x(:,2)<=60 & x(:,2)>=-60
        y=-(0.5+((sin(sqrt(x(:,1).^2+x(:,2).^2))).^2-0.5)/(1+0.001*(x(:,1).^2-x(:,2).^2).^2));
    else
        y=0;
```

```
    end
end
```

然后在 MATLAB 工作窗口中输入下列命令：

```
>> [x,fval]=ga(@li7_4fun,2)   %参数设置为默认值
```

运行程序，输出结果为：

```
Optimization terminated: average change in the fitness value less than options.TolFun.
x =
    1.1965     1.0191     %x，y 的值
fval =
   -0.9999               %函数的极大值
```

改变参数，再进行运算：

```
>> options=gaoptimset('Generation',200,'CrossoverFraction',0.6,'PopInitRange',[40;41]);
%改变代数、交叉概率和初始种群范围
>> [x,fval]=ga(@li7_2fun,2,options)
```

运行程序，输出结果为：

```
Optimization terminated: average change in the fitness value less than options.TolFun.
x =
   41.1182    41.1107
fval =
   -0.9992
```

如果要改变其他参数，按类似方法设置。

【例 7-5】一个化工厂生产两种产品 x_1 和 x_2，每个产品的利润：x_1 为 2 元，x_2 为 4 元。而生产一个 x_1 产品需要 4 单位 A 种原料和两单位 B 种原料，生产一个 x_2 产品需要 6 单位 A 种原料和 6 单位 B 种原料及 1 单位 C 种原料。现有的 3 种原料数量分别为 A=120 单位，B=72 单位，C=10 单位。在此条件下工厂的管理人员应如何设计生产可使工厂的利润达到最大？

解：此系统可以归结为一个线性规划模型。

目标函数：

$$\max : f(x) = 2x_1 + 4x_2$$

约束条件：

$$\begin{cases} 4x_1 + 6x_2 \leqslant 120 \\ 2x_1 + 6x_2 \leqslant 72 \\ x_2 \leqslant 10 \\ x_1, x_2 \geqslant 0 \end{cases}$$

现用模式搜索工具求解。

首先编写目标函数并以 li7_5fun.m 文件名存盘：

```
function y=li7_5fun(x)
y=-(2*x(:,1)+4*x(:,2));   %化作求极大
```

然后，在 MATLAB 工作窗口中输入：

```
>> psearchtool
```

打开模式搜索工具 GUI，并在 Objective function 窗格中输入@li7_5fun；在 Startpoint

窗格中输入[00]；在 Linear inequalities 选项中设置“A=”为[46; 26; 01]，“b=”为[120; 72; 10]；在 Linear equalities 选项中设置“Aeq=”为[ ]，“beq=”为[ ]；在 Bounds 选项中设置“Lower”为 zeros(2, 1)，“Upper”为[ ]。其他参数保持默认值。单击 Start 按钮，运行模式搜索，算法结束后，在 Run solver and view results 文本框中显示算法运行的状态和结果：

```
Optimization running.
Optimization terminated.
Objective function value:-64.0
Optimization terminated: current mesh size 9.5367e-007 is less than 'TolMesh'.
final point
1    2
24    4
```

从结果中可看出，迭代 44 次，便可得到满意的结果，即 x_1=24，x_2=4 时，其最大利润为 64 元。

【例 7-6】遗传算法可用于实验模型参数的估算。水体中任何时间 t 时刻的耗氧量，一般可表示为：

$$y = L_0 - L = L_0(1 - e^{-k_1 t})$$

其中，y 为任何时刻 t 消耗掉的溶解氧量，k_1 为 BOD 反应的速率常数，L_0 为起始的 BOD 浓度，L 为任一时刻的 BOD 浓度。现从某水体中取水样，进行 BOD 实验。用 BOD 标准测定法，在 20℃下做 1～10 天序列培养样品，分别测定 1～10 天的 BOD，得到如下的结果：

培养时间 t 天	1	2	3	4	5
BOD 测定值	2.0567	3.6904	4.9881	6.0189	6.8371
培养时间 t 天	6	7	8	9	10
BOD 测定值	7.4881	8.0047	8.4151	8.7411	9.0000

试求 BOD 消耗模型中的参数 L_0 和 k_1。

解：编写目标函数并以 li7_6fun.m 文件名存盘。

```
function y=li7_6fun(x)
BOD=[2.0567   3.6904 4.9881   6.0189 6.8371 7.4881 8.0047   8.4151 8.7411 9.0000];
t=[1:10];
[r,s]=size(BOD);                                        %求出实验次数
y=0;
for i=1:s
    y=y+(BOD(i)-x(:,1)*(1-exp(-x(:,2)*t(i))))^2;   %最小估计原则
end
```

在 MATLAB 工作窗口中输入：

```
>> gatool
```

打开遗传算法的 GUI，在 Fitness function 窗口中输入@li7_6fun；在 Number of variables 窗口中输入变量数目 2；在 Stopping criteria 选项中设置 generations 为 300，fitness limit 为 0.001，stall generationd 为 100；在 Plot function 窗口中选中 Best fitress 和 Distance 两个复选框。其他参数保持默认值，然后单击 Start 按钮运行遗传算法，得到如图 7-4 所示的结果。

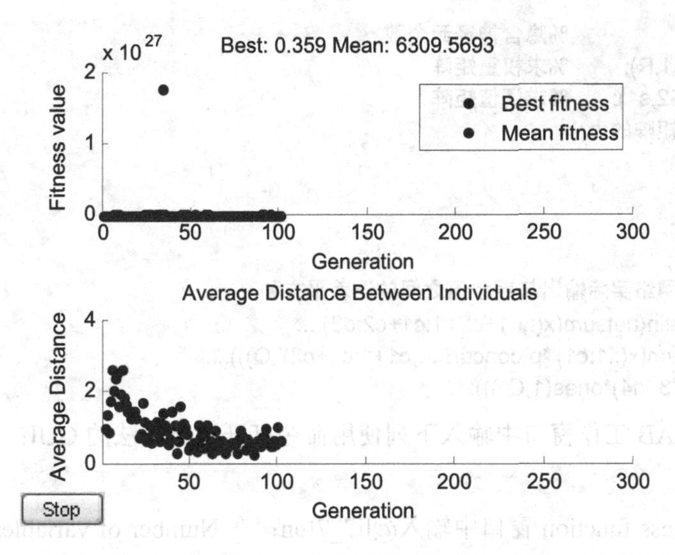

图 7-4　遗传算法运行结果

```
Optimization running.
Optimization terminated.
Objective function value: 0.004316491094909868
Optimization terminated: average change in the fitness value less than options.TolFun.
final point
1          2
9.918      0.235
```

【例 7-7】 BP 神经网络是用途最广泛的一种网络，但网络的学习算法存在训练速度慢、易陷入局部极小值和全局搜索能力弱等缺点，而遗传算法不要求目标函数具有连续性，并且它的搜索具有全局性，容易得到全局最优解，或性能很好的次优解。因此遗传算法可以在 3 个方面优化神经网络：权值、网络结构和学习规则。遗传算法优化网络权值的基本过程是首先随机产生神经网络的连接权重矩阵并表示为遗传算法的基因串，然后根据实际输出和期望输出对目前的权重进行评价，计算评价值，再进行遗传算法的基因交换和变异操作，产生新的权重，直到实际输出与期望值之间的误差达到满意的结果。

现有一两层网络，其网络的隐层各神经元的激活函数为双曲正切型，输出层各神经元的激活函数为线性函数，隐层含有 5 个神经元，并有如下 21 组单输入矢量和相对应的目标矢量，试用遗传算法对其权重进行优化。

```
p=-1:0.1:1;
t=[-0.96 -0.577 -0.0729 0.377 0.641 0.66 0.461 0.1336 -0.201 -0.434 -0.5 ...
    0.393 -0.1647 0.0988 0.3072 0.396 0.3449 0.1816 -0.01312 -0.2183 -0.3201];
```

解：首先编写目标函数并以 li7_7fun.m 文件名存盘。

```
function y=li7_7fun(x)
p=-1:0.1:1;
t=[-0.96 -0.577 -0.0729 0.377 0.641 0.66 0.461 0.1336 -0.201 -0.434 -0.5 -0.393...
    -0.1647 0.0988 0.3072 0.396 0.3449 0.1816 -0.01312 -0.2183 -0.3201];
[R,Q]=size(p);
[S2,Q]=size(t)   %求矩阵大小
```

```
s1=5;                        %隐含神经元个数
[w1,b1]=rands(s1,R);         %求权重矩阵
[w2,b2]=rands(S2,s1);        %求阈值矩阵
%分别求这两个矩阵的大小
[c1,d1]=size(w1);
[c2,d2]=size(b1);
[c3,d3]=size(w2);
[c4,d4]=size(b2);
%目标函数，即网络实际输出与期望值之间的误差平方和
y=sumsqr(t-purelin(netsum(x(:,c1+c2+1:c1+c2:d3),...
    tansig(netsum(x(:,1:c1)'*p,concur(x(:,c1+1:c1+c2)',Q))),...
    x(:,c1+c2+d3+d4)*ones(1,Q))));
```

然后在 MATLAB 工作窗口中输入下列使用命令打开遗传算法的 GUI：

```
>> gatool
```

在 GUI 的 Fitness function 窗口中输入@li7_7fun；在 Number of variables 窗口中输入变量数目 16（根据各矩阵的大小而定）；在 Stopping criteria 选项中设置 generations 为 5000，fitness limit 为 0.01，stall generationd 为 350，stall time limit 为 150。其他参数保持默认值，然后单击 Start 按钮运行遗传算法。

在此省略其效果图，读者可动手得出本例的效果。

7.2 人工神经网络

7.2.1 人工神经网络的基本概念

1. 生物神经元与神经网络

大脑的一个重要成分是神经网络，神经网络由相互关联的神经元组成。图 7-5 是一个神经元的结构简图。

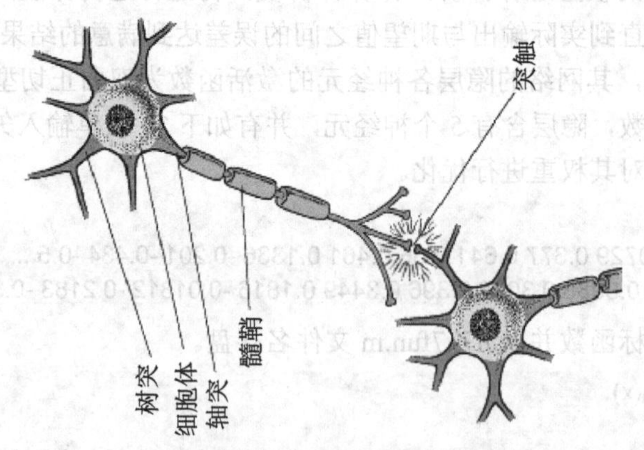

图 7-5 神经元细胞

每个神经元由细胞体（包含细胞内核）、树突、轴突（包含突触）组成。大多数神经

元具有多个树突，每个树突都较短，分支较多，可扩大接收信息的面积，每个神经元只有一个轴突，其末端分支多，张端末梢形成许多球形的突触小体，贴附于另一个神经元的树突，形成突触。树突的机能是接受其他神经元传来的神经冲动，并将冲动传到细胞体。轴突的机能主要是传导神经冲动，能将冲动经过突触传送到另一个神经元上。

一个神经元通过树突接收到一定的信息后，它对这些信息进行处理，再通过突触传送给其他神经元。神经元可分为“兴奋”性或“抑制”性两种。当一个神经元接收的兴奋信息累计超过某一值时，这个固定值称为阈值，这个神经元被激活并传递出信息给其他神经元。这种传递信息的神经元为“兴奋”性的。而一个神经元虽然接收到信息，但没有向外传递信息，便是“抑制”性的神经元。图 7-6 是生物神经元的基本功能模型。

神经元作为信息处理的基本单元，具有如下功能。

- 可塑性：可塑性反映在新突触的产生和现有神经突触的调整上，可塑性使神经网络能够适应周围的环境。

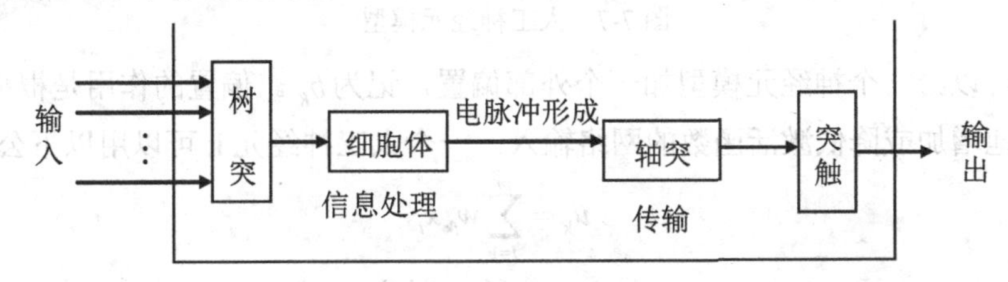

图 7-6　生物神经元功能模型

- 时空整合功能：时间整合功能表现在不同时间、同一突触上；空间整合功能表现在同一时间、不同突触上。
- 兴奋与抑制状态：当传入冲动的时空整合结果使细胞膜电位升高，超过被称为动作电位的阈值（约 40mV）时，细胞进入兴奋状态，产生神经冲动，由轴突输出；同样，当膜电位低于阀值时，无神经冲动输出，细胞进入抑制状态。
- 脉冲与电位转换：沿神经纤维传递的电脉冲为等幅、恒宽、编码（60～100mV）的离散脉冲信号，而细胞电位变化为连续信号。在突触接口处进行“数/模”转换。神经元中的轴突非常长且窄，具有电阻高、电压大的特性，因此轴突可以建模成阻容传播电路。
- 突触的延时和不应期：突触对神经冲动的传递具有延时和不应期，在相邻的二次冲动之间需要一个时间间隔。在此期间对激励不响应，不能传递神经冲动。
- 学习、遗忘和疲劳：突触的传递作用有学习、遗忘和疲劳过程。

2. 人工神经元模型

人工神经元是人工神经网络操作的基本信息处理单位。人工神经元的模型如图 7-7 所示，它是人工神经网络的设计基础。

人工神经元模型可以看成是由以下 3 种基本元素组成的。

- 一组连接：连接强度由各连接上的值表示，权值可以取正值也可以取负值，权值为正表示激活，权值为负表示抑制。
- 一个加法器：用于求输入信号对神经元的相应突触加权之和。

- 一个激活函数：用来限制神经元输出振幅。激活函数也称为压制函数，因为它将输入信号压制（限制）到允许范围之内的一定值。通常，一个神经元输出的正常幅度范围可写成单位闭区间[0,1]，或者另一种区间[-1,+1]。

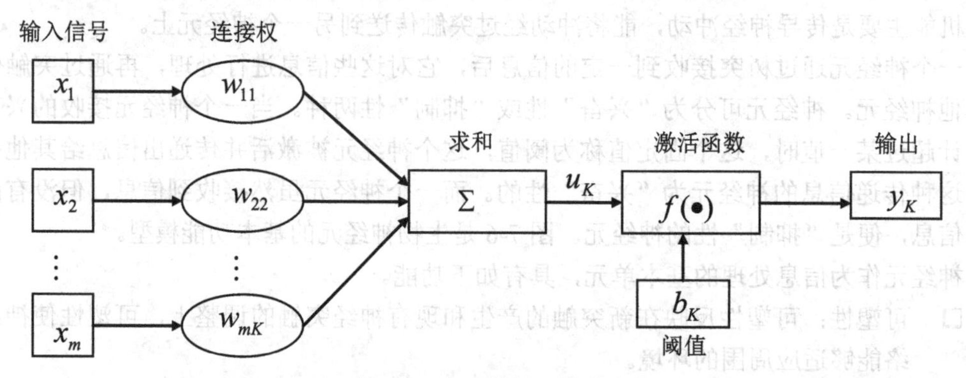

图 7-7　人工神经元模型

另外，可以给一个神经元模型加一个外部偏置，记为b_K。偏置的作用是根据其为正或为负，相应地增加或降低激活函数的网络输入。一个人工神经元 k 可以用以下公式表示：

$$u_k = \sum_{i=1}^{m} w_{ik} x_i$$

$$y_k = f(u_k + b_k)$$

其中，$x_i (i=1,\cdots,m)$——输入信号。

$w_{ik} (i=1,\cdots,m)$——神经元 k 的突触权值（对于激发状态，w_{ik} 取正值；对于抑制状态，w_{ik} 取负值；m 为输入信号数目）。

u_k——输入信号线性组合器的输出。

b_k——神经元单元的偏置（阈值）。

$f(\bullet)$——激活函数。

y_k——神经元输出信号。

激活函数主要有以下 3 种形式：$v = u_k + b_k$

- 域值函数：即阶梯函数，当函数的自变量小于 0 时，函数的输出为 0；当函数的自变量大于或等于 0 时，函数的输出为 1。用该函数可以将输入分成两类：

$$f(v)=\begin{cases}1 & v \geqslant 0\\ 0 & v<0\end{cases}$$

- 分段线性函数：该函数在(-1,+1)线性区间内的放大系数是一致的，这种形式的激活函数可以看作是非线性放大器的近似，如图 7-8（a）所示。

$$f(v)=\begin{cases}1 & v \geqslant 1\\ v & -1<v<1\\ -1 & v \leqslant -1\end{cases}$$

- 非线性转移函数：该函数为实数域 R 到[0,1]闭集的非连接函数，代表了状态连续型神经元模型。最常用的非线性转移函数是单极性 Sigmoid 函数曲线，简称为 S

型函数，其特点是函数本身及其导数都是连续的，能够体现数学计算上的优越性，因而在处理上十分方便。单极性S型函数定义如下：

$$f(v)=\frac{1}{1+e^{-v}}$$

有时也采用双极性S型函数（即双曲线正切）等形式：

$$f(v)=\frac{2}{1+e^{-v}}-1=\frac{1-e^{-v}}{1+e^{-v}}$$

单极S型函数曲线的特点如图7-8（b）所示。

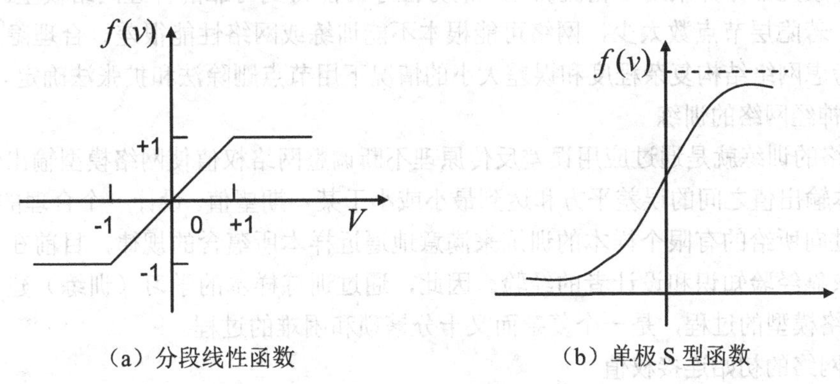

（a）分段线性函数　　（b）单极S型函数

图7-8　激活函数

3．BP网络建模

（1）样本数据收集和整理分组

为了监控训练（学习）过程使之不发生“过拟合”和评价建立的网络模型的性能和泛化能力，一般将数据随机分成训练样本、检验样本（10%以上）和测试样本（10%以上）3部分。

（2）数据的预处理

BP网络的隐层一般采用Sigmoid传输函数，通常要求对输入数据进行预处理，保证输入数据的值在0～1之间。预处理的数据训练完成后，网络输出的结果要进行反变换才能得到实际值。为了保证建立的模型具有一定的外推能力，最好使数据预处理后的值在0.2～0.8之间。输出变量可以是一个，也可以是多个。一般常将具有多个输出的网络模型转化为多个具有一个输出的网络模型效果会更好，训练也更方便。

（3）隐层数

没有隐层的神经网络模型，实际上就是一个线性或非线性回归模型。一般认为，增加隐层数可以降低网络误差，但也使网络复杂化，从而增加了网络的训练时间和出现“过拟合”的倾向。设计BP网络时应优先考虑3层BP网络（即有1个隐层）。一般地，靠增加隐层节点数来获得较低的误差，其训练效果要比增加隐层数更容易实现。

（4）隐层节点数

在BP网络中，隐层节点数的选择非常重要，它不仅对建立的神经网络模型的性能影响很大，而且是训练时出现“过拟合”的直接原因，但是目前理论上还没有一种科学的和普遍的确定方法。确定隐层节点数的最基本原则是：在满足精度要求的前提下取尽可能紧凑的结果，即取尽可能少的隐层节点数。研究表明，隐层节点数不仅与输入/输出层的节点数有关，更与需解决的问题的复杂程度和传输函数的类型以及样本数据的特性等因素有关，更与需解决的问题的复杂程度和传输函数的类型以及样本数据的特性等因素有关。确定隐层节点数时必须满足：输入层和隐层节点数必须小于 N-1（其中 N 为训练样本数），否则，网络模型的系统误差与训练样本的特性无关而趋于零，即建立的网络模型没有泛化能力，也没有任何实用价值；训练样本数必须多于网络模型的连接权数，一般为 2～10 倍，否则，样本必须分成几部分并采用“轮流训练”的方法才可能得到可靠的神经网络模型。

总之，若隐层节点数太少，网络可能根本不能训练或网络性能很差。合理隐层节点数应在综合考虑网络结构复杂程度和误差大小的情况下用节点删除法和扩张法确定。

（5）神经网络的训练

BP 网络的训练就是通过应用误差反传原理不断调整网络权值使网络模型输出值与已知的训练样本输出值之间的误差平方和达到最小或小于某一期望值。设计一个合理的 BP 网络模型并通过向所给的有限个样本的训练来满意地逼近样本所蕴含的规律，目前在很大程度上还需要依靠经验知识和设计者的经验。因此，通过训练样本的学习（训练）建立合理的 BP 神经网络模型的过程，是一个复杂而又十分繁琐和困难的过程。

（6）网络的初始连接权值

BP 算法决定了误差函数一般存在多个局部极小点，不同的网络初始权值直接决定了 BP 算法收敛于哪个局部极小点或是全局极小点。因此，要求计算程序必须能够自由改变网络初始连接权值。由于 Sigmoid 转换函数的特性，一般要求初始权值分布在-0.5～0.5 之间比较有效。

（7）网络模型的性能和泛化能力

训练神经网络的首要和根本任务是确保训练好的网络模型对非训练样本具有好的泛化能力（推广性），即有效逼近样本蕴含的内在规律，而不是看网络模型对训练样本的拟合能力。即使每个训练样本的误差都很小（可以为零），并不意味建立的模型已逼近训练样本所蕴含的规律。因此，仅给出训练样本误差的大小而不给出非训练样本误差的大小是没有任何意义的。判断网络模型泛化能力的好坏，要看测试样本的误差是否接近于训练样本和检验样本的误差。

7.2.2 MATLAB 命令与示例

在 MATLAB 神经网络工具箱中提供了许多实现神经网络的函数，下面只对一部分函数进行说明。

（1）newff 函数

功能：生成一个前馈 BP 神经网络。

其调用格式如下：net=newff(PR, [S1,S2...SN],{TF1 TF2...TFN1},BTF, BLF,PF)

其中，在输入参数中，PR 为 R 维的输入元素的 R×2 最大最小值矩阵；Si 为第 i 层网络神经元的个数，共有 N1 层；TFi 为第 i 层网络的转移函数，默认为 tansig 函数；BTF 为神经网络的训练函数，默认为 trainlm 函数；BLF 为神经网络权值/偏差的学习函数；PF 为性能评价函数，默认为 mse 函数。

（2）newlvq 函数

功能：生成一个学习向量量化（LVQ）神经网络。

其调用格式为：net=newlvq(PR, S1, PC, LR, LF)

学习矢量量化网络主要用于解决分类问题。该网络由两层神经元组成，网络的第一层为竞争；第二层中的每个神经元只与竞争层中的部分神经元相连，网络中的每个神经元都没有阈值。网络第一层神经元的传递函数为 compet，加权函数为 negdist，权值初始化函数为 midpoint；网络第二层神经元的传递函数为 purelin，加权函数为 dotprod，权值都为 1。网络使用 trains 和 trainr 函数进行自适应调整和训练，这两个函数使用指定的学习函数对竞争层神经元的权值进行修正。其参数说明如下。

- PR：表示网络输入矢量取值范围的矩阵[Pmin, Pmax]。
- S1：为竞争层神经元的个数。
- PC：为 s^2（直接由 PC 的维数确定）维矢量，其中 s^2 为网络输入矢量的类别数，也是输出层的神经元个数；PC(i)为网络输入矢量中第 i 类矢量所占的比例，即输出层中和竞争层第 i 个神经元相连的神经元所占的比例。
- LR：为学习速率，默认值为 0.01。
- LF：为学习函数，可以是 learnlv1 或 learnlv2 函数，默认值为'learnlv1'，网络只有先使用 learnlv1 函数进行学习后，才能再用 learnlv2 进行学习。

（3）sim 函数

功能：仿真（或称泛化）训练后得到的神经网络 net.P 为新的输入数据。Y 为返回输出。

其调用格式为：y=sim(net,P)

神经网络对象常用属性：net.iw（单元数组），输入层和隐层权值，net.iw(i)表示第 i 层权值；net.lw（单元数组），输出层权值；net.numInputs，输入路数；net.numLayers，隐层数；net.trainParam.epochs，最大训练次数，默认为 100；net.trainParam.goal，网络性能目标，误差小于此值时停止训练，默认为 0；net.trainParam.show，两次显示之间的训练次数，默认为 25；net.trainParam.time，最长训练时间（秒），默认为 inf；net.trainParam.lr，自学习的学习率，默认为 0.01；net.trainFcn（字符串型），网络训练函数，如'traincgf'（共轭梯度法）、'train'（批处理训练算法）、'traingdm'（带动量的梯度下降算法）和'trainlm'（Levenberg-Marquardt 算法）等。

MATLAB 的神经网络工具箱提供了神经网络计算运算工具命令 nntool，在命令窗口中直接运行 gatool 将打开界面，可用该界面建立人工神经网络，并对该网络进行训练和仿真。

【例 7-8】用人工神经网络拟合函数 $y=0.12e^{-0.23x}+0.54e^{-0.17x}\sin(1.23x)$。

其实现的 MATLAB 程序代码如下：

```
>> clear all;close all;
x=[0:0.25:10];
y=0.12*exp(-0.213*x)+0.54*exp(-0.17*x).*sin(1.23*x);
%x，y 分别为输入和目标向量
net=newff(minmax(x),[20,1],{'tansig','purelin'}); %创建一个前馈网络
```

```
y1=sim(net,x);              %仿真未经训练的网络 net
plot(x,y1,'r:');            %绘制图形
net.trainFcn='trainlm';     %采用 L-M 优化算法 TRAINLM
%设置训练参数
net.trainParam.epochs=500;
net.trainParam.goal=1e-6;
[net,tr]=train(net,x,y);    %调用相应算法训练 BP 网络
y1=sim(net,x);              %对 BP 网络进行仿真
E=y-y1;
MSE=mse(E)                  %计算仿真误差
hold on   %下面绘制匹配结果曲线
plot(x,y1,'m*',x,y,'b');
legend('未经训练的曲线','训练后的曲线','原函数曲线');
```

运行程序，输出结果如下，效果如图 7-9 和图 7-10 所示。

```
MSE =
  8.9065e-007
```

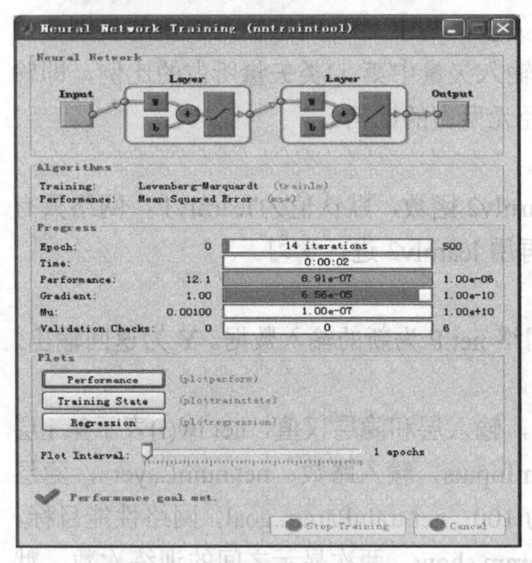

图 7-9 网络仿真过程显示图

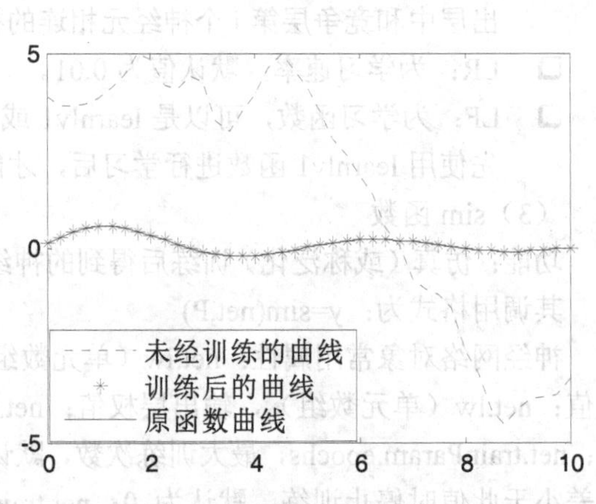

图 7-10 网络仿真结果显示

【例 7-9】（螺虫分类问题。1989 年美国数学建模竞赛问题）两种螺虫 Af 和 Apf 已由生物学家 W.L.Grogan 和 W.W.Wirth（1981）根据它们的触角长度和翅长加以区分。现测得 6 只 Apf 螺虫和 9 只 Af 螺虫的触角、翅长的数据如下：

Apf：(1.14, 1.78)，(1.18, 1.96)，(1.20, 1.86)，(1.26, 2.00)，(1.28, 2.00)，(1.30, 1.96)

Af：(1.24, 1.72)，(1.36, 1.74)，(1.38, 1.64)，(1.38, 1.82)，(1.38, 1.90)，(1.41, 1.7)，(1.48, 1.82)，(1.54, 1.82)，(1.56, 2.08)

请用恰当的方法对触长、翅长分别为(1.24, 1.80)，(1.28, 1.84)，(1.40, 2.04)的 3 个样本进行识别。

其实现的 MATLAB 程序代码如下：

```
>> clear all;close all;
Af=[1.24 1.36 1.38 1.38 1.38 1.40 1.48 1.54 1.56;
```

```
    1.72 1.74 1.64 1.82 1.90 1.70 1.82 1.82 2.08];
Apf=[1.14 1.18 1.20 1.26 1.28 1.30;1.78 1.96 1.86 2.00 2.00 1.96];
x=[Af,Apf];                          %输入向量
y0=[2*ones(1,9) ones(1,6)];          %类 2 表示 Af，类 1 表示 Apf
y=ind2vec(y0);                       %将下标向量转换为单值向量作为目标向量
net=newlvq(minmax(x),8,[0.6 0.4]);   %建立 LVQ 网络
net.trainParam.show=100;
net.trainParam.epochs=1000;          %设置参数
net=train(net,x,y);
yt=sim(net,x);
%对网络进行训练并用原样本仿真
yt=vec2ind(yt);                      %将单值向量还原为下标向量作为输出向量
xt=[1.24 1.28 1.40;1.80 1.84 2.04];  %测试输入样本
ytmp=sim(net,xt);                    %对网络用新样本进行仿真
yt=vec2ind(ytmp);                    %输出新样本所属类别
figure;                              %打开一个图形窗口
plot(Af(1,:),Af(2,:),'*',Apf(1,:),Apf(2,:),'o',xt(1,:),xt(2,:),'+');
legend('Af 类','Apf 类','检测样本');
```

运行程序，效果如图 7-11 和图 7-12 所示。

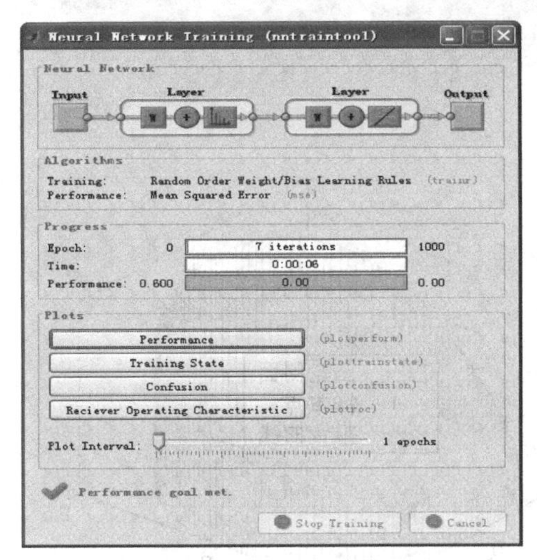

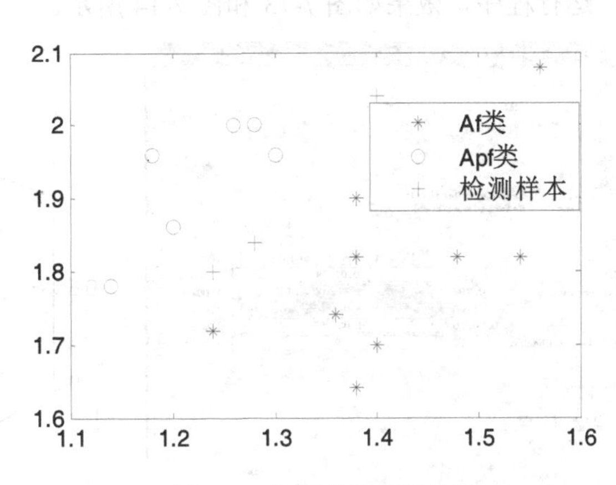

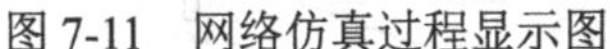
图 7-11　网络仿真过程显示图

图 7-12　网络仿真结果显示

【例 7-10】试用人工神经网络解决例 4-16 中的万能拉拨机凸轮设计问题。

解：不必采用例 4-16 中的平面展开方式，将该问题看成三维曲线拟合问题即可。设计 BP 网，其实现的 MATLAB 程序代码如下：

```
>> clear all;close all;
alpha=[0:2*pi/18:2*pi];   %圆周 18 等分
x=300*cos(alpha)/600;
y=300*sin(alpha)/600;
p=[x;y];
%取等分点并预处理成(0,1)间数据
k=144;
alpha0=0:2*pi/k:2*pi;
```

```
x0=300*cos(alpha0)/600;
y0=300*sin(alpha0)/600;
p0=[x0;y0];  %取仿真点
z=[502.8 525.0 514.3 451.0 326.5 188.6 92.2  59.6 65.2 102.7147.1 191.6...
    236.0 280.5 324.9 369.4 413.8 458.3 502.8]/600;
%样本数据并预处理
net=newff(minmax(p),[9,9,1],{'purelin','tansig','tansig'},'trainlm');  %创建前馈网
net.trainFcn='trainlm';
net.trainParam.epochs=1000;
net.trainParam.goal=10^(-6);
%设置训练算法和参数
[net,tr,yy]=train(net,p,z);  %调用相应算法训练网络
zz=sim(net,p0);              %对 BP 网络进行仿真
figure;                      %下面绘制图形和曲线
[xt,yt]=cylinder([0.5,0.5],k);
mesh(xt,yt,[zeros(size(zz));zz]);
view(-39,40);
colormap([1 0 1]);
hold on
plot3(x,y,z,'+',x0,y0,zz);
legend('凸轮侧面','样本点','拟合曲线')
```

运行程序，效果如图 7-13 和图 7-14 所示。

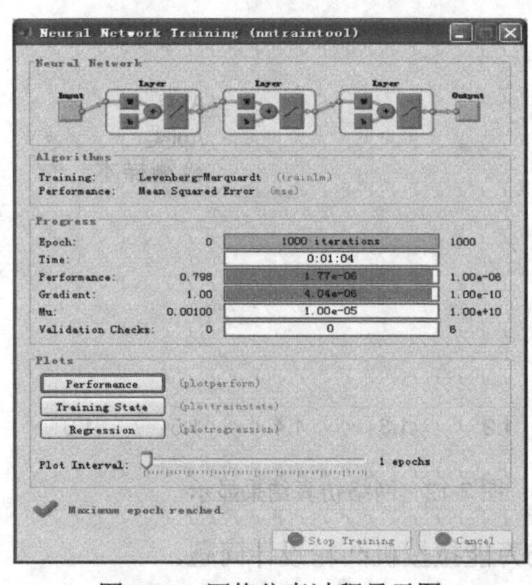

图 7-13 网络仿真过程显示图

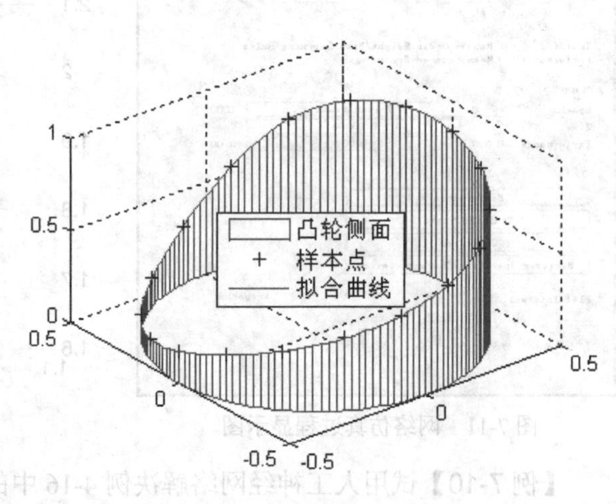

图 7-14 网络仿真结果显示

7.3 粒子群计算试验

粒子群优化算法是模仿生物社会系统，更确切地说，是由简单个体组成的群体与环境以及个体之间的互动行为，是一种基于群智能方法的进化计算技术，由 Eberhart 博士和 Kenndy 博士等于 1995 年提出，源于对鸟群捕食的行为研究。粒子群算法同遗传算法类似，是一种基于群体迭代的优化工具。系统初始化为一组随机解，通过迭代搜寻最优值，但是

并没有遗传算法用的交叉以及变异，而是粒子在解空间追随最优的粒子进行搜索。同遗传算法比较，粒子群算法的优势在于更简单，容易实现并且没有许多参数需要调整。因此，粒子群算法一提出，短短几年时间便获得了很大的发展，出现了大量的研究成果，并被应用于函数优化、神经网络训练、模糊系统控制以及其他遗传算法的应用领域。

粒子群算法源于鸟群捕食行为的模拟。一群鸟在一个固定区域里随机搜索食物，在这个区域里只有一块食物，所有的鸟都不知道食物在哪里，但是它们知道当前自己所处的位置离食物还有多远，那么找到食物的最优策略是什么呢？最简单有效的方法就是搜寻目前离食物最近的鸟的周围区域。粒子群算法从这种模型中得到启示并用于解决优化问题。在粒子群算法中，每个优化问题的解都是搜索空间中的一只鸟，我们称之为“粒子”。所有的粒子看成搜索空间中没有质量和体积的点，而且都有一个适应值，这个适应值根据被优化的函数确定。每个粒子还有一个速度决定它们飞翔的方向和距离，这个速度根据它自己的飞行经验和同伴的飞行经验进行动态调整。粒子群算法初始化为一群随机粒子（随机解），然后通过迭代找到最优解。在每一次迭代中，粒子通过两种经验来更新自己。自己的飞行经验就是粒子经历过的最好位置（有最好的适应值），即本身所找到的最优解，这个解叫做个体极值。同伴的飞行经验是群体所有粒子经历过的最好位置，即整个种群目前找到的最优解，这个解叫做全局极值。另外，也可以不用整个群体而只用其中一部分作为粒子的邻居，那么在所有邻居中的极值就是局部极值。

假设在一个 D 维的目标搜索空间中，有 m 个粒子组成一个群体，其中第 i 个粒子 $(i=1,2,\cdots,m)$ 表示为 $X_i=(x_i^1,x_i^2,\cdots,x_i^D)$，即第 i 个粒子在 D 维搜索空间中的位置为 X_i。换言之，每个粒子的位置就是一个潜在的解，将 X_i 代入目标函数即可计算出其适应值，根据适应值的大小衡量其优劣。它经历过的最好位置记为 $P_i=(p_i^1,p_i^2,\cdots,p_i^D)$，整个群体所有粒子经历过的最好位置记为 $P_g=(p_g^1,p_g^2,\cdots,p_g^D)$。粒子 i 的速度表示为 $V_i=(v_i^1,v_i^2,\cdots,v_i^D)$。

粒子群算法采用下列公式对粒子进行操作（单位时间为 1）：

$$v_i^d = wv_i^d + c_1r_1(p_i^d - x_i^d) + c_2r_2(p_g^d - x_g^d) \tag{7-1}$$

$$x_i^d = x_i^d + \alpha v_i^d \tag{7-2}$$

其中，$i=1,2,\cdots,m$，$d=1,2,\cdots,D$；w 为非负数，称为惯性因子；学习因子 c_1 和 c_2 是非负常数；r_1 和 r_2 是[0,1]范围内变化的随机数；α 称为约束因子，目的是控制速度的权重。

此外，$v_i^d \in [-v_{\max}^d, v_{\max}^d]$，即粒子的速度 V_i 被一个最大速度 $V_{\max}=(v_{\max}^1,v_{\max}^2,\cdots,v_{\max}^d)$ 所限制。如果当前时刻粒子在某维的速度 v_i^d 更新后超过该维的最大速度 $v_{\max}^d$，则当前时刻该维的速度被限制为 $v_{\max}^d$，$V_{\max}$ 为常数，可以根据不同的优化问题设定。

迭代终止条件根据具体问题设定，一般选为预定最大迭代次数或粒子群目前为止搜索到的最优位置满足预定最小适应阈值。

上述粒子群算法也被称为全局版粒子群算法。也可以将第 i 个粒子的邻居们搜索到的最优位置作为 P_g，则上述算法又被称为局部版粒子群算法。全局版粒子群算法收敛速度快，但有时会陷入局部最优。局部版粒子群算法收敛速度慢一点，但相对不容易陷入局部最优。

目前，常把式（7-1）和式（7-2）作为基本的粒子群算法。基本粒子群算法需要确定的参数不多，而且操作简单，使用比较方便。

式（7-1）的第一部分为粒子先前的速度；第二部分为“认知”部分，表示粒子本身的思考；第三部分为“社会”部分，表示粒子间的信息共享与相互合作。“认知”部分可解释为一个得到加强的随机行为在将来更有可能出现。这里的行为即“认知”，并假设获得正确的知识是得到加强的，这样一个模型假定粒子被激励着去减小误差。“社会”部分可解释为粒子本身是被其他粒子所模仿，即作为一个种群中粒子的运动参考。

粒子群算法的这些心理学假设的道理在于寻求一致的认知过程中，个体往往记住它们自己的信念，同时也考虑同事们的信念。当个体察觉同事的信念较好时，它将进行适应性的调整。

基本粒子群算法的流程如下：

步骤 1：初始化 m 个粒子，包括随机位置和速度及最大迭代次数。

步骤 2：评价每个粒子的适应值。

步骤 3：对每个粒子 X_i，将其适应值与其经历过的最好位置 P_i 的适应值作比较，如果较好，则将 X_i 作为当前的最好位置 P_i。

步骤 4：对每个粒子 X_i，将其适应值与所有粒子经历过的最好位置 P_g 的适应值作比较，如果较好，则将其作为当前所有粒子的最好位置 P_g。

步骤 5：根据式（7-1）和式（7-2）更新粒子的速度和位置。

步骤 6：如未达到终止条件（通常为达到预先给定的最大迭代次数或足够好的适应值），则返回步骤 2。

算法参数：

PSO 算法参数主要包括群体规模 m，惯性权重 w，加速常数 c_1 和 c_2，最大速度 $V_{\max}$，最大迭代次数 $G_{\max}$。

算法参数的设计要根据具体问题确定，通常惯性权重 $w=1$，加速常数 $c_1=c_2=2$。惯性权重使粒子保持运动惯性，使其扩展搜索空间的趋势，有能力探索新的区域。加速常数 c_1 和 c_2 代表将每个粒子推向 P_i 和 P_g 位置的统计加速项的权重。低的值允许粒子在被拉回之前可以在目标区域外徘徊，而高的值则导致粒子突然的冲向或越过目标区域。

$V_{\max}$ 决定当前位置与最好位置之间的区域的分辨率，即求解区域的精度。设计要合适，如果太大，粒子很可能飞过好位置；如果太小，粒子不能在局部好区域之外进行足够的搜索，容易陷入局部最优。

对速度的限制有 3 个目的：

（1）防止计算溢出。

（2）实现人工学习和态度转变。

（3）决定问题空间搜索的精度。

如果 $c_1=c_2=0$，即没有后面两部分，粒子将一直以当前的速度飞行，直到到达边界。它只能搜索有限的区域，所以很难找到好解。

如果没有第一部分，也即 $w=0$，则速度只取决于粒子当前最好位置 P_i 和其历史最好位置 P_g，速度本身没有记忆性。假设一个粒子位于全局最好位置，它将保持静止。而其他粒子则飞向它本身最好位置 P_i 和全局最好位置 P_g 的加权中心。在这种条件下，粒子群将收缩到当前的全局最好位置，也即收敛到局部最优值，更像一个局部算法。加上第一部分后，粒子有扩展搜索空间的趋势，即第一部分有全局搜索能力。这也使得 w 可以针对不同的搜索问题，调整算法全局和局部搜索能力的平衡。

如果没有第二部分，即 $c_1=0$，则粒子没有“认知”能力，只有“社会”参考。在粒子的相互作用下，有能力到达新的搜索空间。

如果没有第三部分，即 $c_2=0$，则粒子之间没有“社会”信息共享。由于个体间没有信息交互，一个规模为 m 的群体等价于 m 个粒子单个运行，因而得到解的机会非常小。

惯性权重 w 还可以放宽对 V_{max} 的要求，因为两者的作用都是维护全局和局部搜索能力的平衡。这样，当 V_{max} 增加时，可通过减小 w 来达到平衡搜索。而 w 的减小可使得所需的迭代次数相应减小。对全局搜索，通常较好的方法是在前期有较高的探索能力以得到合适的种子，而在后期有较高的开发能力以加快收敛速度。因此，可将 w 设为随时间或者迭代次数的增加而减小。

【例 7-11】运行粒子群算法计算例 7-4 中函数的最大值。

解：为体现粒子群算法的搜索能力，扩大自变量范围为[−400,400]，生成 m 个初始粒子群，进行 n 次迭代运算，各参数选取参见以下 MATLAB 程序代码：

```
clear all;close all;
n=1500;
m=100;
c1=2;c2=2;
vmax=[10,10];
alpha=0.5;w=1;
x=800*rand(m,2)-400;
v=zeros(m,2);
f1=inline('-0.5+((sin(sqrt(x(:,1).^2+x(:,2).^2))).^2-0.5)./...
            ((1+0.01.*(x(:,1).^2+x(:,2).^2)).^2)','x');
p=x;i=1;
[ft,it]=min(f1(x));
pg=x(it,:);
while i<=n
    ftemp=f1(x);
    vt=w*v+c1*rand*(p-x)+c2*rand*([pg(1)-x(:,1),pg(2)-x(:,2)]);
    v=[(vt(:,1)<vmax(1)).*vt(:,1)+(vt(:,1)>=vmax(1))*vmax(1),...
       (vt(:,2)<vmax(2)).*vt(:,2)+(vt(:,2)>=vmax(2))*vmax(2)];
    x=x+alpha*v;
    iit=find(f1(x)-ftemp<0);
    [ftemp,it]=min(f1(x));
    pgtemp=x(it,:);
    pg=(ft<ftemp)*pg+(ft>ftemp)*pgtemp;
    p(iit,:)=x(iit,:);
    i=i+1;
end
x=pg,f=ftemp
```

将程序以 li7_11fun.m 文件名存盘。

运行 li7_11fun.m 可得：

```
>> li7_11fun
x =
   1.0e-008 *
   -0.008854074563935     0.746613355488466
f =
        -1
```

求得函数最大值为−1。

第 8 章　图形用户界面的设计

第 3 章介绍了很多 MATLAB 绘图函数，这些函数都是将不同的曲线或曲面绘制在图形窗口中，而图形窗口也就是由不同图形对象（如坐标轴、曲线、曲面或文字等）组成的图形界面。MATLAB 给每个图形对象分配一个标识符，称为句柄（handle），可以通过该句柄对该图形对象的属性进行设置，也可以获取有关属性，从而能够更加方便地绘制各种图形。

直接对图形句柄进行操作的绘图方法称为低层绘图操作，相对于高层绘图，低层绘图操作控制和表现图形的能力更强。事实上，MATLAB 的高层绘图函数都是利用低层绘图函数而建立起来的，相当于系统为用户做了许多细节性的工作，用起来很方便。但有时单靠高层绘图不能满足要求，如绘制特殊图形、建立图形用户界面等。

所谓用户界面（Graphical User Interface，GUI）是指由窗口、菜单、对话框等各种图形元素组成的用户界面。在这种用户界面中，用户的操作既形象生动，又方便灵活，所以当今绝大部分开发环境与应用程序都采用图形用户界面，许多流行的开发工具都可以进行图形用户界面的设计。

8.1　图形对象句柄

8.1.1　创建图形对象的底层函数

MATLAB 提供了创建除图形对象的根之外的所有图形对象的底层函数，每个底层函数只能创建一个图形对象，并将它们置于适当的父辈对象中。函数的调用格式及功能如表 8-1 所示。

表 8-1　创建图形对象的底层函数

函数调用格式	功　能
h=figure (n)	创建图形窗口，n 为窗口序号
h-uicontrol ('property', value)	图形界面控制，property/vaule 确定控制类型
h=uimenu ('property', value)	创建用户界面菜单，property/vaule 确定菜单形式
h=axes ('property', (left, bottom, width, height))	创建轴对象，left、bottom、width、height 用于定义轴对象的位置与大小
h=line (x, y, z)	创建线对象，二维画线时只用 x、y，三维画线时用 x、y、z
h=patch (x, y, z, c)	创建块对象，x、y、z 定义多边形，c 确定填充颜色
h=surface (x, y, z, c)	创建面对象，x、y、z 定义三维曲面坐标，c 定义颜色矩阵
h=image(x)	显示图像，x 为图像矩阵
h=text(x, y, 'string')	标注文字，string 用于确定标注位置

8.1.2 图形对象的属性

每个图形对象都是对应地有一组属性来描述其外貌和特性。图形对象的属性由两部分组成，分别是属性名和属性值，在创建或修改图形对象的属性时，属性名和属性值总是成对出现的。不同的属性值对应不同的图形对象的外貌和特性。

在高层绘图中对图形对象的描述一般是默认的或由高层绘图函数自动设置的，因此对用户来说是不透明的。但句柄绘图中上述图形对象都是用户需要经常使用的，用句柄设置图形对象的属性。

8.1.3 句柄与句柄操作

句柄是图形对象的标识代码，是每个具体对象的独特身份。标识代码含有图形对象的各种必要的属性信息。各图形对象的句柄数据格式：根屏幕为 0；图形窗口为整数，表示图形窗口数；其他对象为对应的浮点数。所有能创建图形对象的 MATLAB 函数都可以给出所创建图形对象的句柄。

【例 8-1】句柄。

在命令窗口中输入以下命令：

```
>> h=figure
```

输出结果为：

```
h =
     1
```

表明当前只有一个图形窗口。

在命令窗口中输入以下内容：

```
>> h1=line(1:5,1:5)
```

创建线对象，返回线对象的句柄如下：

```
h1 =
  155.0020
```

最后生成结果如图 8-1 所示。

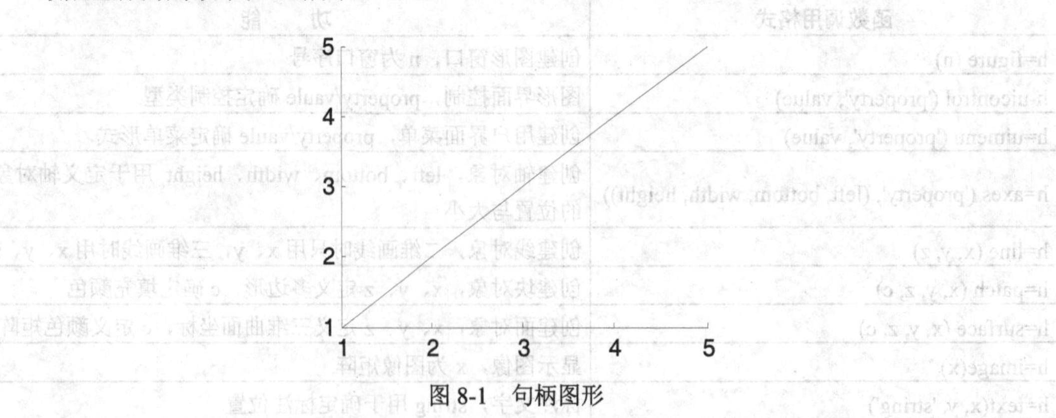

图 8-1 句柄图形

8.2　图形对象属性的操作

图形对象的所有属性都是由属性名和属性值两部分组成，通过对图形对象属性的操作可以实现图形对象的不同的表现效果，因此对图形对象属性的操作非常重要。图形对象的唯一标识符是句柄，因此可以通过句柄控制图形对象，实现对图形对象属性的各种操作。

8.2.1　对象属性的获取

对象的句柄和对象属性的获取命令如表 8-2 所示。

表 8-2　句柄和对象属性获取命令

命 令 名	功　　能
get	获得句柄图形对象的属性和返回某些对象的句柄值
set	改变图形对象的属性
gcf	当前窗口对象的句柄，即 Get Current Figure
gca	当前轴对象的句柄，即 Get Current Axes
h=gcf	将当前窗口对象的句柄返回 h
get(h)或 get(gcf)	查阅当前窗口对象的属性
delete (gcf)	删除当前窗口的属性

【例 8-2】句柄及对象属性获取。

在命令窗口中输入以下代码：

```
>> h=figure(1);
>> h1=line(2:36,3:37);
```

生成结果如图 8-2 所示。

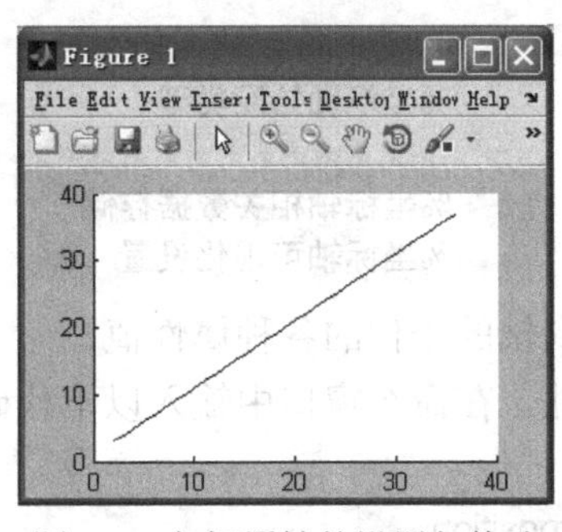

图 8-2　句柄属性的设置与修改

查看图形对象的句柄值，在命令窗口中输入以下代码：

```
>> h3=gcf      %查看图形对象的句柄值
h3 =
     1
>> h4=gca      %返回当前轴对象的句柄
```

```
h4 =
  172.0011
```

还可以查看轴的子代，在命令窗口中输入以下代码：

```
>> get(get(gca,'children'))
```

返回轴的子代属性如下：

```
DisplayName =
Annotation = [ (1 by 1) hg.Annotation array]
Color = [0 0 1]                          %轴颜色设置
EraseMode = normal                       % 模型设置
LineStyle = -                            %线型设置
LineWidth = [0.5]                        %线宽设置
Marker = none                            %点标记设置
MarkerSize = [6]                         %标记点的大小设置
MarkerEdgeColor = auto                   %标记点边缘颜色设置
MarkerFaceColor = none                   %标记点表面颜色设置
XData = [ (1 by 35) double array]        %X 轴数据
YData = [ (1 by 35) double array]        %Y 轴数据
ZData = []                               %Z 轴数据
BeingDeleted = off
ButtonDownFcn =                          %鼠标键按下时的响应函数
Children = []                            %子对象设置
Clipping = on
CreateFcn =                              %函数初始化的创建函数
DeleteFcn =                              %函数删除的响应函数
BusyAction = queue
HandleVisibility = on
HitTest = on
Interruptible = on
Parent = [172.001]                       %父对象设置
Selected = off
SelectionHighlight = on
Tag =
Type = line                              %坐标轴绘图类型
UIContextMenu = []
UserData = []                            %坐标轴相关数据存储
Visible = on                             %坐标轴可视化设置
```

从上面的返回结果可以看到轴的子代的各种属性值。

同样，可以查轴对象的属性。在命令窗口中输入以下代码：

```
>> get(gca)
ActivePositionProperty = outerposition
ALim = [0 1]
ALimMode = auto
AmbientLightColor = [1 1 1]
Box = off
CameraPosition = [20 20 17.3205]
CameraPositionMode = auto
```

```
CameraTarget = [20 20 0]
CameraTargetMode = auto
CameraUpVector = [0 1 0]
CameraUpVectorMode = auto
CameraViewAngle = [6.60861]
CameraViewAngleMode = auto
CLim = [0 1]
CLimMode = auto
Color = [1 1 1]
...... ......
UserData = []
Visible = on
```

还可查色序，在命令窗口中输入以下代码：

```
>> get(gca,'colororder')
```

返回色序值如下：

```
ans =
         0         0    1.0000
         0    0.5000         0
    1.0000         0         0
         0    0.7500    0.7500
    0.7500         0    0.7500
    0.7500    0.7500         0
    0.2500    0.2500    0.2500
```

通过 set 可以更改图形对象的各种属性，如设置线条和窗口的颜色，输入以下代码：

```
>> set(h1,'color',[1 0 1])
```

将线条改成粉红色，结果如图 8-3 所示。

在命令窗口中输入以下代码：

```
>> set(gcf,'color',[0.5 0.5 0.5])   %设置当前图形句柄的 color 属性值
```

将窗口底色改成黑色，结果如图 8-4 所示。

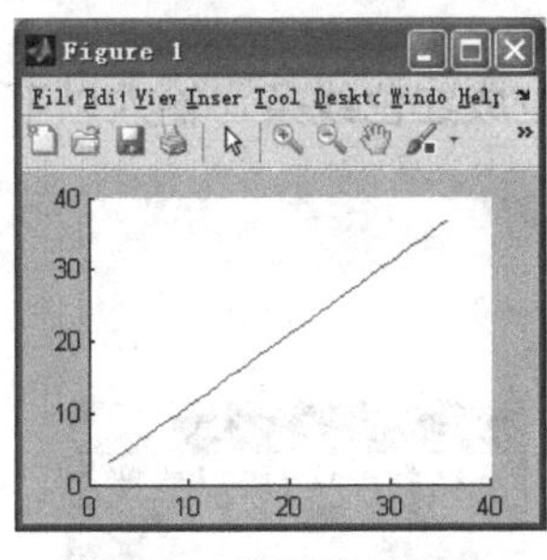

图 8-3　设置线条颜色

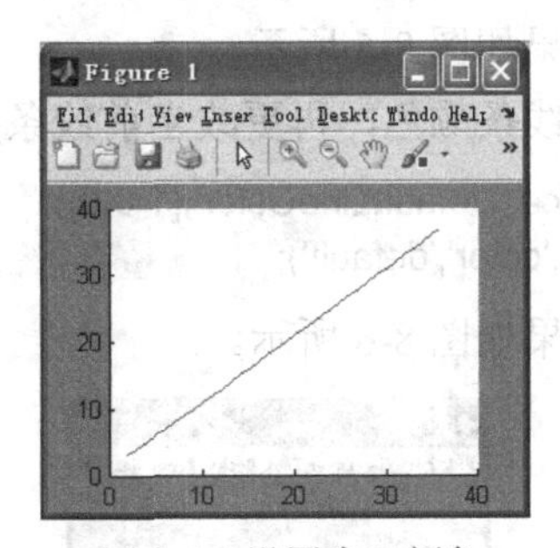

图 8-4　设置窗口颜色

8.2.2　对象属性的直接操作

对象属性的直接操作是通过当前句柄来实现的，所以首先要获得当前句柄值以及对象的属性，然后再进行查询或修改操作。MATLAB 提供的通过句柄查询或修改图形对象属性

的函数调用格式如下：

get (h)：获取 h 句柄对象所有属性的当前值。

get(h, '属性名称')：获取 h 句柄对象中指定属性名称的属性的当前值。

set (h)：显示 h 句柄对象的所有可设置的属性名及对应的属性值。

set(h, '属性名称', '新属性')：设置指定属性名称的属性的属性值。

8.2.3 对象属性的继承操作

对象属性的继承操作是通过父代对象设置默认对象属性来实现的。父代句柄属性中设置默认值后，所有子代对象均可以继承该属性的默认值。属性默认值的描述结构为：

Default+对象名称+对象属性

例如：

- DefaultFigureColor：图形窗口的颜色。
- DefaultAxesAspaceRatio：轴的视图比率。
- DefaultLineLineWide：线的宽度。
- DefaultLineColor：线的颜色。

默认值的获得与设置也是由 get 和 set 函数实现的。另外，还有两个命令的使用与 Default 相同，分别可以将设置改为厂家设定和清除设定的默认值。

- factory：厂家设定默认值。
- remove：清除设定默认值。

【例 8-3】对象属性的操作。

在命令窗口中输入以下代码：

```
>> x=0:2*pi/180:2*pi;
y=tan(x/2);
h=line(x,y)
h =
  9.7656e-004
```

生成结果如图 8-5 所示。

先设置线条颜色，再更改当前线条颜色为默认，生成红色线条，输入以下代码：

```
>> set(gca,'DefaultLineColor',[1 0 0]);
>> set(h,'color','default');
```

生成结果如图 8-6 所示。

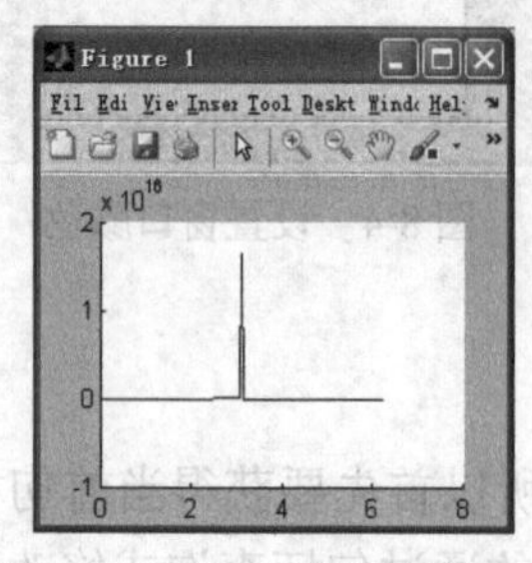

图 8-5 对象属性的操作一

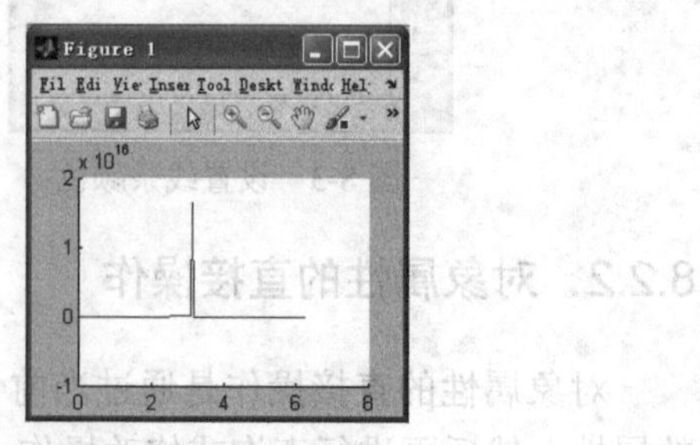

图 8-6 对象属性的操作二

还可以对各种属性进行设置，如改变线条颜色、线宽、线型，输入以下代码：

```
>> set(h,'color','m','linewidth',2,'linestyle','*');
```

生成结果如图 8-7 所示。

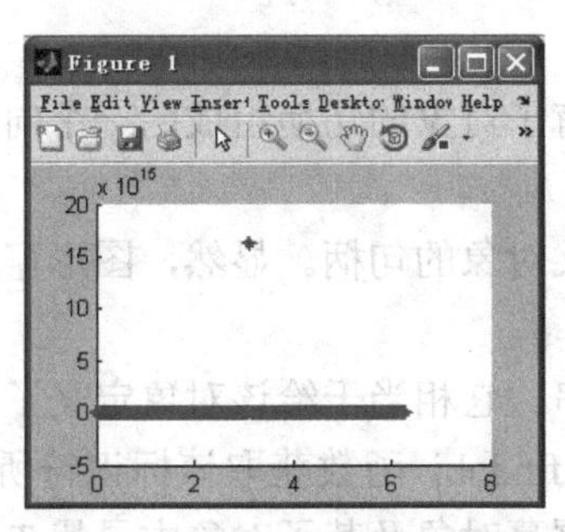

图 8-7　对象属性的操作三

8.3　菜单设计

MATLAB 用户菜单对象是图形窗口的子对象，所以菜单设计总在某一个图形窗口中进行。MATLAB 的图形窗口有自己的菜单栏。为了建立用户自己的菜单系统，可以先将图形窗口的 MenuBar 属性设置为 none，以取消图形窗口默认的菜单，然后再建立用户自己的菜单。

8.3.1　建立用户菜单

用户菜单通常包括一级菜单（菜单条）和二级菜单，有时根据需要还可以继续建立子菜单（三级菜单等），每一级菜单又包括若干菜单项。要建立用户菜单可用 uimenu 函数，因其调用方法不同，该函数可用于建立一级菜单项和子菜单项。

建立一级菜单项的函数调用格式为：

一级菜单项句柄=uimenu（图形窗口句柄, 属性名 1, 属性值 1, 属性名 2,属性值 2,…）

建立子菜单项的函数调用格式为：

子菜单项句柄=uimenu（一级菜单项句柄, 属性名 1, 属性值 1, 属性名 2, 属性值 2,…）

这两种调用格式的区别在于：建立一级菜单项时，要给出图形窗口的句柄值。如果省略了这个句柄值，MATLAB 即在当前图形窗口中建立这个菜单项。如果此时不存在活动图形窗口，MATLAB 会自动打开一个图形窗口，并将该菜单项作为它的菜单对象。在建立子菜单项时，必须指定一级菜单项对应的句柄值。例如：

```
hm=uimenu(gcf,'Label','File');
hm1=uimenu(hm,'Label','Save');
hm2=uimenu(hm,'Label','Save As');
```

将在当前图形窗口菜单条中建立名为 File 的菜单项。其中，Label 属性值 File 就是菜单项的名字，hm 是 File 菜单项的句柄值，供定义该菜单项的子菜单之用。后两条命令将在 File 菜单项下建立 Save 和 Save As 两个子菜单项。

8.3.2 菜单对象常用属性

菜单对象具有 Children、Parent、Tag、Type、UserData、Visible 等公共属性。

（1）Children 属性

该属性的取值是该对象所有子对象的句柄组成的一个向量。

（2）Parent 属性

该属性的取值是该对象的父对象的句柄。显然，图形窗口对象的 Parent 属性总为 0。

（3）Tag 属性

该属性的取值是一个字符串，它相当于给该对象定义了一个标识符。定义了 Tag 属性后，在任何程序中都可以通过 findobj 函数获取该标识符所对应图形对象的句柄。例如，hf=findobj(0, 'Tag', 'Flag1')将在屏幕对象及其子对象中寻找 Tag 属性为 Flag1 的对象，并返回句柄。

（4）Type 属性

表示该对象的类型。显然，该属性的值是不可改变的。

（5）UserData 属性

该属性的取值是一个矩阵，默认值为空矩阵。在程序设计中，可以将一个图形对象有关的比较重要的数据存储在这个属性中，借此可以达到传递数据的目的。具体做法是，先用 set 函数给某一句柄添加一些附加数据（一个矩阵），如果想使用这样的矩阵，再用 get 函数调用出来。

（6）Visible 属性

该属性的取值为 on（默认值）或 off，决定着图形窗口是否在屏幕上显示出来。当它的值为 off 时，可以用来隐藏该图形窗口的动态变化过程，如窗口大小的变化、颜色的变化等。注意，对象是否存在与对象是否可见是两回事，对象可以存在，同时又是不可见的。

（7）ButtonDownFcn 属性

该属性的取值是一个字符串，一般是某个 M 文件的文件名或一小段 MATLAB 语句。图形对象确定了一个作用区域，当单击该区域时，MATLAB 自动执行的程序段。

（8）CreateFcn 属性

该属性的取值是一个字符串，一般是某个 M 文件的文件名或一小段 MATLAB 语句。当创建该对象时，MATLAB 自动执行的程序段。

（9）DeleteFcn 属性

该属性的取值是一个字符串，一般是某个 M 文件的文件名或一小段 MATLAB 语句。当取消该对象时，MATLAB 自动执行的程序段。

除了公共属性外，还有一些常用的特殊属性。

（1）Label 属性

该属性的取值是字符串，用于定义菜单项的名字。可以在字符串中加入&字符，这时在该菜单项名字上，跟随&字符后的字符有一条下划线，&字符本身不出现在菜单项中。对于这种带有下划线字符的菜单，可以用 Alt 键加该字符键来激活相应的菜单项。

（2）Accelerator 属性

该属性的取值可以是任何字母，用于定义菜单项的快捷键。如取字母 W，则表示定义快捷键为 Ctrl+W。

（3）Callback 属性

该属性的取值是字符串，可以是某个 M 文件的文件名或一组 MATLAB 命令。在该菜单项被选中以后，MATLAB 将自动调用此回调函数来作出对相应菜单项的响应，如果没有设置一个合适的回调函数，则此菜单项也将失去其应有的意义。

在产生子菜单时 Callback 选项也可以省略，因为这时可以直接打开下一级菜单，而不是侧重于对某一函数进行响应。

（4）Checked 属性

该属性的取值为 on 或 off（默认值），该属性为菜单项定义一个指示标记，可以用这个特性指明菜单项是否已选中。

（5）Enable 属性

该属性的取值为 on（默认值）或 off，用来控制菜单项的可选择性。如果其值为 off，则此时不能使用该菜单。此时，该菜单呈灰色。

（6）Position 属性

该属性的取值是数值，它定义一级菜单项在菜单条上的相对位置或子菜单项在菜单组内的相对位置。例如，对于一级菜单项，若 Position 属性值为 1，则表示该菜单项位于图形窗口菜单条的可用位置的最左端。

（7）Separator 属性

该属性的取值为 on 或 off（默认值）。如果该属性值为 on，则在该菜单项上方添加一条分隔线，可以用分隔线将各菜单项按功能分开。

【例 8-4】建立如图 8-8 所示的“图形演示系统”菜单。菜单条中含有 3 个菜单项：Plot、Option 和 Quit。Plot 中有 Sine Wave 和 Cosine Wave 两个子菜单项，分别控制在本图形窗口中画出正弦和余弦曲线。Option 菜单项的内容如图 8-8 所示，其中 Grid on 和 Grid off 控制给坐标轴加网格线，Box on 和 Box off 控制给坐标轴加边框，且这 4 项只有在画有曲线时才是可选的。Window Color 控制图形窗口背景颜色。Quit 控制是否退出系统。

其实现的 MATLAB 程序如下：

```
>> screen=get(0,'ScreenSize');
W=screen(3);
H=screen(4);
figure('Color',[1 1 1],'Position',[0.2*H,0.2*H,0.5*W,0.3*H],...
        'Name','图形演示系统','NumberTitle','off','MenuBar','none');
   %定义 Plot 菜单项
   hplot=uimenu(gcf,'Label','&Plot');
   uimenu(hplot,'Label','Sine Wave','CallBack',...
         ['t=-pi:pi/20:pi;','plot(t,sin(t));',...
         'set(hgon,''Enable'',''on'');',...
         'set(hgoff,''Enable'',''on'');',...
         'set(hbon,''Enable'',''on'');',...
         'set(hboff,''Enable'',''on'');']);
```

```
uimenu(hplot,'Label','Cosine Wave','Call',...
        ['t=-pi:pi/20:pi;','plot(t,cos(t));',...
        'set(hgon,"Enable","on");',...
        'set(hgoff,"Enable","on");',...
        'set(hbon,"Enable","on");',...
        'set(hboff,"Enable","on");']);
%定义 Option 菜单项
hoption=uimenu(gcf,'Label','&Option');
hgon=uimenu(hoption,'Label','&Grid on',...
                'Call','grid on','Enable','off');
hgoff=uimenu(hoption,'Label','&Grid off',...
                'Call','grid off','Enable','off');
hbon=uimenu(hoption,'Label','&Box on',...
                'separator','on','Call','box on','Enable','off');
hboff=uimenu(hoption,'Label','&Box off',...
                'Call','box off','Enable','off');
hwincor=uimenu(hoption,'Label','&Window Color','Separator','on');
uimenu(hwincor,'Label','&Red','Accelerator','r',...
        'Call','set(gcf,"Color","r");');
uimenu(hwincor,'Label','&Bule','Accelerator','b',...
        'Call','set(gcf,"Color","b");');
uimenu(hwincor,'Label','&Yellow','Call',...
        'set(gcf,"Color","y");');
uimenu(hwincor,'Label','&White','Call',...
        'set(gcf,"Color","w");');
 %定义 Quit 菜单项
 uimenu(gcf,'Label','&Quit','Call','close(gcf)');
```

运行程序后可以建立如图 8-8 所示的菜单。

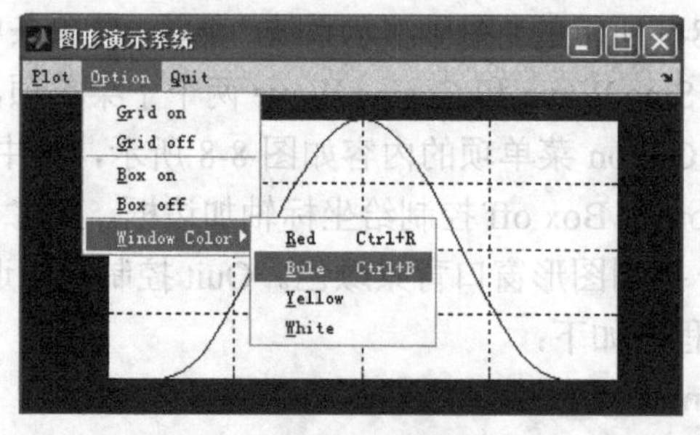

图 8-8 “图形演示系统”菜单

8.3.3 快捷菜单

快捷菜单是用鼠标右键单击某对象时在屏幕上弹出的菜单。这种菜单出现的位置是不固定的，而且总是和某个图形对象相联系。在 MATLAB 中，可以使用 uicontextmenu 函数和图形对象的 UIContextMenu 属性来建立快捷菜单，具体步骤如下：

（1）利用 uicontextmenu 函数建立快捷菜单项。

（2）利用 uimenu 函数为快捷菜单建立菜单项。

（3）利用 set 函数将该快捷菜单和某图形对象联系起来。

【例 8-5】绘制曲线 $y = 2e^{-0.5x}\sin(2\pi x)$，并建立一个与之相联系的快捷菜单，用以控制曲线的线型和曲线宽度。

其实现的 MATLAB 程序代码如下：

```
>> x=0:pi/100:2*pi;
y=2*exp(-0.5*x).*sin(2*pi*x);
h1=plot(x,y);
hc=uicontextmenu;                           %建立快捷菜单
hls=uimenu(hc,'Label','线型');              %建立菜单项
hlw=uimenu(hc,'Label','线宽');
uimenu(hls,'Label','虚线','Call','set(h1,''LineStyle'','':'');');
uimenu(hls,'Label','实线','Call','set(h1,''LineStyle'',''-'');');
uimenu(hlw,'Label','加宽','Call','set(h1,''LineWidth'',2);');
uimenu(hlw,'Label','加宽','Call','set(h1,''LineWidth'',0.5);');
set(h1,'UIContextMenu',hc);                 %将该快捷菜单和曲线对象联系起来
```

程序运行后选按默认参数（0.5 磅实线）画线，若将鼠标指标指向线条并单击鼠标右键，则弹出快捷菜单（如图 8-9 所示），选择菜单命令可改变线型和曲线宽度。

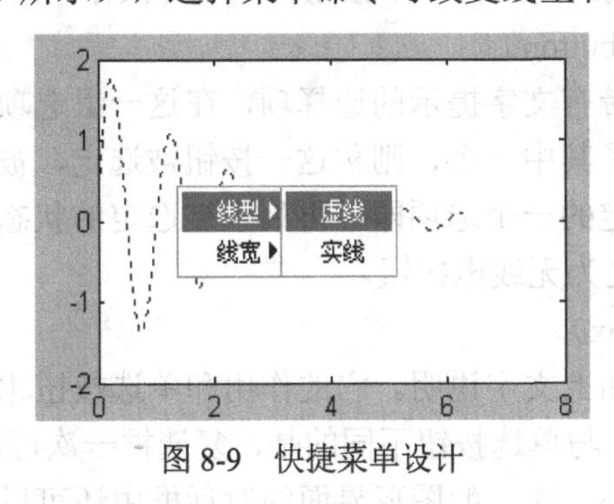

图 8-9　快捷菜单设计

8.4　对话框设计

8.4.1　对话框的基本元件

对话框是窗口中最常用的元件，如果用户想和计算机进行交互，对话框是最常用的一种手段，因为使用对话框，用户可以通知计算机一些自己的选择，此外还可以将一些参数赋给计算机，而计算机也可以通过对话框将一些信息反馈给用户。

所谓对话框，就是一些用来要求或提供信息的暂时出现的窗口。在对话框上有各种的控制图符和文字，有自己的窗口边界，也可以有其他一些窗口元件，如系统菜单、标题栏等。

下面简单介绍对话框的一些基本元件。

（1）静态文本框（text）

静态文本框是用来显示文字的，它一般用来向用户作信息提示。例如，如果要求用户输入一个数字，可以先用一个静态文本框来解释该数字的意义。

（2）编辑框（edit）

编辑框是一个含有初值或空白的方框，用户可以在其中填写自己的数据，计算机可以从该框内读取用户提供的信息。

（3）列表框（listbox）

列表框列出了可以选择的一些选项，如果选项太多，可以用垂直滚动条来控制，用户可以方便地从中选定一个选项。

（4）弹出框（popupmenu）

弹出框平时只显示当前选项，单击其右端的向下箭头会弹出一个列表框，列出全部选项，其作用与列表框类似。

（5）滑动条（slider）

滑动条可以用图示的方式输入指定范围内的一个数量值。用户可以移动滑动条中间的游标来改变其对应的参数。

（6）按钮（pushbutton）

按钮是对话框中最常用的控制图符，一般来说，一个对话框上至少应该有一个按钮。在按钮上通常有文字来说明其作用，一个按钮代表一种操作，所以有时也称命令按钮。

（7）单选按钮（radiobutton）

单选按钮通常是一组带有文字提示的选择项，在这一组选项中，只能有一个选项被选定，如果用户用鼠标单击了其中一个，则称这一按钮被选定，被选定按钮的圆的中心有一个实心黑点，而原来被选定的一个选项即不再处于被选定的状态，这就像收音机一次只能选定一个台一样，故也称之为无线电按钮。

（8）复选框（checkbox）

复选框是一个小方框加上文字说明。它的作用和单选按钮相似，也是一组选择项，被选定的项其小方框中有√。与单选按钮不同的是，复选框一次可以选择多项。

除了这些基本元件之外，在一般图形界面的对话框中还可以带有某些修饰用的元件，如在某一些元件的外面加一个方框等，这样就使得对话框更富于变化。

8.4.2 标准对话框的实现

设计出一个高水平的对话框并不是一件简单的事情，为了给使用者提供更多的方便，同时也是为了界面的规范和统一，MATLAB 给出了若干个标准对话框的直接调用函数，这样就保证用户通过尽可能简单的方法直接使用 Windows 下的一些通用的对话框。

1. 文件名处理的对话框

如果用户想打开一个已经存在的文件，最方便的方法是调用一个标准的文件名处理对话框，该对话框可以由 uigetfile 函数来实现。该函数的调用格式为：

[文件名,路径名]=uigetfile(文件类型, 对话框标题)

其中，文件类型为一个字符串，如果用户想打开一个 M 文件，则可以在文件类型处填写“*.m”；对话框标题也是一个字符串，用户可以在此处填写任何字符串作为整个对话框标题栏的内容。

如果用户使用了如下的命令：

[myfile, mypath]=uigetfile ('*.m', 我的文件名处理对话框)

用户可以从这一对话框中找出一个合适的文件名，然后单击“确定”按钮，这样就会自动返回两个字符串：myfile 和 mypath，分别是所查找到文件的文件名和文件所在的路径名。如果用户单击“取消”按钮，则将取消文件名处理操作。

2．字体设置对话框

MATLAB 提供了 uisetfont 函数，允许用户改变字符及坐标轴字体的形式。该函数的调用格式为：

[文件名,路径名]=uisetfont(句柄, 对话框标题)

但这样的使用首先要求用户已知要改变内容的句柄。如果不提供句柄变量，则可以由下面的语句进行整体的字体设置。例如，若给出下面的命令：

hFont=uisetfont('我的字体选择对话框')

用户可以在该对话框中轻松地设置字体、字号及字体风格等相关的信息。字体设置完成之后，将得到一个字体的句柄，用户可以由 get(hFont, 'FontName')和 get(hFont, 'Size')等函数的调用，分别得出选中的字体名称和字号大小，关于字体句柄的其他分量用户可以由 get(hFont)获得。

3．颜色设置对话框

MATLAB 还提供了 uisetcolor 函数，通过它可以对对象的颜色进行设置。该函数的调用格式为：

颜色值=uisetcolor(句柄,对话框标题)

这里，返回的颜色值是一个 1×3 的向量。如果用户给出命令：

mycolor=uisetcolor('我的颜色选择对话框')

用户可以从给出的颜色方框中选定一个颜色，再单击“确定”按钮，这样即可将该颜色值返回给 mycolor 变量，如果用户单击“取消”按钮，则取消颜色设置的操作。

8.4.3　一般对话框的实现

除了前面给出的标准对话框以外，用户往往需要设计自己特有的对话框，这样就需要自己编写对话框调用程序来完成。MATLAB 提供了方便的对话框元件生成及调用的命令，所有这些命令是由 uicontrol 函数的调用来处理的。该函数的调用格式为：

返回句柄=uicontrol(对话框句柄,属性 1,属性值 1,属性 2,属性值 2,…)

其中，各个属性及可取的值和前面介绍的菜单项属性有些接近，但也不尽相同，这里将着重介绍一些重要的属性以及和菜单函数不同的属性。

（1）Style 属性

该属性用来设置控制元件的风格，它可以决定所设计的控制元件是哪一类元件。MATLAB 支持的各种控制元件风格如表 8-3 所示。

表 8-3 对话框控制元件的风格表

关 键 词	简 称	意 义
text	text	静态文本框
edit	edit	编辑框
listbox	list	列表框
popupmenu	popup	弹出框
slider	slider	滑动条
pushbutton	push	按钮
radiobutton	radio	单选按钮
checkbox	check	复选框

（2）Callback 属性

与菜单设置函数 uimenu 一样，Callback 属性允许用户建立在对话框元件被选定后的响应命令。

（3）String 属性

出现在控件元件上的字符串，如在按钮上的说明文字或单选按钮后面的说明文字等。

（4）Position 和 Units 属性

它们的选择范围和 set 函数中的定义一致，这里不再介绍。

（5）Visible 属性

该属性用来决定该控制元件初始状态是否可见，其属性值只有 on（默认值）和 off 两种。

（6）BackgroundColor 和 ForegroundColor 属性

这两个属性分别用来控制元件的前景色和背景色，其取值仍然为 1×3 的颜色配比向量。例如，对按钮控制元件来说，前景色即指按钮上的字符颜色，而背景色为整个按钮的颜色。

（7）HotizontalAlignment 属性

该属性用来决定当前的控件元件在水平方向上的对齐方式，其属性值有 left、center 和 right（默认值）3 种，分别表示按左、中和右对齐。当然，这样的选项对单个的控制元件并没有多大的意义，而只对一组元件起作用，如可以设置一组静态文本说明，它们位置的起点坐标 x 和宽度是一致的，这样使它们全部选择中间对齐的选项，则可以比较整齐地将其显示出来。

【例 8-6】创建按钮对象，当单击该按钮时绘制出正弦曲线。建立一个双位按钮，用于控制是否给坐标加网格线。

其实现的 MATLAB 代码如下：

```
>> clear all;
pbstart=uicontrol(gcf,'style','push','Position',...
                    [20 20 100 25],'String','start plot','Callback',...
                    't=-pi:pi/20:pi;plot(t,sin(t))');
ptgrid=uicontrol(gcf,'Style','toggle','Position',...
                  [150 20 100 25],'String','Grid','CallBack','grid');
```

Style 属性值 push 指明该控件对象是按钮，toggle 指明该控件对象是双位按钮，Position 指明建立的按钮对象在当前图形窗口中的位置及大小，String 属性值即为对象上的说明文字，CallBack 属性定义了当用户单击该按钮对象时应执行的操作。

运行程序，效果如图 8-10 所示。

【例 8-7】创建静态文本框与单选按钮，用来设置图形窗口的颜色，每次只能选一种颜色。

其实现的 MATLAB 程序代码如下：

```
>> clear all;
%建立静态文本框
htxt=uicontrol(gcf,'style','text','String',...
                    'Color Options','Position',[200 130 150 20]);
%建立单选按钮
hr=uicontrol(gcf,'Style','radio','String',...
                'Red','Position',[200 100 150 25],'value',1,...
                'CallBack',['set(hr,''value'',1);','set(hb,''value'',0);',...
                'set(hy,''value'',0);','set(gcf,''color'',''R'')']);
hb=uicontrol(gcf,'Style','radio','String',...
                'Blue','Position',[200 75 150 25],...
                'CallBack',['set(hb,''value'',1);','set(hr,''value'',0);',...
                'set(hy,''value'',0);','set(gcf,''color'',''B'')']);
hy=uicontrol(gcf,'Style','radio','String',...
                'Yellow','Position',[200 50 150 25],...
                'CallBack',['set(hy,''value'',1);','set(hr,''value'',0);',...
                'set(hb,''value'',0);','set(gcf,''color'',''Y'')']);
```

Callback 执行的结果保证只有一个单选按钮的状态为 on。因为单选按钮的 Value 属性是这样定义的：如果单选按钮被选定，其属性 Value 的值取 1；如果单选按钮未被选定，其属性 Value 的值取 0。

程序执行后可建立如图 8-11 所示的效果。

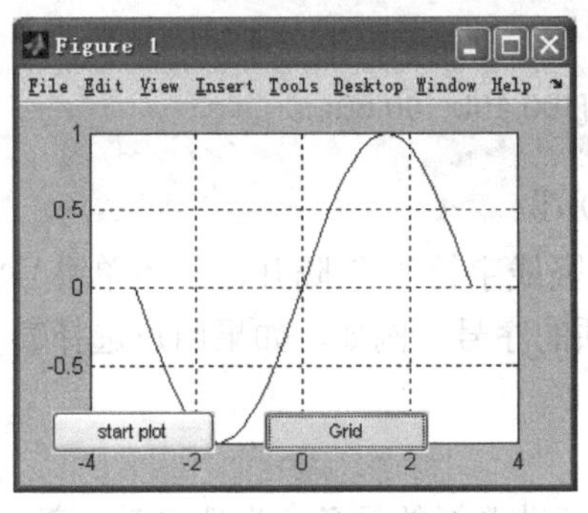

图 8-10　按钮的创建

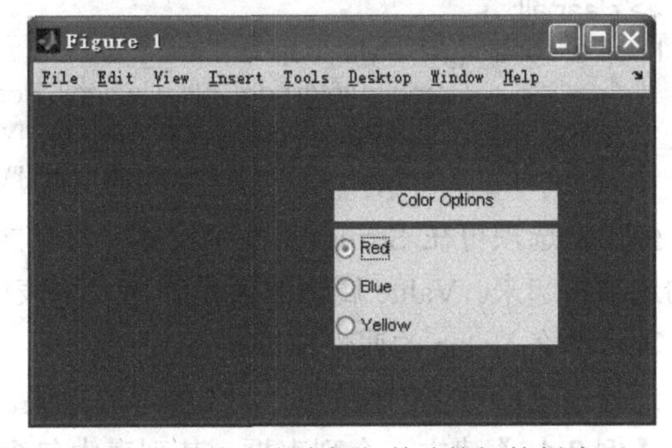

图 8-11　静态文本框与单选按钮的创建

【例 8-8】建立复选框，用来设置图形窗口的某些属性，如大小、颜色、标题等。

其实现的 MATLAB 程序代码如下：

```
>> clear all;
screen=get(0,'ScreenSize');
```

```
winw=screen(3);
winh=screen(4);
htxt=uicontrol(gcf,'Style','text','Position',...
      [0.1*winw,0.5*winh,0.25*winw,0.1*winh],...
      'String','Set Windows Properties');
hp=uicontrol(gcf,'Style','check','Position',...
      [0.1*winw,0.4*winh,0.25*winw,0.1*winh],...
      'String','MyPosition','CallBack',...
      ['set(gcf,"Position",[10 10 300 250]);',...
      'if get(hp,"Value")==1,',...
      'set(gcf,"Position",[10 10 600 500]),',...
      'end']);
hc=uicontrol(gcf,'Style','check','Position',...
      [0.1*winw,0.3*winh,0.25*winw,0.1*winh],...
      'String','MyColor','CallBack',...
      ['set(gcf,"Color","m");',...
      'if get(hc,"Value")==1,',...
      'set(gcf,"Color","m"),',...
      'end']);
hn=uicontrol(gcf,'Style','check','Position',...
      [0.1*winw,0.2*winh,0.25*winw,0.1*winh],...
      'String','MyName','CallBack',...
      ['set(gcf,"Name","复选框未选中");',...
      'if get(hn,"Value")==1,',...
      'set(gcf,"Name","复选框被选中"),',...
      'end']);
```

运行程序可以建立如图 8-12 所示的效果。

【例 8-9】建立弹出框，其列表中包含一组可供选择的颜色，当选择某种颜色时，就将图形窗口的背景色设置为该颜色。

其实现的 MATLAB 程序代码如下：

```
>> clear all;
hpop=uicontrol(gcf,'style','popup','String',...
              'red|bule|green|yellow|white|','Position',[100 100 100 80],...
              'CallBack',['cbcol=["R","B","G","Y","W"];',...
              'set(gcf,"Color",cbcol(get(hpop,"Value")))']);
```

弹出框选项可在 String 属性中设置，每项之间用竖线字符“|”隔开，并用单引号将所有的选项括起来。Value 属性的值是弹出式列表中选项的序号。例如，如果用户选择表中的第 3 项，那么 Value 的属性值即为 3。

运行该程序可以创建如图 8-13 所示的效果。

【例 8-10】建立一个列表框，其列表中包含一组可供选择的颜色，当选择某种颜色时，就将图形窗口的背景色设置为该颜色。

其实现的 MATLAB 程序代码如下：

```
>> clear all;
hlist=uicontrol(gcf,'Style','list',...
              'String','red|yellow|white|green|blue|',...
```

```
'Position',[100 100 100 80],'CallBack',...
['cbcol=["r","y","w","g","b"];',...
'set(gcf,"Color",cbcol(get(hlist,"Value")));']);
```

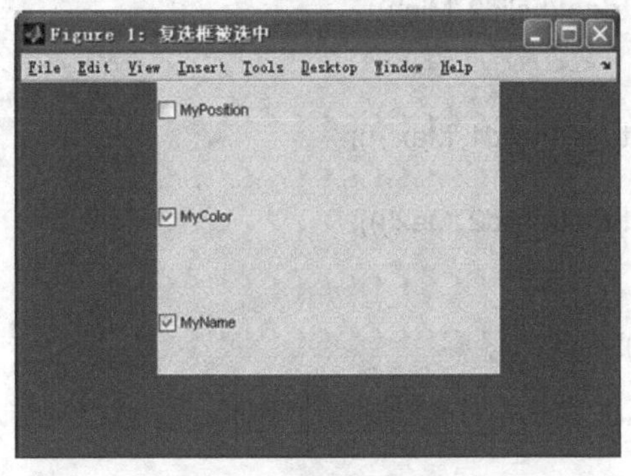

图 8-12　复选框的创建

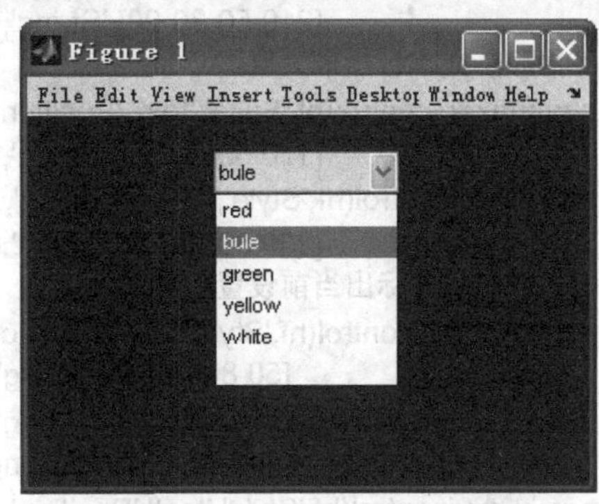

图 8-13　弹出框的创建

运行程序可以创建如图 8-14 所示的效果。

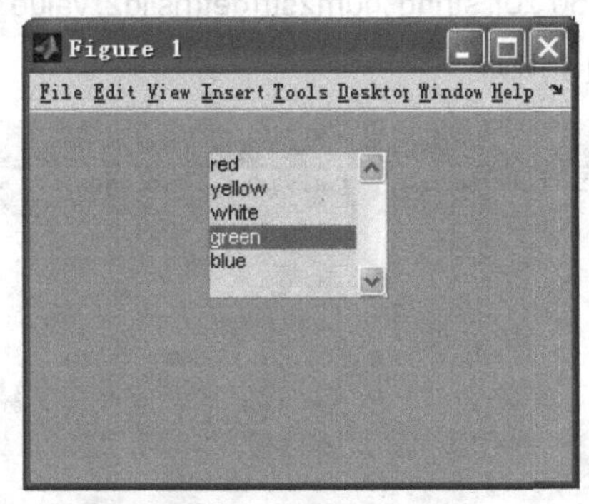

图 8-14　列表框的创建

【例 8-11】建立两个滑动条，分别用于设置图形窗口的宽度和高度，并利用静态文本标出滑动条的数值范围以及当前值。

其实现的 MATLAB 程序代码如下：

```
>> clear all;
%创建图形窗口
hf=figure('Position',[20 20 400 300]);
%创建改变窗口宽度与高度的滑动条
hslid1=uicontrol(hf,'Style','slider','Position',...
        [50 50 120 20],'Min',200,'Max',800,'Value',400,...
        'CallBack',...
        ['set(azmcur,"String",num2str(get(hslid1,"Value")));'...
        'set(gcf,"Position",[20,20,get(hslid1,"Value"),300]);']);
hslid2=uicontrol(hf,'Style','slider','Position',...
        [240 50 120 20],'Min',100,'Max',600,'Value',300,...
        'CallBack',...
        ['set(elvcur,"String",num2str(get(hslid2,"Value")));'...
        'set(gcf,"Position",[20,20,400,get(hslid2,"Value")]);']);
%用静态文本标出最小值
```

```
azmmin=uicontrol(hf,'Style','text','Position',...
                [20 50 30 20],'String',num2str(get(hslid1,'Min')));
elvmin=uicontrol(hf,'Style','text','Position',...
                [210 50 30 20],'String',num2str(get(hslid2,'Min')));
%用静态文本标出最大值
azmmax=uicontrol(hf,'Style','text','Position',...
                [170 50 30 20],'String',num2str(get(hslid1,'Max')));
elvmax=uicontrol(hf,'Style','text','Position',...
                [360 50 30 20],'String',num2str(get(hslid2,'Max')));
%用静态文本标出当前设置的宽度和高度
azmLabel=uicontrol(hf,'Style','text','Position',...
                  [50 80 65 20],'String','宽度');
elvLabel=uicontrol(hf,'Style','text','Position',...
                  [240 80 65 20],'String','高度');
azmcur=uicontrol(hf,'Style','text','Position',...
                [120 80 50 20],'string',num2str(get(hslid1,'value')));
elvcur=uicontrol(hf,'Style','text','Position',...
                [310 80 50 20],'string',num2str(get(hslid2,'value')));
```

运行程序，效果如图 8-15 所示。

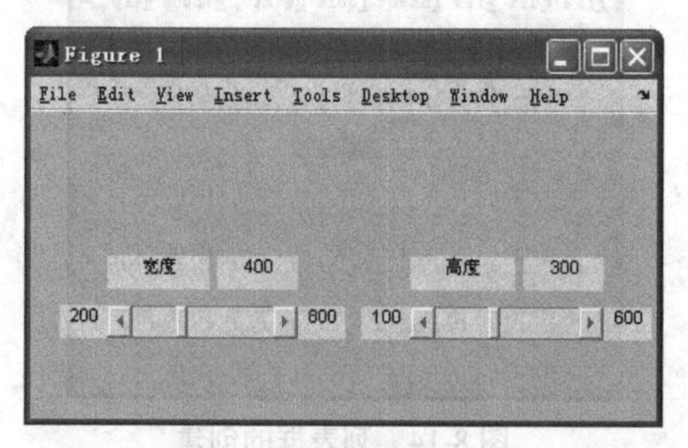

图 8-15　滑动条的创建

【例 8-12】创建一个绘制刘徽割圆术动画的坐标系，一个编辑框用于输入内接正多边形的边数，一个弹出框用来选择正多边形的填充颜色，一个列表框用来选择绘图时是否加网格，一个“绘图”按钮，一个“关闭”按钮。当单击“绘图”按钮时，显示刘徽割圆术动画；当单击“关闭”按钮时，关闭所有的图形窗口。

其实现的 MATLAB 程序如下：

```
clear all;
%创建图形窗口
hfig=figure('Menubar','none','Name','刘徽割圆术',...
    'Numbertitle','off','Unit','normalized',...
    'Position',[0.2 0.3 0.55 0.3]);
 %设置坐标轴位置
 haxes=axes('Position',[0.05 0.15 0.55 0.7]);
 %创建提示文本框
 htext=uicontrol(hfig,'Style','text','Unit','normalized',...
              'Position',[0.63 0.70 0.2 0.1],'String',...
              '输入正多边形边数','Horizontal','center');
 %创建编辑框，用来输入内接正多边形边数
```

```
hedit=uicontrol(hfig,'Style','edit','Unit','normalized',...
                    'Position',[0.63 0.55 0.2 0.1],'String','10','Max',1);
%创建“绘图”按钮
hpush1=uicontrol(hfig,'Style','push','Unit','normalized',...
                    'Position',[0.85 0.35 0.15 0.15],'String','绘图',...
                    'CallBack','COMM(hedit,hpopup,hlist)');
%创建“关闭”按钮
hpush2=uicontrol(hfig,'Style','push','Unit','normalized',...
                    'Position',[0.85 0.15 0.15 0.15],'String','关闭',...
                    'CallBack','close all');
%创建弹出框
hpopup=uicontrol(hfig,'Style','popup','Unit','normalized',...
                    'Position',[0.85 0.8 0.15 0.15],'String',...
                    'Spring|Summer|Autumn|winter','CallBack',...
                    'COMM(hedit,hpopup,hlist)');
%创建列表框
hlist=uicontrol(hfig,'Style','list','Unit','normalized',...
                    'Position',[0.85 0.55 0.15 0.25],'String',...
                    'Grid on|Grid off|Box on|Box off','CallBack',...
                    'COMM(hedit,hpopup,hlist)');
```

函数文件 COMM.m 的源代码如下：

```
function COMM(hedit,hpopup,hlist)
%获取编辑框、弹出框、列表框的值
n=str2num(get(hedit,'String'));
n1=get(hpopup,'Value');
n2=get(hlist,'Value');
if ~isempty(n)          %判断编辑框是否非空
    chpop=['g';'m';'r';'k'];
    %创建表示列表框取值的字符矩阵，注意每行有 8 个字符，不足的用空格补齐
    chlist=['grid   on';'grid off';'box    on';'box   off'];
    t=0:0.005:2*pi;
    x=cos(t);
    y=sin(t);
    for side=3:n
        plot(x,y);    %画出单位圆
        hold on
        for k=1:side
            theta(k)=(2*pi/side)*(k-1);
        end
        %用弹出框中选择的颜色填充多边形
        fill(cos(theta),sin(theta),chpop(n1));
        pause(1)
        hold off
    end
    title('刘徽割圆术的动画演示效果');
    eval(chlist(n2,:));     %执行列表框中的选项
end
```

运行程序可以建立如图 8-16 所示的效果。

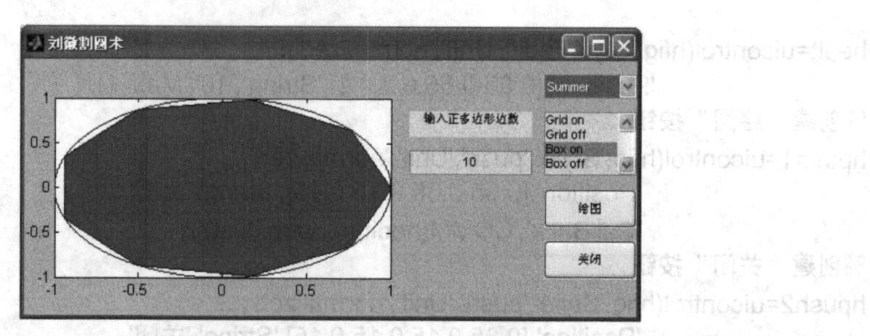

图 8-16　对话框设计综合应用示例

8.5　可视化图形用户界面设计

前面介绍了用于用户界面（GUI）设计的有关函数，为了更便捷地进行用户界面设计，MATLAB 提供了图形用户界面开发环境，这使得界面设计在可视化状态进行，设计过程变得简单直观，实现了“所见即所得”。

8.5.1　图形用户界面设计窗口

1．GUI 设计模型

在 MATLAB 主窗口中打开 File 菜单中的 New 子菜单，再选择其中的 GUI 命令，即可显示图形用户界面的设计模板，如图 8-17 所示。

MATLAB 为 GUI 设计准备了 4 种模板，分别是 Blank GUI（默认）、GUI with Uicontrols（带控件对象的 GUI 模板）、GUI with Axes and Menu（带坐标轴与菜单的 GUI 模板）与 Modal Question Dialog（带模式问话对话框的 GUI 模板）。

当用户选择不同的模板时，在 GUI 设计模板界面的右边即可显示出与该模板对应的 GUI 图形。

2．GUI 设计窗口

在 GUI 设计模板中选中一个模板，然后单击 OK 按钮，即可显示 GUI 设计窗口。选择不同的 GUI 设计模板时，在 GUI 设计窗口中显示的结果也不一样。如图 8-18 所示为选择 Blank GUI 设计模板后显示的 GUI 设计窗口。

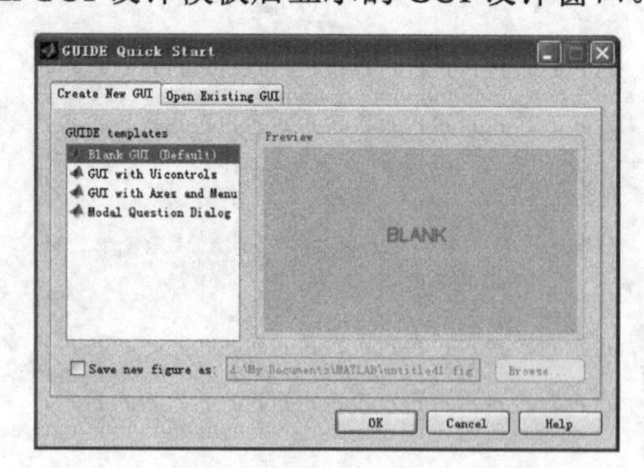

图 8-17　GUI 设计模板

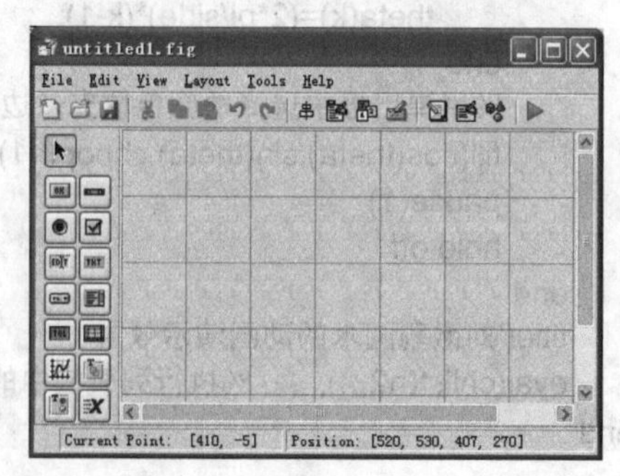

图 8-18　Blank GUI 模板下的 GUI 设计窗口

GUI 设计窗口由菜单栏、工具栏、控制工具栏以及图形对象设计区组成。GUI 设计窗口的菜单栏有 File、Edit、View、Layout、Tools 和 Help 6 个菜单项，使用其中的命令可以完成图形用户界面的设计操作。

在 GUI 设计窗口的工具栏上，有 Align Objects（对象位置调整器）、Menu Editor（菜单编辑器）、Tab Order Editor（Tab 顺序编辑器）、M-file Editor（M 文件编辑器）、Property Inspector（对象属性查看器）、Object Browser（对象浏览器）和 Run（运行）等 15 个命令按钮，通过它们可以方便地调用需要使用的 GUI 设计工具和实现有关操作。

GUI 设计窗口左边的控件工具栏包括 Push Button、Slider、Radio Button、Check Box、Edit Text、Static Text、Popup Menu、Listbox、Toggle Button、Axes 等控件对象，它们是构成 GUI 的基本元素。

3．GUI 设计的基本操作

为了添加控件，可以从 GUI 设计窗口的控件工具栏中选择一个对象，然后以拖拽方式在对象设计区建立该对象，其对象创建方式方便、简单。在 GUI 设计窗口创建对象后，通过双击该对象，即可显示该对象的属性查看器，通过它可以设置该对象的属性。

在选中对象的前提下，单击鼠标右键，会弹出一个快捷菜单，可以从中选择某个子菜单进行相应的操作。在对象设计区右击鼠标，会显示与图形窗口有关的快捷菜单。

8.5.2　可视化设计工具

MATLAB 的用户界面设计工具共有以下 5 个。

- 对象属性查看器（Property Inspector）：可查看每个对象的属性值，也可修改设置对象的属性值。
- 菜单编辑器（Menu Editor）：创建、设计、修改下拉式菜单和快捷菜单。
- 对象位置调整器（Align Objects）：可利用该工具左右、上下对多个对象的位置进行调整。
- 对象浏览器（Object Browser）：可观察当前设计阶段的各个句柄图形对象。
- Tab 顺序编辑器（Tab Order Editor）：通过该工具，设置当按下 Tab 键时，对象被选中的先后顺序。

1．对象属性查看器

利用对象属性查看器可以查看每个对象的属性值，也可以修改、设置对象的属性值，在 GUI 设计窗口工具栏上单击 Property Inspector 按钮，或者选择 View 菜单下的 Property Inspector 命令，即可打开对象属性查看器，如图 8-19 所示。另外，在 MATLAB 命令窗口中输入 inspect，也可以查看对象属性查看器。

在选中某个对象后，可以通过对象属性查看器查看该对象的属性值，也可以方便地修改对象属性的属性值。

2．菜单编辑器

利用菜单编辑器可以创建、设置、修改下拉式菜单和快捷菜单。在 GUI 设计窗口的工具栏上单击 Menu Editor 按钮，或者选择 Tools 菜单下的 Menu Editor 命令，即可打开菜单编辑器，如图 8-20 所示。

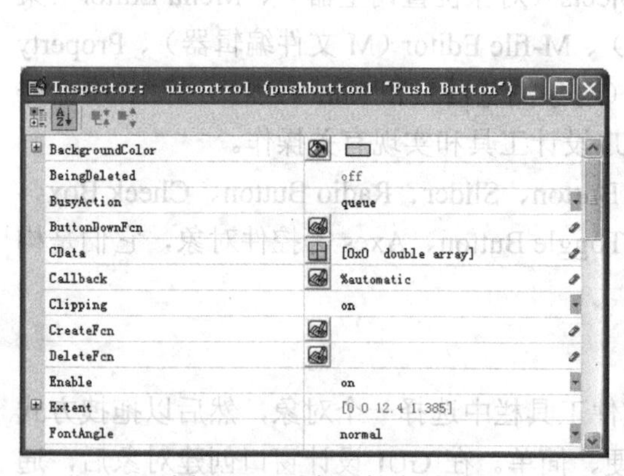

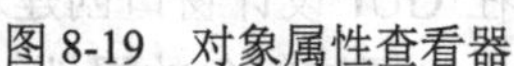
图 8-19　对象属性查看器

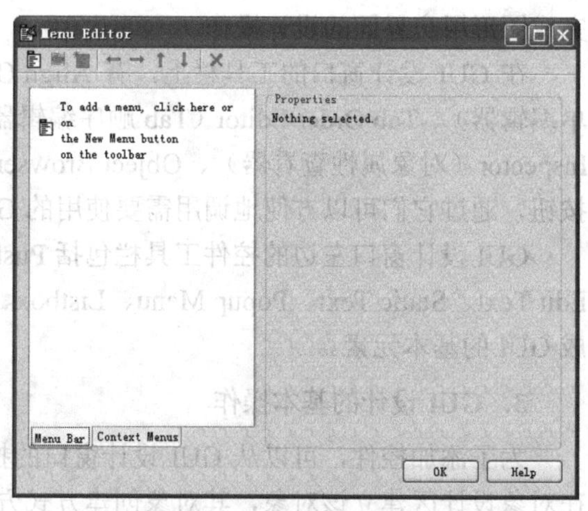

图 8-20　菜单编辑器

菜单编辑器左上角的第一个按钮用于创建一级菜单项。用户可以通过单击它来创建一级菜单。第二个按钮用于创建一级菜单的子菜单，在选中已经创建的一级菜单项后，可以单击该按钮来创建选中的一级菜单项的子菜单。选中创建的某个菜单项后，菜单编辑器的右边就会显示该菜单的有关属性，用户可以在这里设置、修改菜单的属性。如图 8-21 所示，利用菜单编辑器创建了 Plot 与 Option 两个一级菜单项，并在 Plot 一级菜单下创建了 Sin 和 Cos 两个子菜单，在 Option 一级菜单下创建了 Grid、Box 和 Color 3 个子菜单。

菜单编辑器的左下角有两个按钮，单击第一个按钮，可以创建下拉式菜单。单击第二个按钮，可以创建 Context Menu 菜单。选择它后，菜单编辑器左上角的第三个按钮即变为可用，单击它就可以创建 Context Menu 主菜单。在选中已经创建的 Context Menu 主菜单后，可以单击第二个按钮创建选中的 Context Menu 主菜单的子菜单。与下拉式菜单一样，选中创建的某个 Context Menu 菜单，菜单编辑器的右边就会显示该菜单的有关属性，可以在这里设置、修改菜单的属性。

菜单编辑器左上角的第四个与第五个按钮用于对选中的菜单进行左移与右移，第六个与第七个按钮用于对选中的菜单进行上移与下移，最右边的按钮用于删除选中的菜单。

3．对象位置调整器

利用位置调整工具可以对 GUI 对象设计区内的多个对象的位置进行调整。在 GUI 设计窗口的工具栏上单击 Align Objects 按钮，或者选择 Tools 菜单下的 Align Objects 命令，即可打开对象位置调整器，如图 8-22 所示。

对象位置调整器中的第一栏是垂直方向的位置调整。其中，Align 表示对象间垂直对齐，Distribute 表示对象间的垂直距离。在单击 Distribute 中的某个按钮后，Set spacing 即变为可用。然后，可以通过它来设计对象间的距离。注意，距离的单位是像素（pixels）。

对象位置调整器中的第二栏是水平方向的位置调整。与垂直方向的位置调整一样，Align 表示对象间水平对齐，Distribute 表示对象间的水平距离。在单击 Distribute 中的某个按钮后，

Set spacing 即变为可用。然后，可以通过它来设计对象间的距离。注意，距离的单位是像素（pixels）。

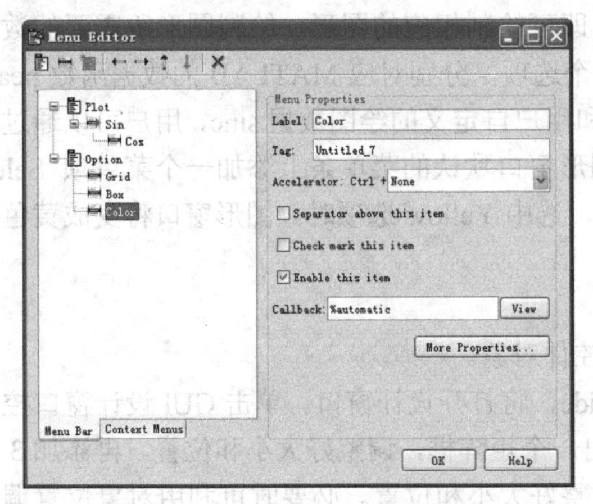

图 8-21　设置菜单后的菜单编辑器

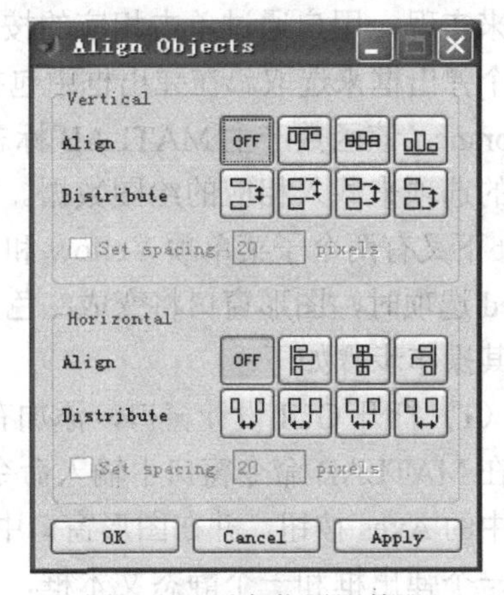

图 8-22　对象位置调整器

在选中多个对象后，可以方便地通过对象位置调整器调整对象间的对齐方式和距离。

4．对象浏览器

利用对象浏览器可以查看当前设计阶段的各个句柄图形对象。在 GUI 设计窗口的工具栏上单击 Object Browser 按钮，或者选择 View 菜单下的 Object Browser 命令，即可打开对象浏览器，如图 8-23 所示。在对象浏览器中，可以看到已经创建的对象以及图形窗口对象 figure。双击图中的任何一个对象，可以进入对象的属性查看器界面。

5．Tab 顺序编辑器

利用 Tab 顺序编辑器可以设置用户按 Tab 键时对象被选中的先后顺序。选择 Tools 菜单下的 Tab Order Editor 命令，即可打开 Tab 顺序编辑器，如图 8-24 所示。在 Tab 顺序编辑器的左上角有两个按钮，分别用于设置对象按 Tab 键时选中的先后顺序。

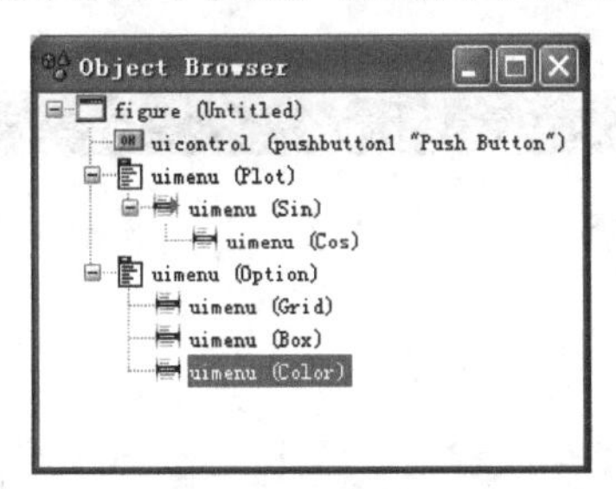

图 8-23　对象浏览器

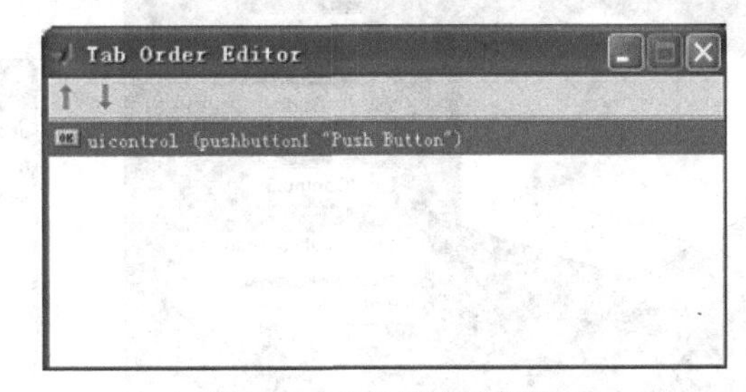

图 8-24　Tab 顺序编辑器

8.5.3　可视化设计应用示例

利用上面介绍的 GUI 设计工具，可以设计出界面友好、操作简便、功能强大的图形用户界面，然后通过编写触发对象后产生的动作执行程序，即可完成相应的任务。下面给出一个示例，以说明这些工具的具体运用。

【例 8-13】利用 GUI 设计工具设计如图 8-25 所示的用户界面。该界面包括一个用于显示图形的轴对象，显示的图形包括表面图、网格图或等高线图。绘制图形的功能通过 3 个按钮来实现，用户通过单击相应的按钮，即可绘制相应的图形。绘制图形所需要的数据通过一个弹出框来选取。在弹出框中包括 3 个选项，分别对应 MATLAB 的数据函数 peaks、membranc（该函数产生 MATLAB 标志）和用户自定义的绘图数据 sinc，用户可以通过选择相应的选项来载入相应的绘图数据。在图形窗口默认的菜单条上添加一个菜单项 Select，Select 下又有两个子菜单项 Yellow 和 Red，选中 Yellow 选项时，图形窗口将变成黄色；选中 Red 选项时，图形窗口将变成红色。

其操作步骤如下：

（1）打开 GUI 设计窗口，添加有关控件对象。

在 MATLAB 命令窗口中输入命令 guide，将打开设计窗口。单击 GUI 设计窗口控件工具栏中的 Axes 按钮，并在图形窗口中拖出一个矩阵框，调整好大小和位置。再添加 3 个按钮、一个弹出框和一个静态文本框，并调整好大小和位置。必要时可利用对象位置调整器将图形对象对齐。

（2）利用属性编辑器设置图形对象属性。

打开属性编辑器，当用户在界面设计中选择一个对象后，在属性编辑器中将列出该对象的属性及默认的属性值。利用属性编辑器将 3 个按钮的 Position 属性的第三和第四个分量设为相同的值，以使 3 个按钮的宽和高都相等。3 个按钮的 String 属性分别是说明文字 Mesh、Surf 和 Contour3，FontSize 属性设为 10。

双击弹出框，打开该对象的属性设置对话框。为了设置弹出框的 String 属性，单击 String 属性名后面的图标，然后在打开的文本中输入 3 个选项：peaks、membranc、sinc。注意，每行输入一个选项。效果如图 8-26 所示。

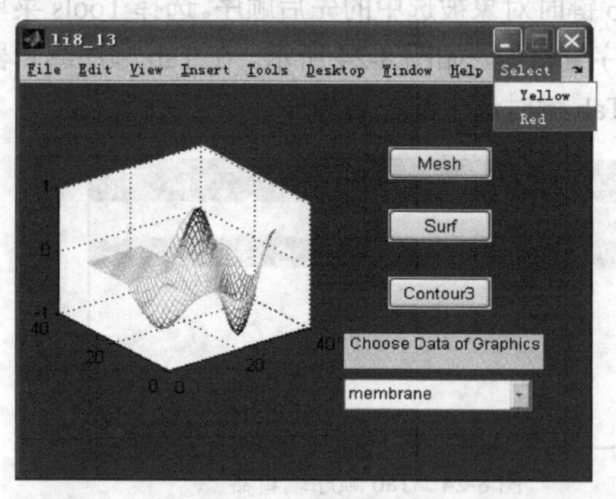

图 8-25　利用 GUI 设计工具设计用户界面

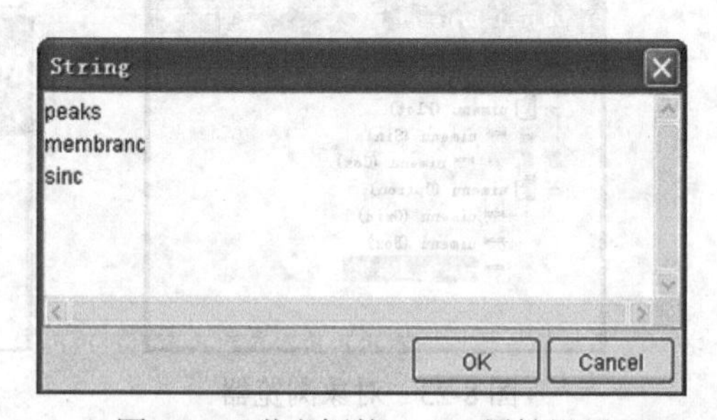

图 8-26　弹出框的 String 属性设置

将静态文本框的 String 属性设置为 Choose Data of Graphics。

（3）编写代码，实现控制功能。

为了实现控件的功能，需要编写相应的程序代码。如果实现代码较为简单，可以直接修改控件的 Callback 属性。对于较为复杂的程序代码，最好还是编写 M 文件。右键单击任一图形对象，在弹出的快捷菜单中选择 View Callbacks 子菜单，再选择 Callback 命令，如图 8-27 所示。将自动打开一个 M 文件，这时可以在各控件的回调函数区输入相应的程序代码。本例需要添加的代码如下（注释部分和函数引导行是系统 M 文件中已有的）。

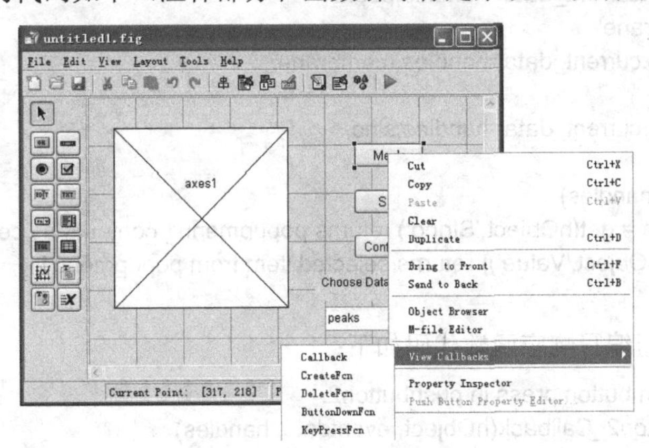

图 8-27　打开 M 文件命令

① 在打开的函数文件中添加用于创建绘图数据的代码：

```
% --- Executes just before li8_13 is made visible.
function li8_13_OpeningFcn(hObject, eventdata, handles, varargin)
% This function has no output args, see OutputFcn.
% hObject      handle to figure
% eventdata    reserved - to be defined in a future version of MATLAB
% handles      structure with handles and user data (see GUIDATA)
% varargin     command line arguments to li8_13 (see VARARGIN)
handles.peaks=peaks(35);
handles.membrane=membrane(5);     %membrane 函数产生 MATLAB 标志
[x,y]=meshgrid(-8:0.5:8);
r=sqrt(x.^2+y.^2);
sinc=sin(r)./(r+eps);
handles.sinc=sinc;
handles.current_data=handles.peaks;
% Choose default command line output for li8_13
handles.output = hObject;
% Update handles structure
guidata(hObject, handles);
% UIWAIT makes li8_13 wait for user response (see UIRESUME)
% uiwait(handles.figure1);
%
```

② 为弹出式菜单编写响应函数代码如下：

```
% --- Executes on selection change in popupmenu1.
function popupmenu1_Callback(hObject, eventdata, handles)
% hObject      handle to popupmenu1 (see GCBO)
% eventdata    reserved - to be defined in a future version of MATLAB
% handles      structure with handles and user data (see GUIDATA)
val=get(hObject,'Value');
```

```
str=get(hObject,'String');
switch str{val}
    case 'peaks'
        handles.current_data=handles.peaks;
    case 'membrane'
        handles.current_data=handles.membrane;
    case 'sinc'
        handles.current_data=handles.sinc;
end
guidata(hObject,handles)
% Hints: contents = get(hObject,'String') returns popupmenu1 contents as cell array
% contents{get(hObject,'Value')} returns selected item from popupmenu1
%
```

③ 为 Mesh 按钮编写响应函数代码如下：

```
% --- Executes on button press in pushbutton2.
function pushbutton2_Callback(hObject, eventdata, handles)
% hObject      handle to pushbutton2 (see GCBO)
% eventdata    reserved - to be defined in a future version of MATLAB
% handles      structure with handles and user data (see GUIDATA)
mesh(handles.current_data)
%
```

④ 为 Surf 按钮编写响应函数代码如下：

```
% --- Executes on button press in pushbutton3.
function pushbutton3_Callback(hObject, eventdata, handles)
% hObject      handle to pushbutton3 (see GCBO)
% eventdata    reserved - to be defined in a future version of MATLAB
% handles      structure with handles and user data (see GUIDATA)
surf(handles.current_data)
%
```

⑤ 为 Contour3 按钮编写响应函数代码如下：

```
% --- Executes on button press in pushbutton4.
function pushbutton4_Callback(hObject, eventdata, handles)
% hObject      handle to pushbutton4 (see GCBO)
% eventdata    reserved - to be defined in a future version of MATLAB
% handles      structure with handles and user data (see GUIDATA)
contour3(handles.current_data)
```

可以看出，每个控件对象都有一个由 function 语句引导的函数，用户可以在相应的函数下添加程序代码来完成指定的任务。在运行图形用户界面文件时，如果单击其中的某个对象，则在 MATLAB 机制下自动调用该函数。

（4）添加 Select 菜单项。

首先将图形窗口的 MenuBar 属性设置为 figure，然后打开菜单编辑器，新建一个菜单项，其 Label 属性设置为 Select，再在刚建的 Select 菜单项下建立子菜单项，其 Label 属性设置为 Yellow，将 Callback 属性设置为 set(gcf, 'Color','y')。同理，再为 Select 建立一个子菜单项，其 Label 属性和 Callback 属性分别设置为 Red 和 set(gcf,'Color','r')。

（5）保存并运行图形用户界面。

选择 File 菜单中的 Save 命令，将设计的图形界面保存为.fig 文件。例如，将其存为 li8_13.fig，这时还将自动生成一个 li8_13.m 文件。该 M 文件的内容即各控件对象的程序代码。选择 Tools 菜单中的 Run 命令或单击工具栏上的 Run 按钮运行界面，即可得到图 8-25 所示的图形用户界面。图形界面保存后，也可以在命令窗口中直接输入文件名来运行。例如，可以输入 li8_13 来运行上面保存过的界面。

第 9 章　数学建模的综合实验

9.1　粒子游动问题

9.1.1　相关的 MATLAB 命令

MATLAB 提供了一些函数来产生模拟随机数。

（1）unifrnd 函数，其调用格式为：

unifrnd(a, b)：产生一个[a, b]均匀分布的随机数。

unifrnd(a, b, m, n)：产生 m×n 阶[a, b]均匀分布 U(a, b)的随机数矩阵。

（2）rand 函数，其调用格式为：

rand(m,n)：产生 m×n 阶[0,1]均匀分布的随机数矩阵。

rand：产生一个[0,1]均匀分布的随机数。

（3）normrnd 函数，其调用格式为：

normrnd(μ, σ)：产生一个均值为μ、方差为σ的正态分布的随机数。

normrnd(μ,σ, m , n)：产生 m×n 阶均值为μ、方差为σ的正态分布随机数矩阵。

9.1.2　应用示例

【例 9-1】有一个粒子放在平面上某一点，试用一个图显示粒子移动的轨迹。假设：

（1）粒子在平面上不受任何外力作用。

（2）粒子的运动轨迹在一个平面上。

（3）粒子在平面上的运动是随机的。

（4）不考虑粒子的质量。

（5）粒子在每单位时间随机移动一步，此步在横纵两个方向上分解得到的值都在-1 与+1 之间。

1．问题的分解

粒子在平面上每一步移动都是随机的，每一步的移动可简化为平面上一个点在横坐标与纵坐标上分别产生一个-1 与+1 之间的随机增量得到一个新的点，两点之间的直线为粒子每单位时间移动一步的轨迹。选取初始点为坐标原点，通过点与点之间的连线从而得到粒子移动的轨迹。

2．实现编辑思想

（1）取初始点 $x=0, y=0, i=0$，输入移动的步数 n。

（2）产生横坐标与纵坐标的增量 $\Delta x, \Delta y$。

（3）产生新点的坐标 $(x+\Delta x, y+\Delta y)$。

（4）连接两点 (x, y) 与 $(x+\Delta x, y+\Delta y)$ 的直线，$i=i+1$。

（5）若$i<n$，则$(x,y)=(x+\Delta x,y+\Delta y)$转到（2），否则结束。

3．实现的 MATLAB 程序代码

具体代码如下：

```
>> clear all;
x=0;
y=0;
n=input('请输入移动的步数 n=');
plot(x,y,'ro','MarkerFaceColor','r','MarkerSize',6);    %用红色标记初始点
hold on;
for i=1:n
    dx=unifrnd(-1,1);
    dy=unifrnd(-1,1);
    plot([x x+dx],[y y+dy],'linewidth',3);
    %line([x x+dx],[y y+dy],'linewidth',3);
    hold on;
    x=x+dy;
    y=y+dy;
end
plot(x,y,'go','MarkerFaceColor','g','MarkerSize',6);    %用绿色标记终点
```

运行上述程序，输入 *n*=30 可得如图 9-1 所示。

运行上述程序，输入 *n*=60 可得如图 9-2 所示。

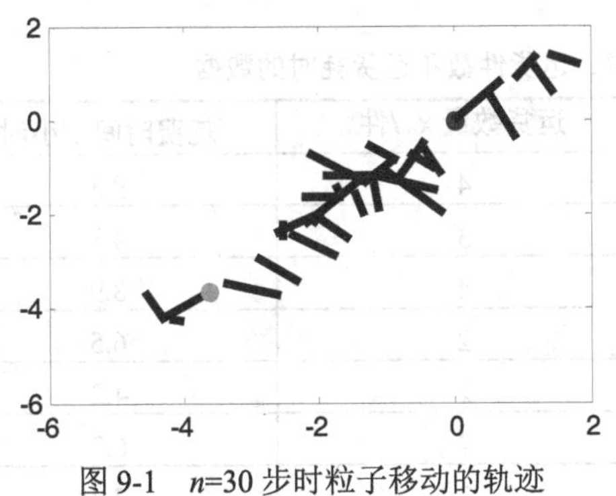

图 9-1　*n*=30 步时粒子移动的轨迹

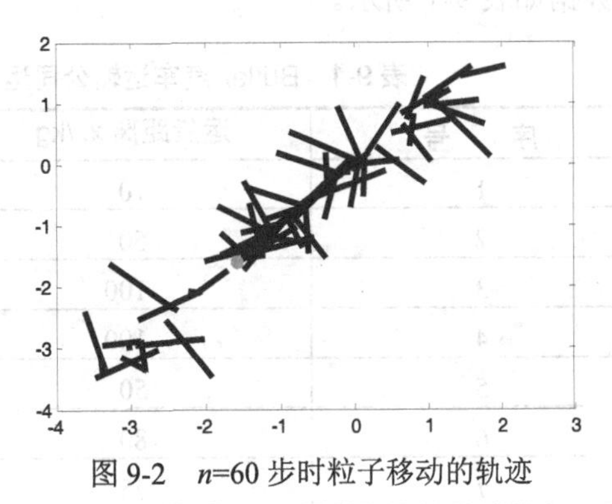

图 9-2　*n*=60 步时粒子移动的轨迹

运行上述程序，输入 *n*=200 可得如图 9-3 所示。

运行上述程序，输入 *n*=500 可得如图 9-4 所示。

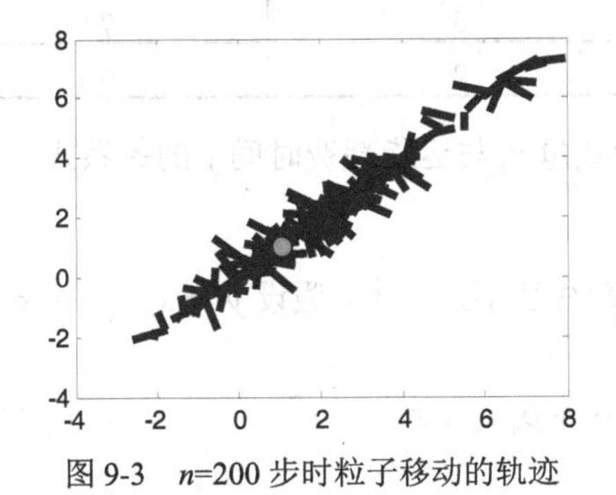

图 9-3　*n*=200 步时粒子移动的轨迹

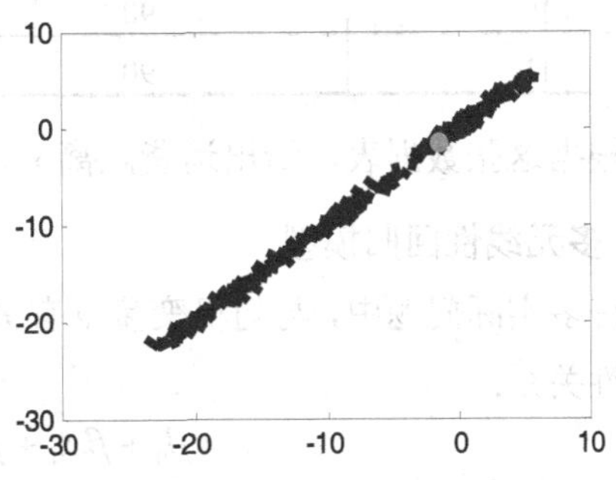

图 9-4　*n*=500 步时粒子移动的轨迹

运行上述程序，输入 n=999 可得如图 9-5 所示。

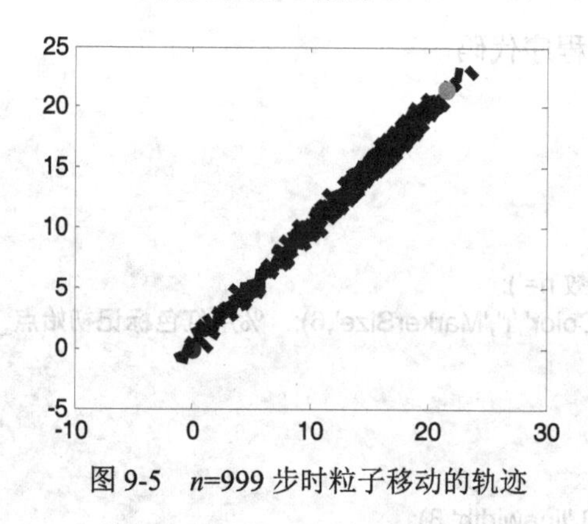

图 9-5　n=999 步时粒子移动的轨迹

9.2　汽车公司运货耗时估计问题

【例 9-2】Butler 汽车是一家专营货物运输业务的公司。为了制定一个更加完善的工作计划，该公司决定利用回归分析方法，帮助他们对自己的运货耗费时间作出预测。根据经验，运货耗费时间 y 与运货距离 x_1 及运货数量 x_2 有关。为此，Butler 公司收集了 11 个样本，其数据如表 9-1 所示。

表 9-1　Butler 汽车运输公司运货距离、运货件数和运货耗时的数据

序　号	运货距离 x_1 /kg	运货数量 x_2 /件	耗费时间 y/小时
1	10	4	9.3
2	50	3	4.8
3	100	4	8.9
4	100	2	6.5
5	50	2	4.2
6	80	2	6.2
7	75	3	7.4
8	65	4	6.0
9	77	3	8.9
10	90	3	7.6
11	90	2	6.1

试根据这张数据表，给出运货距离 x_1、运货数量 x_2 与运货耗费时间 y 的关系式。

1．多元线性回归模型

在许多实际问题中，与随机变量 y 有关的变量往往不止一个。假设 y 与 $x_1, x_2, \cdots, x_m$ 服从以下线性关系：

$$y = \beta_0 + \beta_1 x_1 + \beta_2 x_2 + \cdots + \beta_m x_m + \varepsilon \tag{9-1}$$

其中，$\beta_0,\beta_1,\beta_2,\cdots,\beta_m$ 为未知参数，ε 为随机误差，同一元线性回归一样，假定：

$$\varepsilon \sim N(0,\sigma^2) \tag{9-2}$$

称式（9-1）为多元线性回归模型，也就是：

$$E(y)=\beta_0+\beta_1x_1+\beta_2x_2+\cdots+\beta_mx_m$$

设对 y 及 $x_1,x_2,\cdots,x_m$ 作了 n 次观察($n>m$)，得到容量为 n 的一个样本：

$$(y_1,x_{11},x_{12},\cdots,x_{1m}),(y_2,x_{21},x_{22},\cdots,x_{2m}),\cdots,(y_n,x_{n1},x_{n2},\cdots,x_{nm})$$

它们满足方程组：

$$y_i=\beta_0+\beta_1x_{i1}+\beta_2x_{i2}+\cdots+\beta_mx_{im}+\varepsilon_i\ ,\quad (i=1,2,\cdots,n) \tag{9-3}$$

用矩阵形式记作：

$$y=\begin{bmatrix}y_1\\y_2\\\vdots\\y_n\end{bmatrix},\quad X=\begin{bmatrix}1 & x_{11} & x_{12} & \cdots & x_{1m}\\1 & x_{21} & x_{22} & \cdots & x_{2m}\\\vdots & \vdots & \vdots & & \vdots\\1 & x_{n1} & x_{n2} & \cdots & x_{nm}\end{bmatrix},\quad \beta=\begin{bmatrix}\beta_0\\\beta_1\\\vdots\\\beta_m\end{bmatrix},\quad \varepsilon=\begin{bmatrix}\varepsilon_1\\\varepsilon_2\\\vdots\\\varepsilon_n\end{bmatrix}$$

则式（9-3）可以写成：

$$y=X\beta+\varepsilon \tag{9-4}$$

其中，$\varepsilon_1,\varepsilon_2,\cdots,\varepsilon_n$ 相互独立且同服从正态分布 $N(0,\sigma^2)$。

用最小二乘法来计算未知参数 β 的估计值 $\hat{\beta}$，考虑：

$$M(\beta)=\sum_{i=1}^{n}(y_i-\hat{y}_i)^2=\varepsilon'\varepsilon=(y-X\beta)'(y-X\beta) \tag{9-5}$$

其中，$\hat{y}_i=\hat{\beta}_0+\sum_{j=1}^{m}\hat{\beta}_jx_{ij}$ 是观测值 $y_i(i=1,2,\cdots,n)$ 的估计值。对式（9-5）关于 β 求偏导，得：

$$\frac{\partial M}{\partial \beta}=-2X'y+2X'X\beta$$

设 $\hat{\beta}=(\hat{\beta}_0,\hat{\beta}_1,\cdots,\hat{\beta}_m)'$ 是 β 的最小二乘解，则其满足方程：

$$X'X\beta=X'y$$

该方程有唯一解的充要条件是矩阵 $X'X$ 为满秩的，即 X 的秩为 m。于是，方程具有唯一解：

$$\hat{\beta}=(X'X)^{-1}X'y$$

解此方程计算 $\hat{\beta}$ 的工作可用 regress 命令来实现。

对于回归方程的显著性检验，就是检验假设：

$$H_0:\beta_1=\beta_2=\cdots=\beta_m=0$$

如果 H_0 被接受，则表明所有自变量 $x_1,x_2,\cdots,x_m$ 对因变量 y 的影响是不重要的，用式（9-1）来表示 y 与 $x_1,x_2,\cdots,x_m$ 的关系不合适；如果得到拒绝 H_0 的结论，就表明至少有一个 $\beta_i\neq 0$，换句话说，y 至少线性地依赖于某一个 x_i。

可以证明，在 H_0 为真时，检验统计量：

$$F=\frac{U/m}{Q/(n-m-1)}\sim F(m,n-m-1)$$

拒绝域为：

$$F>F_{1-a}(m,n-m-1)$$

经回归方程的显著性检验后，拒绝了假设H_0，这也并不意味着每个β_i都不等于零。如果要从方程中剔除那些对变量y没有作用的变量，建立更为简单的回归方程，就需要对每个$1\leqslant i\leqslant m$检测如下假设：

$$H_i:\beta_i=0$$

取检验统计量：

$$t_i=\frac{\sqrt{n-m-1}\hat{\beta}_i}{\sqrt{Qc_{ii}}}\sim t(n-m-1) \tag{9-6}$$

其中，c_{ii}为矩阵$(X'X)^{-1}$对角线上第i个元素，拒绝域为：

$$|t_i|>t_{1-a/2}(n-m-1)$$

对回归系数作显著性检验后，如果要接受某个$\beta_i=0$的假设，就应该剔除相应的变量x_i，重新用最小二乘法估计回归系数，建立回归方程。在剔除变量时，每次只能剔除一个。如果有几个变量经验都不显著，则先剔除其中$|t|$值最小的一个，然后再对求得的新回归方程进行检验，有不显著的再剔除，直到保留的变量都显著为止。

与一元回归线性模型相同，决定系数仍由$R=U/S$来确定。

与一元回归线性模型相同，通过对回归模型和回归系数的检验后，可由给定的$x_0=(1,x_{01},x_{02},\cdots,x_{0m})'$，得到$y$的预测值为：

$$\hat{y}_0=\hat{\beta}_0,\hat{\beta}_1x_{01}+\cdots+\hat{\beta}_mx_{0m}$$

y_0的置信度为$1-a$预测区间的端点：

$$\hat{y}_0\pm\hat{\sigma}\sqrt{1+x_0'(X'X)^{-1}x_0}\cdot t_{1-a/2}(n-m-1)$$

其中，$\hat{\sigma}=\sqrt{\dfrac{Q}{n-m-1}}$。

2．用二元线性回归模型解汽车公司运货耗时问题

设 Butler 汽车公司运货耗费时间y与运货距离x_1、运货数量x_2具有以下关系：

$$y=\beta_0+\beta_1x_1+\beta_2x_2+\varepsilon \tag{9-7}$$

运用表 9-1 所提供的数据，用 regress 命令编程如下：

```
>> clear all;
x1=[100 50 100 100 50 80 75 65 77 90 90]';
x2=[4 3 4 2 2 2 3 4 3 3 2]';
Y=[9.3 4.8 8.9 6.5 4.2 6.2 7.4 6.0 8.9 7.6 6.1]';
X=[ones(size(x1)),x1,x2];
alpha=0.01;
[beta,betaint,r,rint,stats]=regress(Y,X,alpha);
beta,stats
```

运行程序，输出结果为：

```
beta =
   -0.6043
    0.0591
    0.9610
stats =
    0.7509    12.0558    0.0039    0.8813
```

即 $\hat{\beta}_0 = -0.6043$，$\hat{\beta}_1 = 0.0591$，$\hat{\beta}_2 = 0.9610$，$R = 0.7509$，$F = 12.0558$，$p = 0.0039<0.01$，可知式（9-7）成立。

用 rcoplot(r, rint)作出回归残差图，它将 regress 计算回归后输出的残差向量 r 及其置信区间 rint 绘制成误差条图，如图 9-6 所示。若某个残差的置信区间不包含零点，则认为这个数据是异常的，可予以剔除。

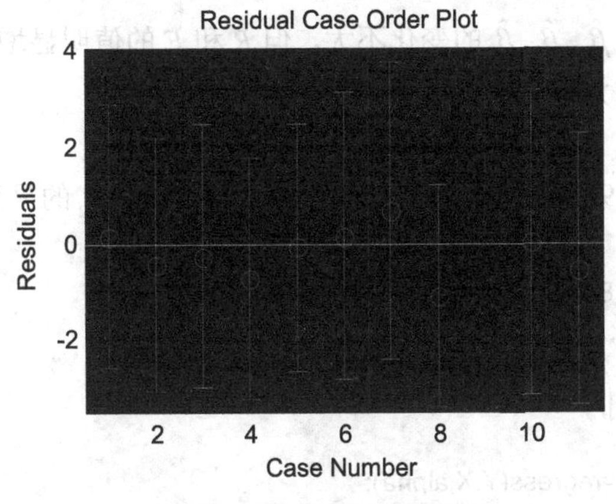

图 9-6　残差置信区间条图

观察图 9-6 所示的残差分布，第 9 个数据的残差置信区间不包含零点，该点应视为异常点，将其剔除后再重新计算，其计算代码如下：

```
>> clear all;
x1=[100 50 100 100 50 80 75 65 90 90]';
x2=[4 3 4 2 2 2 3 4 3 2]';
Y=[9.3 4.8 8.9 6.5 4.2 6.2 7.4 6.0 7.6 6.1]';
X=[ones(size(x1)),x1,x2];
alpha=0.01;
[beta,betaint,r,rint,stats]=regress(Y,X,alpha);
beta,stats
rcoplot(r,rint)
```

运行程序得到以下计算结果及图 9-7 所示的残差置信区间条图。

```
beta =
   -0.8687
    0.0611
    0.9234
stats =
    0.9038    32.8784    0.0003    0.3285
```

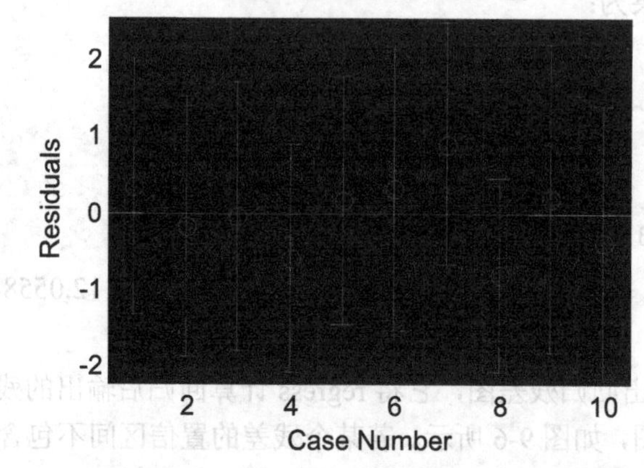

图 9-7　剔除第 9 个数据后的残差置信区间条图

可以看到，回归系数 $\hat{\beta}_0, \hat{\beta}_1, \hat{\beta}_2$ 的变化不大，但 R 和 F 的值明显增大，p 的值明显减小，可以选择以下形式的回归方程：

$$\hat{y} = -0.8687 + 0.0611x_1 + 0.9234x_2$$

下列程序是利用式（9-6）计算 t_1, t_2 的值，对回归系数 $\hat{\beta}_1, \hat{\beta}_2$ 的显著性检验。

```
>> clear all;
x1=[100 50 100 100 50 80 75 65 90 90]';
x2=[4 3 4 2 2 2 3 4 3 2]';
Y=[9.3 4.8 8.9 6.5 4.2 6.2 7.4 6.0 7.6 6.1]';
X=[ones(size(x1)),x1,x2];
alpha=0.01;
[beta,betaint,r,rint,stats]=regress(Y,X,alpha);
n=10;
m=2;
c=diag(inv(X'*X));            %计算 X'X 逆阵的对角元素
Q=sum(r.^2);                  %计算残差平方和
t1=sqrt((n-m-1)/(Q*c(2)))*beta(2)
t2=sqrt((n-m-1)/(Q*c(3)))*beta(3)
t=tinv(1-alpha/2,n-m-1)
```

运行程序，输出结果为：

```
t1 =
    6.1824
t2 =
    4.1763
t =
    3.4995
```

这表明：

$$|t_1| = 6.1824 > 3.4995 = t_{1-0.01/2}(10-2-1)$$
$$|t_2| = 4.1763 > 3.4995 = t_{1-0.01/2}(10-2-1)$$

可以认为回归系数 $\hat{\beta}_1, \hat{\beta}_2$ 是显著的。

9.3　节水洗衣机

9.3.1　问题及问题的分析

【例 9-3】我国淡水资源有限，节约用水人人有责。目前洗衣机已非常普及，而洗衣机在家庭用水中占有相当大的份额，节约洗衣机用水便十分重要。假设在放入衣物和洗涤剂后洗衣机的运行过程为：加水→漂洗→脱水→加水→漂洗→脱水→…→加水→漂洗→脱水（称“加水→漂洗→脱水”为运行一轮）。试为洗衣机设计一种程序（包括运行多少轮、每轮加水量等），使得在满足一定洗涤效果的条件下，总用水量最少。选用合理的数据进行运算，对照目前常用的洗衣机的运行情况，对其模型和结果给出评价。

例 9-3 分析如下：

设计洗衣机运行方案的主要目的是节约用水量，即在满足洗涤效果的前提下，使得用水量最少。因此，节水洗衣机问题可看作是一个最优化问题，目标函数是求洗衣机所使用的总水量最少，决策分别是洗涤轮数和每轮的加水量。洗衣过程一般是在第一轮洗涤之后的各轮洗涤，是不断稀释的过程。针对洗涤效果的评价，可用衣服上残留的污物质量与洗涤前污物质量之比作为评价指标。因此，在设计每轮加水量时，要考虑洗衣机本身的最大容积、运行的最低加水量。

由洗涤原理可知，有助于洗涤作用的 3 个因素：表面活性（以肥皂为代表的活性剂产生洗涤作用的各种物质之通称）、界面电（配入洗涤剂中的碱和磷酸盐等无机助剂的作用）、机械力和流水力（由于水的流动产生机械力）。

在洗衣过程中，一般在第一次加入洗涤剂，在第二次以及以后各次不再加入洗涤剂，从而使有助于洗涤的 3 个因素的前两个不存在，只剩下水的流动力的作用，洗涤作用因此很微弱。于是假设污物第一次被洗涤，接下来只是污物的稀释过程是合理的。

9.3.2　基本假设及说明

1．基本假设

（1）洗衣机一次用水量有最高限和最低限，在限度内能连续补充任意的水量。

（2）洗衣机每轮运行过程为“加水→漂洗→脱水”。

（3）仅在第一轮运行时加上洗涤剂，在后面的运行轮中为稀释过程。

（4）洗衣机所加的洗涤剂适量，漂洗时间足够，能使污垢一次溶解，忽略不能溶解的污垢。

（5）脱水后的衣服质量与干衣服的重量成正比。

（6）每缸洗衣水只能用一次。

2．符号和变量的说明

- γ_i：为第 i 轮运行时的污物浓度，kg/1。

- k：为洗衣服时洗衣机运行轮数，次。
- v_i：为第i轮用水量，l。
- m_0：为干衣服的重量，kg。
- m_1：为脱水后衣服含水重量，kg。
- m_2：为污物的重量，kg。
- ε：为衣服的清洁度，常量，洗后的衣服上污量与m_2之比。
- V：为洗一次衣服的总用水量，l。
- $M_{\max}$：为洗衣机一次洗衣的最大值，kg。
- a：为脱水后衣服含水重量与干衣服重量比，常数，显然$m = aM$。
- $V_{\max}$：为洗衣机一次注水最高限，l。
- $V_{\min}$：为衣服完全浸泡的状态下洗衣机能正常运行需注入的最低水量，l。
- v_0：为单位质量的衣服完全浸泡所需最低水量，常量。

9.3.3 模型建立与求解

1. 模型建立

由实际生活经验可知，在衣服完全浸泡的基础上，洗衣机还需有一定的富余水量$V_{\min}$才能使洗衣机正常运行。如果一种衣服完全浸泡所需水量是衣服重量的v_0倍，那么质量为m_0的衣服使洗衣机能洗的最少水量$V_{\min}(M) = V_{\min} + v_0 m_0$。

脱水后剩下的水量是衣服重量的α倍，$m_1 = \alpha m_0$。对于普通衣服α, β可视为常数。实验测定1kg混合干衣服浸泡所需水量、干衣服质量与脱水后的衣服含水量，如表9-2所示。

表9-2 1kg混合干衣服浸泡所需水量、干衣服重量与脱水后的衣服含水量

水量	2.56	5.02	7.48	9.87	12.3	15.7	18.6
m_0	0.50	1.00	1.50	2.00	2.5	3.00	3.50
m_1	0.30	0.61	0.92	1.20	1.52	1.88	2.15

由最小二乘法可得$m_1 = \alpha = 0.60$，$v_0 = 5.0$。各次运行时，污物的浓度为：

$$\gamma_1 = \frac{A_0}{x_1} \quad \gamma_2 = \frac{\rho_1 m}{x_2 + m}$$

$$\gamma_3 = \frac{\rho_2 m}{x_3 + m} \cdots \quad \gamma_n = \frac{\rho_{n-1} m}{x_n + m}$$

经过迭代得到：

$$r_n = \frac{m_2 m_1^{k-1}}{v_1(v_2 + m_1)(v_3 + m_1)\cdots(v_k + m_1)}$$

根据以上分析，可以建立解决洗衣机节水的非线性最优化模型：

$$\min V=\sum_{i=1}^{k}v_i$$

$$s.t.\begin{cases} m_1 r_k=\dfrac{m_2 m_1^{k-1}}{v_1(v_2+m_1)(v_3+m_1)\cdots(v_k+m_1)}\leqslant \varepsilon m_2 \\ V_{\min}(M)\leqslant v_1\leqslant V_{\max} \\ V_{\min}(M)\leqslant v_i+m_1\leqslant V_{\max}\quad (i=2,3,\cdots,k) \end{cases} \tag{9-8}$$

2．模型求解

（1）解析解

如果式（9-8）存在最优解 $v_1^*,v_2^*,\cdots,v_n^*$，由洗衣过程可知 $v_1^*=v_2^*+m_1=\cdots=v_n^*+m_1$，且有：

$$\frac{m_1^k}{v_1^*(v_2^*+m_1)\cdots(v_k^*+m_1)}\leqslant \varepsilon$$

① 当 $v_1,v_i+m_1(i=2,3,\cdots,k)$ 为 $V_{\min}(M)$ 时，洗涤轮数最多。由 $\dfrac{m_1^k}{(V_{\min}(M))^k}<\varepsilon$，得最多洗涤轮数为：

$$k_{\max}=\left[\frac{\ln t}{\ln\left(m_1/V_{\min}(M)\right)}\right]+1$$

② 当 $v_1,v_i+m_1(i=2,3,\cdots,k)$ 为 $V_{\max}$ 时，洗涤轮数最少。由 $\dfrac{m_1^k}{(V_{\max})^k}<t$，得最少洗涤轮数为：

$$k_{\max}=\left[\frac{\ln t}{\ln\left(m_1/V_{\max}(M)\right)}\right]+1$$

综上所述，k 的取值范围为 $k_{\min}\leqslant k\leqslant k_{\max}$。

（2）用 MATLAB 求解

式（9-8）为非线性最优化模型，可采用 fmincon 函数求解非线性规划问题。实现的程序代码如下。

数据初始化程序 init.m：

```
>> clear all;
%洗衣机节水模型
%参数与数据的初始化
af=0.60;
v0=5.0;
Vmin=24;
ef=0.001;
m0=5;
m1=af*m0;
Vm0=v0*m0+Vmin;
Vmax=60;
```

方法一，穷举法，其程序代码如下：

```
init;      %载入初始化数据
Kmin=fix(log(ef)/log((m1/Vmax)))+1
Kmax=fix(log(ef)/log((m1/Vm0)))+1
opti_V=1e6;
for k=Kmin:Kmax
    t1=m1/(ef)^(1/k)
    t2=Vm0
    onev=max(m1/(ef)^(1/k),Vm0);
    V=k*onev-(k-1)*m1
    v=[];
    v(1)=onev;
    if k>=2,
        for i=2:k,
            v(i)=onev-m1;
        end
    end
    % test=sum(v)-v;
    if V<opti_V,
        opti_k=k;          %洗衣轮次
        opti_V=V;          %存储最少所需水量
        opti_v=v;
    end
end
opti_k
opti_V
opti_v
```

运行程序，输出结果为：

```
Kmin =        3
Kmax =        3
t1 =      30
t2 =     49
V =    141
opti_k =      3
opti_V =    141
opti_v =
          49      46      46
```

方法二，直接非线性规划求解。目标函数 M 文件 object.m：

```
function r=object(v)
%目标函数：总需水量
r=sum(v);
约束条件 M 文件 condition.m：
function [C,Ceq]=condition(v)
%采用非线性规划求解算法求解的约束条件函数
global m ef      %全局变量
k=length(v);     %洗衣轮次
tmp_V=v(1)
```

```
if k>=2,
    for i=2:k
        tmpV=tmp_V*(v(i)+m1);   %v(1)*(v2+m1)*...*(vk+m1)
    end
end
C=m1^k-tmpV*ef;     %只有一个约束，决策变量约束用 fmincon 的参数 lb，ub 来处理
Ceq=[];
```

主程序代码如下：

```
>> init
Kmin=fix(log(ef)/log(m1/Vmax))+1
Kmax=fix(log(ef)/log(m1/Vm0))+1
opti_V=1e-6;
for k=Kmin:Kmax     %穷举所有可能洗衣次数的模型
    lb=[];
    ub=[];
    lb(1)=Vm0;
    ub(1)=Vmax;
    if k>=2,
        for j=2:k
            lb(j)=Vm0-m1;
            ub(j)=Vmax-m1;
        end
    end
    lb
    ub
    [v,fval,eitflag]=fmincon('object',Vm0.*ones(1,k),[],[],[],[],lb,ub,'condition')
    if fval<opti_V
        opti_k=k;
        opti_V=fval;
        opti_v=v;
    end
end
opti_k
opti_V
opti_v
```

运行程序，输出结果为：

```
Kmin =       3
Kmax =       3
lb =
    49    46    46
ub =
    60    57    57
Warning: Trust-region-reflective method does not currently solve this type of problem,
 using active-set (line search) instead.
> In fmincon at 422
tmpV =      49
v =
    49    46    46
```

```
fval =    141
exitflag =   1
opti_k =     3
opti_V =     141
opti_v =
    49   46   46
```

显然，这两种方法求解得到洗衣方案的结论相同：均需要洗涤 3 轮，共需水 141 升，第 1～3 轮加水量分别为 49 升、46 升、46 升。这一结论比较符合现实情况。

9.4 迭代与混沌

9.4.1 数学知识

1．什么是混沌

混沌是决定系统所表现的随机行为的总称。它的根源在于非线性的相互作用。

所谓“决定论系统”是指描述该系统的数学模型是不包含任何随机因素的完全确定的方程。

自然界中最常见的运动形态往往既不是完全确定的，也不是完全随机的，关于混沌现象的理论，为我们更好地理解自然界提供了一个框架。

混沌的数学定义有很多种。例如，正的“拓扑熵”定义拓扑混沌，有限长的“转动区间”定义转动混沌等。这些定义都有严格的数学理论和实际的计算方法。不过，要把某个数学模型或实验现象明白无误地纳入某种混沌定义并不容易。因此，一般可使用下面的混沌工作定义。若所处理的动力学过程是确定的，不包含任何外加的随机因素；单个轨道表现出像是随机的对初值细微变化极为敏感的行为，同时一些整体性的经长时间平均或对大量轨道平均所得到的特征量又对初值变化并不敏感；加之上述状态又是经过动力学行为和一系列突变而达到的。那么，你所研究的现象极有可能是混沌。

2．非线性

“线性”与“非线性”我们是熟悉的，常用于区别函数 $y = f(x)$ 对自变量 x 的依赖关系。线性函数即一次函数，其图像为一条直线。其他函数则为非线性函数，其图像不是直线。非线性关系虽然千变万化，但还是具有某些不同于线性关系的共性。

线性关系是互不相干的独立贡献，而非线性则是相互作用，正是这种相互作用，使得整体不再是简单地等于部分之和，而可能出现不同于“线性叠加”的增益或亏损。

线性关系保持信号的频率成分不变，而非线性则使频率结构发生变化。只要存在非线性，哪怕是任意小的非线性，就会出现和频、差频、倍频等成分，这是我们所熟悉的。

非线性是引起行为突变的原因，对线性的微小偏离，一般并不引起行为突变，而且可以从原来的线性情况出发，用修正的线性理论去描述和理解。但当非线性大到一定程度时，系统行为就可能发生突变。非线性系统往往在一系列参量阈值（参量阈值指系统参量达到此临界值时才出现突变行为）上发生突变，每次突变都伴随着某种新的频率成分，系统最终进入混沌状态。

从非线性的上述特点可以看到，若系统出现混沌现象，则系统必定是一个非线性系统。非线性系统进入混沌状态是一种突变行为。

如何判断系统是否进入混沌状态，即如何区分是否是长周期现象，如何区分系统是否受到外来的随机干扰等，是研究混沌现象的重要问题。

3．通向混沌之路

一个简单的一维虫口模型（也称逻辑斯谛方程或逻辑斯谛映射），能够表现出许多典型的混沌行为。这是一个生态模型，抽象的标准虫口方程是：

$$x_{n+1}=ax_n(1-x_n)$$

其中，x_n 的变化范围是[0, 1]，而参数 a 通常在 0～4 之间取值。

计算发现，当 $a=2.5$ 时，对任意的 x_0，经过有限步骤，都得到 $x=0.6$，即 $x=0.6$ 是一个不动点。也就是说，最终状态对初值的变化不敏感，或者说，不动点是一个吸引子。

当参量 $a=3.3$ 时，经过一段时间的过渡后，轨道成为两个数的交替，我们说，这是一条周期 2 轨道，该轨道对初值也是不敏感的。

从图 9-14 中可看出，改变参量值而走向混沌的一条道路是不动点→周期 2→周期 4→周期 8→……，最终达到混沌区，这称为倍周期分岔道路。研究发现：

$$\lim_{k\to\infty}\frac{a_k-a_{k-1}}{a_{k+1}-a_k}=\delta=4.66920$$

其中，a_k 是出现第 k 个分叉点的参数 a 的值。

常数 δ 反映了沿倍周期分岔系列通向混沌的道路中具有的某种普适性，该常数称为费根鲍姆（Feigenbaum）常数。

通向混沌还有其他道路，即对于一维虫口模型，也还存在着其他通向混沌的道路，如从准周期运动向混沌过渡。在高维模型中，还有更丰富的混沌发展模型。

4．一些基本概念

- 迭代数列：迭代就是将给定的函数 f 连续不断地反复作用在初值 a 上。通过迭代，会得到一个迭代数列：

  $$a, f(a), f(f(a)), f(f(f()a))),\cdots$$

  将迭代数列记为 $x_0, x_1, x_2, \cdots, x_n, \cdots$

- 迭代格式：迭代是一种机械的重复计算，很适合于计算机的运算特点，因此迭代算法在各种数值方法中处于核心地位。迭代可以表示成如下的形式：

  $$x_0=a, x_{n+1}=f(x_n)\text{，}\quad n=1,2,\cdots$$

  称为由函数 f 导出的迭代格式。

- 不动点：对迭代格式的两端取极限，当极限存在时，得到方程 $x=f(x)$。该方程称为不动点方程，其根称为函数 f 的不动点。

- 吸引点与排斥点：设 x^* 为函数 $f(x)$ 的不动点，如果所有在 x^* 附近的点在迭代过程中都趋向于 x^*，则称 x^* 为吸引点（或稳定点）；如果所有在 x^* 附近的点在迭代过程中都远离 x^*，则称 x^* 为排斥点（或不稳定点）。

- 循环与周期点：如果 $f(a_1)=a_2, f(a_2)=a_3, \cdots, f(a_{k-1})=a_k, f(a_k)=a_1$ 且 $a_j \neq a_1$，$j=2,3,\cdots,k$，则 $a_1,a_2,\cdots,a_k$ 构成一个 k 循环。a_1 称为 k 周期点。
- 分支（分岔）（bifurcation）：以迭代格式 $x_{k+1}=ax_k(1-x_k)$ 为例，当参数 a 的值变化时，迭代数列从收敛到唯一不动点（1-循环）到 2-循环，再从 2-循环到 4-循环，这样的分裂行为称为分支（或分岔）。

对函数 $f(x)=ax(1-x)$ 的迭代过程中产生的奇特现象——分支与混沌进行观察，改变参数 a，亲自动手做，从而得出结论或提出疑问。

迭代格式：

$$x_{k+1}=ax_k(1-x_k)，\ a\in[0,4]，\ k=1,2,\cdots$$

观察时当 $n\to\infty$，序列 $\{x_n\}$ 是收敛还是发散，特别是当参数 a 变化时，分析序列 $\{x_n\}$ 的变化情况。

9.4.2 应用示例

【例 9-4】在受环境制约的情况下，生物种群的增长变化行为很复杂。例如，在池塘中，环境可供 1500 条鱼生存，在鱼的数量远远低于此数时，鱼群接近于指数增长；但是当鱼群数量接近生存极限时，鱼群的增长逐渐变慢，几乎停止增长。如果鱼群数量超过了生存极限，由于环境不堪重负，鱼群会出现负增长。这种现象可以用如下方程刻画：

$$p_{n+1}-p_n=ap_n(1500-p_n)，\ p_0=m$$

其中，p_n 为第 n 代鱼群的数量，选择不同的初值 m 及参数 a，可观测鱼群数量的变化趋势。

一般地，可考虑在生物学、经济学等诸多领域都有广泛应用的逻辑斯谛（Logistic）方程：

$$x_{n+1}=ax_n(1-x_n)$$

1. 逻辑斯谛方程

设参数 $a=2.7$，初值 $x_0=0.4$，于是按公式迭代，即可发现 x_n 稳定于 0.6296。

编写计算迭代的 M 文件 li9_4funA.m，其实现的程序代码如下：

```
function li9_4funA(a,x,n)
a=a;
x=x;
n=n;
for i=1:n
    x=a*x*(1-x);
    x1(i)=i;
    y(i)=x;
end
plot(x1,y)
```

运行如下程序：

```
>> li9_4funA(2.7,0.4,40)
```

得到图 9-8，这个结果没有什么新意。

设参数 $a=3.78$，初值 $x_0=0.4$。

运行如下程序：

```
>> li9_4funA(3.78,0.4,40)
```

运行程序得到的效果如图 9-9 所示。

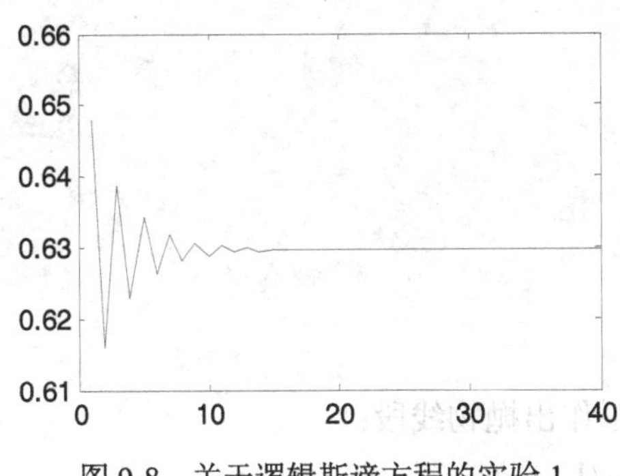

图 9-8　关于逻辑斯谛方程的实验 1

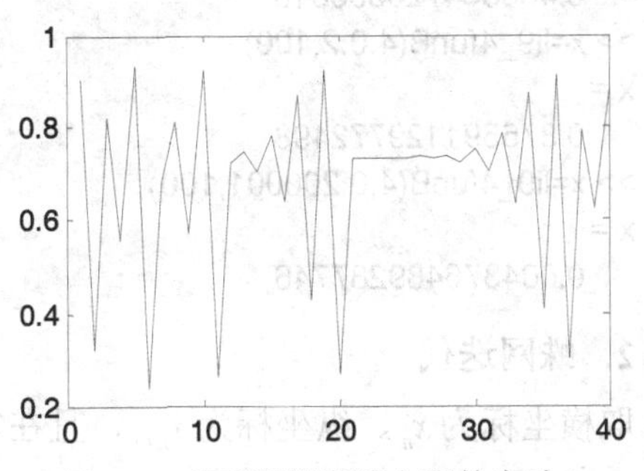

图 9-9　关于逻辑斯谛方程的实验 2

算到这里可以发现，x_n 大致稳定于 0.73 左右。继续算下去，实验结果表明，随着 n 的增大，$f(x)=3.78x(1-x)$ 表现得非常复杂，完全没有“规则”。这种确定性系统固有的随机性就是混沌（chaos），但混沌不是随机的。

如运行如下程序：

```
>> li9_4funA(3.78,0.4,100)
```

得到的效果如图 9-10 所示。

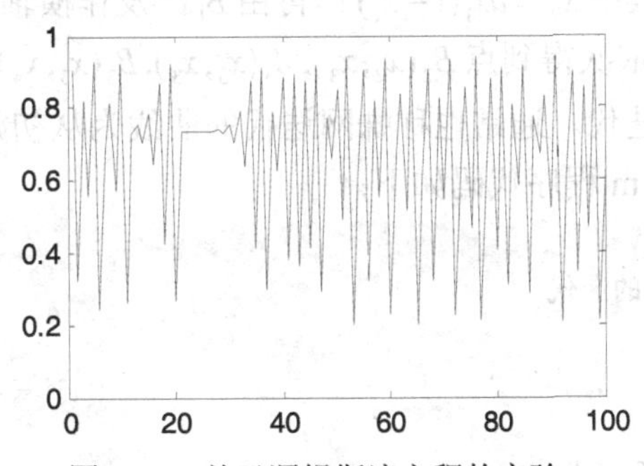

图 9-10　关于逻辑斯谛方程的实验 3

下面做这样的实验，取 $a=4$，初值 x_0 分别取为 0.199999、0.200000、0.200001，迭代次数 $n=100$，3 个初值相差极小，代入同一个逻辑斯谛方程，开始几次迭代结果相差不大，几十次后就显示出较大差别，到 100 次迭代所得结果相差很大，这就是混沌系统“对初始条件的极度敏感性”。

计算第 n 次迭代值的 li9_4funB.m 程序代码如下：

```
function x=li9_4funB(a,x,n)
a=a;
x=x;
n=n;
for i=1:n
```

```
    x=a*x*(1-x);
end
```

运行结果为：

```
>> x=li9_4funB(4,0.199999,100)
x =
   0.488864720630815
>> x=li9_4funB(4,0.2,100)
x =
   0.875591129772498
>> x=li9_4funB(4,0.200001,100)
x =
   0.004376489287746
```

2．蛛网迭代

取横坐标为 x_n、纵坐标为 x_{n+1}，且在第一象限作出抛物线段：

$$L: x_{n+1} = ax_n(1-x_n)$$

与直线：

$$l: x_{n+1} = x_n$$

那么任取 $x_0 \in (0,1)$，即可通过作图来取得迭代的数值序列 $x_0, x_1, x_2, \cdots$，从而也可以通过图像直观地看出由 x_0 出发的轨道变化。

具体做法是：由初始值点 $A_0(x_0,0)$ 出发作横轴的垂线交抛物线 L 于 $B_0(x_0,x_1)$，其中 $x_1 = ax_0(1-x_0)$；由 B_0 出发作横轴的平行线，与直线 l 交点为 $A_1(x_1,x_1)$。再由 A_1 出发作横轴的垂线交 L 于 $B_1(x_1,x_2)$，其中 $x_2 = ax_1(1-x_1)$；再由 B_1 出发作横轴的平行线与直线 l 交点为 $A_2(x_2,x_2)$。用此方法，可依次得到点 $B_2(x_2,x_3), A_3(x_3,x_3), B_3(x_3,x_4), \cdots$，直至所有的迭代点，这样的作图过程称为蛛网迭代。通常也称蛛网迭代的曲线为从初始点出发的轨道。

蛛网迭代的 li9_4funC.m 程序代码如下：

```
function li9_4funC(a,x0,n)
%二次函数 f(x)=a*x*(1-x)的迭代
a=a;
x=x0;
x1=linspace(0,1,100);
plot(x1,a*x1.*(1-x1),'-b',x1,x1,'-g');
hold on;
for i=1:n
    y=a*x*(1-x);
    % pause
    line([x,x],[x,y],'color',[1,0,0]);
    % pause
    line([x,y],[y,y],'color',[1,0,0]);
    x=y;
end
```

运行如下程序：

```
>> subplot(2,2,1);
li9_4funC(1.5,0.2,100);
```

```
subplot(2,2,2);
li9_4funC(2.5,0.2,100);
subplot(2,2,3);
li9_4funC(3.1,0.2,100);
subplot(2,2,4);
li9_4funC(3.5,0.2,100);
```

得到如图 9-11 所示的效果。

由蛛网迭代可以看出，当$1<a<3$时，轨道趋于不动点；当$3<a<1+\sqrt{6}$时，轨道趋于稳定的周期为 2 轨道；当$1+\sqrt{6}<a<3.544090\cdots$时，轨道趋于稳定的周期为 4 轨道……这种周期不断加倍的过程将重复无限次，其被称为倍周期分岔（period-doubling bifurcation）。相应的分岔点构成的单调增加数列$\{a_n\}$收敛到a_∞。

当$a_\infty<a\leqslant 4$时，会出现混沌。

运行如下程序：

```
>> li9_4funC(3.9,0.2,100)
```

得到如图 9-12 所示的效果。

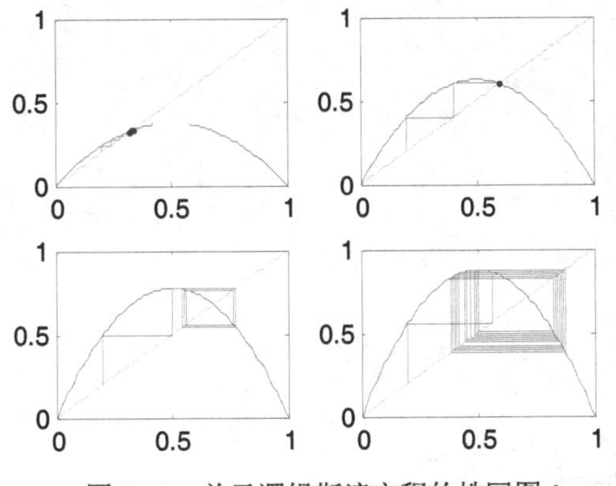

图 9-11　关于逻辑斯谛方程的蛛网图 1

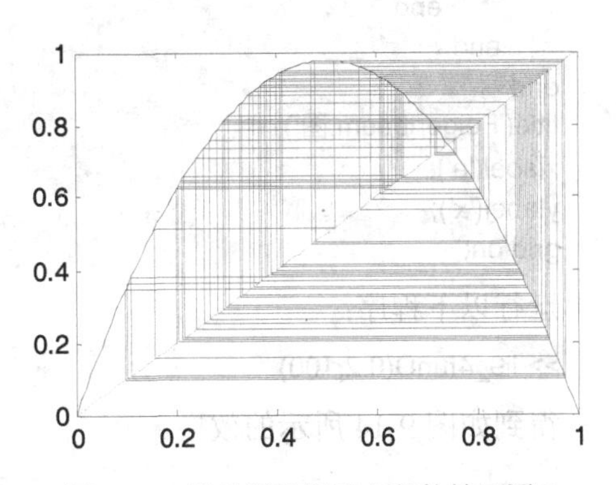

图 9-12　关于逻辑斯谛方程的蛛网图 2

运行如下程序：

```
>> li9_4funC(4,0.2,100)
```

得到如图 9-13 所示的效果。

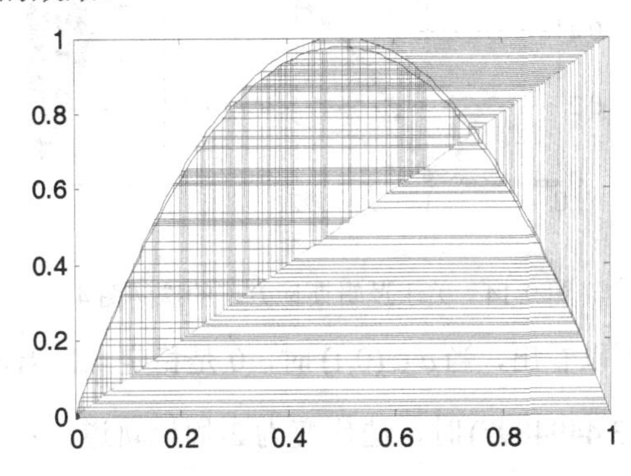

图 9-13　关于逻辑斯谛方程的蛛网图 3

3．Feigenbaum 图

为了观测参数 a 对逻辑斯谛方程

$$x_{n+1} = ax_n(1 - x_n)$$

的影响，将区间(0,4)以某个步长（如 $\Delta a = 0.04$）离散化。对每个离散的 a 值做迭代，忽略前 50 个迭代值，而将点 $(a,x_{50}),(a,x_{51}),(a,x_{52}),\cdots,(a,x_{100})$ 显示在坐标平面上，最后形成的图形称为 Feigenbaum 图。

作 Feigenbaum 图的 li9_4funD.m 代码如下：

```
function li9_4funD(x0,n)
n=n;
for a=linspace(0,4,n);
    x=x0;
    for i=1:100;
        x=a*x*(1-x);
        if i>50
            plot(a,x,'.r');
            hold on
        end
    end
end
title('Feigenbaum 图');
xlabel('a');
ylabel('x');
grid on;
```

运行以下程序：

```
>> li9_4funD(0.2,100)
```

得到如图 9-14 所示的效果。

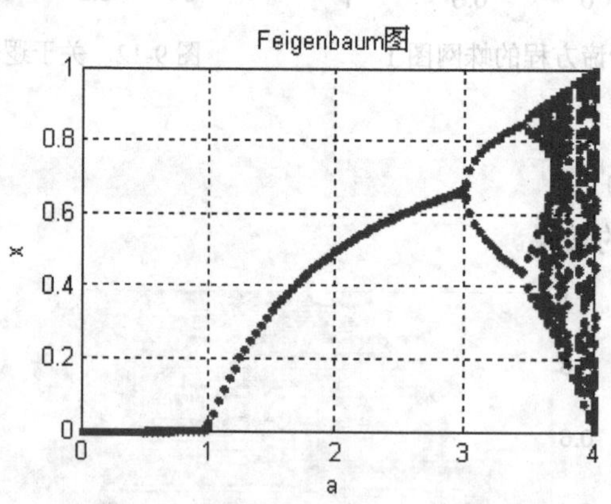

图 9-14　关于逻辑斯谛方程的蛛网图 4

从 Feigenbaum 图中可以看出，当 $a \in (0,1)$ 时，0 是稳定点；当 $a \in (1,3)$ 时，0 是排斥点，$\frac{a-1}{a}$ 是稳定点；当 $a \in (3,3.4494897)$ 时，迭代变为 2-周期轨道，$a_1 = 3$ 是第一个分岔点；当 $a \in (3.4494897,3.544090)$ 时，迭代变为 4-周期轨道，$a_2 = 3.4494897$ 是第二个分岔点；当

$a \in (3.544090, 3.564407)$ 时，迭代变为 8-周期轨道，$a_3 = 3.544090$ 是第三个分岔点；下面的迭代将依次分岔为 16-周期轨道，32-周期轨道……这种分岔形式称为倍周期分岔，相应的分岔点为：

$$a_4 = 3.564407, a_5 = 3.568759, a_6 = 3.569692, \cdots$$

有趣的是由分岔点构成的数列 $\{a_n\}$ 收敛到 a_∞，且有：

$$a_n = a_\infty - \frac{c}{\delta^n}, n >> 1$$

其中，δ 称为 Feigenbaum 常数，$\delta = 4.6692016091$，$c = 2.6327$，$a_\infty = 3.5699456$。

当 $a \in (a_\infty, 4)$ 时，迭代进入混沌区域。

从 Feigenbaum 图中还可以看出，周期点组成的集合具有自相似性。它和康托尔集合有相同的分形维 $\left(\dfrac{\log 2}{\log 3} = 0.6309\right)$。这一实例说明：混沌具有外表混乱而实际上无穷自相似的嵌套结果。这样，分形与混沌便在自相似性上汇合在了一起，混沌与分形密不可分：混沌中包含着分形，分形中包含着混沌。

4．结果分析

关于混沌，有如下一些结论：

（1）混沌是服从决定性方程（微分形式或离散形式）的动力系统的一种复杂运动形态。

（2）由于混沌是在反复分离和折叠才得以形成的，而分离和折叠只有映像是非一一对应的（自然也就是不可逆的），即非线性时才能实现，因此混沌只可能在非线性系统中出现。

（3）混沌的存在，不仅与系统的非线性特性（非线性方程的形式）有关，而且与方程中的参数值有关。

（4）由于排斥和折叠，在混沌中，系统的运动（如代表点的迭代过程）往往对初始条件非常敏感，初始条件的微小差别会引起迭代过程的巨大差异。

（5）混沌不是随机的，以 $f(x) = 4x(1-x)$ 为例，第一，尽管迭代点的序列看起来完全不可预测，但这个序列却不是随机的；第二，它有周期为 2 的排斥点 $\left(\sin\dfrac{\pi}{2}\right)^2$。

参 考 文 献

1．崔国华．计算方法．武汉：华中理工大学出版社，2000

2．徐昕，李涛等．MATLAB 工具箱应用指南——控制工程篇．北京：电子工业出版社，2000

3．电子科技大学应用数学系．数学实验简明教程．成都：电子科技大学出版社，2001

4．周义仓，赫孝良．数学建模实验．西安：西安交通大学出版社，2001

5．尚涛，石端伟，安宁，张李义．工程计算可视化与 MATLAB 实现．武汉：武汉大学出版社，2002

6．何强，何英．MATLAB 扩展编程．北京：清华大学出版社，2002

7．赵静，但琦．数学建模与数学实验（第 2 版）．北京：高等教育出版社，2003

8．薛定宇，陈阳泉．高等应用数学问题的 MATLAB 求解．北京：清华大学出版社，2004

9．张瑞丰．精通 MATLAB 6.5．北京：中国水利水电出版社，2004

10．宋来忠，王志明．数学建模与实验．北京：科学出版社，2004

11．胡宁信，李柏年．基于 MATLAB 的数学实验．北京：科学出版社，2004

12．苏金明，王永利．MATLAB 7.0 实用指南上册．北京：电子工业出版社，2004

13．张小红，张建勋．数学软件与数学实验．北京：清华大学出版社，2005

14．王沫然．MATLAB 与科学计算．北京：电子工业出版社，2005

15．胡良剑，孙晓君．MATLAB 的数学实验．北京：高等教育出版社，2006

16．王华，李有军，刘建存．MATLAB 电子仿真与应用教程．北京：国防工业出版社，2006

17．万福永，戴浩军，潘建瑜．数学实验教程．北京：科学出版社，2006

18．周本虎，瞿勇等．MATLAB 与数学实验．北京：中国林业出版社，2007

19．江世宏．MATLAB 语言与数学实验．北京：科学出版社，2007

20．吴礼斌，李柏年．数学实验与建模．北京：国防工业出版社，2007

21．许国根，许萍萍．化学化工中的数学方法与 MATLAB 实现．北京：化学工业出版社，2007

22．董振海．精通 MATLAB 7 编程与数据库应用．北京：电子工业出版社，2007

23．肖海军．数学实验初步．北京：科学出版社，2007

24．王素立，高洁，孙新德．MATLAB 混合编程与工程应用．北京：清华大学出版社，2008

25．张志刚，刘丽梅，朱婧，王兵团．MATLAB 与数学实验．北京：中国铁道出版社，2008